全国普通高等院校“十三五”规划教材

计算机导论

主　编　刘　挺　陈劲舟　徐剑

副主编　周亚媛　汪昱君

哈尔滨工程大学出版社

Harbin Engineering University Press

内容简介

本书分为基础理论和实践指导两个部分。基础理论部分全面介绍了计算机与技术的基本概念、方法和技术，主要包括绪论、数据的表示与编码、计算机系统、操作系统、计算机程序设计、算法与数据结构、计算机网络与网络安全、数据库技术与应用、软件工程、微课与慕课、计算机新技术及应用、职业道德与专业择业。实践指导部分针对理论基础设计了五个实验，可以帮助学生更好地理解理论知识在实际中的应用。

本书既适合当作大专院校的计算机基础课教材，也可作为计算机培训机构的专用教材，还可作为电脑爱好者的自学用书。

图书在版编目（CIP）数据

计算机导论 /刘挺，陈劲舟，徐剑主编. -- 哈尔滨：哈尔滨工程大学出版社，2019.8（2023.8 重印）

ISBN 978-7-5661-2442-5

Ⅰ. ①计… Ⅱ. ①刘… ②陈…③徐… Ⅲ. ①电子计算机 Ⅳ. ①TP3

中国版本图书馆 CIP 数据核字（2019）第 192300 号

责任编辑 王俊一
封面设计 赵俊红

出版发行 哈尔滨工程大学出版社
社　　址 哈尔滨市南岗区南通大街 145 号
邮政编码 150001
发行电话 0451-82519328
传　　真 0451-82519699
经　　销 新华书店
印　　刷 玖龙（天津）印刷有限公司
开　　本 787 mm×1 092 mm　1/16
印　　张 19.5
字　　数 538 千字
版　　次 2019 年 8 月第 1 版
印　　次 2023 年 8 月第 2 次印刷
定　　价 49.80 元
http：//www.hrbeupress.com
E-mail：heupress@hrbeu.edu.cn

前　言

计算机在我们的日常生活中扮演了一个重要的角色，而且在未来也将一样。计算机科学是一个充满了挑战和发展机遇的年轻学科。计算机网络将处在地球上每一个角落的我们连接在一起，虚拟现实创造了炫目的三维图像，宇宙空间探险的成功也部分归功于计算机的发展，计算机创建的特技效果改变了电影行业。本书是计算机科学的入门教材，旨在引导刚进入大学的新生对计算机学科基础知识有一个整体、准确的了解，也为日后的就业提供有力的计算机技术保障。

本书从广度上覆盖了计算机科学的主要领域，着重讲解计算机学科知识体系的基本概念和基本应用。根据高等院校关于计算机基础教学的课程目标精心设置内容，主要包括计算机的组成（包括硬件系统、软件系统、体系结构等），计算机网络与网络安全，计算机程序设计（包括算法和数据结构、软件工程等），操作系统，数据库技术，微课与幕课，计算机新技术及应用，信息安全与道德规范。

本书由多年从事计算机专业教学的一线教师基于自身教学经验，结合当前计算机教育的形式和任务，参照计算机技术最新发展，并以师范生专业规范编写而成。本书由上饶幼儿师范高等专科学校的刘挺、陈劲舟和徐剑担任主编，由汪昱君和周亚媛担任副主编。本书引用、参阅了许多教材和资料，参考了许多网站信息，在此一并致以诚挚的谢意。本书的相关资料和售后服务可扫封底的微信二维码或与登录www.bjzzwh.com下载获得。

限于编者经历及水平，书中难免有不妥之处，恳请各位专家及读者提出宝贵意见，以便进一步修订更改。

编　者

目　录

基础理论

实践指导

实践指导

基础理论

第1章 绪论

计算机的发展已经有 70 多年的历史，无论在科学领域、工程领域，还是在生活、工作中，计算机都发挥着重要的作用。计算机科学研究、计算机设计与制造及利用计算机进行信息获取、处理、控制等相关的理论、方法和技术，伴随着计算机的发展而迅速崛起。

本章主要介绍计算机的概念，计算机科学的概念，计算机科学的学科知识体系结构。

1.1 计算机概述

随着计算机技术的飞速发展，计算机应用日益普及。计算机被称为“智力工具”，因为计算机能提高人们完成任务的能力。计算机擅长于执行快速计算、信息处理及自动控制等工作。虽然人类也能做这些事情，但计算机可以做得更快、更精确，使用计算机可以让人类更具创造力。

“未来之屋”

位于美国西北部华盛顿州的豪宅——“未来之屋”，已是世界上最受瞩目的名人官邸，“未来之屋”以其超乎想象的智能化和自动化，被视为人类未来生活的典范：主人在回家途中，浴缸已经自动放水调温；厕所里安装了一套检查身体的系统，如发现主人身体异常，计算机会立即发出警报；车道旁的一棵 140 岁的老枫树，主人可以对它进行 24 小时全方位监控，一旦监视系统发现它“渴”了，将释放适量的水来为它“解渴”；当有客人到来时，都会得到一个别针，只要将它别在衣服上，就会自动向房屋的计算机控制中心传达客人最喜欢的温度、电视节目和对电影的喜好。未来之屋，就像微软的 Windows，它也随时在更新，以便有最新的科技融入到这栋房子。然而在未来之屋里，你却感觉不到任何技术的存在，甚至难以找到一台计算机。“未来之屋”集移动通信、计算机技术、小型计算设备制造、便携式操作系统及相关软件技术于一体，改变了传统的“人使用计算机”模式，人不再被迫使用鼠标键盘这些人机交互设备来操作计算机，而是和计算机环境融合一体，以人为需求中心，使用户随时随地都能在不被打扰的情况下主动而动态地接受网络服务。

在这里我们看到了网络技术的神奇？看到了数字计算机的魅力？计算机导论课程将讨论计算与计算机科学、计算机技术相关的知识。

1.1.1 什么是计算机

对于“什么是计算机?”这个问题，可以从计算机的定义、特点、用途及计算机的历史与发展等几个方面去理解。

1. 计算机的定义

从广义上讲，计算机（Computer）是一种能够进行计算或辅助计算的工具。在这种广义的概念下，计算机也有着广义分类方法，可以分为机械计算机和电子计算机。现在，当人们谈到计算机的时候，除加以特殊说明之外，都是指电子数字计算机。

电子数字计算机是一种能按照事先存储的程序，自动地、高速地、精确地进行大量数值计算，并且具有记忆（存储）能力、逻辑判断能力和可靠性能的数字化信息处理能力的现代化智能电子设备。由硬件系统和软件系统所组成。可分为超级计算机、工业控制计算机、网络计算机、个人计算机、嵌入式计算机五类，较先进的计算机有生物计算机、光子计算机、量子计算机等。

现在，电子计算机不仅能作为计算工具进行数值计算，而且能进行信息处理，并常常用于自动控制等各种领域。随着计算机的发展、应用领域的扩大，计算机更多地用于信息处理。有统计资料表明，当今80%以上的计算机将主要用于信息处理。由于计算机在它出现的初期阶段主要是进行数值计算，所以我们延续下来了“计算机”这个名称。因此，当沿用“计算机”这个称谓的时候，人们应对计算机的含义有个比较全面的理解。现在，更多的人把它称为“计算机”，主要是指计算机可作为人脑功能的扩展和延伸。

2. 计算机的特点

计算机之所以具有很强的生命力，并得以飞速的发展，是因为计算机本身具有诸多特征。具体体现在以下几个方面。

(1) 运算速度快。计算机内部电路组成，可以高速准确地完成各种算术运算。当今计算机系统的运算速度已达到每秒万亿次，微机也可达每秒亿次以上，使大量复杂的科学计算问题得以解决。例如，卫星轨道的计算，大型水坝的计算，24小时天气计算需要几年甚至几十年，而在现代社会里，用计算机只需几分钟就可完成。

(2) 计算精确度高。科学技术的发展特别是尖端科学技术的发展，需要高度精确的计算。导弹之所以能准确地击中预定的目标，是与计算机的精确计算和控制分不开的。一般的计算机可以有十几位甚至几十位（二进制）有效数字，计算精度可由千分之几到百万分之几，是任何计算工具所望尘莫及的。

(3) 逻辑运算能力强。逻辑运算能力也是计算机的一大特征，计算机能对信息进行比较和判断、存储输入数据和中间结果，并根据比较和判断的结果自动执行下一条指令。

（4）存储容量大。计算机内部的存储器件具有记忆功能，可以存储大量的信息，不仅包括各类数据信息，还包括加工这些数据的程序。

（5）自动化程度高。由于计算机具有存储记忆能力和逻辑判断能力，人们可以将预先编好的程序组纳入计算机内存，在程序控制下，计算机可以连续、自动地工作，不需要人工干预。

3. 计算机的分类

由于计算机科学技术的迅速发展，计算机已经形成了一个庞大的体系。按照不同的分类标准，计算机具有不同的分类。

（1）按信息的表示方式分类，可分为数模混合计算机，模拟计算机和数字计算机。

数字模拟混合式计算机是综合数字和模拟两种计算机的长处设计出来的。它既能处理数字量又能处理模拟量。但是这种计算机结构复杂，设计困难。

模拟计算机是用连续变化的模拟量即电压来表示信息，其基本运算部件是由运算放大器构成的微分器、积分器、通用函数运算器等运算电路组成。模拟计算机解题速度极快，但精度不高，信息不易存储，通用性差，它一般用于解微分方程或自动控制系统设计中的参数模拟。

数字计算机是用不连续的数字量“0”和“1”来表示信息，其基本运算部件是数字逻辑电路，数字电子计算机的精度高、存储量大、通用性强，能胜任科学计算、信息处理、实时控制、智能模拟等方面的工作。

（2）按应用范围分类，可分为专用计算机和通用计算机。

专用计算机是为解决一个或一类特定问题而设计的计算机。它的硬件和软件的配置依据解决特定问题的需要而定，并不求全。专用计算机功能单一，配有解决特定问题的固定程序，能高速、可靠地解决特定问题。一般在过程控制中使用此类计算机。

通用计算机是为能解决各种问题，具有较强的通用性而设计的计算机。它具有一定的运算速度和存储容量，带有通用的外部设备，配备各种系统软件、应用软件。一般的数字计算机多属此类。

（3）根据计算机的性能指标，如机器规模的大小，运算速度的高低，主存储容量的大小，指令系统性能的强弱及机器的价格等，可将计算机分为巨型机、大型机、中型机、小型机、微型机和工作站。

巨型机是指运算速度在每秒亿次以上的计算机。巨型机运算速度快、存储量大、结构复杂、价格昂贵，主要用于尖端科学研究领域。我国研制的“银河”计算机就属于巨型机。

大、中型机是指运算速度在每秒几千万次左右到一亿次之间的计算机。大中型计算机具有丰富的外部设备和功能强大的软件，一般用于要求高可靠性、高数据安全性和中心控制等场合，例如常用于计算机中心和计算机网络中。

小型机的运算速度在每秒几百万次左右。小型计算机应用范围非常广，可广泛应用于企业管理、银行、学校等单位。

微型机也称为个人计算机（PC），是目前应用最广泛的机型，是一种能独立运行，完成特定功能的设备。它具有体积小、价格低、功能较全、可靠性高、操作方便等优点。通常所说的台式机、一体机、笔记本计算机、平板计算机都属于微型机。

工作站主要用于图形、图像处理和计算机辅助设计。它实际上是一台性能更高的微型机。但是相对普通的微型机来说，工作站有其独特之处，它易于联网，拥有大容量存储设备、大屏幕显示器，具有强大的图形图像处理能力，尤其适用于计算机辅助设计及制造（CAD/CAM）和办公自动化（OA）。

随着大规模、超大规模集成电路的出现与发展，目前小型机、微型机、工作站乃至大中型机的性能指标界限已不再明显，现在某些高档微机的速度已经达到甚至超过了十年前一般大中型计算机的运行速度。

4. 计算机的用途

计算机已经渗透到人类社会的每个角落，成为人们工作、生活、学习的一部分。依据不同的行业，可以把计算机的应用归纳为以下几个方面。

(1) 科学计算。计算机的最早运用就是在科研和工程领域进行复杂的数值计算。例如：设计制造、天气预报、宇宙飞行等领域中工作量极大的计算任务只能依靠计算机完成。

但目前科学计算能力仍然有限，例如，在天气数值预报方面只能进行中、短期预报，在飞机气动力设计方面只能分部件进行，在石油勘探方面只能处理粗糙的数学模型。因为要进行长期的天气数值预报、整体的飞机气动力设计和在石油勘探中处理更精确的数学模型，都必须配备更强大的计算机。许多基础学科和工程技术部门已提出超过现有计算能力的大型科学计算问题。这些问题的解决，有赖于两方面的努力：一是创造出更高效的计算方法，二是大大提高计算机的速度。

(2) 数据处理。借助计算机对数据及时地加以记录、整理和计算，加工成人们所要求的形式，称为数据处理。在计算机应用普及的今天，计算机更多地应用在数据处理方面。例如，对工厂的生产管理、计划调度、统计报表、质量分析和控制等；在财务部门，用计算机对账目登记、分类、汇总、统计、制表等。用计算机进行文字录入、排版、制版和打印，比传统铅字打印速度快、效率高，并且使用更加方便；用计算机通信即通过局域网或广域网进行数据交换，可以方便地发送与接收数据报表和图文传真。相对于数值计算，数据处理的主要特点是原始数据多，处理量大，时间性强，但计算公式并不复杂。

(3) 过程控制。在工业生产过程中，采用计算机进行自动控制，可以大大提高产品的数量和质量，提高劳动生产率，改善人们工作条件，节省原材料的消耗，降低生产成本等。

(4) 辅助教学。计算机辅助教学（CAI）是利用计算机对学生进行教学。计算机辅助教学的第一个大型系统是在20世纪60年代由美国伊利诺伊大学开发的PLATO。现在世界上发展的各方教学软件已无法准确统计。CAI的专用软件称为课件，是CAD的一大分支，它可按不同教学方式方法以及不同领域内容进行分类。

(5) 计算机辅助系统。计算机辅助设计是制造业使用的一种技术方法，以对设计制图的支持为核心。计算机辅助制造是制造业使用的另外一种技术方法，指用计算机对设计文档、工艺流程、生产设备进行管理和控制，支持产品的制造过程。制造业往往使用信息管理系统（MIS）辅助企业的信息管理过程，如合同、生产计划、仓储、劳动人事等。新的发展趋势是，研制计算机集成制造系统（CIMS）统一地对制造业企业涉及的设计、制造、管理等业务过程提供全方位的支持。可以把 CIMS 看成以前单独使用的 CAD、CAM、MIS 等系统的统一集成体。

(6) 网络应用。计算机技术和电信技术的结合使人类社会的通信方式产生重大变化。一方面，计算机数据存储、传输和处理的超强能力使其成为公共电信系统的核心设备。另一方面，利用公共通信网构筑的计算机网络，使数据的传送与共享空前方便。最广为人知的网络是因特网（Internet），它由众多计算机网络、计算机系统互联而成，覆盖全世界。基于计算机网络的电子邮件、网站访问、视频节目、网络电话、数据传送、即时交谈等业务日益广泛的推广，令传统通信方式走上下坡路，甚至趋于消亡，比如电报通信。

(7) 办公自动化。计算机逐渐成为办公室设备的主角。计算机对办公信息的统一处理使“无纸办公”成为可能。文字处理软件，电子表格处理软件，文档管理软件，出版软件，图形、图像、语音处理软件极大地提高了办公效率。当然，所谓的办公自动化系统是人机系统，计算机仍然只是办公室人员的得力助手。

(8) 休闲娱乐。计算机作为娱乐工具的应用不能不首先提到电子游戏，不论是单机上安装的简单游戏还是网络游戏都能使人们废寝忘食、难以自拔。人们可以利用所谓乐器音乐数字接口（MIDI）在计算机上制作音乐，然后存储、播放。可以利用专门的软件，比如 Photoshop，来输入照片，并且随意地编辑加工。家庭里的计算机娱乐中心已逐步取代电视机、录音机、CD、VCD、DVD 机、音响设备等。

(9) 人工智能（AI）。计算机既有记忆存储能力，又擅长逻辑推理运算，它可以模仿人的思维，具有一定的学习和推理功能，能够独立解决问题，所以称之为计算机的人工智能。例如，对高级语言进行编译和解释，或者是不同国家语言之间的机器翻译等。在很多场合下，装上电脑的机器人可以代替人们进行繁重的，危险的体力劳动和部分重复的脑力劳动。

1.1.2 计算机的历史与发展

计算工具从“结绳记事”中的绳结到算筹到算盘计算尺，再到机械，计算机经历了由简单到复杂、从低级到高级的不同阶段。这些计算方法在不同的历史时期发挥了各自的历史作用，同时也启发了电子计算机的研制和设计思路。计算机的发展与演变是和硬件技术的发展密切相关的。

1. 世界计算机的发展史

公认的第一台通用电子计算机称为 ENIAC，出现在 1946 年，用了 18 000 只真空管，占地约 180 平方米，重达 30 吨。1950 年出现了基于冯氏体系的计算机 EDVAC 和

EDSAC。70多年以来，按照硬件和软件的改进可以把计算机系统的发展划分为五代。

（1）第一代计算机（1946—1957年）

用电子管代替机械齿轮和继电器作为基本元器件，运算速度一般为每秒几千次至几万次。采用二进制形式，程序设计语言为机器语言。程序可以存储，使用水银延迟线、静电存储管、磁鼓、磁芯等作为存储器。输入/输出装置主要用穿孔卡片，速度很慢。主要用于科学计算。代表机型有IBM公司的IBM700系列。

（2）第二代计算机（1958—1964年）

用晶体管替代了真空管，出现了磁芯存储器和磁盘。计算机体积大大减少，运行变得可靠，硬件效率全面提升。FORTRAN、COBOL等程序设计高级语言的出现使编程变得容易一些。主要用于科学计算、数据处理、实时控制。代表机型有IBM7000系列。

（3）第三代计算机（1965—1971年）

集成电路（IC）的发明进一步显著提升计算机的硬件性能，用半导体存储器淘汰了磁芯存储器。开始出现的小型机（MiniComputer）使更多企业能够应用计算机。以操作系统为核心的系统软件日益丰富，应用计算机越来越方便。代表机型有IBM360系统。

（4）第四代计算机（1971—1980年）

大规模集成电路（LSIC）和超大规模集成电路（VLSIC）大量在计算机内使用。微型机（MicroComputer）的出现使计算机的应用扩展到个人用户，也习惯称为PC（Personal Computer）。另一方面，又出现了功能极其强大的大型计算机和巨型计算机。

硬件更新换代的速度越来越快。软件方面出现了数据库（Database）、第四代程序设计语言（4GL）、面向对象技术（OO）等新发展。计算机网络技术的广泛应用给人类社会的生产方式、生活方式带来巨变。代表机型有美国IBM公司的“红杉（Sequoia）”、我国国防科大的“天河二号”、IBM4300系列、3080系列、3090系列、eServerz900系列、eServerz990系列、zEnterprise EC12系列、联想、惠普、戴尔的微机/笔记本、苹果的iPad。

（5）第五代计算机（1981年至今）

从20世纪80年代中开始，就有人提出要研制以非冯体系为特征的新一代计算机，使计算机能够具有像人一样的思维、推理和判断能力，向智能化发展，实现接近人的思维方式。这一时期在智能计算机领域完成了大量的基础性研究工作，促进了人工智能和机器人技术的发展。但至今还远未到实际应用的程度。

2. 中国计算机的发展史

1956年，周总理亲自主持制定的《十二年科学技术发展规划》中，把计算机列为发展科学技术的重点之一，并在1957年筹建了中国第一个计算技术研究所。中国计算机事业正式起步。

（1）第一代电子管计算机研制（1958—1964年）

我国从1957年在中科院计算所开始研制通用数字电子计算机，1958年8月1日该机可以表演短程序运行，标志着我国第一台电子数字计算机诞生。机器在738厂开始少量生产，命名为103型计算机（即DJSG1型）。1958年5月我国开始了第一台大型通用电子数字计算机（104机）研制。在研制104机的同时，夏培肃院士领导的科研小组首次自行设计并于1960年4月成功研制一台小型通用电子数字计算机107机。1964年我国第一台自行设计的大型通用数字电子管计算机119机研制成功。

(2) 中国计算机史第二代晶体管计算机研制（1965—1972年）

1965年中科院计算所研制成功了我国第一台大型晶体管计算机109乙机。对109乙机加以改进，两年后又推出109丙机，在我国两弹试制中发挥了重要作用，被用户誉为“功勋机”。华北计算所先后研制成功108机、108乙机（DJSG6）、121机（DJS－21）和320机（DJS－8），并在738厂等五家工厂生产。1965—1975年，738厂共生产320机等第二代产品380余台。哈军工（国防科大前身）于1965年2月成功推出了441B晶体管计算机并小批量生产了40多台。

中国计算机史第三代中小规模集成电路的计算机研制（1973年—20世纪80年代初）1973年，北京大学与北京有线电厂等单位合作研制成功运算速度每秒100万次的大型通用计算机，1974年清华大学等单位联合设计，研制成功DJS－130小型计算机，以后又推DJS－140小型机，形成了100系列产品。与此同时，以华北计算所为主要基地，组织全国57个单位联合进行DJS－200系列计算机设计，同时也设计开发DJS－180系列超级小型机。20世纪70年代后期，当时电子部32所和国防科大分别研制成功655机和151机，速度都在百万次级。进入20世纪80年代，我国高速计算机，特别是向量计算机有新的发展。

(4) 中国计算机史第四代超大规模集成电路的计算机研制

和国外一样，我国第四代计算机研制也是从微型机开始的。

1983年，国防科技大学研制成功运算速度每秒上亿次的银河－I巨型机，这是我国高速计算机研制的一个重要里程碑。

1985年，电子工业部计算机管理局研制成功与IBM PC机兼容的长城0520CH微型机。

1992年，国防科技大学研制出银河－II通用并行巨型机，峰值速度达每秒4亿次浮点运算（当于每秒10亿次基本运算操作），为共享主存储器的四处理机向量机，其中央处理机是采用中小规模集成电路自行设计的，总体上达到20世纪80年代中后期国际先进水平。

2001年，中科院计算所研制成功我国第一款通用CPU——“龙芯”芯片。

2002年，曙光公司推出完全自主知识产权的“龙腾”服务器，采用了。“龙芯－1”CPU、曙光公司和中科院计算所联合研发的服务器专用主板及曙光Linux操作系统，它是国内第一台完全实现自主知识产权的产品，在国防、安全等部门将发挥重大作用。

2013年11月，国际TOP500组织公布了最新全球超级计算机500强排行榜榜单，中国国防科学技术大学研制的“天河二号”以比第二名美国的“泰坦”快近一倍的速度再度轻松登上榜首。在一年时间内“天河二号”都是全球最快的超级计算机。

2016年6月，在法兰克福世界超算大会上，国际TOP500组织发布的榜单显示，“神威·太湖之光”超级计算机系统登顶榜单之首，不仅速度比第二名“天河二号”快出近两倍，其效率也提高3倍；11月14日，在美国盐湖城公布的新一期TOP500榜单中，“神威·太湖之光”以较大的运算速度优势轻松蝉联冠军；11 月 18 日，我国科研人员依托“神威·太湖之光”超级计算机的应用成果首次荣获“戈登·贝尔”奖，实现了我国高性能计算应用成果在该奖项上零的突破。

2017 年 5 月，中华人民共和国科学技术部高技术中心在无锡组织了对“神威·太湖之光”计算机系统课题的现场验收。专家组经过认真考察和审核，一致同意其通过技术验收；6 月 19 日，全球超级计算机 500 强榜单公布，“神威·太湖之光”以每秒 9.3 亿亿次的浮点运算速度第三次夺冠。

1.2 计算机科学及其研究领域

计算机科学是科学还是工程学科？或者只是一门技术，一个计算商品的研制者或销售者？计算机学科的本质是什么？它的发展前景如何？这个领域主要研究些什么内容？计算机科学的各个领域的核心课程是什么？能培养哪些方面的能力？

1.2.1 计算机科学的定义

计算机是一种进行算术和逻辑运算的机器，而且对于由若干台计算机连成的系统而言还有通信问题，并且处理的对象都是信息，因而也可以说，计算机科学是研究信息处理的科学。

计算机科学分为理论计算机科学和实验计算机科学两个部分。后者常称为“计算机科学”而不是冠以“实验”二字。前者有其他名称，如计算机理论、计算机科学基础、计算机科学、数学基础等。数学文献中一般指理论计算机科学。计算机科学中的理论部分在第一台数字计算机出现以前就已存在。20 世纪 30 年代中期，英国数学家 A. M. 图灵和美国数学家 E. L. 波斯特几乎同时提出了理想计算机的概念（图灵提出的那种理想机在后来的文献中称为图灵机）。20 世纪 40 年代数字计算机产生后，计算技术（即计算机设计技术与程序设计技术）和有关计算机的理论研究开始得到发展。这方面构成了现在所说的理论计算机科学。至于图灵机理论，则可以看作是这一学科形成前的阶段。“计算机科学”一词到 20 世纪 60 年代初才出现，此后各国始在大学中设置计算机科学系。

对于什么是计算机科学，计算机协会（ACM）给出的定义：计算机科学（计算学科）是对描述和变换信息的算法过程的系统研究，包括它的理论、分析、设计、有效性、实现和应用。

计算机科学是系统性研究信息与计算的理论基础及它们在计算机系统中如何实现与应用的实用技术的学科。它通常被形容为对那些创造、描述及转换信息的算法处理的系统研究。计算机科学包含很多分支领域，有些研究特定结果的计算，例如计算机图形学；有些研究问题的性质，例如计算复杂性理论；还有一些领域研究如何实现计算，例如编程语言理论是研究描述计算的方法，程序设计就是应用特定的编程语言解决特定的计算问题，人机交互则是专注于怎样使计算机和计算变得有用、好用，以及随时随地为人所用。

在短短几十年里计算机科学就发展成为有众多分支领域、内容非常丰富、应用极其广泛的学科。

1.2.2 计算机科学研究的领域

计算机科学研究领域涵盖了从算法的理论研究和计算的极限，到如何通过硬件和软件实现计算系统。CSAB由Association for Computing Machinery（ACM）和IEEE-Computer Society（IEEEGCS）的代表组成，确立了计算机科学学科的4个主要领域：计算理论、算法与数据结构、编程方法与编程语言、计算机元素与架构。CSAB还确立了其他一些重要领域，如软件工程，人工智能，计算机网络与通信，数据库系统，并行计算，分布式计算，人机交互，机器翻译，计算机图形学，操作系统，以及数值和符号计算。目前，计算机科学的研究领域可以概括为以下7个方面。

1. 计算机系统结构的研究

传统的计算机系统基于冯·诺依曼的顺序控制流结构，从根本上限制了计算过程并行性的开发和利用，迫使程序员受制于“逐字思维方式”，从而使程序复杂性无法控制，软件质量无法保证，生产率无法提高。因此，对新一代计算机系统结构的研究是计算机科学面临的一项艰巨任务。人们已经探索了许多非冯·诺依曼结构，如并行逻辑结构、归约结构、数据流结构等。

智能计算机及其他新型计算机的研究也具有深远的意义，例如光学计算机、生物分子计算机、化学计算机等处理方法的潜在影响是不可忽视的。计算机构造学正在迅猛发展。

2. 程序设计科学与方法论的研究

冯·诺依曼系统结构决定了传统程序设计风格的缺陷，逐字工作方式，语言臃肿无力，缺少必要的数学性质。新一代语言要从面向数值计算转向知识处理，因此新一代语言必须从冯·诺依曼设计风格中解放出来。这就需要分析新一代系统对语言的模型设计新的语言，再由新的语言推出新的系统结构。

3. 软件工程基础理论的研究

软件工程的研究对软件生存期作了合理的划分，引入了一系列软件开发的原则和方法，取得较明显的效果。但未能从根本上解决“软件危机”问题。

软件复杂性无法控制的主要原因在于软件开发的非形式化。为了保证软件质量及开发维护效率，程序的开发过程应是一种基于形式推理的形式化构造过程。从要求规范的形式描述出发，应用形式规范导出算法版本，逐步求精，直至得到面向具体机器指令系统的可执行程序。由于形式规范是对求解问题的抽象描述，信息高度集中，简明易懂，使软件的可维护性得到提高。

显然，形式化软件构造方法必须以科学的程序设计理论和方法为基础，以集成程

序设计环境为支持。近年来这些方面虽取得不少进展，但距离形式化软件开发的要求还相差甚远。因此，这方面仍有不少难题有待解决。

4. 人工智能与知识处理的研究

人工智能的研究正将计算机技术从逻辑处理的领域推向现实世界中自然产生的启发式知识的处理，如感知、推理、理解、学习、解决问题等。为了建立以知识为基础的系统，提高解决问题的综合能力，以启发式知识表达为基础的程序语言和程序环境的研究就成为普遍关心的重要课题。

人工智能还包括许多分支领域，如人工视觉、听觉、触觉及力觉的研究，模式识别与图像处理的研究，自然语言理解与语音合成的研究，智能控制及生物控制的研究等。总之，人工智能向各方面的深化，对计算机技术的发展将产生深远的影响。

5. 网络、数据库及各种计算机辅助技术的研究

计算机通信网络覆盖面的日趋扩大，各行业数据库存的深入开发，各种计算机辅助技术如CAD、CAM、CAT、CAE、CIM（计算机集成化制造）等的广泛使用，也为计算机科学提出许多值得研究的问题。如编码理论，数据库的安全与保密，异种机联网与网间互联技术，显示技术与图形学，图像压缩、存储及传输技术的研究等。

6. 理论计算机科学的研究

自动机及可计算性理论的研究，例如，窗灵机的理论研究还有许多工作可作。理论计算机科学使用的数学工具主要是信息论、排队论、图论、符号逻辑等，这些工具本身也需进一步发展。

7. 计算机科学史的研究

在计算机科学的发展史上，有许多对认识论、方法论是很值得借鉴的丰富有趣的史料，它们同样是人类精神宝库的重要财富。

1.3 计算机学科知识体系

计算机学科包含科学与技术两个方面。科学侧重于研究现象，揭示规律，技术侧重于研究计算机和使用计算机进行信息处理的方法和技术手段。科学是技术的依据，技术是科学的体现，技术等益于科学，又向科学提出新的问题。科学与技术相辅相成，互相作用，两者高度融合是计算机学科的突出特点。

1.3.1 知识体系结构

美国计算机学会（ACM）和美国电气与电子工程师协会的计算机学组（即 IEEE-GCS）2005 年公布的 CC2005 将计算机学科划分为计算机科学、计算机工程、软件工程、信息工程、信息技术 5 个分支。中国计算机学会教育委员会和全国高等学校计算机教育研究会推出了《中国计算机科学与技术学科教程》(China Computing Curricula)，阐明了计算机科学与技术学科的教育思想，对学科的定义、学科方法论、学科知识体系和内容、教学计划制定及课程组织方法、毕业生应具备的能力等方面做了系统全面设计，并将计算机科学与技术学科的知识体系结构组织成知识领域、知识单元和知识点三个层次，计算机科学知识结构如表 1-1 所示。

表 1-1 计算机科学知识结构

序号	课程名称	理论学时	实践学时
1	计算机导论	24	8
2	程序设计基础	48	16
3	离散数学	72	24
4	算法与数据结构	48	16
5	社会与职业道德	24	8
6	操作系统	32	16
7	数据库系统原理	32	16
8	编译原理	40	16
9	软件工程	32	16
10	计算机图形学	24	8
11	计算机网络	32	16
12	人工智能	32	8
13	数字逻辑	32	16
14	计算机组成基础	48	16
15	计算机体系结构	32	8

1.3.2 学科培养要求与能力

计算机学科培养具有良好的科学素养，系统地掌握计算机技术，包括计算机硬件、软件与应用的基本理论、基本知识和基本技能与方法，能在科研部门、教育、企业、事业、技术和行政管理部门等单位从事计算机教学、科学研究和应用的高级科学技术人才。计算机科学技术相关专业的毕业生应具备以下技能。

(1) 系统掌握计算机科学与技术专业的基本理论、基本知识和操作技能。

(2) 具有较强的思维能力、算法设计与分析能力。

(3) 了解学科的知识结构、典型技术、核心概念和基本工作流程。

(4) 有较强的计算机系统的认知、分析、设计、编程和应用能力。

(5) 掌握文献检索、资料查询的基本方法、能够独立获取相关的知识和信息，具有较强的创新意识。

（6）熟练掌握一门外语，能够熟读本专业外文书刊。

计算机专业人才除了需要具备专业基本能力，包括计算机思维能力、算法设计能力、程序设计与实现能力、计算系统的认知开发和应用能力。还应具备创新能力，能够运用知识和理论在科学、艺术、技术和各种实践活动中不断提供具有经济价值、社会价值、生态价值的新思想、新理论、新方法和新发明。创新能力是民族进步的灵魂、经济竞争的核心，有创新才有竞争力。

情景思考

查阅所属专业的课程设置及主干课程，了解计算机科学与技术专业知识体系。

【导读】著名计算机学术组织及其功能

中国计算机学会（CCF）成立于1962年，全国一级学会，独立社团法人，中国科学技术协会成员。

中国计算机学会是中国计算机及相关领域的学术团体，宗旨是为本领域专业人士的学术和职业发展提供服务；推动学术进步和技术成果的应用；进行学术评价，引领学术方向；对在学术和技术方面有突出成就的个人和单位给予认可和表彰。

学会的业务范围包括：学术会议、论坛、评奖、学术出版物、竞赛、培训、科学普及、计算机专业工程教育认证、计算机术语审定、计算机职业资格认证等。有影响的系列性活动有中国计算机大会（CCFCNCC）、青年计算机科技论坛（CCF YOCSEF）、全国青少年信息学奥林匹克（CCF NOI）、学科前沿讲习班（CCF ADL）、CCF走进高校、CCF王选奖等系列12个奖项以及计算机类专业工程教育认证等。

学会下设11个工作委员会，有分布在不同计算机学术领域的专业委员会35个。学会编辑出版的刊物有《中国计算机学会通讯》（学术性月刊），与其他单位合作编辑出版的会刊13种。学会与IEEEG计算机学会、ACM等国际学术组织有密切的联系或合作。

计算机学会（ACM）（Association for Computing Machinery）是一个世界性的计算机从业员专业组织，创立于1947年，是世界上第一个科学性及教育性计算机学会。ACM致力于提高信息技术在科学、艺术等各行各业的应用水平。目前在全世界130多个国家和地区拥有超过10万名的会员。是全世界计算机领域影响力最大的专业学术组织。ACM所评选的图灵奖（A. M. Turing Award）被公认为世界计算机领域的诺贝尔奖。

ACM于1947年创立，是世界上第一个也是最大一个的科学教育计算机组织。它的创立者和成员都是数学家和电子工程师，其中之一是约翰·迈克利（John. Mauchly），他是ENIAC的发明家之一。他们成立这个组织的初衷是为了计算机领域和新兴工业的科学家和技术人员能有一个共同交换信息、经验知识和创新思想的场合。几十年的发展，ACM的成员们为今天的“信息时代”做出了贡献。他们所取得的成就大部分出版在ACM印刷刊物上并获得了ACM颁发的在各种领域中的杰出贡献奖。

ACM一直保持着它发展“信息技术”的目标，ACM成为一个永久的更新最新信息领域的源泉。ACM颁发图灵奖给计算机领域做出杰出贡献的人士。2000年，华人姚期智（Andrew Chi-ChihYao）由于在计算理论方面的贡献而获得图灵奖。

电气电子工程师学会（IEEE），是一个国际性的电子技术与信息科学工程师的协会，是目前全球最大的非营利性专业技术学会，其会员人数超过40万人，遍布160多个国家。IEEE致力于电气、电子、计算机工程和与科学有关的领域的开发和研究，在太空、计算机、电信、生物医学、电力及消费性电子产品等领域已制定了900多个行业标准，现已发展成为具有较大影响力的国际学术组织。

IEEE一直致力于推动电工技术在理论方面的发展和应用方面的进步。作为科技革新的催化剂，IEEE通过在广泛领域的活动规划和服务支持其成员的需要。促进从计算机工程、生物医学、通信到电力、航天、用户电子学等技术领域的科技和信息交流，开展教育培训，制定和推荐电气、电子技术标准，奖励有科技成就的会员等。

习 题

1. 选择题

（1）计算机科学是一门实用性很强的学科，它涵盖了许多学科的知识，但是它并没有涵盖（　　）学科的知识。

A. 电子学　　B. 磁学　　C. 精密机械　　D. 心理学

（2）高级程序设计语言是从（　　）时代开始出现的。

A. 电子管时代　　B. 晶体管时代

C. 集成电路时代　　D. 机械计算机时代

（3）计算机最主要的工作特点是（　　）。

A. 存储程序与自动控制　　B. 高速度与高精度

C. 可靠性与可用性　　D. 具有记忆能

（4）目前广泛使用的人事档案管理、财务管理等软件，按计算机应用分类，应属于（　　）。

A. 实时控制　　B. 科学计算

C. 计算机辅助工程　　D. 数据处理

（5）第一台电子计算机使用的逻辑部件是（　　）。

A. 集成电路　　B. 大规模集成电路

C. 晶体　　D. 电子管

（6）第一台电子计算机ENIAC诞生于（　　）。

A. 1927年　　B. 1938年　　C. 1946年　　D. 1951年

（7）在计算机应用中，“计算机辅助设计”的英文缩写为（　　）

A. CAD　　B. CAM　　C. CAE　　D. CAT

（8）CAD软件可用来绘制（　　）

A. 机械零件图　　B. 建筑设计图　　C. 服装设计图　　D. 以上都对

（9）计算机之所以能实现自动连续运算，是由于采用了（　）原理。

A. 布尔逻辑　　B. 存储程序　　C. 数字电路　　D. 集成电路

（10）世界上第一台电子数字计算机奠定了至今仍然在使用的计算机（　）。

A. 外型结构　　B. 总线结构　　C. 存取结构　　D. 体系结构

2. 简答题

（1）简述计算机科学的研究领域。

（2）思考计算机求解问题的方法步骤。

（3）思考什么样的应用环境需要高性能的计算机。

（4）简述数字计算机的发展趋势和应用情况。

第2章 数据的表示与编码

在实际生活中人们的表达形式是多种多样的，需要计算机处理的信息也是多种多样的，但是，这些复杂多变的信息在计算机中的存储却是比较单一的。在计算机处理数据信息时，首先要解决的一个问题是如何表示信息。

本章主要介绍数和数制的概念，进制间的转换方法，二进制原码、反码、补码的表示方法，二进制数的算术运算，以及各种数据类型的编码方式及其在计算机中的存储。

问题导入

计算机中为什么要采用二进制?

五彩缤纷的世界中人们对信息有绚丽多彩的表达方式，那么，这些绚丽多彩的信息在计算机中是如何存储的呢？在计算机上看到的以自然方式呈现出来的数据在计算机中有没有变化过呢？

计算机是以集成电路为基础部件构成的，这些集成电路可以看成是由一个个门电路组成，(当然事实上没有这么简单的)。当计算机工作的时候，电路通电工作，于是每个输出端就有了电压．电压只有高电平和低电平，也就是说只能表示0和1，而电子计算机能以极高速度进行信息处理和加工，包括数据处理和加工，而且有极大的信息存储能力。这些又是如何做到的呢？这得益于计算机的数值存储方式。计算机使用二进制存储大量的信息的基本方法是什么？数字转化成自然方式的信息的方法是什么？主要依据是什么？本章将一一揭秘。

2.1 数制

计算机的功能就是进行数据处理。数据是对事实、概念或指令的一种特殊表达形式，可以用人工方式或自动化装置进行通信、翻译转换或加工处理。数据在计算机中的表示和存储，是数据处理的基础。一般把计算机处理的数据分为数值型数据和非数值型数据两类。

(1) 数值型数据是表示数量，可以进行数值运算的数据。

（2）非数值型数据是字符、汉字、图像、声音、视频等多媒体数据。

数据和数据处理的动作在计算机内部最终是以“0”和“1”二进制数的形式来表示的。其原因是二进制数只由“0”和“1”两个数字组成，可以把它们看成是两种有区别的、可以相互转换的状态，这就容易使用不同的物理元件来实现。

在计算机科学的范畴里，除了二进制数之外还会使用八进制数、十六进制数和平常用的十进制数，作为信息的表示记号，它们的共同本质是位置记数法。对位置记数法的理解是认识计算机科学的基础和出发点。

2.1.1 数制系统

在日常生活中，人们最熟悉的是十进制，而计算机中常用的数制是二进制、八进制、十六进制和十进制，且在计算机内的所有数据都是以二进制代码的形式存储、处理和传送的。但是在输入/输出或书写时，为了用户的方便，也经常用到八进制和十六进制。

在生活中常见的十进制系统中，进位原则是“逢十进一”。由此可以推知，在二进制系统中其进位原则是“逢二进一”；在八进制系统中其进位原则是“逢八进一”；在十六进制系统中其进位原则是“逢十六进一”。为了弄清楚进制的概念及其关系，必须掌握各种进制的数的表示方法及不同进制之间数的相互转换的方法。

在进位计数的数字系统中，如果只用 P 个基本符号（如 0，1，2，$P-1$）来表示数值，则称其为“基 P 数值”。在进制中，基数和位权这两个基本概念对数制的理解和多种数制间的转换起着至关重要的作用。

1. 基数

用 P 个基本符号表示的数值中，称 P 为该数制的“基数”，简称“基”或“底”。例如，十进制数制的基 $P=10$。

2. 位权

数值中每一个固定位置对应的单位称为“位权”，简称“权”。它以数制的基为底，以整数为指数组成。例如，十进制数制的位权为：10^2，10^1，10^0，10^{-1}，10^{-2}。

对十进制数，可知 $P=10$，它的基本符号有 10 个，分别是 0，1，2，3，4，5，6，7，8，9。

对二进制数制，则取 $P=2$，其基本符号为 0，1。

进位基数的编码符合“逢 P 进一”的原则，各位的权是以 P 为底的幂，一个数可按权展开多项式。

【例 2-1】 十进制 $496.32=4*10^2+9*10^1+6*10^0+3*10^{-1}+2*10^{-2}$。依据此例，可以将任意数制的数 K 表示为如下通式

$$K=k_{n-1}*p^{n-1}+k_{n-2}*p^{n-2}+k_1*p^1+k_0*p^0+k_{-1}*p^{-1}+k_{-m}*p^{-m}=\sum_{i=n-1}^{i=-m}k_ip^i$$

式中，i 为数位；m，n 为正整数；P 为基数；k_i 为第 i 位数码。

位置计数法的数制具有以下几个主要特点。

（1）数码个数等于基数，最大数码比基数小 1。

（2）每个数码都是乘以基数的幂次，而该幂次是每个数所在的位置决定的，即“位权”。

（3）低位向高位的进位“逢基数进一”。

在计算机中常用的数制二进制、八进制、十六进制和十进制，它们的基、权、基本符号、表现形式如表 2-1 所示。

表 2-1　常用的各种进位制及表示

进制	基本符号	基	表示形式
二进制	0，1	2	B
八进制	0，1，…，7	8	O
十进制	0，1，…，9	10	D
十六进制	0，1，…，9，A，…，F	16	H

书写时，可以写成这种格式：1001110，1011D，1011001BH，1011DH，1011B，也可以写成（100111）B，（780）D，（1289ABC）H，或者写成 $(1010)_{10}$，$(1010)_2$，$(1010)_8$，$(1010)_{16}$。

2.1.2　数制间的转换规则

将数由一种数制转换成另一种数制称为数制间的转换。由于计算机采用二进制，但用计算机解决实际问题时对数值的输入/输出通常使用十进制，这就有一个十进制向二进制转换或由二进制向十进制转换的过程。也就是说，在使用计算机进行数据处理时首先必须把输入的十进制数转换成计算机所能接受的二进制数；计算机在运行结束后，再把二进制数转换为人们所习惯的十进制数输出。这两个转换过程完全由计算机系统自动完成不需要人工参与。下面是最常用的几条转换规则。

1. 把 p 进制数转为十进制数

转化规则：只要计算带权多项式的值，就可以把一个 p 进制数转换为对应的十进制数。

$$a_n \cdots a_1 a_0 . a_{-1} \cdots a_{-m}(p) = a_n * p^n + \cdots + a_1 * p^1 + a_0 * p^0 + a_{-1} * p^{-1} + \cdots a_{-m} * p^{-m}$$

【例 2-2】 p 进制数转化成十进制数。

$(1010)_{10} = 1 * 10^3 + 0 * 10^2 + 1 * 10^1 + 0 * 10^0 = 1010$

$(1010)_2 = 1 * 2^3 + 0 * 2^2 + 1 * 2^1 + 0 * 2^0 = 10$

$(1010)_8 = 1 * 8^3 + 0 * 8^2 + 1 * 8^1 + 0 * 8^0 = 520$

$(1010)_{16} = 1 * 16^3 + 0 * 16^2 + 1 * 16^1 + 0 * 16^0 = 411$

2. 把十进制数转为 p 进制数

转化规则：整数部分除以 p 取余数，直到商为 0，余数从右到左排列；小数部分乘

以 p 取整数，整数从左到右排列。

下面是一些转换例子。

【例 2-3】 将一个十进制数 108.375 转换为二进制数。

如图 2-1 所示，整数部分：把 108 除以 2，记下余数；把商 54 再除以 2，又记下余数，重复这个过程，直到商为 1 为止。显然，每个余数不是 0 就是 1。需要注意的是，最先得到的余数是二进制数的最右位，然后得到的是从右到左的各位数字，最后剩下来的 1 是转换得到的二进制数的最左位。

小数部分：把 0.375 乘以 2，记下整数部分；把小数 0.75 乘以 2，又记下整数部分重复这个过程，直到小数部分为 0 为止。每个整数不是 0 就是 1。需要注意的是最先得到的整数是二进制数的小数部分的最左位，然后得到的是从左到右的各位数字，最后得到的 0 可省略不写。

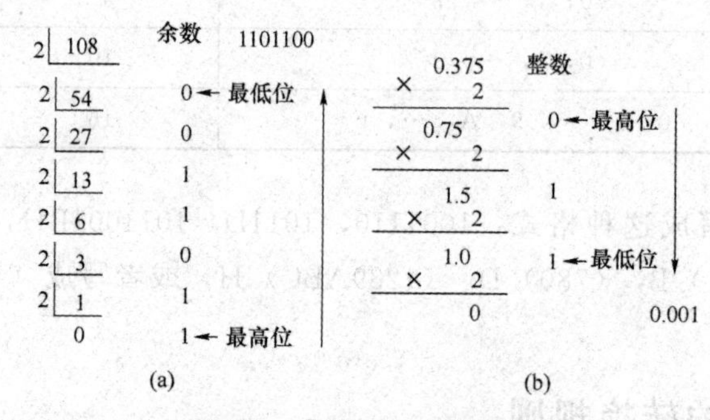

图 2-1 ［例 2-3］转换过程

（a）整数部分；（b）小数部分

即：$(108.375)_{10}=(1101100.011)_2$

【例 2-4】 将十进制数 108 转换为八进制整数和十六进制整数。

转换为八进制整数的计算过程如图 2-2（a）所示，转换为十六进制整数的转换过程如图 2-2（b）所示。

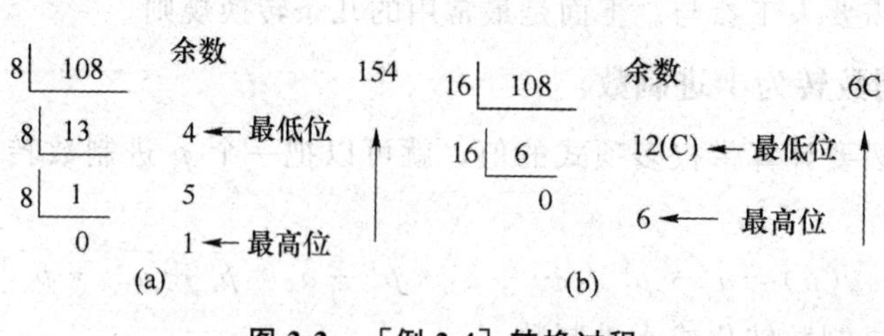

余数 154
4← 最低位
5
1← 最高位
(a)
余数 6C
12(C) ← 最低位
6 ← 最高位
(b)

图 2-2 ［例 2-4］转换过程

（a）转换为八进制整数的转换过程；（b）转换为十六进制整数的转换过程

即：$(108)_{10}=(154)_8$ $(108)_{10}=(6C)_{16}$

3. 八进制数、十六进制数和二进制数的相互转换

因为 $2^3=8^1$，$2^4=16^1$，所以，可以把二进制数从右到左每 3 个位和八进制数的 1 位相对应；同理，二进制数每 4 个位和十六进制数的 1 位对应。利用上述规则可得：

二进制数转换成八进制数的方法是：将二进制数从小数点开始，整数部分从右向左 3 位一组，小数部分从左向右 3 位一组，若不足三位用 0 补足即可。二进制数转换成十六进制数的方法类似。使用此规则容易完成八进制数和二进制数、十六进制数和二进制数的双向转换。见［例 2-5］至［例 2-9］。

【例 2-5】将二进制数 1100101110.1101B 转换为八进制数。转换过程如图 2-3 所示。

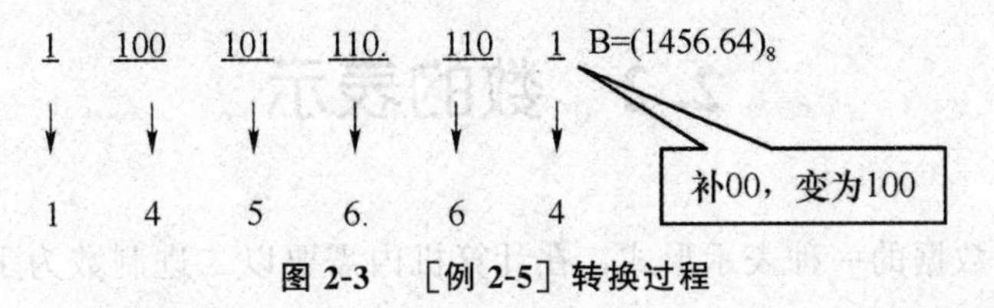

图 2-3　［例 2-5］转换过程

即：1100101110.1101B＝（1456.64）8

【例 2-6】将八进制数（3216.42）$_8$ 转换为二进制数。转换过程如图 2-4 所示。

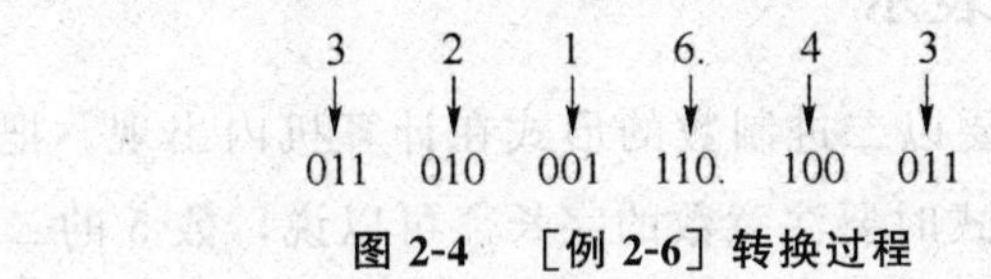

图 2-4　［例 2-6］转换过程

即：(3216.43)$_8$＝11010001110.100011B

【例 2-7】将二进制数 1101101110.110101B　转换为十六进制数。转换过程如图 2-5 所示。

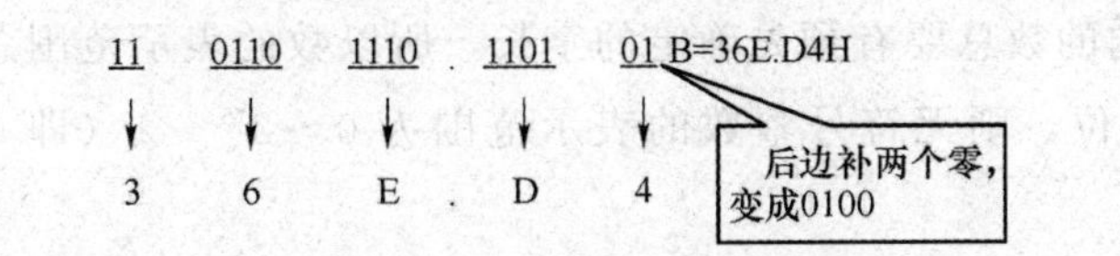

图 2-5　［例 2-7］转换过程

即：1101101110.110101B＝36E.D4H

【例 2-8】把十六进制数 36E.D4 转换为二进制数。转换过程如图 2-6 所示。

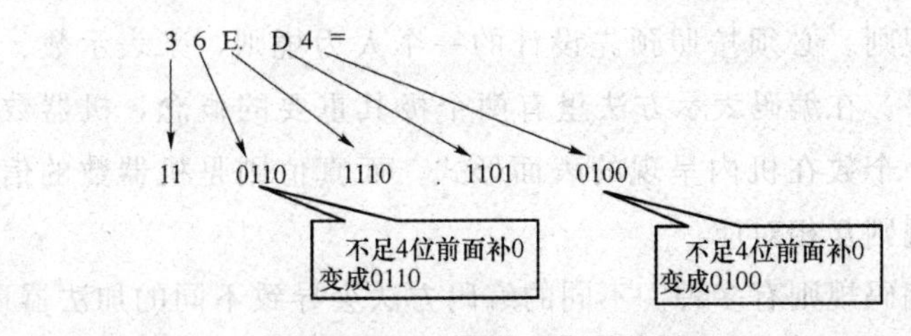

图 2-6　［例 2-8］转换过程

即：36E.D4＝1101101110.11010100B

把十进制数转换为二进制数时，为了减少做除法的次数，一个好办法是：先把十进制数转换为八进制数或十六进制数，再写出对应的二进制数。

【例 2-9】把十进制数 35 转换成二进制数。

$(35)_{10}=(43)_8=(100011)_2$

把 35 转换为八进制，除一次就够了，也是快速的。把每个八进制数数字写成 3 位的二进制数。

2.2 数的表示

二进制数是数据的一种表示形式，在计算机内需要以二进制数为手段来表示整数、实数、复数等各类数的数值，以方便对数进行算术运算。本节讨论的实质是数值的表示，而不是表现为数字串的数的记录形式。

2.2.1 无符号整数的表示

一个无符号的整数自然要以二进制数的形式在计算机内出现。把一个日常使用的无符号整数转换为二进制形式时要注意数的字长。可以说，数 5 的二进制形式是 101。但是一个数所驻留的内存单元、寄存器、运算器总是有固定的字长的。存储空间的每个位不是 0 就是 1，不可能是不确定的其他状态。例如，计算机字长 16 位，5 这个无符号整数在内存单元里的存储形式是 0000000000000101。

需要注意的是，在有效数字 101 的前面，有 13 个无效但确实存在的“左零”。

因为计算机内的数总要有预先确定的字长，所以数的表示范围总是有限的。如计算机的字长为 16 位，则无符号整数的表示范围为 $0\sim2^{16}-1$（即 0～65535），一共 65536 个整数。

2.2.2 有符号整数的表示

如何表示有符号整数所带的正、负号呢？计算机能用的记号仍然只有 0 和 1。于是就产生一个问题，如何区分表示数绝对值的 0，1 和表示正负号的 0，1 呢？区分的唯一手段是数的编码规则。必须按照预先设计的一个人为规则，来表示数、对数进行运算、理解运算的结果。在编码表示方法里有两个极其重要的概念，机器数和真值。机器数是指被表示的一个数在机内呈现的表面形式，而真值则是机器数的信息含义。两者依靠确定的编码规则互相对应。

有符号整数的编码规则有多种。不同的编码方法会导致不同的加法器逻辑复杂度。符号位表示法和反码表示法，在硬件逻辑设计上都相当复杂。因此，需要设计更适合硬件操作的编码方案，于是有了补码表示法。几乎目前所有的计算机都采用这种编码方式。

先以原码规则为切入点，原码容易理解，但缺点较多，并不实用。然后再介绍广为应用的补码规则。

1. 机器数和真值

二进制数有正负之分，如 N_1＝＋0101101，N_2＝－0101101，则 N_1 是个正数，N_2 是个负数。机器不能直接把符号“＋”“－”表示出来，为了能在计算机中表示正负数，必须引入符号位，即把正负符号也用 1 位二进制数码来表示。把符号位和数值位一起编码来表示相应的数的表示方法包括原码、补码、反码等。

为了便于在计算机中表示，同时又便于与实际值相区分，在此首先引入机器数和真值的概念。

机器数：用二进制数“0”或“1”来表示数的符号，“0”表示正号，“1”表示负号，且把符号位置于该数的最高数值位之前，这样表示的数称为机器数（或称机器码），即用符号位和数值位一起编码来表示的数就是机器数。

真值：一般书写中用“＋”“－”来表示数的符号，这样表示的数称为真值。

例如：N_1＝＋0101101，N_2＝－0101101，这是真值，表示成机器数（以原码为例）就是 $[N_1]_{原}=00101101$，$[N_2]_{原}=10101101$。

2. 原码

原码规则：在数的绝对值以外再增加一个符号位，用 0 来表示正号、用 1 来表示负号。这样，额外符号位上的 0，1 就和数的正、负对应了。通常用 $[X]_{原}$ 表示 X 的原码。正数的原码等于它本身，负数的原码等于 $2^{n-1}-X$

正数的原码 $[X]_{原}=X$　　　　　　$(0<X<2^{n-1})$

负数的原码 $[X]_{原}=2^{n-1}-X$　　　　$(-2^{n-1}<X<0)$

【例 2-10】 假设机器字长为 8 位，写出＋73 和－73 的原码表示式。

字长 8 位，必须留出一个符号位，其余 7 位用来表示数的绝对值。按原码规则＋73 的原码是 01001001，－73 的原码是 11001001。

不难理解，8 位原码能够表示的最大整数是＋127（01111111），最小整数是－127（11111111）。零的原码有 00000000 和 10000000 两个。这是原码规则的缺点之一。

原码的表示方法简单易懂，与真值转换方便，但在进行加减法运算时，符号位不能直接参加运算，而是要分别计算符号位和数值位。当两数相加时，如果是同号，则数值相加；如果是异号，则要进行减法运算。而在进行减法运算时，还要比较绝对值的大小，然后用大数减去小数，最后还要给运算结果选择恰当的符号。

重要的是，通过对原码的认识，要区分机器数和真值这两个不同概念。机器里的一个二进制数 11001001，只有引用原码规则才能确定它代表的真值－73。如果引用的是无符号整数的编码规则，机器数 11001001 的真值是 201。可见，机器数的形式是单一的，离开了编码规则，一个机内二进制数所代表的数据真值无从谈起。至于规则的引用，则是由处理数据的程序负责的。当然，实质上是由程序设计者负责的。

3. 补码

什么是补码？用日常生活中的实例来进行说明。假如现在时间是 7 点，而你的手表却指向了 9 点，如何调整手表的时间？有两种方法拨动时针，一种是顺时针拨，即

向前拨动10个小时；另一种是逆时针拨，即向后拨2个小时。从数学的角度可以表示为

$$(9+10)-12=19-12=7 \text{ 或 } 9-2=7$$

可见，对钟表来说，向前拨10个小时和向后拨2个小时的结果是一样的，减2可以用加10来代替。这是因为钟表是按12进位的，12就是它的“模”。对模12来说，－2与＋10是“同余”的，也就是说，－2与＋10对于模12来说是互为补数的。

计算机中的加法器是以 2^n 为模的有模器件，因此可以引入补码，把减法运算转换为加法运算，以简化运算器的设计。

补码的定义：把某数 X 加上模数 K，称为以 K 为模的 X 的补码。

$$[X]_{补}=K+[X]$$

通常用 X 补来表示 X 的补码，正数的补码的最高位为符号0数值部分为该数本身；负数的补码的最高位为符号“1”，数值部分为用模减去该数的绝对值。

正数的补码 $[X]_{补}=|X|$　　　　$(0<X<2^{n-1})$

负数的补码 $[X]_{补}=2^n-|X|$　　　　$(-2^{n-1}<X<0)$

通过用模 2^n 减去某数的绝对值的方法来求某数的补码比较麻烦，求一个二进制数的补码的简便方法是：正数的补码与其原码相同；负数的补码是符号位不变，数值位逐位取反（即求其反码），然后在最低位加1。

和原码相比而言，补码的优点有很多。所以机内表示有符号整数时，大多数情况下会采用补码的形式。

【例2-11】 设有带符号数的真值 $X=+73$ 和 $Y=-73$，则它们的原码和补码分别为

$[X]_{原}=01001001$　　　　$[X]_{补}=01001001$

$[Y]_{原}=11001001$　　　　$[Y]_{补}=10110111$

（1）补码的优点

计算机运算器的字长是固定的，所以是个模运算系统。用补码表示正负数有许多优点，因而被广泛使用。最大的两个好处是，在补码表示的前提下，对任意的正、负整数，可以不加区分地进行机械式的加法运算，结果总是对的；可以用加法替代减法，减去一个数等同于加它的补数（不是补码）。

（2）补码系统的表示范围

字长为 n 位的补码系统，模为 2^n，共有 2^n 个码，表示有符号整数的真值范围为 $(-2^{n-1}\sim+2^{n-1}-1)$

【例2-12】 用16位的补码形式来表示有符号整数，指出数的表达范围。

因为模为 $2^{15}=65536$ 所以总共可以表示65536个正、负数。能够表示的最小负数是 $-2^{15}=-32768$，能够表示的最大正数是 $+2^{15}-1=+32767$。

想想为什么最大正数的绝对值会比最小负数的绝对值小1？

4. 反码

引入反码的目的是便于求负数的补码。

反码的定义规则：正数的反码与原码相同，负数的反码是符号位不变，数值位逐

位取反。

【例 2-13】［+59］$_{反}$＝［+59］$_{原}$＝00111011，而［−59］$_{原}$＝10111011，因此，［−59］$_{反}$＝11000100。

注意：0 的反码也有两个，［+0］$_{反}$＝00000000，［−0］$_{反}$＝11111111

在计算机中，求一个数的反码很容易，因此，求一个数的补码也就易于实现。

在计算机的原码、反码、补码运算中，发现采用补码运算，计算机的控制线路较为简单，所以目前大多数计算机均采用补码存储、补码运算，其运算结果仍为补码形式。表 2-2 列出了字长为 8 的计算机中的原码、反码、补码的对照。

表 2-2　常用原码、反码、补码的对照表

数值	原码	反码	补码
0	00000000	00000000	00000000
0	10000000	11111111	00000000
1	00000001	00000001	00000001
−1	10000001	11111110	11111111
−15	10001111	11110000	11110001
−127	11111111	10000000	10000001
−128			10000000

2.2.3 实数的表示

实数是带有整数部分和小数部分的数字。对于小数部分的数值，不仅需要用 0 和 1 存储数值、符号，还需要存储小数点的位置。在计算机中一般使用定点数和浮点数来表示带小数点的数。

计算机中常用的数据表示格式有两种：一是定点格式，二是浮点格式。所谓定点数和浮点数，是指在计算机中一个数的小数点的位置是固定的还是浮动的：如果一个数中小数点的位置是固定的，则为定点数；如果一个数中小数点的位置是浮动的，则为浮点数。一般来说，定点格式可表示的数值的范围有限，但要求的处理硬件比较简单。而浮点格式可表示的数值的范围很大，但要求的处理硬件比较复杂。

采用定点数表示法的计算机称为定点计算机，采用浮点数表示法的计算机称为浮点计算机。定点计算机在使用上不够方便，但其构造简单，造价低，一般微型机和单片机大多采用定点数的表示方法。浮点计算机可表示的数的范围比定点计算机大得多，使用也比较方便，但是比定点计算机复杂，造价高，在相同的条件下浮点运算比定点运算速度慢。目前，一般大、中型计算机及高档微型机都采用浮点表示法，或同时具有定点和浮点两种表示方法。

1. 定点数的表示

定点格式，即约定机器中所有数据的小数点位置是固定不变的。通常将定点数据表示成纯小数或纯整数。为了将数表示成纯小数，通常把小数点固定在数值部分的最高位之前；而为了把数表示成纯整数，则把小数点固定在数值部分的最后面，如图 2-7 所示。

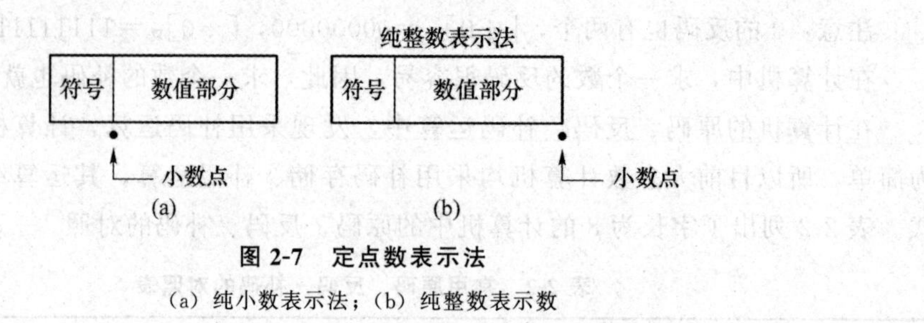

图 2-7　定点数表示法

(a) 纯小数表示法；(b) 纯整数表示数

图 2-7 中所标示的小数点“.”，在机器中是不表示出来的，而是事先约定在固定的位置。对于一台计算机，一旦确定了小数点的位置就不再改变。

对纯小数进行运算时，要用适当的比例因子进行折算，以免产生溢出，或过多损失精度。假设用一个 n 位字来表示一个定点数 $X=X_0X_1X_2\cdots X_{n-1}$，其中一位 X_0 用来表示数的符号位，其余位数代表它的量值。为了对所有 n 位进行统一处理，符号位 X_0 通常放在最左位置，并用数值 0 和 1 分别代表正号和负号。对于任意定点数 $X=X_0X_1X_2\cdots X_{n-1}$，如果 X 表示的是纯小数，那么小数点位于 X_0 和 X_1 之间，数的表示范围为：$0\leqslant |X| \leqslant 1-2^{-(n-1)}$；如果 X 表示的是纯整数，则小数点位于最低位 X^{n-1} 的右边，数的表示范围为：$0\leqslant |X| \leqslant 2^{n-1}-1$。

目前计算机中大多采用定点纯整数表示，因此将定点数表示的运算简称为整数运算。

2. 浮点数的表示

在定点数表示中存在的一个问题是，难以表示数值很大的数据和数值很小的数据。例如，电子的质量（9×10^{-28}g）和太阳的质量（2×10^{33}g）相差甚远，在定点计算机中无法直接表示，因为小数点只能固定在某一个位置上，从而限制了数据的表示范围。

为了表示更大范围的数据，数学上通常采用科学计数法，把数据表示成一个小数乘以一个以 10 为底的指数。

例如，在计算机中，电子的质量和太阳的质量可以分别取不同的比例因子，以使其数值 21 部分的绝对值小于 1，即：$9\times10^{-28}=0.9\times10^{-27}$，$2\times1033=0.2\times10^{34}$。

这里的比例因子 10^{-27} 和 10^{34} 要分别存放在机器的某个单元中，以便以后对计算结果按此比例增大。显然，这要占用一定的存储空间和运算时间。

浮点表示法就是把一个数的有效数字和数的范围在计算机中分别予以表示。这种把数的范围和精度分别表示的方法，相当于数的小数点位置随比例因子的不同而在一定范围内自由浮动，改变指数部分的数值相当于改变小数点的位置。在这种表示法中，小数点的位置是可以浮动的，因此称为浮点表示法。

浮点数的一般表示形式为

一个十进制数 N 可以写成：$N=10^{e}\times M$

一个二进制数 N 可以写成：$N=2^{e}\times M$

其中，M 称为浮点数的尾数，是一个纯小数；e是比例因子的指数，称为浮点数的指数，是一个整数。在计算机中表示一个浮点数时，一是要给出尾数 M，用小数形式表示；二是要给出指数 e，用整数形式表示，常称为阶码。尾数部分给出有效数字的位数，因而决定了浮点数的表示精度；阶码部分指明了小数点在数据中的位置，因而决定了浮点数的表示范围。浮点数也是有符号数，带符号的浮点数的表示如图 2-8 所示。

其中，S 为尾数的符号位，放在最高一位；E 为阶码，紧跟在符号位之后，占 m 位；M 为尾数，放在低位部分，占 n 位。

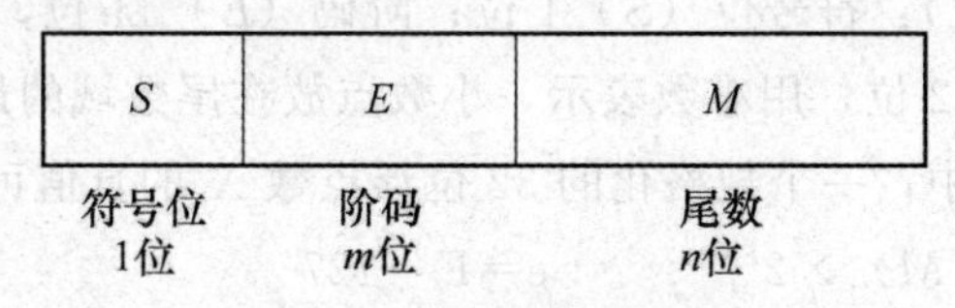

图 2-8　浮点数的表示

(1) 规格化浮点数

若不对浮点数的表示做出明确规定，同一个浮点数的表示就不是唯一的。例如：

$(1.75)_{10}=(1.11)_2=1.11\times2^0=0.111\times2^1=0.0111\times2^2=0.00111\times2^3$

为了提高数据的表示精度，需要充分利用尾数的有效位数。当尾数的值不为0时，尾数域的最高有效位应为1，否则就要用修改阶码同时左右移动小数点的办法，使其变成符合这一要求的表示形式，这称为浮点数的规格化。

(2) IEEEG754 标准浮点格式

在 IEEEG754 标准出现之前，业界并没有一个统一的浮点数标准，相反，很多计算机制造商都在设计自己的浮点数规则及运算细节。

为了便于软件的移植，浮点数的表示格式应该有一个统一的标准。1985 年，IEEE (Institute of Electrical and Electronics Engineers，美国电气和电子工程师协会）提出了 IEEEG754 标准，并以此作为浮点数表示格式的统一标准。目前，几乎所有的计算机都支持该标准，从而大大改善了科学应用程序的可移植性。IEEE 标准从逻辑上采用一个三元组 $\{S, E, M\}$ 来表示一个数 N，它规定基数为 2，符号位 S 用 0 和 1 分别表示正和负，尾数 M 用原码表示，阶码 E 用移码表示。根据浮点数的规格化方法，尾数域的最高有效位总是 1，由此，该标准约定这一位不予存储，而是认为隐藏在小数点的左边，因此，尾数域所表示的值是 $1.M$（实际存储的是 M），这样可使尾数的表示范围比实际存储多一位。为了表示指数的正负，阶码 E 通常采用移码方式来表示，将数据的指数 e 加上一个固定的偏移量后作为该数的阶码，这样做既可避免出现正负指数，又可保持数据的原有大小顺序，便于进行比较操作。

目前，大多数高级语言都按照 IEEEG754 标准来规定浮点数的存储格式。IEEEG754 标准规定，单精度浮点数用 4 字节（即 32 位）存储，双精度浮点数用 8 字节（即 64 位）存储，如图 2-9 所示。

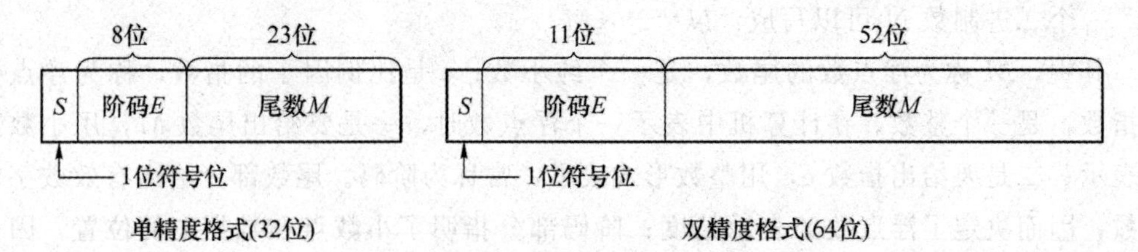

图 2-9　IEEE-754 标准浮点格式

单精度格式（32 位）：符号位（S）1 位；阶码（E）8 位，阶码的偏移量为 127（7FH）；尾数 M23 位，用小数表示，小数点放在尾数域的最前面。

双精度格式（64 位）：符号位（S）1 位；阶码（E）11 位，阶码的偏移量为 1023（3FFH）；尾数（M）52 位，用小数表示，小数点放在尾数域的最前面。

在 IEEE-754 标准中，一个规格化的 32 位浮点数 X 的真值可表示为

$X=(-1)^s\times(1.M)\times 2^{E-127}$　　$e=E-127$

在 IEEE-754 标准中，一个规格化的 64 位浮点数 X 的真值可表示为

$X=(-1)^s\times(1.M)\times 2^{E-1023}$　　$e=E-1023$

由于双精度格式的原理与单精度格式相同，仅仅是表示的位数有所增加，所以，下面主要介绍单精度格式（32 位）浮点数的表示方法。

当一个浮点数的尾数为 0，不论其阶码为何值，或者当阶码的值遇到比它所能表示的最小值还小时，不管其尾数为何值，计算机都把该浮点数看成零值，称为机器零。

当阶码 E 为全 0 且尾数 M 也为全 0 时，表示的真值 X 为零，结合符号位 S 为 0 或 1，有正零和负零之分。当阶码 E 为全 1 且尾数 M 也为全 0 时，表示的真值 X 为无穷大（∞），结合符号位 S 为 0 或 1，有 +∞ 和 −∞ 之分。这样，在 32 位浮点数表示中，要除去 E 用全 0 和全 1（255）表示零和无穷大的特殊情况，因此，阶码 E 的取值范围变为 1～254，指数的偏移量不选 128（10000000B），而选 127（01111111B）。对于 32 位规格化浮点数，真正的指数值 e 为 −126～+127，因此，数的绝对值的范围是 $2^{-126}\sim 2^{127}\approx 10^{-38}\sim 10^{38}$。

3. 实数表示的截断误差

计算机内表示的实数和数学上的实数的差别，除了不连续之外，截断误差也是个不能忽略的问题。首先，一些实数本身就没有准确的二进制形式。比如 0.3 的二进制数形式是个无限循环的小数，0.010011001…，在机内出现必然会引起截断误差。其次，即使实数有准确的二进制形式，但预定存储实数的字长是固定的，尾数字段空间不够大，部分数字位因此丢失，产生截断误差。很多时候，会用 4 个字节（32 位）来存放一个浮点数，尾数有 7 个有效数字左右，称为单精度浮点数；也会用 64 位来存放，尾数有效数字可以增加到十五、十六位的样子，称为双精度浮点数。

实数的计算机内表示误差是无法完全避免的，但要采用适当的应对措施，以免危及应用业务。

2.2.4　数的基本运算

计算机中的基本运算有两类：一类是算术运算，一类是逻辑运算。算术运算就是加减乘除四则运算，逻辑运算包括逻辑与、逻辑或、逻辑非。

1. 算术运算

一个数字系统可以只进行两种基本运算：加法和减法。利用加法和减法，就可以进行乘法和除法，有了加减乘除就可以进行其他的数值运算。在计算机中通常采用补码做加减运算。在本节的例子中假定机器字长为 8 位，并且使用纯整数。

(1) 补码加法运算

当 $|X|<2^7$，$|Y|<2^7$，$|X+Y|<2^7$ 时，有

$[X]_补+[Y]_补=[X+Y]_补$ （Mod2^8）

这表示在模 2^8 意义下，任意两个数的补码之和等于这两个数之和的补码。在使用补码做加法运算时要注意符号位要作为数的一部分一起参与运算，如果是在模 2^8 的意义下相加，即超过 2^8 的进位要丢掉。

【例 2-14】 $X=(1001010)_2$，$Y=(-101001)_2$，用补码加法求 $X+Y$。

解：$[X]_补=01001010$ $[Y]_补=11010111$。

运算过程如图 2-10 所示。

```
      [X]补 01001010                 1001010  X
     +[Y]补 11010111           +  -  101001  Y
  ─────────────────────        ───────────────
丢掉←1  00100001=[X+Y]补           0100001  X+Y
         (a)                          (b)
```

图 2-10　[例 2-14] 运算过程

(a) 用补码运算；(b) 用真值运算

$[X+Y]_补=[X]_补+[Y]_补=01001010+11010111=00100001$

由补码运算结果可知：$X+Y=00100001$。这与真值运算的结果一致。

(2) 补码减法运算

在上一个例子中负数的加法可以转化成补码的加法来运算，那么减法运算一样可以转化成加法来运算。

$[X-Y]_补=[X+(-Y)]_补=[X]_补+[-Y]_补$ （Mod2^8）

【例 2-15】

$X=+1101010$，$Y=+110100$，用补码加法求 $X-Y=?$

解：$[X]_补=01101010$　　$[Y]_补=00110100$

$[-Y]_补=11001100$

$[X-Y]_补=[X]_补+[-Y]_补=01101010+11001100=00110110$

由补码运算结果可知：$X-Y=+110110$。

用真值运算过程如图 2-11 所示。

$$\begin{array}{r} 1101010 \quad X \\ -\ \ 110100 \quad Y \\ \hline 0110110 \end{array}$$

图 2-11 ［例 2-15］用真值运算过程

这与真值运算的结果一致可见补码减法和加法运算没有区别，减法可以转化为加法再运算。所有加，减，乘，除等的算术运算均适用于整数。加和减是基本运算形式。乘法运算可以在软件中通过连加的方法，或在硬件中通过其他技术实现。除法运算可以在软件中通过连减的方法，或在硬件中通过其他技术执行。

对整数的所有形式都可以进行加和减的运算。现在计算机中整数只以补码形式存储。二进制补码中两个整数相加的法则：两个位相加，将进位加到下一列。如果最左边的列相加后还有进位，则舍弃它。

【例 2-16】 字长为 8 位时，用补码方式计算（－33）－（＋99）。

$[X]_{补}=11011111$　　$[Y]_{补}=01100011$　　$[-Y]_{补}=10011101$

$[X-Y]_{补}=[X]_{补}+[-Y]_{补}=11011111+10011101=01111100$

由补码运算结果可知：$X-Y=+1111100$。（正数，显然结果错了!）出错的原因是什么?

（3）溢出问题

在任意一个二进制系统中，都有对所表示数值大小的限制。当使用 8 位模式二进制补码时，可表示的最大正整数是 127，最小负整数是－128。具体来说，数值－132 无法被表示出来，这就意味着不能指望得出－33－99 的正确答案。事实上，它的结果会是正数，这种现象称为溢出。溢出指的是计算得出的数值超出了可以表示的数指范围。

2. 逻辑运算

逻辑运算包括三种基本运算：逻辑加法（又称“或”运算）、逻辑乘法（又称“与”运算）和逻辑否定（又称“非”运算）。计算机的逻辑运算是按位进行的，没进位或借位的联系。

（1）逻辑加法（“或”运算）

逻辑加法通常用符号“＋”或“∨”来表示。逻辑加法运算规则如下

$0\vee 0=0$，$0\vee 1=1$，$1\vee 0=1$，$1\vee 1=1$

从上式可见逻辑加法有“或”的意义。也就是说，在给定的逻辑变量中，A 或 B 只要有一个为 1，其逻辑加的结果为 1；两者都为 1 则逻辑加为 1。

（2）逻辑乘法（“与”运算）

逻辑乘法通常用符号“×”或“∧”或“·”来表示。逻辑乘法运算规则如下

$0\wedge 0=0$，$0\wedge 1=0$，$1\wedge 0=0$，$1\wedge 1=1$

从上式可见，逻辑乘法有“与”的意义。它表示只当参与运算的逻辑 1 时，其逻辑乘积才等于 1。

（3）逻辑否定（非运算）

逻辑非运算又称逻辑否运算。运算规则为

0＝1 非 0 等于 1，$\bar{1}$1＝0 非 1 等于 0

可以用表 2-3 来表示逻辑运算的规则。

表 2-3　逻辑运算的基本规则

A	B	*A* AND *B*	*A* OR *B*	非 *A*
0	0	0	0	1
0	1	0	1	1
1	0	0	1	0
1	1	1	1	0

【例 2-17】已知两逻辑数 $A=10101100$，$B=01110110$，计算 $A \cdot B$，$A+B$。

解：计算过程如图 2-12 所示。

```
   10101100   |     10101100
   01110110   |   + 01110110
 ----------   |   ----------
   00100100   |     11111110
```

图 2-12　［例 2-17］计算过程

计算结果为 $A \cdot B=00100100$，$A+B=11111110$

当遇到逻辑运算的与、或、非的混合运算时，运算顺序为：括号优先，然后为三种逻辑运算；三种逻辑运算中，逻辑非的运算优先级最高，然后是逻辑与，最后逻辑或。同级运算按照从左至右的顺序进行。

2.3　字符和汉字的表示

组成信息的基本符号除了数字之外还包含字母、符号、汉字等，但计算机内只能识别 0 和 1，因此需要对信息进行编码。机内表示字符的思路是：字符编码，就是使用一个约定的二进制数来表示一个字符，包括字母（Alphabet）、数字（Digit）、其他符号（Symbol）。而字符编码多以国家标准或标准化组织的标准形式颁布。下面介绍常用的字符编码和汉字编码。

2.3.1　字符编码

1. BCD 码

BCD 码（Binary Coded Decimal）亦称二进码十进数或二-十进制代码。用 4 位二进制数来表示 1 位十进制数中的 0～9 这 10 个数码。是一种用二进制编码的十进制代

码。BCD 码有 8421 码、2421 码、5421 码，其中 8421BCD 码是最基本和最常用的 BCD 码，它和四位自然二进制码相似，各位的权值为 8，4，2，1，故称为有权 BCD 码。和四位自然二进制码不同的是，它只选用了四位二进制码中前 10 组代码，即用 0000～1001 分别代表它所对应的十进制数，余下的六组代码不用。显然，用 BCD 码表示的十进数是字符数据，并不适于参加算术运算，如表 2-4 所示。

表 2-4　8421 码表

十进制数	8421 码	十进制数	8421 码
0	0000	6	0110
1	0001	7	0111
2	0010	8	1000
3	0011	9	1001
4	0100	10	00010000
5	0101		

【例 2-18】 给出数字串“2016”的 BCD 码表示形式。

0010000000010110

IBM 公司于 1963—1964 年间根据早期 BCD 推出 EBCDIC 码，在自己生产的大型计算机系统上使用，是一种 8 单位码，定义了 256 个不同字符。它的缺点是英文字母不是连续地排列，中间出现多次断续，为撰写程序的人带来了一些困难。

2. ASCⅡ码

这是由美国国家标准局（ANSI）颁布的美国标准信息交换码（American Standard Code for Information Interchange）。简称 ASCⅡ码（读作 as-kee）。ASCⅡ码是 7 单位码，每个字符和一个 7 位的二进制数对应，从 0～127 代表 128 个不同字符。具体编码如表 2-5 所示。现在的 ASCII 码已经扩展为 8 单位码，方法是在原来的 7 单位码上再增加一个高位 0。这样编码字符的数目可以增大一倍，达到 256 个。而且 8 单位码恰好和一个字节的位数对应。但问题在于增加的 128 个码值的表示语义并无标准定义。

表 2-5　ASCⅡ字符代码表

高位 低位	000	001	010	011	100	101	110	111
0000	32 个控制字符		空格	0	@	P	`	p
0001			!	1	A	Q	a	q
0010			"	2	B	R	b	r
0011			#	3	C	S	c	s
0100			$	4	D	T	d	r
0101			%	5	E	U	e	u

（续表）

<table>
<tr><th>高位
低位</th><th>000</th><th>001</th><th>010</th><th>011</th><th>100</th><th>101</th><th>110</th><th>111</th></tr>
<tr><td>0110</td><td colspan="2" rowspan="10">32 个控制字符</td><td>&</td><td>6</td><td>F</td><td>V</td><td>f</td><td>v</td></tr>
<tr><td>0111</td><td>'</td><td>7</td><td>G</td><td>W</td><td>g</td><td>w</td></tr>
<tr><td>1000</td><td>(</td><td>8</td><td>H</td><td>X</td><td>h</td><td>x</td></tr>
<tr><td>1001</td><td>)</td><td>9</td><td>I</td><td>Y</td><td>i</td><td>y</td></tr>
<tr><td>1010</td><td>*</td><td>:</td><td>J</td><td>Z</td><td>j</td><td>z</td></tr>
<tr><td>1011</td><td>+</td><td>;</td><td>K</td><td>[</td><td>k</td><td>{</td></tr>
<tr><td>1100</td><td>,</td><td><</td><td>L</td><td>\</td><td>l</td><td>|</td></tr>
<tr><td>1101</td><td>—</td><td>=</td><td>M</td><td>]</td><td>m</td><td>}</td></tr>
<tr><td>1110</td><td>.</td><td>></td><td>N</td><td>^</td><td>n</td><td>~</td></tr>
<tr><td>1111</td><td>/</td><td>?</td><td>O</td><td>—</td><td>o</td><td>Del</td></tr>
</table>

除了广为应用的 ASCII 码之外，EBCDIC 编码、GB2312 编码、Unicode 编码、UTFG8 编码在一定范围内也有影响。

Unicode 码，由一些知名的计算机厂商联合提出，是一种 16 单位码，共有 65 536 个码值，记为十六进制数 0000～FFFF，足以表示世界上各种语言的记号。

3. 数字编码

像挂号信的编号、超级市场的商品编号这样的一些应用里，只需要表示数字字符。为此，使用专门的数字编码方法更为恰当。数字编码只表示 0～9 这十个十进制数字。值得注意的是，数字编码仍然是一种字符编码。和 ASCII 码相比，专门的数字编码好处是十个数字只需要 4 位编码，因此每个字节可以存放两个数字。

（1）条形码

条形码（Bar Code）是一种以印刷形式出现的数字编码。黑线条表示 1、白线条表示 0，每个十进制数字根据编码规则和一个规定位数的二进制数相对应，表现为若干条黑白线。这样，就方便使用光学扫描设备来读入数字编码。

不同应用会使用不同的条形码编码规则。应用最广泛的一种是标识商品的条形码，称为 UPC 码（Universal Product Code）。

【例 2-19】UPC 码示例，如图 2-13 所示。

图 2-13　UPC 码

一维条形码只是在一个方向（一般是水平方向）表达信息，而在垂直方向则不表达任何信息，其一定的高度通常是为了便于阅读器的对准。一维条形码的应用可以提高信息录入的速度，减少差错率，但是一维条形码也存在一些不足之处：数据容量较小：30 个字符左右，只能包含字母和数字；条

形码尺寸相对较大（空间利用率较低）；条形码遭到损坏后便不能阅读。在水平和垂直方向的二维空间存储信息的条形码，称为二维条形码（Dimensional Bar Code）。

（2）二维码

二维码是用某种特定的几何图形按一定规律在平面二维方向上分布的黑白相间的图形记录数据符号信息的；在代码编制上巧妙地利用构成计算机内部逻辑基础的“0”“1”比特流的概念，使用若干个与二进制相对应的几何形体来表示文字数值信息，通过图像输入设备或光电扫描设备自动识读以实现信息自动处理。它具有条码技术的一些共性：每种码制有其特定的字符集；每个字符占有一定的宽度；具有一定的校验功能等。同时还具有对不同行的信息自动识别功能，及处理图形旋转变化等特点。目前，在二维码标准化研究方面，国际自动识别制造商协会（AIM）、美国标准化协会（ANSI）已完成了 PDF417、QRCode、Code49、Code16K、CodeOne 等码制的符号标准。我国也推出了两个二维码的国家标准：二维码网格矩阵码（SJ/T11349—2006）和二维码紧密矩阵码（SJ/T11350—2006）。

三维码又称彩色三维码，是在二维码 X 轴 Y 轴坐标模型的基础上，增加了色彩维度（即 Z 轴）来表示信息。三维码采用模糊识别技术，具有较强的抗变形能力，在一定的原则下，彩码矩阵的每个单元都可以变形、调整颜色取值或插入其他非识别颜色，这些特点使得三维码图案可以进行二次创意。而且三维码内嵌数字串变量，其信息可以在服务器端进行修改。在欧美等发达市场，三维码技术已被广泛应用于印刷、户外屏幕及互动电视等商业领域。我国也拥有完全自主知识产权的三维码技术，但尚未形成大规模应用。

四维码，在三维码的基础上，通过再次编码，将图像颠倒或倾斜，或将其变为动态图像，使之在原有三维码基础上再次扩展，既为四维码。目前，四维码仅仅是一个概念，其包含的信息量更大，适合未来物联网的应用。另外，随着人们研究的深入，更多的因素将被引入，形成更高阶的编码技术。

2.3.2 汉字编码

汉字处理是我国计算机推广应用中必须解决的问题。汉字的字数繁多，字形复杂，读音多变，常用汉字就有 7 000 个左右。要在计算机中表示汉字，最方便的方法是为每个汉字设计一个编码，而且要使这些编码与西文字符和其他字符有明显的区别。

目前，在我国使用的计算机汉字操作平台中常见的有 GB2312、BIG5、GBK、GB18030 四种汉字字符集。

1. GB2312 字符集

GB2312 即国标码字符集 GB2312—1980，全称为《信息交换用汉字编码字符集—基本集》，由中国国家标准总局发布，1981 年 5 月 1 日起实施，是中国国家标准的简体中文字符集。它所收录的汉字已经覆盖 99.75%的使用频率，基本满足了汉字的计算机处理需要。GB2312 的编码规则如下。

①每一个汉字都有一个唯一的 4 位十进数字编码。

②汉字编码的前两位称为区号，后两个称为位号，区号和位号的取值范围均为1～94。就是说，标准规定所有汉字分布在94个区上，每个区最多可以有94个汉字和其他字符。

③规定的极限编码数目为8 836个（94×94）。国家标准中已经定义了6 763个汉字和682个非汉字字符。其中，汉字集中又按使用频率分为一级汉字3 755个和二级汉字3 008个。1 418个未定义的码留作备用。

GB2312编码适用于汉字处理、汉字通信等系统之间的信息交换，通行于中国大陆；新加坡等地也采用此编码。中国大陆几乎所有的中文系统和国际化的软件都支持GB2312。

GB2312标准共收录6763个汉字，包括拉丁字母、希腊字母、日文平假名及片假名字母俄语西里尔字母在内的682个全角字符。在应用过程中发现，尽管汉字基本集已经可以满足绝大多数的使用要求，但在某些应用领域里，6 000多个汉字还是嫌少了一些，比如图书馆业务、户籍管理系统中的人名、地名表示等。1995年又颁布了《汉字编码扩展规范》（GBK）。GBK与GB2312—1980国家标准所对应的内码标准兼容，同时在字汇一级支持ISO/IEC10646—1和GB13000—1的全部中、日、韩（CJK）汉字，共计20 902个字。

（1）汉字输入码

如何在通用的输入设备上进行汉字输入，这是个问题。当然可以依据国标码用键盘的数字键输入汉字。但是要熟记6 000多个汉字的数字编码是个恼人的任务。二三十年来，人们一直在研究汉字输入码的问题。从1978年起，经过近三十年的“全民测试”，在提出的几百种汉字输入法中，最受欢迎的应该是字根代码类和字音代码类的汉字编码方案。到目前为止，已有1 000余种汉字输入编码方案，但推广应用的只有几十种。广泛使用中文输入法有拼音输入法、五笔字型输入法、二笔输入法、郑码输入法等，流行的输入法软件平台，在Windows系统有搜狗拼音输入法、搜狗五笔输入法、百度输入法、谷歌拼音输入法、QQ拼音输入法、QQ五笔输入法、极点中文汉字输入平台；Linux平台有IBus、Fcitx；MacOSX系统除自带输入法软件外还有百度输入法、搜狗输入法、QQ输入法；手机系统一般内置中文输入法，此外还有百度手机输入法、搜狗手机输入法等。除了拼音等编码方式，触摸式手写输入和语音输入也日渐普遍，给汉字输入带来了极大的方便。

（2）汉字内部码

如何存储用输入码形式输入计算机内的汉字好呢？把输入编码字符串原封不动地存放是不合适的。同一个汉字在不同的输入法中有不同的编码，但是编码长度绝大多数超过2字节。而且同一种输入法里，不同汉字的编码长度也不一定相同。这样就给汉字的存储和处理带来麻烦。因此有必要对输入的汉字进行转换，变成统一的一种机内存储形式，这就是汉字的内部码。

虽然汉字内部码没有统一的标准格式，但使用的形式只有几种。最常用的一种内部码格式如图2-14所示。

1	GB码区号＋32	0或1	GB码位号＋32

图 2-14　一种汉字内部码格式

①一个汉字的内码占据两个字节。

②每个字节中用标志位表示，这是个汉字字节还是个ASCⅡ码字符字节；汉字的第一个字节的标志位为“1”，第二个字节的标志位可以是“1”也可以是“0”；ASCII码字符的标志位为“0”。

③汉字的第一个字节标志位外的其余7位内容是：汉字的GB2312码区号＋32。

④第二个字节标志位外的其余7位内容是：汉字的GB2312码位号＋32。

这种方案实现的前提是，系统使用7单位的ASCII码表示字符，每个字符编码用一个字节存储，这样就有一个“空闲”位可以用作汉字或者字符的标志位。那么，为什么汉字内码不直接用国标码的区号和位号表示，而要做一个加32的位移呢？这是一种以防万一的考虑。区、位号的取值范围是1～94，加上32之后，码值范围是33～126。这样就避过ASCⅡ码的控制字符区间。万一系统没有汉字处理能力，把汉字内码字节的右7位当作字符处理，也只是错为可印出字符，引起混乱的程度也许不那么严重。

（3）汉字字形编码

汉字是图形字符，输出时要形成汉字的形状，因此系统里要记录汉字的字形。一种基本方法是用点阵来形成汉字的模样，即汉字点阵字模，称为汉字字形码。字形码也用于汉字输入，借助光学扫描、字符识别技术把印刷和书写的汉字输入计算机。

显然，表示一个汉字的点越多，汉字的字形就越精确、越漂亮。目前，已经确定汉字点阵的结构系列是：16×16、24×24、32×32、48×48、128×128。系统根据应用领域和输出设备来选择适用的点阵字模。例如，用16×16点阵表示一个汉字，就是将每个汉字用16行，每行16个点表示，一个点需要1位二进制代码，16个点需用16位二进制代码（即2个字节），共16行，所以需要16行×2字节/行＝32字节，即16×16点阵表示一个汉字，字形码需用32字节。全部汉字字形码的集合，称为汉字字库。字库存储在存储器中，使用时可以直接读出某个汉字的字形码，方法简单、操作方便、响应速度快、点阵的规模足够大时字形质量好。但是字库容量较大，需要使用不同字体时要有相应的字库，放大输出时会降低字形质量。

当汉子输出时，采用汉字字形码。图2-15给出了汉字集中编码之间的关系。

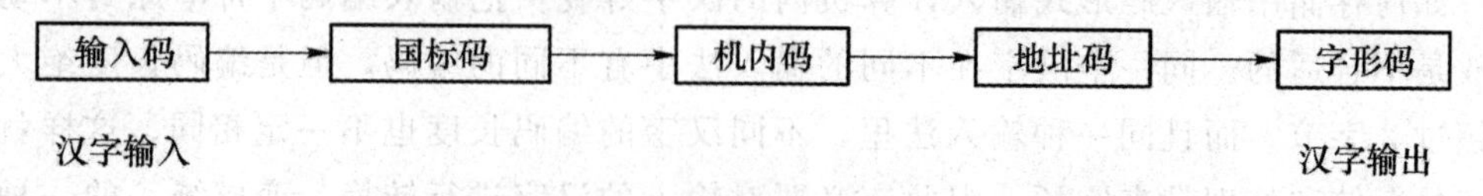

图 2-15　输入码、机内码、字形码之间的关系

2. BIG5 字符集

BIG5又称大五码，1984年由中国台湾财团法人信息工业策进会和5家软件公司宏

碁（Acer）、神通（MiTAC）、佳佳、零壹（Zero One）、大众（FIC）创立，故称大五码。BIG5 码的产生，一方面是因为当时中国台湾不同厂商各自推出不同的编码，如倚天码、IBM PS55、王安码等，彼此不能兼容；另一方面，中国台湾当时尚未推出官方的汉字编码，而 GB2312 编码亦未收录繁体中文字。BIG5 字符集共收录 13 053 个中文字，该字符集在中国台湾使用。

尽管 BIG5 码内包含一万多个字符，但是没有考虑社会上流通的人名、地名用字、方言用字、化学及生物学科等用字，没有包含日文平假名及片假名字母。

3. GBK 字符集

1995 年年底推出的 GBK（汉字内码扩展规范）编码是中文编码扩展国家标准，该编码标准兼容 GB2312，共收录汉字 21 003 个、符号 883 个，并提供 1 894 个造字码位，简、繁体字融于一库。

GBK 字符集主要扩展了对繁体中文字的支持。

4. GB18030 字符集

GB18030 的全称是 GB18030—2000《信息交换用汉字编码字符集－基本集的扩充》，是中国政府于 2000 年 3 月 17 日发布的新的汉字编码国家标准，2001 年 8 月 31 日后在中国市场上发布的软件必须符合该标准。

GB18030 字符集标准解决了汉字、日文假名、朝鲜语和中国少数民族文字组成的大字符集计算机编码问题。该标准采用单字节、双字节和四字节三种编码方式，字符总编码空间超过 150 万个编码位，收录了 27 484 个汉字，覆盖中文、日文、朝鲜语和中国少数民族文字，能满足中国大陆、中国香港、中国台湾、日本和韩国等东亚地区信息交换多文种、大字量、多用途、统一编码格式的要求，并且与 Unicode3.0 版本兼容，与以前的国家字符编码标准兼容。

2.4　图像和声音的表示

计算机内不仅要处理数和文字，还要处理图像、视频和音频。通常会用“多媒体”这个字眼来描写计算机处理多种形式数据的能力。图像和声音的机内表示也是通过编码规则的定义完成的。

2.4.1　图像的表示

在计算机中，可以用位图法表示图像。位图法就是把每幅图像看成是点的集合，每个点称为一个像素（Pixel）。如果图像只有黑白两色，可以用 0 或 1 表示。而对于彩色图像，要记录每个像素的色彩，这就需要更多个位。可见，位图是一幅图像在计算机内部的映像，表现为一个长度惊人的 0、1 串。

在计算机设备上，像素的色彩通常根据三原色原理表示。任何颜色都可以由不同浓度的红、绿、蓝三色（RGB）混合而成。一个实现方案是，每种原色的浓度用一个字节记录，全 0 字节表示色彩里不含这种原色，全 1 字节表示原色浓度达 100%，中间值表示原色的不同浓度。这样，每个像素的颜色要用 24 个位（三字节）表示。

【例 2-20】一个纯红色像素、一个纯黄色像素、一个纯黑色像素的 RGB 位表示。

红色是一种原色，而黄色由绿色和蓝色、黑色由红色和蓝色叠加而成。三个像素的表示如下：

	纯红色	纯绿色	纯蓝色
纯红色	11111111	00000000	00000000
纯黄色	00000000	11111111	11111111
纯黑色	11111111	00000000	11111111

每种原色都有 256 级浓度，三种原色搭配起来一共可以表示出一千六百多万种不同颜色（224）。但是，位图技术存在两个缺陷：首先，图像的位图容量太大，一张 1 024×1 024 个像素的图像，其位图需要几兆字节。其次，用位图表示的图像不利于放大。就像数码相机的“数字变焦”一样，放大图像只能扩大像素面积，使图像颗粒变粗，质量下降。

解决位图容量大的问题要使用图像压缩技术。常用的压缩方案有 GIF 系统和 JPEG 标准。

GIF（Graphics Interchange Format），是一种字典编码系统，由 CompuServe 公司研制开发，处理压缩的方法是，用一个字节来表示像素，这样位图容量可以压缩 2/3。但是颜色种类也随之减少到 256 种。在彩色卡通一类的应用上，使用 GIF 格式的图像效果很好。

JPEG 是由 ISO 中的 Joint Photographic Experts Group 研制开发的标准，广泛应用于摄影业。JPEG 技术可以把每像素 3 字节格式的位图容量压缩到 1/20。还原时图像质量只会轻微下降，公认是表示彩色相片之类图像的有效标准，被众多彩色相机厂商所接纳。

目前存储图像的格式比较多，常用的有 GIF、TIFF、TGA、BMP、PCX 及 MMP 等。

2. 4. 2 视频的表示

视频（Video）是指按时间顺序组织起来的一系列图像，播放时表现为活动画面。视频中的每幅图像称为帧（Frame）。只要每秒钟播出帧的数目在 24～30 幅，画面里的活动就会很自然，电影就是一个例子。因此可以说，视频是一系列相关联帧的快速流。本来使用图像表示技术就可以表示视频。但是数据量实在是太大了，因此必须采用压缩技术。MPEG（Moving Pictures Experts Group）就是最常用的一种视频压缩技术。这种压缩方法是基于 JPEG 方法对每个帧进行压缩；而相邻帧的大部分画面可能是相同的，那么只记录前面帧的变化部分。这样，就从空间和时间两个角度对视频进行了压缩。MPEG 有多个标准版本，包括 MPEG _ G1、MPEG _ G2 和 MPEG _ G4，其中 MPEG _ 1 和 MPEG _ 2 用于 CD 和 DVD 的视频。

MPEG _ G4 是一种新的压缩算法，使用这种算法的 ASF 格式可以把一部 120 min 长的电影压缩到 300 MB 左右的视频流，在网上观看。

常用的视频图像存储格式有 MPG、AVI 和 AVS 等。

2.4.3　声音的表示

声音是一种模拟数据，声波的振幅在连续地变化。而在计算机内表示的声音信号是数字形式。为了表示声音，首先要通过像麦克风这类设备把声音转变为连续变化的电流或者电压。体现了声音高低、音量大小、音色等各种特征的电流变化其实是由一系列不同频率的、周期变化的分量叠加而成的。在计算机内表示音频（Audio）数据的基本方法是，采样、量化、编码、压缩。

采样是指按照固定的时间间隔对声电变化曲线的振幅进行测量。为了保证声音还原的音质，采样频率要足够高。在电话线路上传播的声音，每秒采样 8 000 次就够了；而记录在 CD 上的音乐，每秒采样要在 40 000 次以上，才能得到高保真的音质。

通过采样得到的声音振幅的测量值要量化为整数值，再编码为二进制的数。显然，采样频率越高、编码位数越多，声音的失真程度就越小。通常会用 16 位或者 32 位来对声音振幅的测量值进行编码。可见每秒钟单一的声音数字化后，也要上百万个位来表示。

因此，对声频数据也必须进行压缩，技术方法和视频压缩本质上是一样的。一种声音的编码系统称为 MIDI，只适合电子音乐合成的记录表示。MIDI 编码针对的是音色、音高、延续时间，即什么乐器、什么音符、多少时间。所以，MIDI 是对“乐谱”编码，而不是对声音本身编码。这样音乐的编码长度大大地减少，但使用不同的合成器输出 MIDI 编码时，会得到完全不同的乐声。打个比方，有点像用矢量法记录汉字字形，输出时可以在设备上得到不同大小的字体那样。

常用的音频文件存储格式有 WAV、VOC、MIDI 和 RMI 等。

情景思考

你的个人微信号的二维码在计算机中的存储形式是什么样的？计算机或手机又是如何识别的？

【导读】SoC 芯片设计技术

20 世纪 90 年代中期，受 ASIC 芯片组启发，萌生将完整计算机所有不同的功能块一次直接集成于一颗硅片上的想法。

SoC（System on Chip，片上系统）是 ASIC（Application Specific Integrated Circuits）设计方法学中的新技术，是指以嵌入式系统为核心，以 IP 复用技术为基础，集软、硬件于一体，并追求产品系统最大包容的集成芯片。狭义理解，可以将它翻译为“系统集成芯片”，指在一个芯片上实现信号采集、转换、存储、处理和 I/O 等功能，包含嵌入软件及整个系统的全部内容；广义些理解，可以将它翻译为“系统芯片集成”，指一种芯片设计技术，可以实现从确定系统功能开始，到软硬件划分，并完成设计的整个过程。SoC 的定义在不断地完善，现在的 SoC 中包含一个或多个处理器、存储器、模拟电路模块、数模混合信号模块以及片上可编程逻辑。

SoC 具有以下几方面的优势。

（1）功耗低：由于 SoC 产品多采用内部信号的传输，可以大幅降低功耗。

（2）体积小：数颗 IC 整合为一颗 SoC 后，可有效缩小电路板上占用的面积，达到重量轻、体积小的特色。

（3）丰富系统功能：随微电子技术的发展，在相同的内部空间内，SoC 可整合更多的功能元件和组件，大大丰富了系统功能。

（4）速度高：随着芯片内部信号传递距离的缩短，信号的传输效率将提升，而使产品性能有所提高。

（5）成本低：理论上，IP 模块的出现可以减少研发成本，降低研发时间，可适度节省成本。

不过，在实际应用中，由于芯片结构的复杂性增强，也有可能导致测试成本增加，及生产成品率下降。

SoC 技术的研究、应用和发展是微电子技术发展的一个新的里程碑，SoC 能提供更好的性能、更低的功效、更小的印刷版空间和更低的成本，带来了电子系统设计与应用的革命性变革，可广泛应用于移动电话、硬盘驱动器、个人数字助理和手持电子产品、消费性电子产品等。

习 题

1. 完成数制之间的转换。

（1）$(188.875)_{10}=(\quad)_2=(\quad)_8=(\quad)_{16}$

（2）$(110011001101)_2=(\quad)_{10}=(\quad)_8=(\quad)_{16}$

（3）$(3732)_8=(\quad)_{10}=(\quad)_2=(\quad)_{16}$

（4）$(1011100.101)_2=(\quad)_{10}=(\quad)_8=(\quad)_{16}$

（5）$(137.5)_8=(\quad)_{10}=(\quad)_2=(\quad)_{16}$

（6）$(10110110011.01)_2=(\quad)_{10}=(\quad)_8=(\quad)_{16}$

（7）$(55.0625)_{10}=(\quad)_2=(\quad)_8=(\quad)_{16}$

（8）$(3CF.9E)_{16}=(\quad)_{10}=(\quad)_2=(\quad)_8$

2. 实现下列机器数与真值，机器数与机器数之间的转换。

（1）已知 $x=+10101101$，求 $[x]_{原}$、$[x]_{反}$ 和 $[x]_{补}$ 的值。

（2）已知 $[x]_{补}=11011011$，求 $[x]_{反}$ 和 $[x]_{原}$ 的值。

3. 应用补码加减法规则，完成下列运算。

（1）已知 $x=+0110101$，$y=-1011001$，求：$x+y$ 的值。

(2) 已知 $x=-1011011$，$y=-0101110$，求：$x-y$ 的值。

4. 请利用 16 进制编辑器查看“华软”两个汉字的机内码，并且计算出它们的区位码。

5. 解释不能把十六进制数字“A”写成“10”的原因。

6. 解释计算机中为什么要用补码？

7. 图像是如何压缩存储的？哪一种图像占用空间最小，为什么？

8. 设在每屏 1 024×768 个像素的显示器上显示一幅真彩色（24 位）的图形，其显存容量需多少个字节。

9. 某公司想为每个员工分配一个唯一的二进制位 ID 以便计算机管理。如果有 500 位员工，则最少需要多少位来表示？如果又增加了 200 名员工，则是否需要调整位数，如果需要调整应该调整到多少位合适？请解释你的答案？

第3章 计算机系统

计算机系统分为硬件和软件两大部分。软件和硬件是相辅相成的，只有配上软件，计算机才能成为完整的计算机。

本章主要介绍计算机的系统结构、硬件系统和软件系统三项内容。

问题导入

计算机硬件的各个部件如何工作

假设给你一个算盘（假设算盘能实现加减乘除运算）、一张带有横格的纸和一支笔，要求计算 $y=ax+b-c$ 这样一个题目。利用这些工具该怎么计算呢？

如图 3-1 所示，把解题步骤和数据用笔记录在横格纸上，算盘就相当于一个计算器，可以完成解题过程中遇到乘法加法和减法

行数	解题步骤和数据	说明
1	取数（9）→算盘	（9）表示第 9 行的数 a，同上
2	乘法（12）→算盘	完成 $a*x$，结果在算盘上
3	加法（10）→算盘	完成 $ax+b$，结果在算盘上
4	减法（11）→算盘	完成 $y=ax+b-c$，结果在算盘上
5	存数 y→13	把算盘上的 y 值记到第 13 行
6	输出	把算盘上的 y 值写出给人看
7	停止	运算完毕，暂停
8	a	数据
9	b	数据
10	c	数据
11	x	数据
12	y	数据

图 3-1　解题步骤

如果让你组装一台计算机代替这些工具实现上面的功能，计算机都需要哪些硬件呢？各部分硬件又可以实现哪些功能呢？这些硬件之间又是如何协调工作的？需要有

哪些软件才能方便快速地实现这些功能呢？这就是本章要探讨的问题。

3.1　计算机系统的组成

一个完整的计算机系统包括硬件系统和软件系统两大部分。计算机硬件系统是指构成计算机的所有实体部件的集合，通常这些部件由电路（电子元件）、机械等物理部件组成。直观地看，计算机硬件是一大堆设备，它们都是看得见摸得着的，是计算机进行工作的物质基础，也是计算机软件发挥作用、施展其技能的舞台。计算机软件是指在硬件设备上运行的各种程序以及有关资料。所谓程序实际上是用户用于指挥计算机执行各种动作以便完成指定任务的指令的集合，如图 3-2 所示。

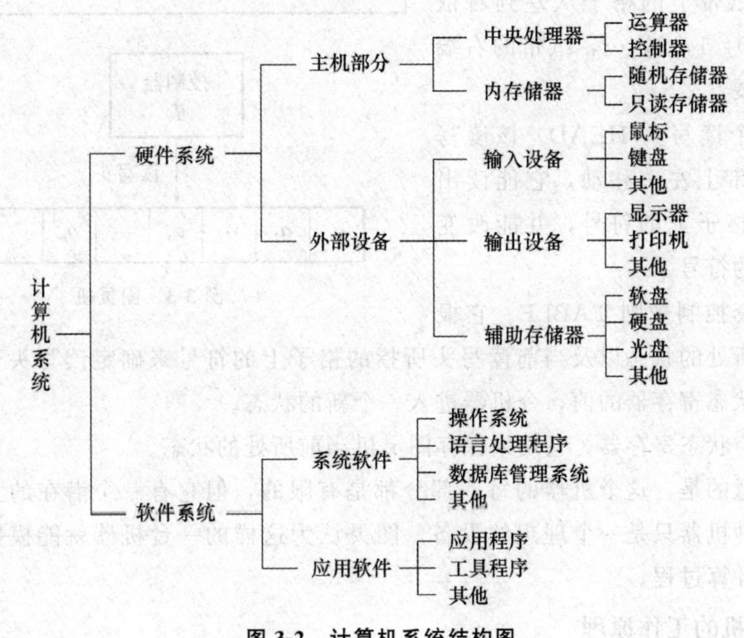

图 3-2　计算机系统结构图

3.1.1　图灵机

1936 年，英国数学家阿兰·麦席森图灵（1912—1954 年）提出了一种抽象的计算模型——图灵机（Turing Machine）。图灵机又称图灵计算机，即将人们使用纸笔进行数学运算的过程进行抽象，由一个虚拟的机器替代人类进行数学运算。

1. 图灵机模型的定义

图灵的基本思想是用机器来模拟人用纸笔进行数学运算的过程，它把这样的过程看作下列两种简单的动作。

（1）在纸上写上或擦除某个符号。

（2）把注意力从纸的一个位置移动到另一个位置。

在每个阶段，人要决定下一步的动作，依赖于此人当前所关注的纸上某个位置的符号和此人当前思维的状态。

为了模拟人的这种运算过程，图灵构造出一台假想的机器，如图 3-3 所示，该机器由以下几个部分组成。

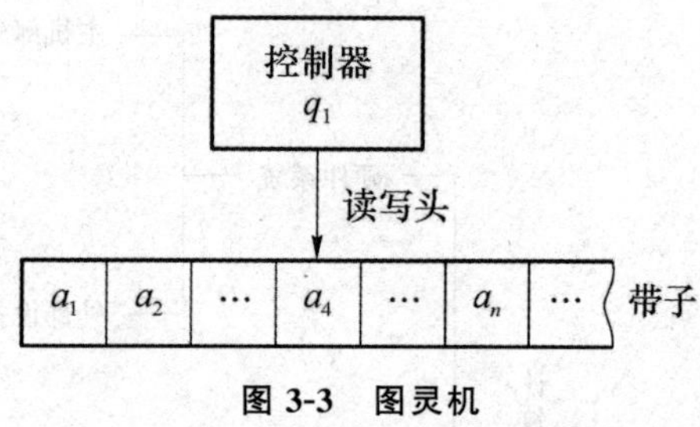

图 3-3　图灵机

（1）一条无限长的纸带 TAPE。纸带被划分为一个接一个的小格子，每个格子上包含一个来自有限字母表的符号，字母表中有一个特殊的符号表示空白。纸带上的格子从左到右依此被编号为 0，1，2，…，纸带的右端可以无限伸展。

（2）一个读写头 HEAD。该读写头可以在纸带上左右移动，它能读出当前所指的格子上的符号，并能改变当前格子上的符号。

（3）一套控制规则 TABLE。它根据当前机器所处的状态以及当前读写头所指的格子上的符号来确定读写头下一步的动作，并改变状态寄存器的值，令机器进入一个新的状态。

（4）一个状态寄存器。它用来保存图灵机当前所处的状态。

值得注意的是，这个机器的每一部分都是有限的，但它有一个潜在的无限长的纸带，因此这种机器只是一个理想的设备。图灵认为这样的一台机器就能模拟人类所能进行的任何计算过程。

2. 图灵机的工作原理

一台图灵机是一个七元组，{Q，Σ，Γ，δ，q0，qaccept，qreject}，其中 Q，Σ，Γ 都是有限集合且满足以下条件。

（1）Q 是状态集合。

（2）Σ是输入字母表，其中不包含特殊的空白符□。

（3）Γ 是带字母表，其中□∈Γ 且Σ∈Γ。

（4）δ：$Q\times\Gamma\rightarrow Q\times\Gamma\times$ {L，R} 是转移函数，其中 L，R 表示读写头是向左移还是向右移。

（5）q0∈Q 是起始状态。

（6）qaccept 是接受状态。

（7）qreject 是拒绝状态，且 qreject≠qaccept。

图灵机 M=（Q，Σ，Γ，δ，q0，qaccept，qreject）将以如下方式运作：

开始的时候将输入符号串从左到右依此填在纸带的格子上，其他格子保持空白（即填以空白符）。M 的读写头指向第0号格子，M 处于状态 q0。机器开始运行后，按照转移函数 δ 所描述的规则进行计算。例如，若当前机器的状态为 q，读写头所指的格子中的符号为 x，$\delta(q, x) = (q', x', L)$，则机器进入新状态 q'，将读写头所指的格子中的符号改为 x'，然后将读写头向左移动一个格子。若在某一时刻，读写头所指的是第0号格子，但根据转移函数它下一步将继续向左移，这时它停在原地不动。换句话说，读写头始终不移出纸带的左边界。若在某个时刻 M 根据转移函数进入了状态 qaccept，则它立刻停机并接受输入的字符串；若在某个时刻根据转移函数进入了状态 qreject，则它立刻停机并拒绝输入的字符串。

注意，转移函数 δ 是一个部分函数，换句话说对于某些 q，x，$\delta(q, x)$ 可能没有定义，如果在运行中遇到下一个操作没有定义的情况，机器将立刻停机。

图灵提出图灵机的模型并不是为了同时给出计算机的设计，它的意义有如下几点。

(1) 它证明了通用计算理论，肯定了计算机实现的可能性，同时它给出了计算机应有的主要架构。

(2) 图灵机模型引入了读写、算法与程序语言的概念，极大地突破了过去的计算机器的设计理念。

(3) 图灵机模型理论是计算学科最核心的理论，因为计算机的极限计算能力就是通用图灵机的计算能力，很多问题可以转化到图灵机这个简单的模型来考虑。

通用图灵机向人们展示这样一个过程：程序和其输入可以先保存到存储带上，图灵机就按程序一步一步运行直到给出结果，结果也保存在存储带上。更重要的是，隐约可以看到现代计算机主要构成，尤其是冯·诺依曼理论的主要构成。

3.1.2 冯·诺依曼体系结构

冯·诺依曼（Johnvon Neumann，1903—1957年）是20世纪最重要的数学家之一，在现代计算机领域内有杰出建树的最伟大的科学全才之一，被后人称为“计算机之父”。1946年冯·诺依曼提出了计算机设计的基本思想，而他设计的计算机系统结构，被称为“冯·诺依曼体系结构”。

1. 冯·诺依曼体系结构的核心思想

冯·诺依曼体系结构的核心思想主要有三个方面。

(1) 计算机应该按照程序顺序执行。

(2) 采用二进制作为计算机数值计算的基础，以0，1代表数值。不采用人类常用的十进制计数方法，二进制使得计算机容易实现数值的计算。

(3) 程序或指令的顺序执行，即预先编好程序，然后交给计算机按照程序中预先定义好的顺序进行数值计算。

2. 冯·诺依曼体系结构计算机的组成和工作原理

为了实现计算机的上述功能，计算机必须具备五大基本组成部件，如图3-4所示。

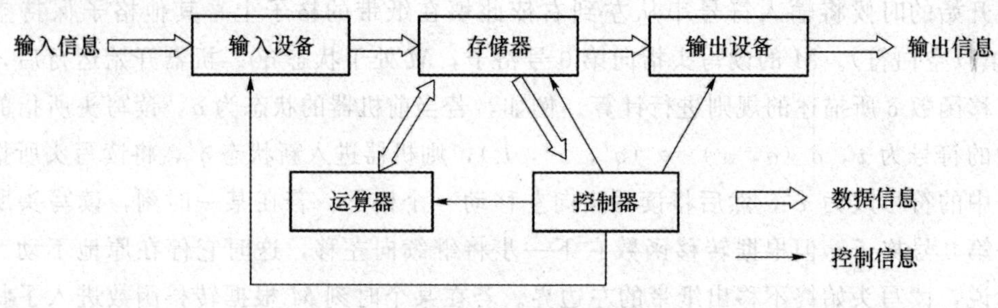

图 3-4　冯·诺依曼体系结构

（1）运算器：用于完成各种算术运算、逻辑运算和数据传送等数据加工处理。

（2）控制器：用于控制程序的执行，是计算机的大脑。运算器和控制器组成计算机的中央处理器（CPU）。控制器根据存放在存储器中的指令序列（程序）进行工作，并由一个程序计数器控制指令的执行。控制器具有判断能力，能根据计算结果选择不同的工作流程。

（3）存储器：用于记忆程序和数据，例如，内存。程序和数据以二进制代码形式不加区别地存放在存储器中，存放位置由地址确定。

（4）输入设备：用于将数据或程序输入到计算机中，例如，鼠标、键盘。

（5）输出设备：将数据或程序的处理结果展示给用户，例如：显示器、打印机。

冯·诺依曼体系结构计算机的工作过程大致如下。

（1）输入信息（程序和数据）在控制器控制下，由输入设备输入到存储器。

（2）控制器从存储器中取出程序的一条指令。

（3）控制器分析该指令，并控制运算器和存储器一起执行该指令规定的操作。

（4）运算结果在控制器的控制下，送存储器保存（供下一次处理）或送输出设备输出，第一条指令执行完毕。

（5）返回到第（2）步，继续取下一条指令，分析并执行，如此反复，直至程序结束。

冯·诺依曼体系结构是现代计算机的基础，现在的大多计算机仍然是冯·诺依曼计算机的组织结构，并没有从根本上突破冯体系结构的束缚。例如，如英特尔公司的 8086 中央处理器、安谋公司的 ARM7、MIPS 公司的 MIPS 处理器也采用了冯·诺依曼结构。

3.1.3　哈佛体系结构

在冯·诺依曼结构中，程序是一种特殊的数据，它可以像数据一样被处理，因此程序和数据一起被存储在同一个存储器中，通过一条总线来传送数据。这种结构在面对高速、实时处理时，不可避免地造成总线拥挤。为此，哈佛大学提出了与冯·诺依曼结构完全不同的另一种计算机体系结构，人们习惯称之为哈佛体系结构，如图 3-5 所示。

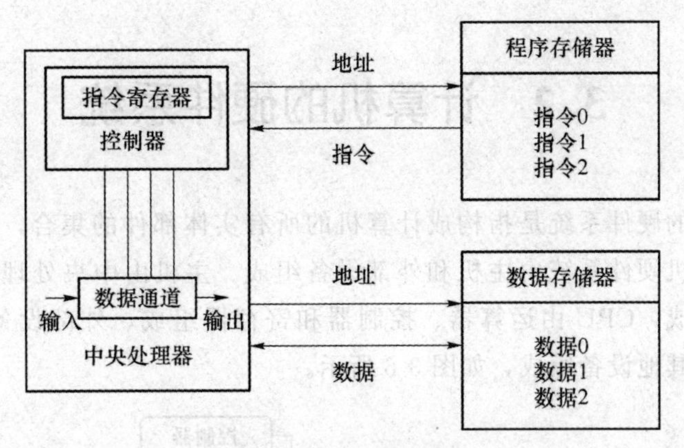

图 3-5　哈佛体系结构

1. 哈佛体系结构

哈佛体系结构（Harvard Architecture）是一种将程序指令储存和数据储存分开的存储器结构。中央处理器首先到程序指令储存器中读取程序指令内容，解码后得到数据地址，再到相应的数据储存器中读取数据，并进行下一步的操作（通常是执行），由于程序指令储存和数据储存分开，而且总线操作是独立的，所以能同时取指令和数据，提高了计算机的运行速度。而总线的独立性设计，可以使指令和数据有不同的数据宽度。如 Microchip 公司的 PIC16 芯片的程序指令是 14 位宽度，而数据是 8 位宽度。

哈佛结构的微处理器通常具有较高的执行效率。目前使用哈佛结构的中央处理器和微控制器有很多，除了上面提到的 Microchip 公司的 PIC 系列芯片，还有摩托罗拉公司的 MC68 系列、Zilog 公司的 Z8 系列、ATMEL 公司的 AVR 系列和安谋公司的 ARM9、ARM10 和 ARM11。

2. 哈佛体系结构与冯·诺依曼体系结构的区别

冯·诺依曼体系结构的核心思想是：程序只是一种（特殊）的数据，它可以像数据一样被处理，因此可以和数据一起被存储在同一个存储器中。在冯·诺依曼体系中数据总线和地址总线共用。

哈佛结构是一种并行体系结构，它的主要特点是将程序和数据存储在不同的存储空间中，即程序存储器和数据存储器是两个独立的存储器，每个存储器独立编址、独立访问。与两个存储器相对应的是系统的 4 条总线：程序的数据总线与地址总线，数据的数据总线与地址总线。这种分离的程序总线和数据总线允许在一个机器周期内同时获得指令字（来自程序存储器）和操作数（来自数据存储器），从而提高了执行速度，使数据的吞吐率提高了 1 倍。又由于程序和数据存储器在两个分开的物理空间中，因此取指和执行能完全重叠。CPU 首先到程序指令存储器中读取程序指令内容，解码后得到数据地址，再到相应的数据存储器中读取数据，并进行下一步的操作（通常是执行）。

3.2 计算机的硬件系统

微型计算机的硬件系统是指构成计算机的所有实体部件的集合，是计算机系统的物理基础。计算机硬件系统由主机和外部设备组成。主机由中央处理器（CPU）和内存储器、总线组成，CPU 由运算器、控制器和寄存器组成，外部设备由输入/输出设备、外存储器和其他设备组成，如图 3-6 所示。

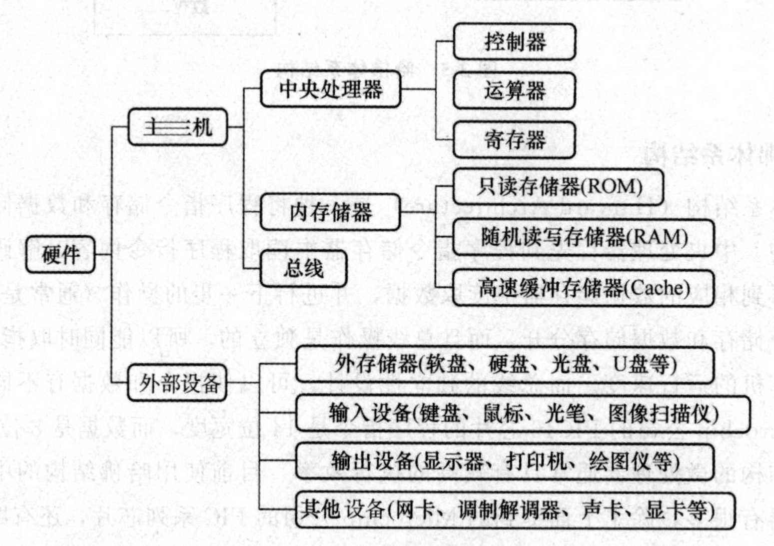

图 3-6 计算机硬件系统的组成

3.2.1 中央处理器

计算机的工作过程就是计算机执行程序的过程。程序是一个指令序列，这个序列明确告诉计算机应该执行什么操作，在什么地方能够找到用来操作的数据。一旦把程序装入主存储器，计算机的专门的部件就可以完成自动执行取出指令和执行指令的任务。而专门用来完成这项任务的计算机专门部件称为中央处理器。CPU 控制整个程序的执行，它具有以下基本功能。

（1）程序控制

程序控制就是控制指令的执行顺序。程序是指令的有序集合，这些指令的相互顺序不能任意颠倒，必须严格按程序规定的顺序执行。保证计算机按一定顺序执行程序是 CPU 的首要任务。

（2）操作控制

操作控制就是控制指令进行操作。一条指令的功能往往由若干个操作信号的组合来实现。因此，CPU 管理并产生每条指令的操作信号，把各种操作信号送往相应的部件，从而控制这些部件按指令的要求进行操作。

（3）时间控制

时间控制就是对各种操作实施定时控制。在计算机中，各种指令的操作信号和一条指令的整个执行过程都受到严格定时。只有这样，计算机才能有条不紊地工作。

（4）数据加工

数据加工就是对数据进行算术、逻辑运算。完成数据的加工处理，是 CPU 的根任务。传统上，CPU 由控制器和运算器这两个主要部件组成，如图 3-7 所示。随着集成电路技术的不断发展和进步，新型 CPU 纷纷集成了一些原先置于 CPU 之外的分立功能部件，如浮点处理器、高速缓存等，在大大提高 CPU 性能指标的同时，也使得 CPU 的内部组成日益复杂化。

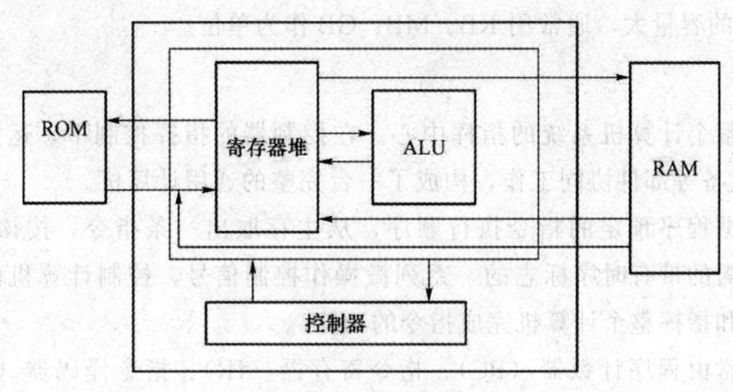

图 3-7　CPU 结构图

1. 运算器

运算器（Arithmetic unit），是计算机中执行各种算术和逻辑运算操作的部件，由算术逻辑单元（ALU）、累加器、状态寄存器、通用寄存器组等组成，如图 3-8 所示。

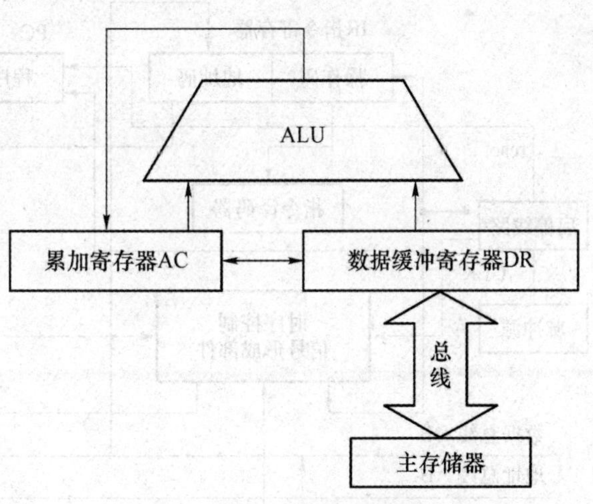

图 3-8　简化的运算器结构框图

算术逻辑单元（Arithmetic and Logical Unit），是中央处理器（CPU）的执行单元，是所有中央处理器的核心组成部分，由“And Gate”（与门）和“Or Gate”（或门）构成，一般有两个输入端（可同时输入两个参加运算的操作数）和一个输出端，它们都与寄存器连接。ALU 能执行二进制的算术运算和逻辑运算，算术运算如加、减运算，逻辑运算如按位对数据进行与、或、求反等运算。

寄存器是中央处理器内的组成部分，是有限存储容量的高速存储部件，可用来暂存指令、数据和位址。

【例 3-1】简述运算器执行运算：1+2=3 的过程。

解：假定A、B、C都是8位寄存器，过程如下：

（1）把00000001放进寄存器A。

（2）把00000010放进寄存器B。

（3）ALU做加运算。

（4）将运算结果00000011放进寄存器C。

寄存器和存储器都是存放计算机数据的硬件。但是这两个硬件又有区别。寄存器由触发器组成，速度快；存储器由大规模集成电路器件组成，速度慢。寄存器的个数少，一般十几个或几十个，寄存器的位数有限，通常8位、16位、32位、64位。若是16位，则表示寄存器是由16个触发器组成，每个触发器存放1位数据（0或1），即1 bit。存储器的容量大，通常用KB、MB、GB作为单位。

2. 控制器

控制器是整个计算机系统的指挥中心。在控制器的指挥控制下，运算器、存储器和输入/输出设备等部件协同工作，构成了一台完整的通用计算机。

控制器根据程序预定的指令执行顺序，从主存取出一条指令，按该指令的功能，用硬件产生所需的带有时序标志的一系列微操作控制信号，控制计算机内各功能部件的操作，协调和指挥整个计算机完成指令的功能。

控制器通常由程序计数器（PC）、指令寄存器（IR）、指令译码器（ID）、时序发生器和操作控制器组成，如图3-9所示。其主要功能如下。

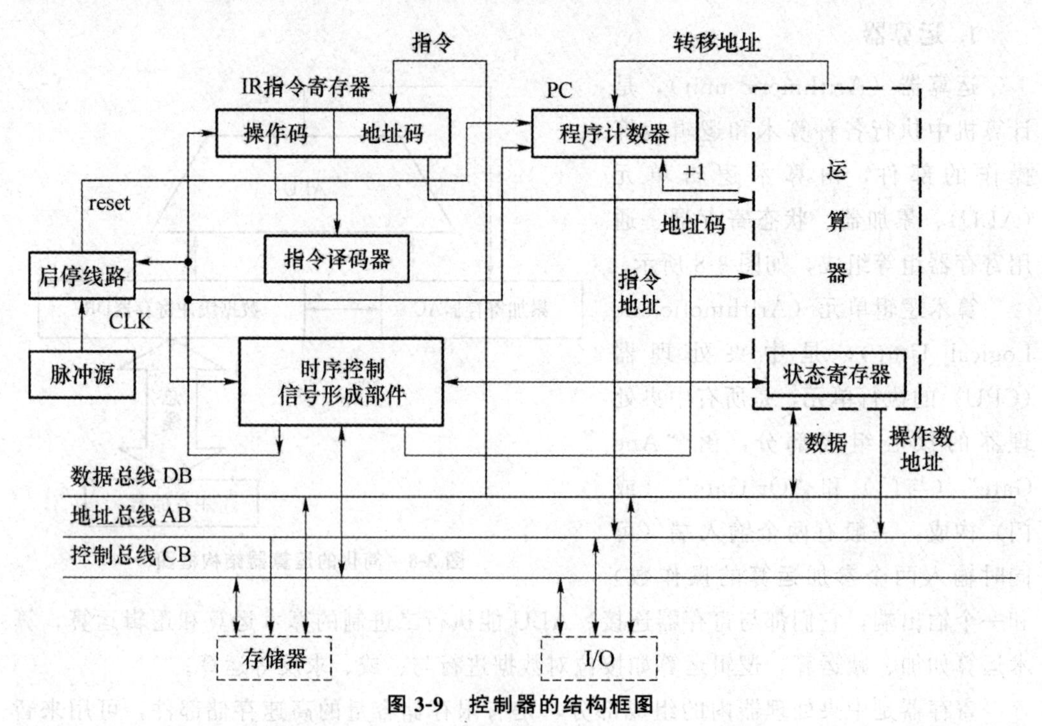

图3-9 控制器的结构框图

（1）从主存中取出一条指令，并指出下一条指令在主存中的位置。

（2）对指令进行译码，并产生相应的操作控制信号，以便启动规定的动作。

（3）指挥并控制 CPU、主存和输入/输出设备之间数据流动的方向。

3. 指令系统

从计算机组成的层次结构来说，计算机的指令有微指令、机器指令和宏指令之分。微指令是微程序级的命令，它属于硬件，是控制部件通过控制线向执行部件发出各种控制命令的。宏指令，由若干条机器指令组成的软件指令，它属于软件。机器指令，介于微指令与宏指令之间，通常简称指令，每一条指令可完成一个独立的算术运算或逻辑运算操作。一台计算机中所有机器指令的集合，称为这台计算机的指令系统。

指令系统的发展经历了复杂指令系统阶段和精简指令系统阶段。复杂指令系统计算机（CISC）不但使计算机的研制周期变长，难以保证正确性，不易调试维护，而且由于采用了大量使用频率很低的复杂指令而造成硬件资源浪费，人们又提出了便于 VLSI（超大规模集成电路）技术实现的精简指令系统计算机。精简指令系统计算机，简称 RISC。

计算机是通过执行指令来处理各种数据的。

为了指出数据的来源、操作结果的去向及所执行的操作，一条指令必须包含两个部分：操作码字段和地址码字段，如图 3-10 所示。

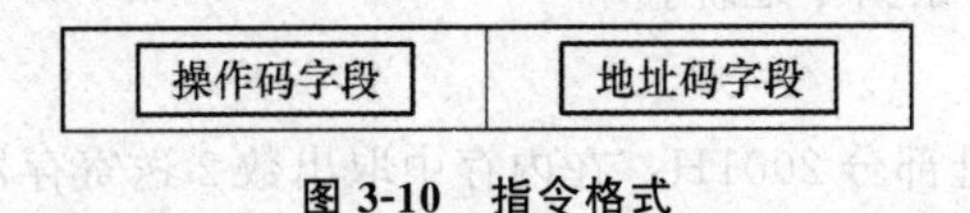

图 3-10　指令格式

（1）操作码用来指明该指令要完成的类型或性质，如取数、做加法、输出数据等。操作码的尾数决定了一个机器操作指令的条数。当使用定长操作码格式时，若操作码位数为 n，则指令数可有 2^n 条。

（2）地址码用来指明操作数或操作数的地址。

无论哪种类型的计算机，每执行一条指令都需要经过以下 4 个基本操作，图 3-11 展示了 CPU 执行指令的过程。

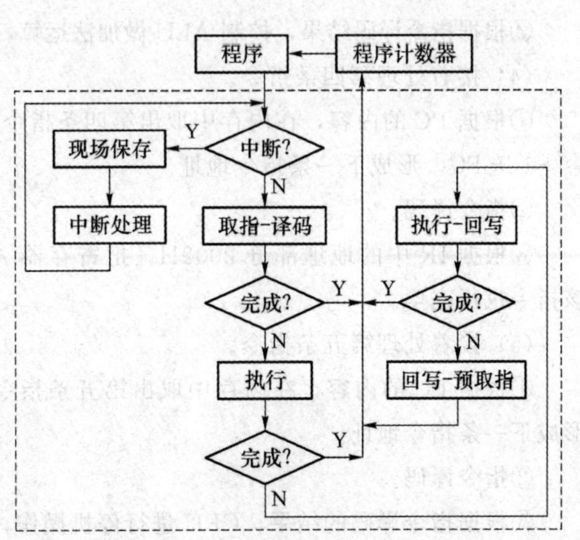

图 3-11　CPU 指令执行的工作流程

（1）取出指令。从存储器某个地址中取出要执行的指令。

（2）分析指令。把取出的指令送到指令译码器中，译出指令对应的操作。

（3）执行指令。向各个部件发出控制操纵，完成指令要求。

（4）为下一条指令做好准备。

【例 3-2】 假设有这样一段程序，计算 1＋2＝3，其流程图如图 3-12 所示。下面以此程序为例，来说明 CPU 是如何取指令，分析指令和执行指令的。

假定本程序中用到的两个数 1 和 2，分别存在存储器 2000H 单元和 2001H 单元（H 表示十六进制），计算结果存在 2002H 单元，程序从 2010H 单元开始存储（为了叙述简便，假定每条指令占一个单元）。

（1）处理第一条指令的步骤如下。

①程序的首地址 2010H 送 PC。

②根据 PC 的内容，在内存中取出第一条指令 MOV A，［2000H］送 IR。PC 的内容＋1 送 PC，形成下一条指令地址。

③指令译码。

④根据 IR 中的地址部分 2000H，在内存中取出数 1 送寄存器 A，该指令执行完毕。

（2）接着处理第二条指令。

①根据 PC 的内容，在内存中取出第二条指令 MOVB，［2001H］送 IR。PC 的内容＋1 送 PC，形成下一条指令地址。

流程	说明
开始	
1→A	取数1送寄存器A
2→B	取数2送寄存器B
A+B→A	寄存器A的内容+寄存器B的内容，结果存在寄存器A中
保存A	
结束	

图 3-12　程序流程图

②指令译码。

③根据 IR 中的地址部分 2001H，在内存中取出数 2 送寄存器 B，该指令执行完毕。

（3）接着处理第三条指令。

①根据 PC 的内容，在内存中取出第三条指令 ADD A，B 送 IR。PC 的内容＋1 送 PC，形成下一条指令地址。

②指令译码。

③根据指令译码结果，控制 ALU 做加法运算，结果送寄存器 A，该指令执行完毕。

（4）接着处理第四条指令。

①根据 PC 的内容，在内存中取出第四条指令 MOV［2002H］，A 送 IR。PC 的内容＋1 送 PC，形成下一条指令地址。

②指令译码。

③根据 IR 中的地址部分 2002H，把寄存器 A 中的内容存入内存 2002H 单元中。该指令执行完毕。

（5）接着处理第五条指令。

①根据 PC 的内容，在内存中取出第五条指令 HLT 送 IR。PC 的内容＋1 送 PC，形成下一条指令地址。

②指令译码。

③根据指令译码的结果，CPU 进行停机操作，该指令执行完毕。

整个程序执行到此结束，一共需要五条指令。其中每条指令的第①步是取指令，第②步是分析指令，第③步是执行指令（第一条指令相应的是第②、③、④步）。第①、②两步都是相同的，不同的是第③步。

3.2.2　存储器

存储器用来存储程序和数据。不论程序还是数据在存放到存储器前，它们全已变成 0 或 1 表示的二进制代码，因此存储器存储的也全是 0 或 1 表示的二进制代码。

一个存储器由许多存储单元组成，一个存储单元又由若干个基本存储元组成，一个基本存储元存放一个二进制位信息 0 或 1。所有存储单元都按顺序编号，这些编号称为地址。例如，某存储器有 1 024 个存储单元，那么它的地址编号是从 0～1 023。一般一个存储单元存放一个字节，即 8 个二进制位。存储器中所有存储单元的总和称为这个存储器的存储容量。存储容量的单位是 KB、MB、GB 和 TB，换算关系为：1 KB＝1 024 B，1 MB＝1 024 KB，1 GB＝1 024 MB，1 TB＝1 024 GB。

从不同的角度分析，存储器有不同的分类方法。

(1) 按存储介质分类，可以分为半导体存储器和磁表面存储器。半导体存储器是用半导体器件组成的存储器。磁表面存储器是用磁性材料做成的存储器。

(2) 按存储方式分类，可以分为随机存储器和顺序存储器。随机存储器是任何存储单元的内容都能被随机存取，且存取时间和存储单元的物理位置无关。顺序存储器只能按某种顺序来存取，存取时间和存储单元的物理位置有关。

(3) 按读写功能分类，可以分为只读存储器（ROM）和随机读写存储器（RAM）。只读存储器（ROM）是存储的内容是固定不变的，只能读出而不能写入的半导体存储器。随机读写存储器（RAM）是既能读出又能写入的半导体存储器。

(4) 按信息保存性分类，可以分为非永久记忆的存储器和永久记忆性存储器。非永久记忆的存储器是断电后信息即消失的存储器。永久记忆性存储器是断电后仍能保存信息的存储器。

(5) 按用途分类，可以分为主存储器、辅助存储器、高速缓冲存储器、控制存储器等。

为了解决对存储器要求容量大，速度快，成本低三者之间的矛盾，通常采用多级存储器体系结构，即使用高速缓冲存储器（Cache）、主存储器和外存储器等，如图 3-13 所示。高速存取指令和数据存取速度快，但存储容量小。主存储器内存存放计算机运行期间的大量程序和数据存取速度较快，存储容量不大。外存储器外存存放系统程序和大型数据文件及数据库存储容量大，位成本低。

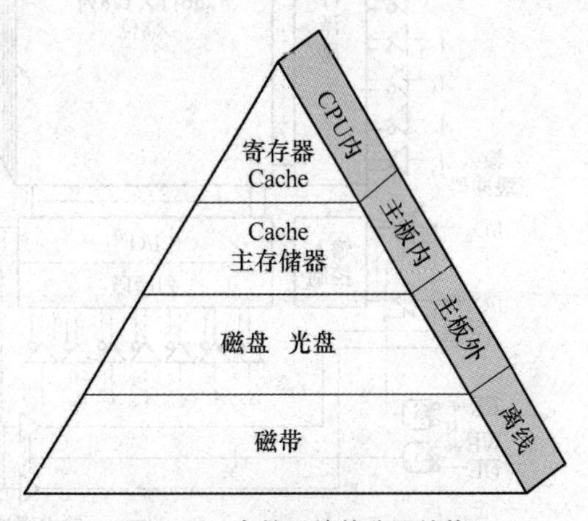

图 3-13　存储系统的分层结构

1. 内存储器

内存是由中央处理器直接访问的存储器，它存放当前正在运行的程序和数据，一般用半导体存储器件实现，速度较快，容量较小。外存存放暂时不运行的程序和数据，

一般通过磁性存储介质或光存储介质实现，速度慢，容量大。外存不能由中央处理器直接访问。

内存中数据的读操作和写操作统称为内存的访问。读操作是将内存中某单元的内容传送到运算器部件，而内存中该单元的内容不受影响。在进行读操作时，CPU 必须向内存送地址和读操作控制信号。写操作是将运算器部件中数据传送到内存中的某单元存储起来，该单元中原来的内容被擦除。在进行写操作时，CPU 必须向内存送地址、数据和写操作控制信号。

内存的访问一般是以“字”或“字节”为单位进行。不同的计算机，一个字包含的位数可以是不同的。一个字中包含的位数称为计算机的字长。计算机的字长一般分为 8 位、16 位、32 位和 64 位等。在运算器中进行的数据运算也是以字为单位，一个字中所有位的数据运算操作同时完成。因此计算机的字长也反映了计算机中并行计算的能力。

（1）SRAM 存储器

SRAM 存储器，又称静态读写存储器，不需要刷新电路即能保存它内部存储的数据。SRAM 具有较高的性能，功耗较小，但是 SRAM 集成度较低，相同容量的 DRAM 内存可以设计为较小的体积，但是 SRAM 却需要很大的体积。同样面积的硅片可以做出更大容量的 DRAM，因此 SRAM 显得更贵。其逻辑结构如图 3-14 所示，通常做高速缓存用。

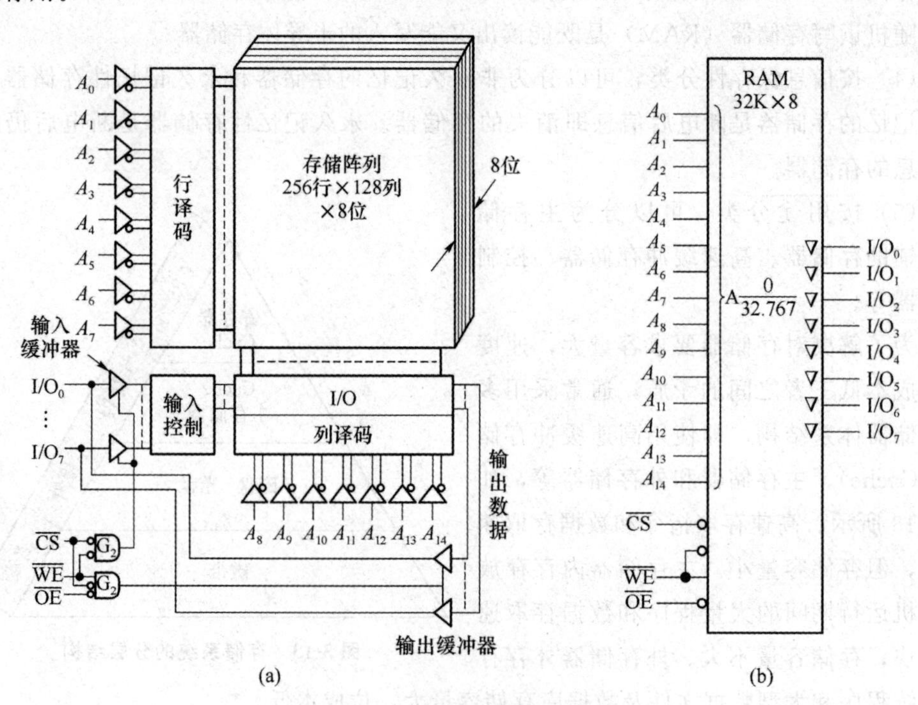

图 3-14　SRAM 存储器逻辑结构图

由图 3-14 看出 SRAM 一般由五大部分组成，即存储单元阵列、地址译码器（包括行译码器和列译码器）、灵敏放大器、控制电路和缓冲/驱动电路。在图 3-14 中，

A_0 _ A_m _ 1 为地址输入端，CSB。WEB 和 OEB 为控制端，控制读写操作，为低电平有效，1100 _ 11ON _ 1 为数据输入输出端。存储阵列中的每个存储单元都与其他单元在行和列上共享电学连接，其中水平方向的连线称为“字线”，而垂直方向的数据流入和流出存储单元的连线称为“位线”。通过输入的地址可选择特定的字线和位线，字线和位线的交叉处就是被选中的存储单元，每一个存储单元都是按这种方法被唯一选中，然后再对其进行读写操作。有的存储器设计成多位数据如 4 位或 8 位等同时输入和输出，这样的话，就会同时有 4 个或 8 个存储单元按上述方法被选中进行读写操作。

（2）DRAM 存储器

DRAM 存储器，又称动态读写存储器，DRAM 只能将数据保持很短的时间。为了保持数据，DRAM 使用电容存储，所以必须隔一段时间刷新（refresh）一次，如果存储单元没有被刷新，存储的信息就会丢失（关机就会丢失数据），其逻辑结构如图 3-15 所示。动态读写存储器存储容量极大，通常做计算机主存。

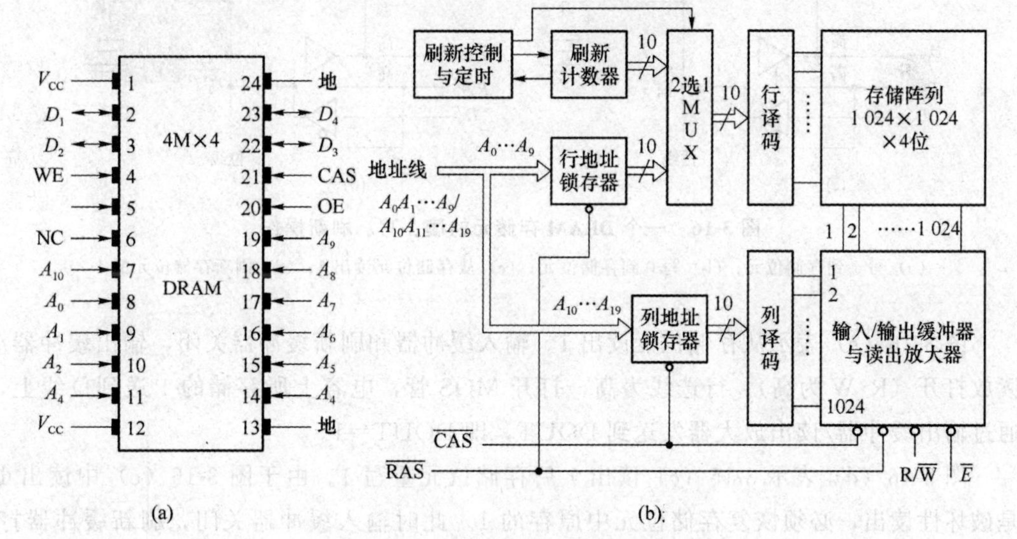

图 3-15　DRAM 存储器逻辑结构图

（a）引脚图；（b）逻辑结构图

下面举例说明一个 DRAM 存储元的读、写、刷新操作，如图 3-16 所示。所谓存储元指的是一个触发器。MOS 管作为开关使用，而所存储的信息 1 或 0 则是由电容器上的电荷量来体现——当电容器充满电荷时，代表存储了 1，当电容器放电没有电荷时，代表存储了 0。

图 3-16（a）表示写 1 到存储位元。此时输出缓冲器关闭、刷新缓冲器关闭，输入缓冲器打开（R/W 为低），输入数据 DIN＝1 送到存储元位线上，而行选线为高，打开 MOS 管，于是位线上的高电平给电容器充电，表示存储了 1。

图 3-16（b）表示写 0 到存储位元。此时输出缓冲器和刷新缓冲器关闭，输入缓冲器打开，输入数据 DIN＝0 送到存储元位线上；行选线为高，打开 MOS 管，于是电容上的电荷通过 MOS 管和位线放电，表示存储了 0。

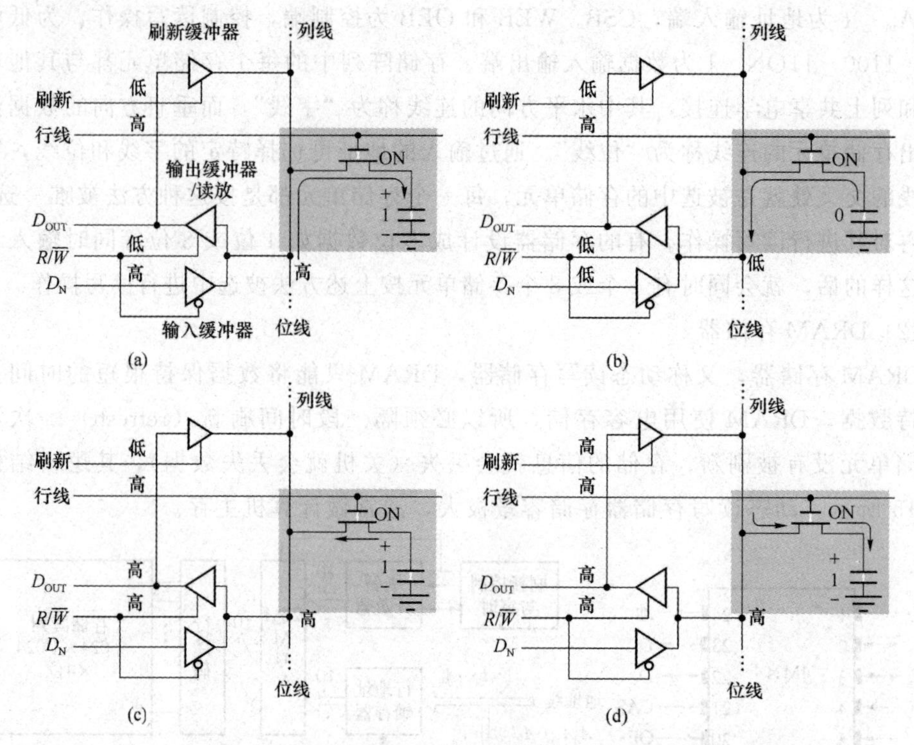

图 3-16　一个 DRAM 存储元的读、写、刷新操作

（a）写 1 到存储位元；（b）写 0 到存储位元；（c）从存储位元读出 1；（d）刷新存储位元的 1

图 3-16（c）表示从存储位元读出 1。输入缓冲器和刷新缓冲器关闭，输出缓冲器/读放打开（R/W 为高）。行选线为高，打开 MOS 管，电容上所存储的 1 送到位线上，通过输出缓冲器/读出放大器发送到 DOUT，即 DOUT＝1。

图 3-16（d）表示 3-15（c）读出 1 后存储位元重写 1。由于图 3-16（c）中读出 1 是破坏性读出，必须恢复存储位元中原存的 1。此时输入缓冲器关闭，刷新缓冲器打开，输出缓冲器/读放打开，DOUT＝1 经刷新缓冲器送到位线上，再经 MOS 管写到电容上。注意，输入缓冲器与输出缓冲器总是互锁的。这是因为读操作和写操作是互斥的，不会同时发生。

2. 高速缓冲存储器

经过对处理器访问主存储器情况的统计发现，无论是取指令还是存取数据，处理器访问的存储单元趋向于聚集在一个相对较小的连续存储单元区域内。这种现象称为存储器访问的局部性原理。

这需要利用存储器访问的局部性原理，选择不同容量、速度和价格的存储器来构造一个层次结构的存储系统。即把最近频繁访问的一小部分信息存放在速度快、容量小的存储器中，而信息的全部存放在速度慢、容量大的存储器，如图 3-17 所示。

Cache 是一种速度快、容量小、价格贵的高速缓冲存储器，可以和主存一起构建一个层次结构的存储系统，从而解决了 CPU 和主存之间的速度不匹配问题，如图 3-18 所示。

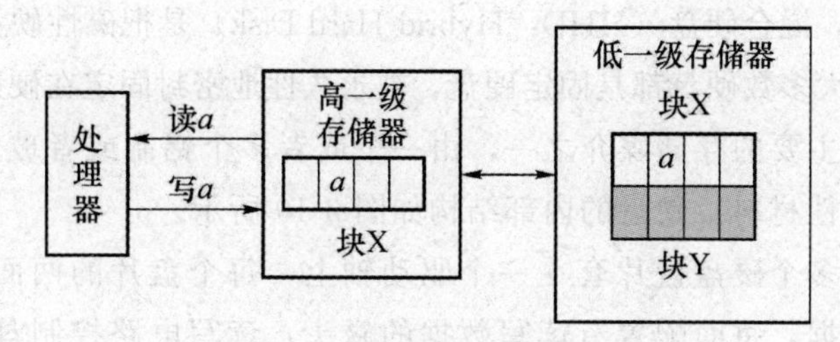

图 3-17 层次结构的存储系统

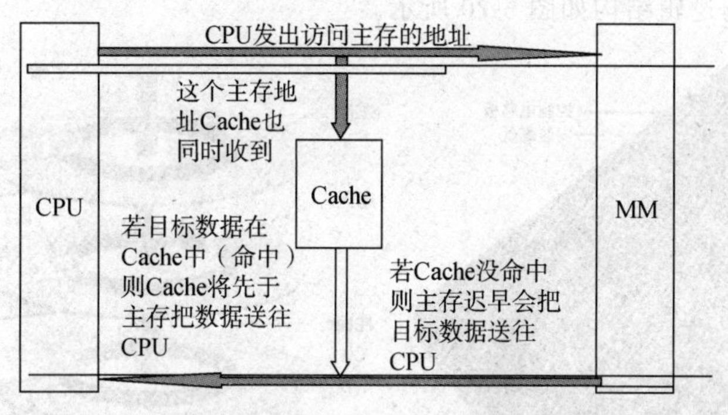

图 3-18 加入了 Cache 的存储系统

与主存相比，Cache 的容量只是储存的一个子集，为了把主存的部分内容放到 Cache 中，必须应用某种方法把主存地址定位到 Cache 中，这种方法称作地址映射。Cache 内存的地址映射主要有以下三种方式。

(1) 直接地址映像，是指主存的一个字块只能映像到 Cache 的一个准确确定的字块中。这种地址映像方式直接，利用率低。

(2) 全相联地址映像，是指主存中任意一个块都可以映射到 Cache 中任意一个块的方式，也就是说，当主存中的某一块需调入 Cache 时，可根据当时 Cache 的块占用或分配情况，选择一个块给主存块存储，所选的 Cache 块可以是 Cache 中的任意一个块。这种地址映射方式利用率高，方式灵活，标记位较长，使用成本太高。

(3) 组相联地址映像，是对全相联和直接映像的一种折中的处理方案。既不在主存和 Cache 之间实现字块的完全随意对应，也不在主存和 Cache 之间实现字块的多对一的硬性对应，而是实现一种有限度的随意对应。这种地址映射方式集中了前面两个方式的优点，成本也不太高，是最常见的 Cache 映像方式。

3. 外存储器

外存储器主要用于长期保存数据，在需要时再发到主机使用。相对于内存，外存的存储容量很大，数据存储成本更低，但读写速度远远低于内存。常见的外存储器主要有硬盘、光盘、闪存。

(1) 硬盘

硬盘有固态硬盘（SSD 盘，新式硬盘）、机械硬盘（HDD，传统硬盘）、混合硬盘（HHD 一块基于传统机械硬盘诞生出来的新硬盘）。SSD 采用闪存颗粒来存储，HDD 采用磁性碟片来存储，混合硬盘（HHD：Hybrid Hard Disk）是把磁性硬盘和闪存集成到一起的一种硬盘。绝大多数硬盘都是固定硬盘，被永久性地密封固定在硬盘驱动器中。

硬盘是计算机主要的存储媒介之一，由一个或者多个铝制或者玻璃制的碟片组成。碟片外覆盖有铁磁性材料。硬盘的内部结构如图 3-19 所示。

一般硬盘是由多个磁盘盘片套在一个驱动轴上，每个盘片的两面都涂敷了一层磁性材料用以存储数据，每面配置有读写数据的磁头，读写电路控制盘片的转动和磁头的径向移动来完成硬盘的读写操作，整个硬盘封装在一个金属外壳中，并留有电源和数据接口。硬盘的逻辑结构如图 3-20 所示。

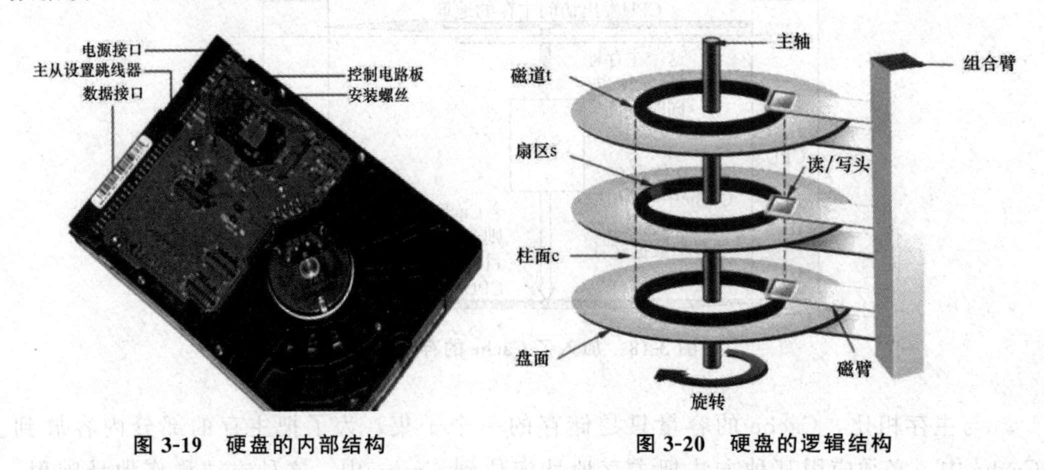

图 3-19　硬盘的内部结构　　图 3-20　硬盘的逻辑结构

硬盘的基本参数主要有硬盘容量、硬盘转速、平均访问时间、硬盘传输速率等。

①盘容量。作为计算机系统的数据存储器，容量是硬盘最主要的参数。硬盘的容量以兆字节（MB/MiB）、千兆字节（GB/GiB）或百万兆字节（TB/TiB）为单位，而常见的换算式为：1 TB=1 024 GB，1 GB=1 024 MB，而 1 MB=1 024 KB。但硬盘厂商通常使用的是 GB，也就是 1 G=1 000 MB。硬盘的容量指标还包括硬盘的单碟容量。所谓单碟容量是指硬盘单片盘片的碟容量越大，单位成本越低，平均访问时间也越短。一般情况下硬盘容量越大，单位字节的价格就越便宜，但是超出主流容量的硬盘略微例外。

②硬盘转速。转速是硬盘内电动机主轴的旋转速度，也就是硬盘盘片在一分钟内所能完成的最大转数。转速的快慢是标示硬盘档次的重要参数之一，它是决定硬盘内部传输率的关键因素之一，在很大程度上直接影响到硬盘的速度。硬盘的转速越快，硬盘寻找文件的速度也就越快，相对的硬盘的传输速度也就得到了提高。硬盘转速以每分钟多少转来表示，单位表示为 RPM，是转/每分钟。RPM 值越大，内部传输率就越快，访问时间就越短，硬盘的整体性能也就越好。

硬盘的主轴马达带动盘片高速旋转，产生浮力使磁头飘浮在盘片上方。要将所要存取资料的扇区带到磁头下方，转速越快，则等待时间也就越短。因此转速在很大程度上决定了硬盘的速度。

③硬盘平均访问时间。硬盘平均访问时间是指磁头从起始位置到到达目标磁道位

置，并且从目标磁道上找到要读写的数据扇区所需的时间。平均访问时间体现了硬盘的读写速度，它包括了硬盘的寻道时间和等待时间，即：平均访问时间＝平均寻道时间＋平均等待时间。

④硬盘传输速率。硬盘的数据传输率是指硬盘读写数据的速度，单位为兆字节每秒（MB/s）。FastATA 接口硬盘的最大外部传输率为 16.6 MB/s，而 UltraATA 接口的硬盘则达到 33.3 MB/s。2012 年 12 月，两个“80 后”研制出传输速度每秒 1.5 GB 的固态硬盘。

（2）光盘

高密度光盘（Compact Disc）是近代发展起来不同于完全磁性载体的光学存储介质，例如（磁光盘也是光盘），用聚焦的氢离子激光束处理记录介质的方法存储和再生信息，又称激光光盘。利用激光原理进行读、写的设备，是迅速发展的一种辅助存储器，可以存放各种文字、声音、图形、图像和动画等多媒体数字信息。作为存储的载体并用来存储数据的一种物品，可以分为不可擦写光盘（如 CD-ROM、DVD-ROM 等）和可擦写光盘（如 CD-RW、DVD-RW 等）。

（3）闪存

闪存（Flash Memory）是一种长寿命的非易失性（在断电情况下仍能保持所存储的数据信息）的存储器，数据删除不是以单个的字节为单位而是以固定的区块为单位（需要注意的是，NORFlash 为字节存储），区块大小一般为 256 KB 到 20 MB。闪存是电子可擦除只读存储器（EEPROM）的变种，闪存与 EEPROM 不同的是，EEPROM 能在字节水平上进行删除和重写而不是整个芯片擦写，而闪存的大部分芯片需要块擦除。由于其断电时仍能保存数据，闪存通常被用来保存设置信息，如在计算机的 BIOS（基本程序）、PDA（个人数字助理）、数码相机中保存资料等。

3.2.3　输入和输出设备

计算机通过输入/输出设备与外部进行信息交互，一个计算机系统配备什么样的输入/输出设备，是根据实际需要来决定的。本节仅简单介绍微型计算机的基本输入输出设备。

1. 基本输入设备

输入设备是向计算机输入数据和信息的设备，是用户和计算机系统之间进行信息交换的主要装置之一。例如，键盘、鼠标、摄像头、扫描仪、光笔、手写输入板、游戏杆、语音输入装置等都属于输入设备，如图 3-21 所示。输入设备把原始数据和处理这些数据的程序输入到计算机中。计算机能够接收各种各样的数据，既可以是数值型的数据，也可以是各种非数值型的数据，如图形、图像、声音等都可以通过不同类型的输入设备输入到计算机中，进行存储、处理和输出。

（1）键盘

键盘（Keyboard）是常用的输入设备，它是由一组开关矩阵组成，包括数字键、字母键、符号键、功能键及控制键等。每一个按键在计算机中都有它的唯一代码。当

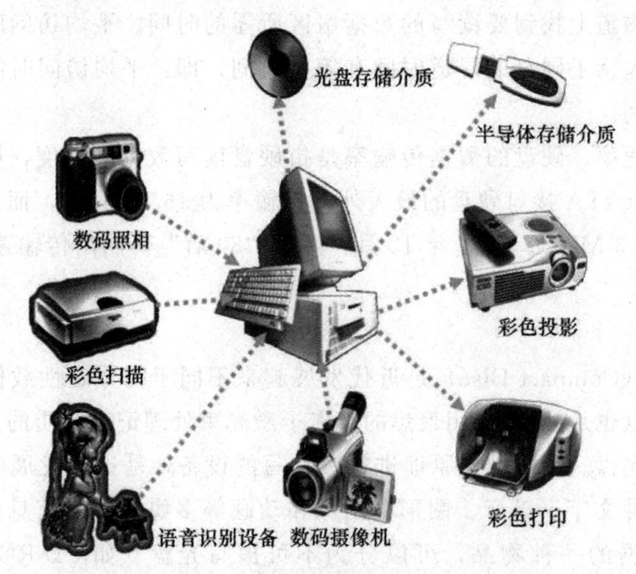

图 3-21 计算机的输入输出设备

按下某个键时，键盘接口将该键的二进制代码送入计算机主机中，并将按键字符显示在显示器上。当快速大量输入字符，主机来不及处理时，先将这些字符的代码送往内存的键盘缓冲区，然后再从该缓冲区中取出进行分析处理。键盘接口电路多采用单片微处理器，由它控制整个键盘的工作，如上电时对键盘的自检、键盘扫描、按键代码的产生、发送及与主机的通信等。

(2) 鼠标

鼠标（Mouse）是一种手持式屏幕坐标定位设备，它是适应菜单操作的软件和图形处理环境而出现的一种输入设备，特别是在现今流行的 Windows 图形操作系统环境下应用鼠标方便快捷。常用的鼠标有两种，一种是机械式的，另一种是光电式的。

机械式鼠标的底座上装有一个可以滚动的金属球，当鼠标在桌面上移动时，金属球与桌面摩擦，发生转动。金属球与四个方向的电位器接触，可测量出上下左右四个方向的位移量，用以控制屏幕上光标的移动。光标和鼠标的移动方向是一致的，而且移动的距离成比例。

光电式鼠标的底部装有两个平行放置的小光源。这种鼠标在反射板上移动，光源发出的光经反射板反射后，由鼠标接收，并转换为电移动信号送入计算机，使屏幕的光标随之移动。其他方面与机械式鼠标一样。

鼠标上有两个键的也有三个键的。最左边的键是拾取键，最右边的键为消除键，中间的键是菜单的选择键。由于鼠标所配的软件系统不同，对上述三个键的定义有所不同。一般情况下，鼠标左键可在屏幕上确定某一位置，该位置在字符输入状态下是当前输入字符的显示点；在图形状态下是绘图的参考点。在菜单选择中，左键（拾取键）可选择菜单项，也可以选择绘图工具和命令。当做出选择后系统会自动执行所选择的命令。鼠标能够移动光标，选择各种操作和命令，并可方便地对图形进行编辑和

修改，但却不能输入字符和数字。

（3）扫描输入设备

光学标记阅读机是一种用光电原理读取纸上标记的输入设备，常用的有条码读入器和计算机自动评卷记分的输入设备等。

图形（图像）扫描仪是利用光电扫描将图形（图像）转换成像素数据输入到计算机中的输入设备。目前一些部门已开始把图像输入用于图像资料库的建设中。如人事档案中的照片输入，公安系统案件资料管理，数字化图书馆的建设，工程设计和管理部门的工程图管理系统，都使用了各种类型的图形（图像）扫描仪。

现在人们正在研究使计算机具有人的“听觉”和“视觉”，即让计算机能听懂人说的话，看懂人写的字，从而能以人们接收信息的方式接收信息。为此，人们开辟了新的研究方向，其中包括模式识别、人工智能、信号与图像处理等，并在这些研究方向的基础上产生了语言识别、文字识别、自然语言解与机器视觉等研究方向。

2. 基本输出设备

计算机对程序和数据进行存储处理和运算后需要借助输出设备将计算机的处理结果提供给外部世界，常用的输出设备有显示器和打印机等。有些设备同时兼有输入和输出的功能，如外存储器等，如图 3-22 所示。输出设备同 CPU 交换数据的过程，一般也包括以下三个步骤。

（1）CPU 把一个地址值放在地址总线上来确定输出设备。

（2）CPU 把数据放在数据总线上。

（3）输出设备取走数据。

图 3-22　计算机输出设备

（1）显示器

显示器是实现人机对话的主要工具，它既可以显示键盘输入的命令或数据也可以显示计算机数据处理的结果。

常用的显示器主要有两种类型。一种是阴极射线管（Cathode Ray Tube，CRT）显示器，用于一般的台式微机；另一种是液晶（Liquid Crystal Display，LCD）显示器，用于便携式微机。下面主要介绍 CRT 显示器。按颜色区分，可以分为单色（黑白）显示器和彩色显示器。

彩色显示器又称图形显示器，它有两种基本工作方式：字符方式和图形方式。在

字符方式下，显示内容以标准字符为单位，字符的字形由点阵构成，字符点阵存放在字形发生器中。在图形方式下，显示内容以像素为单位，屏幕上的每个点（像素）均可由程序控制其亮度和颜色，因此能显示出较高质量的图形或图像。

显示器的分辨率分为高中低三种。分辨率的指标是用屏幕上每行的像素数与每帧（每个屏幕画面）行数的乘积表示的。乘积越大，也就是像素点越小，数量越多，分辨率就越高，图形就越清晰美观。

（2）打印机

打印机（Printer）是将计算机的处理结果打印在纸张上的输出设备。人们常把显示器的输出称为软拷贝，把打印机的输出称为硬拷贝。将计算机输出数据转换成印刷字体的设备。

从使用角度看，打印机可分为两类。一类具有键盘输入功能，速度较慢，但与计算机有对话能力。它价格低廉，除计算机和终端常用外，通信系统也把它用作常规设备。另一类没有键盘输入功能。这类打印机又可分为条式打印机、窄行式打印机、串行打印机、行式打印机和页式打印机等。

按传输方式，可以分为一次打印一个字符的字符打印机、一次打印一行的行式打印机和一次打印一页的页式打印机。

按工作机构，可以分为击打式打印机和非击打式印字机。其中击打式又分为字模式打印机和点阵式打印机。非击打式又分为喷墨印字机、激光印字机、热敏印字机和静电印字机。

微型计算机最常用的是点阵针式打印机。它的特点是结构简单，体积小，价格低，字符种类不受限制，对打印介质要求不高，可以打印多层介质。结构包括打印头与字车、输纸机构、色带机构 3 个部分；控制器与显示控制器类似。它的打印头上安装有若干个针，打印时控制不同的针头通过色带打印纸面即可得到相应的字符和图形。因此，又常称之为针式打印机。日常使用的多为 9 针或 24 针的打印机，主要是 24 针打印机。

3.2.4 总线与接口

在计算机系统中，总线是各个部件（或设备）之间传输数据的公用通道。从主机各个部件之间的连接，到主机与外部设备之间的连接，几乎都采用了总线。采用总线结构后，系统的连接就显得十分清晰、规整，便于设备的扩充、维护，也能很好地实现冯·诺依曼的“存储程序”工作原理。

1. 总线

微型机中的总线一般可以分为内部总线、系统总线和外部总线三种。内部总线指芯片内部链接各元件的总线。系统总线是连接微处理器、存储器和各输出输入设备等主要部件的总线。微型机和外部设备之间的连接则通过外部总线完成。

计算机的系统总线按照计算机所传输的信息种类，可以划分为数据总线、地址总线和控制总线。计算机系统总线与各个部件的结构关系如图 3-23 所示。

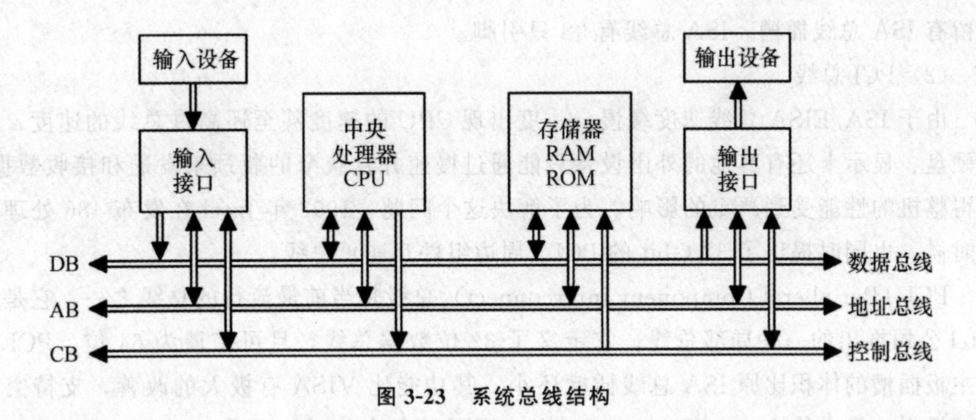

图 3-23 系统总线结构

数据总线（Data Bus）：在CPU与RAM之间来回传送需要处理或是需要储存的数据。

地址总线（Address Bus）：用来指定在RAM（Random Access Memory）之中储存的数据的地址。

控制总线（Control Bus）：将微处理器控制单元（Control Unit）的信号，传送到周边设备。

从数据传输方式分，总线可分为串行总线和并行总线。信息的传送方式如图3-24所示。

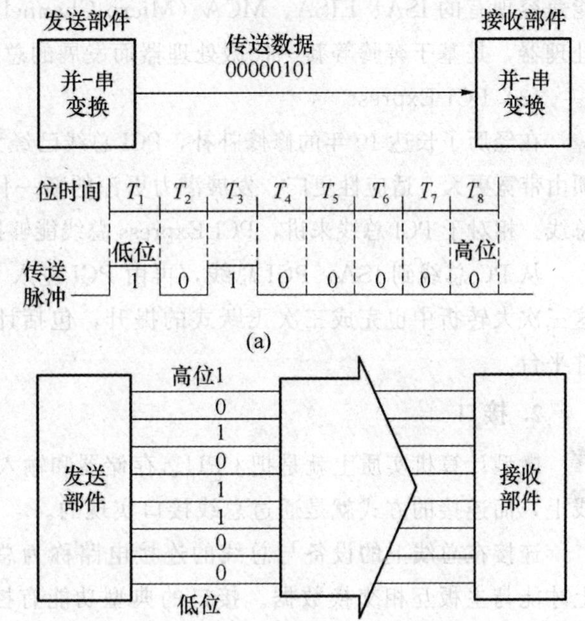

图 3-24 信息的传送方式

(a) 串行传送；(b) 并行传送

在串行总线中，信息以串行方式传送，只有一条传输线，且采用脉冲传送。传送时，按顺序来传送表示一个数码的所有二进制位的脉冲信号，每次一位，通常以第一个脉冲信号表示数码的最低有效位，最后一个脉冲信号表示数码的最高有效位。串行传送的优点是只需要一条传输线，成本比较低廉。

在并行总线中，信息以并行方式传送，数据线有许多根，且采用脉冲传送。传送时，一次能同时发送多个二进制位数据。并行传送的优点是一次传送多个二进制位，传输速度快。下面介绍几种常用的总线。

(1) ISA总线

ISA（Industrial Standard Architecture）总线标准是IBM公司1984年为推出PC/AT机而建立的系统总线标准，所以也称AT总线。它是对XT总线的扩展，以适应8/16位数据总线要求。它在80286至80486时代应用非常广泛，以至于奔腾机中还保留有 ISA 总线插槽。ISA 总线有 98 只引脚。

（2）PCI 总线

由于 ISA/EISA 总线速度缓慢，一度出现 CPU 的速度甚至还高过总线的速度，造成硬盘、显示卡还有其他的外围设备只能通过慢速并且狭窄的瓶颈来发送和接收数据，使得整机的性能受到严重的影响。为了解决这个问题，1992 年 Intel 在发布 486 处理器的时候，也同时提出了 32 Gbit 的 PCI（周边组件互连）总线。

PCI（Peripheral Component Interconnect）总线是当前最流行的总线之一，它是由 Intel 公司推出的一种局部总线。它定义了 32 位数据总线，且可扩展为 64 位。PCI 总线主板插槽的体积比原 ISA 总线插槽还小，其功能比 VISA 有极大的改善，支持突发读写操作，最大传输速率可达 132 MB/s，可同时支持多组外围设备。PCI 局部总线不能兼容现有的 ISA、EISA、MCA（Micro Channel Architecture）总线，但它不受制于处理器，是基于奔腾等新一代微处理器而发展的总线。

（3）PCI-Express

在经历了长达 10 年的修修补补，PCI 总线已经无法满足计算机性能提升的要求，必须由带宽更大、适应性更广、发展潜力更深的新一代总线取而代之，这就是 PCI-Express 总线。相对于 PCI 总线来讲，PCI-Express 总线能够提供极高的带宽，来满足系统的需求。

从 PC 总线到 ISA、PCI 总线，再由 PCI 进入 PCI-Express 体系，计算机在总线的这三次大转折中也完成三次飞跃式的提升，包括计算机的处理速度、实现的功能和软件平台。

2. 接口

微型计算机实质上就是把 CPU、存储器和输入/输出接口电路正确的连接到系统总线上，而连接的方式就是通过总线接口实现的。

连接在总线上的设备与总线的连接电路称为总线接口。例如，显示卡要插在主板上才能与主板互相交换数据。接口的典型功能有控制、缓冲、状态、转换、整理、程序中断。几种常见总线接口如下。

（1）PCI 接口

PCI 是（Peripheral Component Interconnect）缩写，外设部件互联标准它是目前个人计算机中使用最为广泛的接口，几乎所有的主板产品上都带有这种插槽。PCI 插槽也是主板带有最多数量的插槽类型，在目前流行的台式机主板上，ATX 结构的主板一般带有 5～6 个 PCI 插槽，而小一点的 MATX 主板也都带有 2～3 个 PCI 插槽，可见其应用的广泛性。

（2）AGP 接口

AGP（Accelerate Graphical Port），加速图形接口。随着显示芯片的发展，PCI 总线日益无法满足其需求。英特尔于 1996 年 7 月正式推出了 AGP 接口，它是一种显示卡专用的局部总线。严格地说，AGP 不能称为总线，它与 PCI 总线不同，因为它是点对点连接，即连接控制芯片和 AGP 显示卡，但在习惯上称其为 AGP 总线。AGP 接口是基于 PCI2.1 版规范并进行扩充修改而成，工作频率为 66 MHz。

(3) PCI-Express 接口

PCI-Express（以下简称 PCI-E）采用了目前业内流行的点对点串行连接，比起 PCI 以及更早期的计算机总线的共享并行架构，每个设备都有自己的专用连接，不需要向整个总线请求带宽，而且可以把数据传输率提高到一个很高的频率，达到 PCI 所不能提供的高带宽。相对于传统 PCI 总线在单一时间周期内只能实现单向传输，PCI-E 的双单工连接能提供更高的传输速率和质量，它们之间的差异跟半双工和全双工类似。

PCI-E 的接口根据总线位宽不同而有所差异，包括 X1、X4、X8 以及 X16，而 X2 模式将用于内部接口而非插槽模式。PCI-E 规格从 1 条通道连接到 32 条通道连接，有非常强的伸缩性，以满足不同系统设备对数据传输带宽不同的需求。此外，较短的 PCI-E 卡可以插入较长的 PCI-E 插槽中使用，PCI-E 接口还能够支持热拔插，这也是个不小的飞跃。PCI-EX1 的 250 MB/s 传输速度已经可以满足主流声效芯片、网卡芯片和存储设备对数据传输带宽的需求，但是远远无法满足图形芯片对数据传输带宽的需求。因此，用于取代 AGP 接口的 PCIGE 接口位宽为 X16，能够提供 5 GB/s 的带宽，即便有编码上的损耗但仍能够提供约为 4 GB/s 左右的实际带宽，远远超过 AGP8X 的 2.1 GB/s 的带宽。

在兼容性方面，PCI-E 在软件层面上兼容目前的 PCI 技术和设备，支持 PCI 设备和内存模组的初始化，也就是说过去的驱动程序、操作系统无须推倒重来，就可以支持 PCI-E 设备。目前 PCI-E 已经成为显卡的接口的主流。

3.3　计算机软件系统

软件是计算机系统的重要组成部分，它是计算机程序及与程序有关的各种文档的总称。硬件是所有软件运行的物质基础，软件能充分发挥硬件的功能作用并且可以扩充硬件功能，完成各种系统及应用任务，两者互相促进，相辅相成，缺一不可。

3.3.1　软件的定义

软件的定义可以描述为：计算机软件是程序、文档、数据和开发规范的集合。计算机软件具有以下特征。

(1) 软件只能通过运行状况来了解功能、特性和质量。

(2) 软件渗透了大量的脑力劳动，人的逻辑思维、智能活动和技术水平。

(3) 软件不会像硬件一样老化磨损，但需要缺陷维护和技术更新。

(4) 软件的开发和运行必须依赖于特定的计算机系统环境，对于硬件有一定的依赖性，为了减少依赖，开发中提出了软件的可移植性。

(5) 软件具有可复用性，软件开发出来很容易被复制，从而形成多个副本。

3.3.2　软件的分类

根据功能特点，可以把各种各样的计算机软件分成两大类，即系统软件和应用软件。

1. 系统软件

系统软件是指能够扩展硬件功能的各种程序的集合。用于计算机管理、监控、维护，并给用户提供一个友好的操作界面、创造良好的工作环境，从而使用户能够灵活、方便地使用计算机，使整个计算机系统能高效地运行。系统软件一般分为两大类：负责管理计算机系统的资源的系统软件和负责公共应用服务的系统软件。

负责管理计算机系统的资源的系统软件，与计算机硬件紧密结合，使计算机系统的硬件部件、相关的软件和数据相互协调地工作。同时支持用户很方便地使用计算机，高效率地共享计算机系统的资源。

负责公共应用服务的系统软件，通常称为实用程序或者实用软件。它们负责提供几乎是所有用户都会需要的、各种各样的公共应用服务。

系统软件通常包括操作系统、语言处理系统、数据库管理系统、系统实用程序等。

操作系统（Operating System，OS）是用来协调计算机的内部活动及检查计算机与外部世界通信的软件包。操作系统还要负责管理硬件、软件和外存数据，使在一台计算机上运行的各个程序有条不紊地共享有限的硬件设备，共享系统里存放的软件和数据。

语言处理系统（Language Processing System，LPS）的功能是各种软件语言的处理程序，它把用户用软件语言书写的各种源程序转换成为可为计算机识别和运行的目标程序，从而获得预期结果。其主要研究内容包括：语言的翻译技术和翻译程序的构造方法与工具，此外，它还涉及正文编辑技术、连接编辑技术和装入技术等。

数据库管理系统（Data Base Management System，DBMS）是一种操纵和管理数据库的大型软件，用于建立、使用和维护数据库。它对数据库进行统一的管理和控制，以保证数据库的安全性和完整性。有了数据库管理系统，用户就可以在抽象意义下处理数据，而不必顾及这些数据在计算机中的布局和物理位置。例如，Oracle、SQLServer 是典型的数据库管理系统。

诊断程序（Diagnostic Program）主要用于对计算机系统硬件的检测，并能进行故障定位，大大方便了对计算机的维护。它能对 CPU、内存、软硬驱动器、显示器、键盘及 I/O 接口的性能和故障进行检测。对于微机目前常用的诊断程序有 QAPLUS、PCBENCH、WINTEST、CHECKITPRO 等。

系统软件面向硬件，可以看成是计算机硬件的扩充。有了系统软件，原来的硬件并未发生变化，但功能和运行效率确实会得到极大的增强。

2. 应用软件

应用软件（Applications 或 Application Software）是指面向用户各自业务要求、完成特定的数据处理事务的程序。应用软件一般也可以分为两大类：通用业务类和专业领域类。

通用业务类：支持人们更有效率、更方便地执行一些通用业务。如文字处理软件、

电子表格、网络浏览器程序、统计图生成软件等。现代企业的员工基本都要借助Word、Excel这样一些应用软件来办公。

专业领域类：应用领域会专门一些，满足更专业的使用要求。例如，排版软件、画图绘图软件、项目管理软件、影音制作软件等。

综合性的应用软件一般有管理信息系统和计算机集成制造系统。

管理信息系统（Management Information Systems，MIS）是对信息进行管理的软件。它是一个以人为主导，利用计算机硬件、软件、网络通信设备及其他办公设备，进行信息的收集、传输、加工、储存、更新、拓展和维护的系统。管理信息系统能实测企业各种运行情况，利用过去的数据预测未来，从企业全局出发辅助企业进行决策，利用信息控制企业的行为、帮助企业实现规划目标。

计算机集成制造系统（Computer Integrated Manufacturing System，CIMS）是一个新兴的、跨学科的计算机应用系统。把网络系统、数据库管理系统和CAD/CAM系统结合起来，在计算机技术、信息技术、自动化控制技术等学科的基础上实现生产的决策、产品设计、直到销售的整个过程的自动化，把它们集成为一个完整的、效益最佳的生产系统，称之为计算机集成制造系统。

把计算机的软件体系分为系统软件和应用软件两大部分，又把系统软件区分为操作系统和实用程序两类，只是为了方便叙述。其实，软件类别之间的界线有点模糊，往往随不同的认识或者出发点而会有不同的说法。没有配置任何软件，只包含硬件系统的计算机被称为“裸机”（Bare Machine）。裸机、操作系统、实用程序及应用软件之间的层次关系可用图 3-25 表示。大多数情况下，用户是和一台安装了操作系统的计算机打交道的。用户和操作系统交互的方式，属于“软件的用户界面”问题。

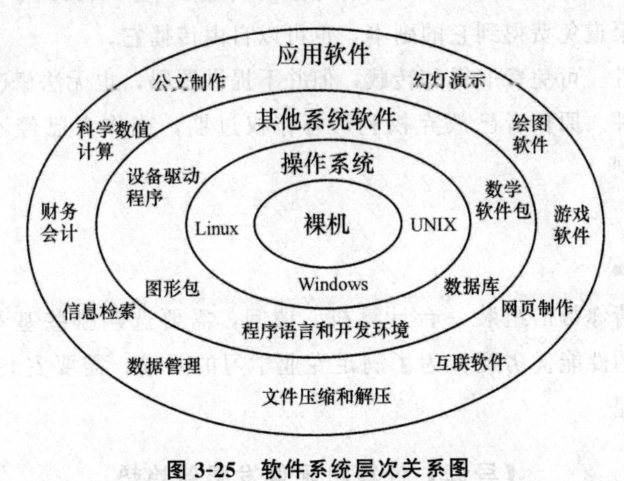

图 3-25　软件系统层次关系图

3.3.3　软件知识产权

计算机软件与一般作品相比，具有明显的区别。一是软件的目的不同。计算机软件多用于某种特定目的，如控制一定生产过程，使计算机完成某些工作；而文学作品则是为了阅读欣赏，满足人们精神文化生活需要。二是软件要求法律保护的侧重点不同。著作权法一般只保护作品的形式，不保护作品的内容。而计算机软件则要求保护其内容。

根据《计算机软件保护条例》第10条的规定，计算机软件著作权归属软件开发者。因此确定计算机著作权归属的一般原则是"谁开发谁享有著作权"。软件开发者指实际组织进行开发工作，提供工作条件完成软件开发，并对软件承担责任的法人或者非法人单位，以及依靠自己具有的条件完成软件开发，并对软件承担责任的公民。

不同的软件一般都有对应的软件授权，软件的用户必须在同意所使用软件的许可证的情况下才能够合法的使用软件。从另一方面来讲，特定软件的许可条款也不能够与法律相违背。

依据许可方式的不同，大致可将软件区分为几类。

(1) 专属软件。此类授权通常不允许用户随意的复制、研究、修改或散布该软件。违反此类授权通常会有严重的法律责任。传统的商业软件公司会采用此类授权，例如微软的Windows和办公软件。专属软件的源码通常被公司视为私有财产而予以严密的保护。至于拥有专利的软件（Proprietary Software），用户只能购买许可证（License）。即购买软件的使用权，而不是软件产品本身。

(2) 自由软件。此类授权正好与专属软件相反，赋予用户复制、研究、修改和散布该软件的权利，并提供源码供用户自由使用，仅给予些许的其他限制。以Linux、Firefox和Open Office可作为此类软件的代表。

(3) 共享软件。通常可免费的取得并使用其试用版，但在功能或使用期间上受到限制。开发者会鼓励用户付费以取得功能完整的商业版本。根据共享软件作者的授权，用户可以从各种渠道免费得到它的副本，也可以自由传播它。

(4) 免费软件。可免费取得和转载，但并不提供源码，也无法修改。

(5) 公共软件。原作者已放弃权利，著作权过期，或作者已经不可考究的软件。使用上无任何限制。

情景思考

现在同学要请你帮忙组装一台计算机。请问，需要选购哪些基本部件，为什么？如何评价计算机的性能优劣呢？为了满足专业学习的要求，需要安装哪些软件呢？这些软件如何获取呢？

【导读】计算机硬件发展新趋势

CPU、显卡——合二为一

CPU和显卡一直是计算机中两个最重要的硬件，其中CPU掌管着计算机大部分的指令计算和功能协调，而显卡更是直接决定着计算机的画面质量及游戏效果，因此玩家们对这两个硬件也是最看重的，而CPU和显卡的售价也是不菲，有些高端显卡的

价格甚至和一台普通计算机相当。

未来没有CPU和显卡的概念，CPU和显卡将被整合成一颗芯片。

以前，CPU和显卡可谓互不相干，但随着NVIDIA的GPU和ATI的APU感念相继提出，显卡就开始抢占CPU的部分工作。由于显示核心的独特设计，目前显卡的浮点运算能力已经比CPU还要强大，甚至出现了专门为显卡设计的应用程序，全部功能只调用显卡处理，而不用CPU参与。

当然CPU这边也不示弱，英特尔很早之前就开始研发的Larrabee显卡，虽然这一计划目前举步维艰，但也足见英特尔进军显卡领域的决心。另外英特尔最新的i3、i5处理器也首次将CPU和显示核心放在一起，算是CPU和显卡整合的第一次尝试。另外当AMD收购ATI之后，AMD也成了冲击首颗CPU显卡整合处理器的绝佳人选，由于AMD同时拥有CPU和显卡技术，不存在技术壁垒，因此实现CPU显卡整合或许只是时间的问题了。

主板——主板将变成一堆线?

主板虽然无法对计算机性能起到决定性作用，但由于几乎所有硬件都要通过主板互相连接，因此主板的好坏将直接影响计算机的稳定，在不少超频玩家眼中好主板更是可以提高超频成绩。

现在的主板大多是控制器的整合，什么硬盘控制器、内存控制器、扩展接口控制器等等，但从目前的趋势看，越来越多的硬件开始直接集成控制芯片，比如以往的内存控制器都是整合在主板上，而最新的i3、i5处理器则将控制器移植CPU内，主板的工作只不过是提供数据通道而已。原本主板上至关重要的北桥芯片，也随着i3、i5处理器的问世而被取消，以往ATX主板必然比MicroATX主板好的概念也越来越模糊。

不妨畅想未来主板将朝着两个极端发展，对于高度整合硬件来说，主板的概念将越来越模糊，或许主板将变成几根数据线而已。而对于高端计算机来说，主板的作用将是为计算机提供更丰富的功能，比如超频控制器、比如更多的扩展接口。

内存——瓶颈！被整合

内存无疑是现在超频玩家们最关心的硬件之一，提高内存频率不仅对CPU超频有帮助，而且也将有效提高整台计算机的处理速度，可见内存对计算机的性能至关重要，但反观这一点会发现内存已经成了计算机速度的瓶颈。

现在DDR3内存的频率已经被发挥到了极致，而更快的DDR4内存到2015年才量产，可CPU的频率却是与日俱增，可见内存的发展已经无法满足计算机数据传输速度的要求。

为了解决这一问题，未来内存可能会集成到CPU之内，以超大容量缓存的形式存在，这样一来内存的频率将与CPU的频率同步，当然这就需要更快的存储芯片，而这显然不会是DDR系列内存能够实现的。

硬盘——被SSD甚至被云技术取代

几年之前，谁的计算机里装一块500 G硬盘已经能让别人羡慕不已了，而谁会想到现在 1 TB 硬盘都不足 500 元。但未来呢，未来的硬盘容量将会是多大？10 TB 还是 10 000 TB？未来的硬盘容量将是无穷大！

随着云技术的兴起，未来硬盘很可能将在个人计算机中消失，而出现一个超大型的数据存储中心，人们只需要通过网络就可以读取其中的数据，甚至将整个操作系统都安装在云服务器上，我们的个人计算机将根本不需要存储任何数据，只要有一根网线就可以完成所有应用。

如果你有个人信息需要保存，那不妨在计算机中安装一块 SSD 固态硬盘，它将提供远超过传统机械硬盘的数据读取速度，同时你再也不会听到计算机内嘎啦嘎啦的噪声了，随着机械硬盘的被固态硬盘和云计算技术取代，计算机不仅可以获得无尽的数据存储空间，计算机噪声也将明显降低。

习　题

1. 选择题

(1) 计算机所具有的存储程序和数据原理是（　　）提出的。

A. 图灵　　B. 布尔　　C. 冯·诺依曼　　D. 爱因斯坦

(2) 计算机硬件能直接识别和执行的只有（　　）。

A. 高级语言　　B. 符号语言　　C. 汇编语言　　D. 机器语言

(3) 我们把计算机硬件系统和软件系统总称为（　　）。

A. 计算机 CPU　　B. 固件

C. 计算机系统　　D. 微处理机

2. 填空题

(1) 能够实现算术/逻辑运算的计算机硬件是________。

(2) ________可以实现计算机程序和数据的存储。

(3) 中央处理器简称________。

3. 简答题

(1) 冯·诺依曼计算机工作方式的基本特点是什么？

(2) 运算器虽有许多部件组成，但核心部件是什么？

(3) 给出计算机的存储器系统的理解。

(4) I/O 接口的作用是什么？

第4章 操作系统

操作系统（Operation System，OS）是基础性的系统软件，是对计算机硬件的第一次扩充是用户使用计算机的软件接口，在计算机系统中的地位极为重要。计算机系统的高效运行得益于操作系统的服务和支持。

本章主要介绍操作系统的定义、特征及发展，操作系统的功能，典型的操作系统产品。

问题导入

哲学家进餐问题

五个哲学家围坐一张圆桌进餐，哲学家的生活方式是交替地进行思考和进餐。哲学家们共用一张圆桌，分别坐在周围的五张椅子上，在圆桌上有五个碗和五支筷子，平时哲学家进行思考，饥饿时便试图取其左、右最靠近他的筷子，只有在他拿到两支筷子时才能进餐，进餐完毕，放下筷子又继续思考。哲学家进餐必须遵守下列约束条件。

(1) 只有拿到两只筷子时，哲学家才能吃饭。

(2) 如果筷子已被别人拿走，则必须等别人吃完之后才能拿到筷子。

(3) 任一哲学家在自己未拿到两只筷子且吃完饭前，不会放下手中拿到的筷子。

现在的问题是如何协调5个哲学家，使得既没有人一直不停地进餐又没有人饿死。在计算机中有没有这样的现象呢？想一想，你是不是在打游戏的同时想听听歌啊，还要开个聊天软件与好友语音聊天呢，再来点视频传输等等，而计算机的CPU和内存是有限的，计算机在有限的硬件资源的情况下需要同时完成用户的多种需求还需要给用户流畅的感觉。这就相当于某个应用程序既不能“一直吃”，也不能“饿死”。那么计算机是如何做到这样的要求的呢？

4.1 操作系统概述

从用户角度来看，计算机系统应该是一个一致的、稳定的、便于操作的平台。但是由于计算机系统的硬件和软件是为了不同的目的、由不同生产厂家设计、生产的，它们呈现给用户的是不同的操作界面和操作规程。即使是最现代化的、标准配置的硬件，呈现给用户的也是一个极不友好的界面。

为了使硬件的各种部件都能按设计要求正常地进行工作，需要安装各个硬件的驱动程序；而要使这些硬件能够有条不紊、步调一致地协调工作，还要在硬件和软件之间再插入一批程序，这些程序的集合就是操作系统。

4.1.1 操作系统的定义

使用计算机或终端时会接触到这样一些名字，Windows、Linux、Android、ios等，人们称它们为操作系统。操作系统是现代计算机系统中不可或缺的系统软件。它是配置在硬件上面的第一层软件，裸机加载了操作系统，才能成为使用方便的、高效率的计算机。可以说，操作系统是这样一组系统程序的集合：这些系统程序在用户使用计算机时，负责完成所有与硬件相关的，以及每个用户都需要的，和具体应用无关的基本操作，并解决操作中的效率和安全问题。

操作系统的定义：操作系统是管理计算机系统资源、控制程序执行，改善人机界面，提供各种服务，合理组织计算机工作流程和为用户使用计算机提供良好运行环境的一类系统软件。是直接运行在“裸机”上的最基本的系统软件，任何其他软件都必须在操作系统的支持下才能运行。

操作系统是用户和计算机的接口，同时也是计算机硬件和其他软件的接口。操作系统的作用是让计算机系统所有资源最大限度地发挥作用，提供各种形式的用户界面，使用户有一个好的工作环境，为其他软件的开发提供必要的服务和相应的接口等。实际上，用户是不用关心操作系统的内部运作的，操作系统管理着计算机硬件资源，同时按照应用程序的资源请求，分配资源，如划分 CPU 时间，内存空间的开辟，调用打印机等。

4.1.2 操作系统的历史与发展

操作系统并不是与计算机硬件一起诞生的，它是在人们使用计算机的过程中，为了满足两大需求：提高资源利用率、增强计算机系统性能，伴随着计算机技术本身及其应用的日益发展，而逐步地形成和完善起来的。操作系统的发展史经历了以下几个时期。

1. 批处理系统

批处理是指用户将一批作业提交给操作系统后就不再干预，由操作系统控制它们自动运行。这种采用批量处理作业技术的操作系统称为批处理操作系统。批处理操作系统不具有交互性，它是为了提高 CPU 的利用率而提出的一种操作系统，是早期的一种大型机用操作系统。批处理操作系统分为单道批处理系统和多道批处理系统。

早期的批处理系统属于单道批处理系统，其目的是减少作业间转换时的人工操作，从而减少 CPU 的等待时间。它的特征是内存中只允许存放一个作业，即当前正在运行的作业才能驻留内存，作业的执行顺序是先进先出，即按顺序执行。由于在单道批处

理系统中，一个作业单独进入内存并独占系统资源，直到运行结束后下一个作业才能进入内存，当作业进行 I/O 操作时，CPU 只能处于等待状态，因此，CPU 利用率较低，尤其是对于 I/O 操作时间较长的作业。这一时期被称为操作系统的萌芽时期。

在单道批处理系统的基础上引入了多道程序设计技术，就形成了多道批处理系统，即在内存中可同时存在若干道作业，作业执行的次序与进入内存的次序无严格的对应关系，因为这些作业是通过一定的作业调度算法来使用 CPU 的，一个作业在等待 I/O 理时，CPU 调度另外一个作业运行，因此 CPU 的利用率显著地提高了。这是现代意义上的操作系统。批处理系统主要指多道批处理系统，它通常用在以科学计算为主的大中型计算机上，多道处理系统的优点是由于系统资源为多个作业所共享，其工作方式是作业之间自动调度执行。并在运行过程中用户不干预自己的作业，从而大大提高了系统资源的利用率和作业吞吐量。其缺点是无交互性，用户一旦提交作业就失去了对其运行的控制能力，而且是批处理的，作业周转时间长，用户使用不方便。

2. 分时系统

分时技术把处理机的运行时间分为很短的时间片，按时间片轮流把处理机分给各联机作业使用。这种采用分时技术使一台计算机采用片轮转的方式同时为几个、几十个甚至几百个用户服务的一种操作系统称为分时操作系统。由于分配给每个用户的时间片非常短，切换快，每个用户都感觉是在独占计算机。分时系统具有交互性、多路性、独立性、及时性。适合办公自动化、教学及事务处理等要求人机会话的场合。

交互性（同时性）是指用户与系统进行人机对话。用户在终端上可以直接输入、调试和运行程序，在本机上修改程序中的错误，直接获得结果。多路性（多用户同时性）是指多用户同时在各自终端上使用同一 CPU 和其他资源，充分发挥系统的效率。独立性是指用户可彼此独立操作，互不干扰，互不混淆。及时性是指用户在短时间内可得到系统的及时回答。常见的通用操作系统是分时系统与批处理系统的结合。其原则是分时优先，批处理在后。“前台”响应需频繁交互的作业，如终端的要求；“后台”处理时间性要求不强的作业。

3. 实时系统

“实时”，是表示“及时”，而实时系统是指系统能及时响应外部事件的请求，在规定的时间内完成对该事件的处理，并控制所有实时任务协调一致的运行。实时系统的正确性不仅依赖系统计算的逻辑结果，还依赖于产生这个结果的时间。实时系统能够在指定或者确定的时间内完成系统功能和外部或内部、同步或异步时间做出响应的系统。因此实时系统应该具备在事先定义的时间范围内识别和处理离散事件的能力，系统能够处理和储存控制系统所需要的大量数据。实时系统可分成实时控制系统和实时信息处理系统两类。

实时控制系统。例如，用于飞机飞行、导弹发射等的自动控制时，要求计算机能尽快处理测量系统测得的数据，及时地对飞机或导弹进行控制，或将有关信息通过显示终端提供给决策人员。当用于轧钢、石化等工业生产过程控制时，也要求计算机能

及时处理由各类传感器送来的数据，然后控制相应的执行机构。

实时信息处理系统。当用于预订飞机票、查询有关航班、航线、票价等事宜时，或当用于银行系统、情报检索系统时，都要求计算机能对终端设备发来的服务请求及时予以正确的回答。此类对响应及时性的要求稍弱于第一类。

实时操作系统主要有响应及时和高可靠性的特点。及时响应是指每一个信息接收、分析处理和发送的过程必须在严格的时间限制内完成。高可靠性是指需采取冗余措施，双机系统前后台工作，也包括必要的保密措施等。

进入 20 世纪 80 年代，大规模集成电路工艺技术的飞跃发展，微处理机的出现和发展，掀起了计算机大发展大普及的浪潮。一方面迎来了个人计算机的时代，同时又向计算机网络、分布式处理、巨型计算机和智能化方向发展。于是，操作系统有了进一步的发展，如个人计算机操作系统、网络操作系统、分布式操作系统等。

4. 个人计算机操作系统

个人计算机上的操作系统是联机交互的单用户操作系统，其主要特点是在某一时间为单个用户服务。

根据在同一时间使用计算机用户的多少，操作系统可分为单用户操作系统和多用户操作系统。单用户操作系统是指一台计算机在同一时间只能由一个用户使用，一个用户独自享用系统的全部硬件和软件资源，而如果在同一时间允许多个用户同时使用计算机，则称为多用户操作系统。

如果用户在同一时间可以运行多个应用程序（每个应用程序被称作一个任务），则这样的操作系统被称为多任务操作系统。如果一个用户在同一时间只能运行一个应用程序，则对应的操作系统称为单任务操作系统。

早期的 DOS 操作系统是单用户单任务操作系统，Windows 95 是单用户多任务操作系统，Windows XP/7/10 则是多用户多任务操作系统，Linux、UNIX 是多用户多任务操作系统。

5. 网络操作系统

网络操作系统在原来各自计算机操作系统上，按照网络体系结构的各个协议标准增加网络管理模块，向网络计算机提供服务的特殊的操作系统。借由网络达到互相传递数据与各种消息，分为服务器及客户端。而服务器的主要功能是管理服务器和网络上的各种资源和网络设备的共用，加以统合并控管流量，避免瘫痪的可能性，而客户端具有运用接收服务器所传递的数据的功能，好让客户端可以清楚地搜索所需的资源。网络操作系统主要有集中模式、客户机/服务器模式和对等模式三种模式。

集中式网络操作系统是由分时操作系统加上网络功能演变的。系统的基本单元是由一台主机和若干台与主机相连的终端构成，信息的处理和控制是集中的。UNIX 就是这类系统的典型。

客户机/服务器模式是最流行的网络工作模式。服务器是网络的控制中心，并向客户提供服务。客户是用于本地处理和访问服务器的站点。

对等模式的站点都是对等的，既可以作为客户访问其他站点，又可以作为服务器向其他站点提供服务。这种模式具有分布处理和分布控制的功能。

网络操作系统具有高效、可靠的网络通信能力，并能提供多种网络服务功能，如远程作业录入并进行处理的服务功能、文件转输服务功能、电子邮件服务功能、远程打印服务功能等。

由于网络计算的出现和发展，现代操作系统的主要特征之一就是具有上网功能，因此，除了 20 世纪 90 年代初期，Novell 公司的 Netware 等系统被称为网络操作系统之外，人们一般不再特指某个操作系统为网络操作系统。

6. 分布式操作系统

分布式操作系统是安装在整个分布系统里面的，其中任何一台也可以安装有自己的本地操作系统。分布式操作系统负责管理分布式处理系统资源和控制分布式程序运行。它和集中式操作系统的区别在于资源管理、进程通信和系统结构等方面。分布式系统的类型，大致可以归为分布式数据、分层式处理和分布式网络三类。

分布式数据，单只有一个总的数据库，没有局部数据库。分层式处理，每一层都有自己的数据库。充分分散的分布式网络，没有中央控制部分，各结点之间的连接方式又可以有多种，如松散的连接，紧密的连接，动态的连接，广播通知式连接等。

从计算机最初出现无操作系统到后来出现的 CP/M 系统、DOC 系统、集中式操作系统一直到今天出现的分布式操作系统，操作系统已经经历了 70 多年的发展，运用于当今的各行各业中，使得计算机更加普及，应用更为方便，通信更为便利。

4.1.3　操作系统的体系结构

随着操作系统应用领域的扩大，以及操作系统硬件平台的多样化，操作系统的体系结构和开发方式都在不断更新，目前通用计算机上常见操作系统的体系结构有模块组合结构、层次结构、虚拟机结构和微内核结构等。

1. 模块组合结构

模块组合结构是在软件工程出现以前的早期操作系统及目前一些小型操作系统最常用的组织方式。这种操作系统是一个有多种功能的系统程序，也可以看成是一个大的可执行体，即整个操作系统是一些过程的集合。系统中的每一个过程模块根据它们要完成的功能进行划分。

在模块组合结构中，没有一致的系统调用界面，模块之间通过对外提供的接口传递信息，模块内部实现隐藏的程序单元，使其对其他过程模块来说是透明的。

模块组合结构典型的操作系统是 MSGDOS。

2. 层次结构

层次结构的设计采用了高层建筑的概念，将操作系统或软件系统中的全部构成模块进行分类，将基础的模块放在基层，再将某些模块放在第二层，第二层的模块在基础模块提供的环境中工作，它只能调用基层的模块为其工作，反之不行。

在采用层次结构的操作系统中，各个模块都有相对固定的位置、相对固定的层次。处在同一层次的各模块，其相对位置可以不非常明确，处于不同层次的各模块，不可以互相交换位置，只存在单向调用和单向依赖。

层次结构典型的操作系统是UNIX/Linux，Windows。

3. 虚拟机结构

虚拟机的基本思想是系统提供两个功能：多道处理能力和一个比裸机有更方便扩展界面的计算机。操作系统是覆盖在硬件裸机上的一层软件，它通过系统调用向位于它之上的用户应用程序服务。操作系统为每一个进程创建一个使该进程独立运行于其中的“虚拟机”，在这个虚拟机中，进程拥有自己的“CPU”和“存储器”，同时进程还得到了硬件所无法提供的文件系统功能。

现代商业虚拟机采用映射部分指令结合直接调用宿主操作系统功能的方法，但这样导致了虚拟机性能的损失。虚拟机操作系统属于非主流的，但是在学术界有着重要意义，因为它是研究操作系统技术的理想平台。

4. 微内核结构

微内核体系结构的基本思想是把操作系统中与硬件直接相关的部分抽取出来作为一个公共层，称之为硬件抽象层。在微内核中只保留了处理机调度、存储管理和消息通信等少数几个组成部分，将传统操作系统内核中的一些组成部分放在内核外实现。如操作系统中的文件管理系统、进程管理、设备管理、虚拟内存和网络的内核功能都放在内核外作为一个独立的子系统来实现。微内核最大的优点是灵活性和扩展性。

微内核思想是一种非常理想的、先进的操作系统设计思想，但现代的微内核操作系统的结构和性能还不够理想。在市场和应用领域，微内核的应用逐渐广泛。

4.1.4 操作系统的特征

操作系统是系统软件的核心，配备操作系统是为了提高计算机系统的处理能力，充分发挥系统资源的利用率、方便用户的使用。虽然操作系统的种类繁多，有各自的特征，但是它们都具有并发性、共享性、虚拟性和异步性的四个基本特征。

1. 并发性

并行性是指两个或者多个事件在同一时刻发生，这是一个具有微观意义的概念，即在物理上这些事件是同时发生的；而并发性是指两个或者多个事件在同一时间的间隔内发生，它是一个较为宏观的概念。在多道程序环境下，并发性是指在一段时间内有多道程序在同时运行，但在单处理机的系统中，每一时刻仅能执行一道程序，故微观上这些程序是在交替执行的。应当指出，通常的程序是静态实体，它们是不能并发执行的。为了使程序能并发执行，系统必须分别为每个程序建立进程。进程，又称任务，简单来说，是指在系统中能独立运行并作为资源分配的基本单位，它是一个活动的实体。多个进程之间可以并发执行和交换信息。一个进程在运行时需要一定的资源，如CPU，存储空间，及I/O设备等。在操作系统中引入进程的目的是使程序能并发执行。

2. 共享性

共享是指系统中的资源可供内存中多个并发执行的进程共同使用。由于资源的属性不同，故多个进程对资源的共享方式也不同，可以分为互斥共享方式和同时访问方式。系统中的独占资源，如打印机、绘图仪等，这些设备不允许两个以上的用户同时访问，只有当一个进程使用完毕后释放该独占资源，才允许另一个进行访问，这类资源只能用互斥方式共享。与之不同的另一类资源，如磁盘设备等，同一段时间内宏观上可以有多个进程同时对它进行访问，这类设备的共享方式称为同时访问共享。

3. 虚拟性

虚拟性是指通过技术把一个物理实体变成若干个逻辑上的对应物。在操作系统中，虚拟的实现主要是通过分时的使用方法。显然，如果 n 是某一个物理设备所对应的虚拟逻辑设备数，则虚拟设备的速度必然是物理设备速度的 $1/n$。

4. 异步性

在多道程序设计环境下，允许多个进程并发执行，由于资源等因素的限制，通常，进程的执行并非“一气呵成”，而是以“走走停停”的方式运行。内存中每个进程在何时执行，何时暂停，以怎样的方式向前推进，每道程序总共需要多少时间才能完成，都是不可预知的。或者说，进程是以异步方式运行的。尽管如此，但只要运行环境相同，作业经过多次运行，都会获得完全相同的结果。

并发性和共享性是操作系统的两个最基本的特征，两者互为存在条件。一方面，资源共享以程序的并发执行为条件，若系统不允许程序并发执行，自然不存在资源共享问题；另一方面，若系统不能对资源共享实施有效的管理，也必将影响到程序的并发执行，甚至根本无法并发执行。

4.2　操作系统的功能

操作系统位于底层硬件与用户之间，是用户与计算机硬件之间的接口。用户可以通过操作系统的用户界面，输入命令。操作系统则对命令进行解释，驱动硬件设备，实现用户要求。操作系统的核心功能为：进程管理、内存管理、设备管理、文件管理。此外还有网络通信、用户界面等功能。

4.2.1　处理器管理

中央处理器是一台计算机的运算核心（Core）和控制核心（Control Unit），是计算机最宝贵的硬件资源。为了提高 CPU 的利用率，现代操作系统大都采用多道程序技术和分时技术，在多道程序或多用户的情况下，操作系统必须合理组织多个作业或任务执行，决定处理器的调度，把 CPU 资源合理地分配给各个程序，使处理器得到充分有效的利用，这也就是处理器管理的任务。

1. 进程及线程概念

为了实现处理器管理的功能，描述多道程序的并发执行，操作系统引入了进程的概念。进程是程序在并发环境的执行过程，处理器的分配和执行以进程为基本单位。进程是操作系统中最基本的概念。操作系统通过进程控制块（Process Control Block，PCB）来实施控制和管理，进程控制块（PCB）是操作系统中为描述进程状态过程所采用的一个与进程相关联的数据结构。

进程和程序既有关联又有区别。进程是程序的一次动态执行过程，是动态的执行过程、有生命周期，不可保存，是进程调度和分配资源的单位，由程序、数据和进程控制块三部分组成，具有创建其他进程的功能；程序是静态、指令集合，无生命周期，可保存，不是进程调度和分配资源的单位，不可以创建。

随着并行处理技术的发展，为了进一步提高系统并行性，使并发执行单位的粒度变细，并发执行的代价降低，操作系统引入了线程的概念。线程概念的提出后，进程依旧作为资源分配的基本单位，而线程作为资源调度的基本单位，从而进一步提高系统的并发度，减少系统开销，提高系统吞吐量。

2. 处理器调度

处理器管理的核心任务是要决定如何进行协调，把处理器分配给系统里的众多进程，使它们正确有效地占用处理器。处理器管理最终归结为处理器调度。处理器调度是操作系统的基本任务，即选出待分配的作业或者进程，为之分配处理机。因此，处理器调度通常也称为进程调度，要理解处理器调度首先需要了解进程的状态。

进程是程序的动态执行过程，具有生命过程，有诞生、消亡，可以执行也可暂停，可以处在不同状态，图 4-1 是进程在内存中各个状态的变化图。从图 4-1 中可以看出进程在内存中具有三种基本状态：就绪、运行、阻塞。

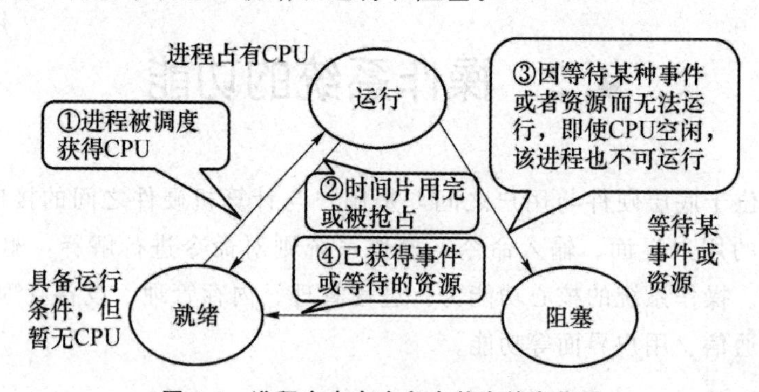

图 4-1 进程在内存中各个状态的变化图

（1）就绪态：进程新建时得到除了 CPU 外其他所有的资源，系统把它置为就绪态，进入就绪队列，处于就绪队列的进程等待被调度；处于执行态的进程 CPU 时间片用完，状态由执行态转为就绪态，进入就绪队列。

（2）运行态：处于就绪态的进程被进程调度程序选中并分配 CPU 资源，状态由就绪态转为执行态。

(3) 阻塞态：处于运行态的进程可能需要等到某一事件或资源而无法继续推进，进程由运行态转为阻塞态。之后，若等待的事件发生，就由阻塞态转换为就绪态，转入就绪队列。

在图 4-1 中，进程调度的过程中，需要有一个程序来决定就绪队列上哪些进程将等待，哪些进程被执行，选择待执行的进程并为之分配处理机。在操作系统中，完成选择工作的这一部分称之为调度程序，该程序使用的选择策略称之为调度算法。

4. 2. 2 内存管理

内存管理的主要任务是管理主存储器资源，为程序运行提供支撑，便于用户使用存储资源，提高存储空间的利用率。内存管理的主要功能包括：存储分配、存储共享、地址转换与存储保护、存储扩充等。

1. 存储分配

内存管理程序的首要任务是，对系统运行的各个进程分配、回收内存空间。操作系统、实用程序、用户程序处在执行状态的各类进程所需要的内存空间总和，往往超过了内存储器容量。

存储管理程序必须依靠各种算法，在空闲的内存分区中寻找到一块满足进程需要的内存空间，将其分配给进程，然后更新资源分配清单，当内存回收时还需考虑进程对内存空间的共享问题以及防止用户恶意回收等。对内存的分配可以是静态的，也可以是动态的。

(1) 静态分配方式。每个作业的内存空间是在作业装入时确定的，在作业装入后的整个运行期间，不允许作业重新申请新的内存空间，也不允许作业在内存中移动。

(2) 动态分配方式。每个作业所要求的基本内存空间，也是在装入时确定的，但允许作业在运行的过程中，继续申请新的内存空间，以适应程序和数据的动态增长，也允许作业在内存中移动。

2. 虚拟存储技术

随着计算机硬件技术的快速发展，计算机的内存容量有了大幅度的提高，但计算机要完成的任务的数据规模也在逐渐增大，内存满足不了用户数据需求的可能性一直存在。内存扩充的任务可以借助虚拟存储技术从逻辑上扩充内存容量。

“虚拟存储技术”是内存管理的一类主流方法。当作业的空间要求超过内存储器容量时，用一种逻辑的方法来扩充内存容量。这个逻辑意义的内存是虚拟的，实际上建立在磁盘上。这样，就以外存的成本建立起一个概念上的庞大内存。把要运行的作业装入虚存，以页面或者分段为单位进行分割。基于程序执行时呈现的“局部性规律”，存储管理程序视程序运行的需要，请求把相关的一部分页面或分段调入内存，内存和虚存之间可以进行存储内容的对换。这种方法比只考虑物理上扩展内存空间更合理。

3. 内存保护

内存管理程序还具有内存保护功能，确保每个进程都在操作系统分配的内存空间上运行，保证进程的独立性和完整性，防止恶意的破坏，避免系统因运行一个设计不完整的程序或恶意的破坏程序而崩溃。内存保护只能在进程执行过程中动态地进行，不可能再运行前一次性静态完成。内存保护的主要工作必须有高速的专用硬件完成，软件只能起到辅助作用。

4.2.3 设备管理

设备管理程序是负责与控制器（有时直接与外围设备）通信，以操作连接到计算机的外围设备的软件组件。主要负责对系统的I/O设备进行扩展和管理。输入/输出设备连同磁盘等外存设备，常常合称为外部设备。在多任务系统中，多个进程常常需要同时竞争使用同一个外部设备。如何协调多个进程对外部设备的争用，并保证设备的正常、高效工作，是操作系统必须解决的问题之一。

1. 设备分配

系统的外设数量有限，这样就必须由操作系统负责把设备分配给有需要的进程，不可以由用户自行使用。I/O调度程序按照预定的管理策略为申请设备的用户进程分配设备，记录设备的使用情况，例如设备使用者、提出申请的时间、满足申请的时间、使用设备的时间、结束使用的时间等信息。调度程序利用各种设备控制表格登录的信息，根据不同设备的固有属性，选择独占、共享、虚拟等技术，执行分配设备的算法。

而I/O交通管制程序则涉及设备分配机构，按I/O调度策略应该给进程分配这台设备，这些状态信息主要记在一些称为控制块（Control Block）的数据表格里。

2. 设备驱动

为了完成I/O操作，要为每种设备设置设备驱动程序（Driver）。驱动程序的工作包括：把对设备的逻辑操作要求转换成具体的I/O操作，检查I/O请求的合法性，检查设备状态，传送必要的参数，启动I/O设备等。设备驱动程序一般由设备开发厂商根据操作系统的要求组织编写，操作系统仅对与设备驱动的接口提出要求。

在设备管理程序的支持下，用户才能以一种与设备硬件无关的逻辑方式，很方便地完成输入/输出操作。用户程序里发布的、形式很简单的一个read（读入）语句，其实要依靠操作系统里颇为复杂的转换执行过程才得以完成。

3. I/O缓冲管理

为了缓和处理器与外围设备之间速度不匹配的矛盾，提高处理器与外围设备间的并行性，操作系统在设备管理模型中引入了缓冲技术。引入缓冲技术的操作系统在内存中开辟若干区域作为用户进程与外部设备之间的数据传输的缓冲区，用于缓存输入/输出的数据。

4.2.4 文件管理

需要长期保存的程序和数据是系统中的软件资源，它们被组织成文件（File）的形

式存放在磁盘、光盘等一些外存储器上，需要使用时再把它们读入内存。文件管理程序的工作就是维护存储在海量存储器上的所有文件没有冲突地、安全地、共享地使用外存设备。对文件的定义、操作、管理、控制都集中由一个系统软件完成，称之为文件系统。

操作系统以文件为单位管理外存设备上的各类信息。每个文件是个独立而完整的信息管理单位。操作系统的文件管理功能包括：对文件进行逻辑上的和物理上的组织、维护文件目录、执行对文件的各种操作、实现文件共享和安全性控制等。

1. 文件的基本概念

文件（File）是指具有符号名的、在逻辑上具有完整意义的一组相关信息项的集合。一个源程序、一个目标程序、编译程序、一批待加工的数据、文档等都可以组成一个文件。在现代的计算机系统里，操作系统对外存数据进行组织和管理，是以文件为基本单位的。文件系统用文件名来标识每一个文件。每个文件都要出现在一个文件目录中，一个目录中的文件要有不同的标识名字，有时会用“扩展名”来表示文件的类别。操作系统文件内部有数据结构，但是文件之间不存在任何结构联系。对于用户来说，只需要关心文件的逻辑结构，并在使用时能够有效地在文件中找到所需数据。

2. 文件的逻辑结构

文件的逻辑结构是指文件在用户界面上呈现的形式。它决定了用户使用什么方式来表示文件数据和操作文件数据。文件一般有结构的记录式文件和无结构的流式文件两种的组织形式。

(1) 结构的记录式文件。它是由若干个记录组成的文件；记录又由若干个数据项组成，数据项是不可以再分割的最小结构单位。记录的关键字是取值唯一的数据项或数据项的集合。显然，关键字是每个记录值的标识。

由于通过记录型的定义很容易表达数据的逻辑构造和含义，文件的操作以每个记录值为基本单位，数据项是有应用意义的最小访问对象。记录式文件的应用比流式文件方便得多。大多数高级语言都会提供记录式文件机构。

(2) 无结构的流式文件。流式文件是外存上的一串顺序字符流构成的文件，是一个以字节为单位的、连续的外存数据序列。通常采用顺序访问的方式。

字符流文件是流式文件的一个特例，是应用极为广泛的一种文字数据存储手段。在字符流文件里，每个字节存放一个字符的编码，整个文件就是一个字符串。这种文件往往被称为文本文件（Text File）。

3. 文件的物理结构

文件的物理结构是指文件的内部形式，即文件在外存设备上的存储组织方式。主要的文件物理结构方式包括连续存储、链式存储、随机存储等。

(1) 连续存储。物理块在外设上的存储位置是相邻的。因此，文件占据一片连续的存储空间。对磁带一类典型的顺序存取设备，邻接结构是磁带文件的唯一选择。这是线性表的邻接表结构在文件上的体现。

（2）链式存储。在磁盘一类的设备上，物理块的存储位置可以在空间上任意分布，相互之间的关联关系由块指针来表示。显然这是链表结构在文件上的体现。从空间管理角度，链接结构比连续结构来得灵活，但访问的时间效率会差一些，因为关联的两个块有可能分布在距离颇远的不同磁盘圆柱上。

（3）随机存储。针对链式存储的缺点进行改进，将所有的链式指针集中保存在一张索引表上，并保存文件记录所在的物理块地址，也称索引结果。索引就像书的目录，是章节和它所在的页码的一张对照表。索引文件非常适合按数据内容对记录的随机访问。只要指定记录的关键字，通过索引就可以找到记录在文件存储空间里面的位置。索引文件也支持按关键字的次序对记录的顺序访问。

4. 文件的组织模式

文件的组织模式是指记录值在文件存储空间上的安排、分布方式。常见的文件组织模式有顺序文件、索引文件、相对文件、散列文件，可以按照应用的要求选用。

（1）顺序文件。在顺序文件里，按照写入文件的先后顺序，把记录值依次地存放在文件空间上。至于文件采用的物理结构，既可以是连续的，也可以是链接的，还可以是混合的。顺序文件不支持对指定记录的随机访问。每次都要从头开始去搜索一个记录。因此，要对顺序文件更新，进行插入、删除、修改记录等操作，比较麻烦。

（2）索引文件。索引文件在数据记录存储空间之外，用索引表登记记录关键字和记录存储地址的对应。通过对索引的搜索，就能迅速地直接访问指定的记录了。在索引里面，索引项总是按照关键字的升序排列的。因此除了访问指定的一个记录之外，还可以顺序地访问一批记录。值得注意的是，和顺序文件里按记录进入的先后次序顺序访问记录不同，对索引文件记录的顺序访问，是按照记录关键字升序的顺序访问。索引文件既支持对一个记录的随机访问，又支持按关键字顺序访问一批记录。

（3）相对文件。在相对文件组织里，文件空间被分成一个个等长的记录存储位置，编上号码来标识它们。这些位置编号被称为相对记录号（RRN）。这样，记录就可以“对号入座”了。使用预定的计算公式，很容易把相对记录号转换为存储地址。需要时也可以在相对文件里顺序访问一批记录，不过访问的顺序是按照相对记录号的升序。

（4）散列文件。散列文件使用了上面叙述的散列技术来组织记录的存储。和索引文件一样，散列文件的记录必须定义关键字。但不是利用索引来确定记录存储地址，而是使用散列函数和溢出算法。因此空间开销大大减少，找到指定记录的时间效率也很高。但是，散列文件不支持对记录的顺序访问；而且，当记录数量接近预定的文件空间容量时，访问效率会急速地变差。

5. 文件的存取模式

文件的存取模式是指对文件记录的访问方式。主要有顺序方式和随机方式两种。顺序方式是指按照某种次序、依次访问一批记录。随机方式是指依据某种标识，访问

一个指定记录。

对顺序文件的顺序存取，是按记录进入文件的先后次序依次访问记录，是一种时间顺序；对索引文件的顺序存取，是按记录关键字取值的升序、依次访问记录，是一种逻辑顺序；对相对文件的顺序存取，是按相对记录号的升序、依次访问记录，是一种存储位置的顺序；散列文件不支持对记录的顺序存取。

对索引文件的随机存取，以记录的关键字作为访问标识；对相对文件的随机存取，以记录存储位置的相对记录号作为访问标识；对散列文件的随机存取，和索引文件一样，也是以记录的关键字作为访问标识；顺序文件不支持对记录的随机存取。

6. 文件的使用方式

文件操作涉及外存和内存之间的数据传送。使用方式是对数据流向的说明。对文件只进行写入操作的时候，要用输出方式打开文件；对文件只进行读出操作的时候，要用输入方式打开文件；修改文件的时候，先要读出记录，修改之后又要重写记录，这时要用输入/输出（I/O）方式打开文件。

文件是一种“孤立式”的外存数据结构。在操作系统一级，通常以整个文件为单位进行操作。操作系统完成用户使用文件的委托，诸如打开、关闭、新建、删除、复制、粘贴一个文件等。而程序设计语言提供的记录式文件操作主要以一个记录为操作的逻辑单位。最基本的操作包括读、写、重写、删除。

7. 文件的保护

实施文件保护一般需要考虑两个方面的问题，一是防止系统故障（包括软件硬件的故障）造成破坏，二是防止用户共享文件时可能造成破坏。一般的保护措施有建立文件副本、定时转存、隐藏文件目录、设置口令、文件加密等方法。

4.3　典型的操作系统产品

下面列举的是几种影响极为广泛的操作系统产品：

1. 微机操作系统：DOS 和 Windows 系列

DOS 系统是 1981 年微软公司为 IBM 个人计算机开发的，即 MS-DOS。它是一个单用户单任务的操作系统，用户界面为命令行形式。在一段时间里 DOS 是个人计算机上使用最广泛的一种操作系统，功能集中在磁盘管理和其他外设的管理方面。

Windows 是微软公司研发的另一个操作系统。第一个版本在 1985 年推出。其实，从 Windows 1.0 到 Windows 3.x 这些早期的版本，不过是在 DOS 的内核上配置了 GUI，操作系统首次采用了图形用户界面。尽管学术界不认为它们是新的操作系统，但是崭新的操作界面还是得到用户极其热烈的欢迎。此后，具有新的内核的版本系列不断推出 Windows 95/98/2000/Me/XP/2003/Vista/7/8/10，Windows 最终取得了个人计算机操作系统软件的垄断地位。

2. 有影响的操作系统 UNIX 和 Linux

UNIX 是一种分时操作系统，1969 年在 AT&T 的贝尔实验室诞生。以其功能强大、简洁、易于移植等优点，迅速得到学术界和业界的一致肯定。几十年来成为大、中、小型计算机的主流操作系统。

UNIX 有很多出自不同开发商的版本，通常称为 UNIX 变种。不同的 UNIX 变种的功能、接口、内部结构都基本相同，但又会有差异。SUN 公司的 Solaris、SW 公司的 SCO UNIX、HP 公司的 HP UNIX 系统、IBM 公司的 AIX 系统等都是 UNIX 的知名变种。

UNIX 操作系统几乎全部是用 C 语言编写的，是第一个主要用高级语言编写的系统软件。因此，系统易于理解、修改、扩充，大体上和机器无关，具有极好的移植性。经过多年实际应用的考验，证明 UNIX 的可靠性好，运行非常稳定。多用于如银行、海关等业务不能中断的应用系统。

UNIX 立足于向用户提供各种开发工具，构筑一个程序设计的服务平台。对功能、内部构造、用户界面的考虑，堪称操作系统典范。内核和核外程序模块有机结合，分成 4 层：内核是对进程、存储器、设备和文件进行管理的部分；核外是系统调用；再外层由实用程序、用户自行编写的程序组成；最外层是用户界面，称为 SHELL 的命令解释程序。

此外，UNIX 的树形文件系统构造，把文件和 I/O 设备等同处理；既提供用户命令操作界面，又提供程序级界面，等等；上述一系列的技术特点都得到广泛认同，这是 UNIX 长盛不衰的根本原因。

另一个很重要的 UNIX 变种是 Linux，诞生于 1991 年，最初由芬兰赫尔辛基大学计算机系一个学生 Linus Torvalds 编写，作为自己的操作系统课程设计成果，在互联网上发布。由于 Linux 是个免费的自由软件，源代码完全公开，加上互联网的传播作用，世界各地有相同爱好的人们纷纷加入到后续的发展进程。集天下英才之力，Linux 越加完美，世界各大 IT 公司相继表示关注，使 Linux 从个人爱好者群体走向商业应用领域。

Linux 的特点包括：多用户、多任务；多平台，几乎支持所有流行的 CPU；良好的兼容性、稳定性和安全性；功能强大，性能高效；支持大量的外部设备；多种用户界面；价格低廉等。这些特点很大程度上源自 Linux 的开放性，用户可以根据自己的要求，重新对系统进行定制和配置。这是 Linux 容易被接受的主要原因。

近年，国内在大力推广 Linux 的应用，已经出现了一些商业版本，如 Red HatLinux、Ubuntu 等。作为一个较新的产品，要和业已成熟的 UNIX、Windows 分庭抗礼，必须继续不断地丰富以 Linux 为运行平台的实用软件和应用软件的种类，才能吸引更多的用户。

3. 手机操作系统

手机操作系统主要应用在智能手机上。主流的智能手机有 Google Android 和苹果的iOS等。智能手机与非智能手机都支持Java，智能机与非智能机的区别主要看能否基于系统平台的功能扩展，非Java应用平台，还有就是支持多任务。目前应用在手机上的操作系统主要有Android（谷歌）、iOS（苹果）、Windows Phone（微软）、Symbian（诺基亚）、BlackBerry OS（黑莓）、Windows Mobile（微软）等。

按照源代码、内核和应用环境等的开放程度划分，智能手机操作系统可分为开放型平台（基于Linux内核）和封闭型平台（基于UNIX和Windows内核）两大类。

1996年，微软发布了Windows CE操作系统，微软开始进入手机操作系统。2001年6月，塞班公司发布了Symbian S60操作系统，作为S60的开山之作，把智能手机提高了一个概念，塞班系统以其庞大的客户群和终端占有率称霸世界智能手机中低端市场。2007年6月，苹果公司的iOS登上了历史的舞台，手指触控的概念开始进入人们的生活，iOS将创新的移动电话、可触摸宽屏、网页浏览、手机游戏、手机地图等几种功能完美地融合为一体。2008年9月，当苹果和诺基亚两个公司还沉溺于彼此的争斗之时，Android OS，这个由Google研发团队设计的小机器人悄然出现在世人面前，良好的用户体验和开放性的设计，让Android OS很快地打入了智能手机市场。

情景思考

你的手机上下载了一个APP应用，请问，这个APP是否能在小米和苹果手机上通用，为什么？这个APP程序在手机上是如何运行起来的？当手机上的应用APP越来越多时，如何使你的手机更快速地启动和运行？

【导读】基于L4微内核的操作系统

近几年来，L4微内核越来越受到大家的关注，研究和使用L4的人越来越多，本文试图收集几种基于L4的操作系统项目，以帮助大家研究学习。基本上，各种L4系统可以分为两种，一种是Dead System，另外一种就是Live System。对于Dead System，如果已经丧失了研究的意义，那么也不会收入本列表当中。

关于L4系统，一般来讲，目前公认的L4系统有两个特点，FastI PC和Sigma0协议。Sigma0是一种基于IPC的内存管理协议，使用Sigma0，内存管理呈现出一种层次状。例如，有A和B两个程序，如果程序B想使用程序A的内存。如果使用Sigma0，那么很容易实现，只要把A设置为B的pager，并提供B的page faulth and ler程序就可以。在这种情况下，程序A和程序B依然具有不同的Address Space，A和B之间互相隔离（关于这种层次式的内存管理，请参考文章《The sawmill frame work for virtual memory diversity》）。但是如果使用Linux来实现这种模式，除非使用Share Memory，我想不出其他更好的办法，但是Share Memory使得A和B之间有的Address Space有了交集，从Security和Safety两个方面来讲，都不是很好的解决方法。近年来，越来越多的L4系统开始支持一种新的特性——Capability。Capability是为了提高操作系统安全性而设计的，Capability要访问的Resource之间的关系类似于文件描述符号和文件之间的关系一样，要访问一个Resource，必须通过Capability来进行，Capability 里面规定了哪些资源可以被访问等安全特性，Capability 允许被 Grant（从一个用户转移到另外一个用户），总之，Capability 是比 Access ControlList 更好的一种增强系统安全性的方法。

1. PikeOS/ELinOS

德国 SYSGOAG 公司的商用非开源系统，它提供了很好的 Resource Isolation 机制，使用 Para Virtualization，让每一个 OS Personality 运行在一个 VM 里面，可以支持 Java 和 Ada 的应用程序。PikeOS 不但具有 Spatial Isolation，还具有很好的 Temporal Isolation，因此也支持 Real-Time application。ELin OS 是移植到 Pike OS 的嵌入式 Linux 系统（2.4 和 2.6），支持众多硬件平台和开发板。PikeOS 通过 ARINIC 653，D0G178B 认证，因此被用于军工航天等 Safety-Critical 和 Secure Application。Pike OS 从 1998 年开始开发的，近几年 Sysgo 已经成为欧洲增长最快嵌入式厂商，ELin OS 也成为比较流行的嵌入式 Linux 开发环境。因为是商用系统，可参考的资料很少。

2. Fiasco/L4Env/L4Linux

Fiasco 是 TUD Operating System Group（os. inf. tu-dresden. de）开发的 Real-Time 微内核，支持 L4V2.0 和 L4X.0 标准（L4 的接口标准），Fiasco 是由 C++ 实现的典型 L4 系统，Fiasco 提供众多 L4 系统调用以及 Fiasco 的实时扩展，请点击 Fiasco Syscalls。L4Env 是一套基于 Fiasco 的服务程序，包括 Roottask，Sigma0，Log，Names，dm _ phys，l4vfs，l4io，Dope，Con 等各种 Server，L4Env 是一种典型 Saw Mill Multi-Server OS，关于 L4Env 的一些基本情况，请点击 L4Env Manual。L4Linux 是基于 L4Env 移植的 Linux 系统，Linux-2.0、Linux-2.2、Linux-2.4、Linux-2.6 前后分别被移植到 L4Env 上面，目前 L4Linux 版本更新到 2.6.26，L4Linux 相当于一种基于“L4CPU”的 Linux 系统，对 Linux 系统的修改都存放在 arch/l4 目录下面，较好地维持了 Linux 系统 Semantic Integrity。关于 Fiasco/L4Env/L4 Linux 的设计，请参考论文《The Performance of μ-Kernel-Based Systems》，这篇论文也是微内核领域最著名的论文之一。值得注意的是，基于 Fiasco 和 L4Linux，有 2 个很重要的研究成果，DROPS 实时系统是一种面向服务质量需求的实时系统，可以提供某种程度的保证（Guarantee）。L4/Nizza，一种面向 Trusted Computing 的基于微内核的系统架构，这也是最早利用 L4 微内核进行 Security System 研究的工作，可以参考 Paper：Security Architecture Revisited。此外，他们维护一个 IDLforL4，称为 Dice。

3. Pistachio/After Burner Pistachio

Pistachio/After Burner Pistachio 是目前最好的 L4 微内核之一，它由卡尔斯鲁尔大学系统体系结构研究组和新南威尔士州立大学操作系统研究小组共同开发的微内核。跟所有的研究机构一样，一开始大家都是单干，卡尔斯鲁尔 Hazelnut，新南威尔士州立做 L4/MIPS，L4/Alpha。后来，大家联合起来，做成 Pistachio。不过微内核之上的部分大家一直单干，各有各的系统。卡尔斯鲁尔的 Pistachio 小组在很长的时间内，一直使用来自 TUD 的 L4Linux 作为基于 Pistachio 的虚拟化技术，直到 Pistachio 的 Afterburner 技术出现为止才有了改观。AfterBurning 是该小组研发的一种 Pre-Virtulization 技术（Pre-Virtualization 是一种兼顾 Para-Virtulization 的高性能和 Modularity 的可维护性而出现的一种尝试，具体来说，是把一种 Source Code 可以根据需求编译出不同的系统，同样的 Linux，可以编译出适用于 Xen 的 Guest OS，也可以编译出使用 L4：Pistachio 的 Virtual-Machine。由于这项工作是在编译阶段完成的，因此诸多优化也可以同时生效，而避免了 Para-Virtualization 的单一性。例如 L4 Linux 只能应用于 Fiasco，XenLinux 只适合于 Xen 等），因为是通过编译来完成的，所以性能会更好一些。比较有趣的是，他们有一个 BurnNT 技术，可以支持 Multi-Windows，网站上面提供源代码下载。他们关于 Device Driver Virtualization 有一篇 Paper 是 OS 的，Unmodified-Device Driver Reuse，是近几年 L4 领域一篇少有的佳作。其主要思想是把每一个 Virtual Linux 当作一个 Device Driver Server，从而提供 Dependable System。

4. OKL4/Iguana

OKL4 是 L4：Pistachio-Embedded 的延续，它目前有 Open KernelLabs 公司维护，但是研究工作基本上都是在 ERTOS 完成的。目前 OKL4 的市场化推广作的不错，已经有很多产品使用了 OKL4，包括基于 OKL4 的 Open Moko，也已经面世。相当于 TU-D 和 UniKarlsruhe 的 L4 小组，ERTOS 规模显得很庞大，他们网站上面的项目也很多，各种项目都有。主要有以下几个。

①基本系统维护，OKL4＋Iguana＋Magpie＋Wombat，Iguana 类似于 L4Env，Magpie 类似于 Dice，Wombat 类似于 L4Linux，一一对应。

②SecurityseL4＋L4. Verified，seL4 是 security EmbeddedL4 的意思，总之，其核心内容即使使用 formal method 来验证 OKL4is securekernel，似乎他们现在已经达到验证机器码的程度，大概步骤就是使用 Haskell 重新实现 OKL4 的 API，然后使用 Isabela 进行证明，在这个方面，Kernel Verification，他们作的很成功，这也是他们可以赢得众多工业厂商青睐的一个原因。

5. Coyotos

首先，Coyotos 不是 L4，但是 Coyotos 和 L4 之间的关系之密切远远胜过了其他微内核和 L4 之间的关系。比如 FastIPC，Capability-Based OS，IDL。Coyotos 是 KeyKOS 和 EROS（Extremely Reliable OS）的改进版本，从 EROS 的名称或许可以看出，这个系统和以上的系统有些不同，它强调 Reliable，所以 EROS 刚开始的时候，被应用于一些军用系统，但是后来发现 Synchronous IPC 会导致一个 Denial of Service 的 Bug，这个 Bug 存在于所有基于 Synchronous IPC 的系统中，当然也包括所有的 L4，在 Vulnerability In Synchronous IPC design 中有详细的描述。当然，现在这个 Bug 也已经被修正。Coyotos 的目标应该是提供具有军用级别的（EAL7＝Evaluation Assurance Level）的 Microkernel，它使用一种新的称为 BitC（类似于 Haskell 的 Safety Language）来实现这个系统，而且整个系统采用一种类似于 OOP 的形式（所有的 L4 系统都是 OOP 的，Fiasco 和 Pistachio 是 C＋＋的）。Coyotos is still persistantand transactional microkernel OS。从概念上来讲，Coyotos更为先进，Capability也是在该系统上面首次被应用，所以有志于研发3rd Microkernel的不妨多多关注这个。

习　题

1. 选择题

（1）下列属于操作系统的软件有（　　）。

A. UNIX　　B. WinZip　　C. AutoCAD　　D. Excel

（2）在计算机领域中，所谓“裸机”是指（　　）。

A. 单片机　　B. 单板机

C. 没有安装任何软件的计算机　　D. 只安装了操作系统的计算机

（3）在操作系统的分类中，有一类称为分时系统。它在处理各用户任务时的工作方式是（　　）。

A. 逐个处理各用户的任务　　B. 顺序处理各用户的任务

C. 并行处理各用户的任务　　D. 轮流处理各用户的任务

（4）操作系统负责管理计算机系统的（　　）。

A. 程序　　B. 文件　　C. 资源　　D. 进程

（5）Windows属于下列哪类操作系统（　　）？

A. 微机操作系统　　B. 网络操作系统

C. 分布式操作系统　　D. 嵌入式操作系统

2. 简答题

（1）试述操作系统的五大管理功能。

（2）操作系统如何分类？

（3）简述文件的访问方式，各有什么特点？适合用什么形式的存储方式实现？

（4）什么是操作系统进程？请写出并解释操作系统中进程的三种状态并画出状态转换图。

第5章 计算机程序设计

计算机的本质是“程序的机器”，程序和指令的思想是计算机系统中最关键的两个概念。计算机程序设计是寻求解决问题的方法，将其实现步骤编写成计算机可以执行的程序的过程，是软件构造活动的重要内容。通过学习程序设计，能进一步了解计算机的工作原理，更好地理解和应用计算机。

本章主要介绍程序设计基础知识、程序设计的一般过程和程序设计语言，重点介绍面向过程程序设计、面向对象程序设计和可视化程序设计的特点。

问题导入

韩信点兵

我国汉代有一位大将，名叫韩信。他每次集合部队，都要求部下报三次数，第一次按1到3报数，第二次按1到5报数，第三次按1到7报数，每次报数后都要求最后一个人报告他报的数是几，这样韩信就知道一共到了多少人。人们称为他的这种巧妙算法叫“鬼谷算”“隔墙算”“秦王暗点兵”等。“韩信点兵”这里面有什么秘密呢？韩信点兵时，必须先知道部队的大约人数，原因如下。

被5、7整除，而被3除余1的最小正整数是70。

被3、7整除，而被5除余1的最小正整数是21。

被3、5整除，而被7除余1的最小正整数是15。

所以，这三个数的和是15×2＋21×3＋70×2，必然具有被3除余2，被5除余3，被7除余2的性质。但所得结果233（30＋63＋140＝233）不一定是满足上述性质的最小正整数，故从它中减去3、5、7的最小公倍数105的若干倍，直至差小于105为止，即233－105－105＝23。所以23就是被3除余2，被5除余3，被7除余2的最小正整数。

从这个故事可以看到人脑解决问题的一般过程：观察问题，→分析问题，→脑中收集信息→根据已有的知识、经验判断、推理→采用方法和步骤解决。具体就是问题描述、问题抽象与建模、问题求解等过程，这个是属于人的思维方式，那么计算机的思维方式是怎么样的呢？针对“韩信点兵”这类问题用计算机求解该如何做？那么计算机是不是也是模拟人类解决问题的方法来进行问题求解呢？“韩信点兵问题”能用计算机来解决吗？在本章将为大家揭秘计算机的求解过程以及所应用到的相应工具。

5.1 计算机程序设计基础

计算机自诞生之日起之所以能够模拟人脑自动完成某项工作，就在于“存储程序”原理，这一原理就决定了人们使用计算机的主要方式——编写程序和运行程序。因此，用计算机语言把解题步骤编写成计算机可执行的指令序列的过程依然是人们使用计算机的主要方式。这就是计算机程序设计范畴。世界上第一位程序员公认为是英国著名诗人拜伦的女儿爱达勒芙蕾丝，她在程序设计上的开创性工作：她设计了巴贝奇分析机上计算伯努利数的一个程序，甚至创建了循环和子程序的概念，这甚至早于电子计算机的出现。

5.1.1 程序与程序设计的基本步骤

程序指一组指示计算机或其他具有消息处理能力装置每一步动作的指令，通常用某种程序设计语言编写，运行于某种目标体系结构上，包括对处理对象的描述和对处理规则的描述。其中，处理对象是数据或信息；处理规则是指动作和步骤，即计算机解题的算法。

计算机程序设计是给出解决特定问题程序的过程，是软件构造活动中的重要组成部分，是赋予计算机硬件思维能力的一个重要过程。计算机程序设计往往以某种程序设计语言为工具，给出这种语言下的程序代码。程序设计过程包括分析、设计、编码、测试、排错、运行结果等不同阶段，具体如图 5-1 所示。

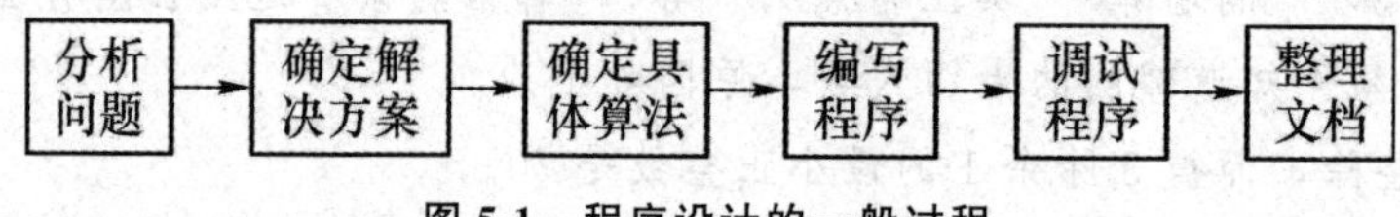

图 5-1 程序设计的一般过程

程序通常用某种程序设计语言编写，一般是用高级语言来编写程序（计算机程序设计语言在后面章节将详细阐述）。而计算机只能识别机器语言，因此用高级语言编写的程序需要一些系统软件来完成高级语言的源程序到可直接执行的机器语言的翻译过程。

5.1.2 程序翻译过程

高级语言功能很强，且不依赖于具体机器，但是计算机是不能直接识别高级语言的，所以除机器语言之外，任何其他形式的程序设计语言都不能被计算机直接执行。高级程序设计语言编写的源程序到真正可以执行的机器语言之间需要经过一系列的翻译过程，这个翻译过程有编译和解释两种方法来完成。

1. 编译

编译过程：首先通过编译程序或者汇编程序将源程序转换成由机器语言构成的目

标程序或者目标模块；再由连接程序将各目标模块连接起来形成一个可执行目标程序；最后由装入程序将其装入内存。具体如图 5-2 所示，包括编译和链接两个重要的阶段。

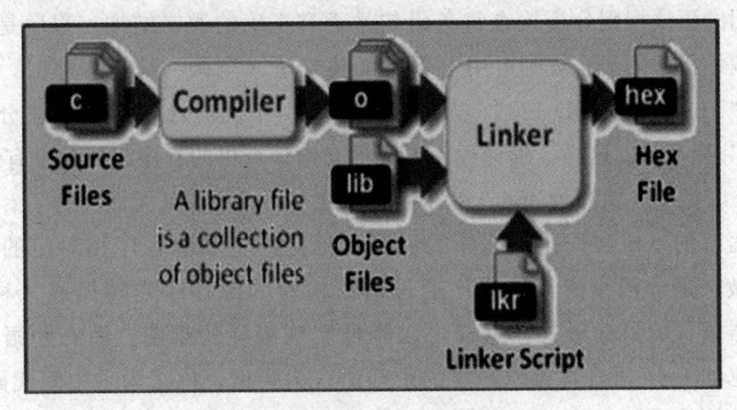

图 5-2　程序的装入和链接过程

（1）编译阶段

编译时由编译程序把一个源程序翻译成目标程序的工作过程，分为五个阶段：词法分析，语法分析，语义检查和中间代码生成、代码优化，目标代码生成。词法分析和语法分析，又称为源程序分析，是编译的核心工作，在分析过程中如发现有语法错误会给出提示信息。编译程序把一个源程序翻译成目标程序的工作过程可以用图 5-3 简单地呈现出来。

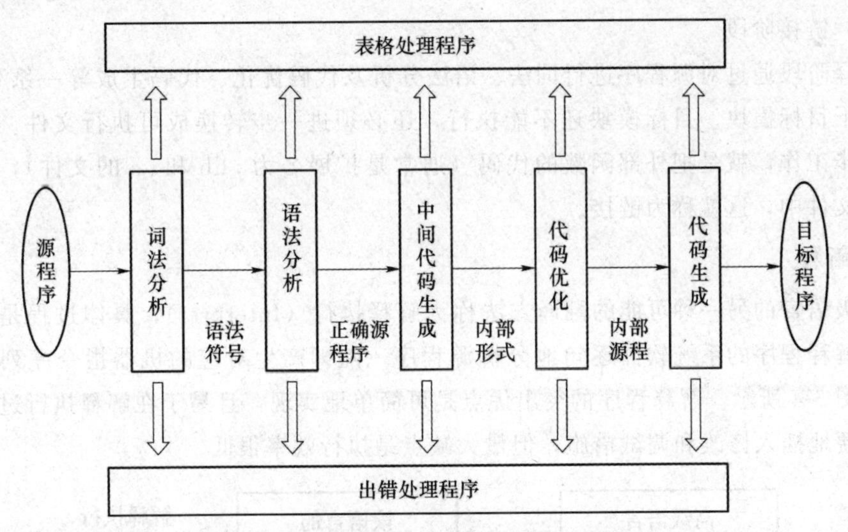

图 5-3　高级语言编译程序的主要功能成分

①词法分析。词法分析的任务是对由字符组成的单词进行处理，从左至右逐个字符地对源程序进行扫描，产生一个个的单词符号，把作为字符串的源程序改造成为单词符号串的中间程序。执行词法分析的程序称为词法分析程序或扫描器。简单地讲，词法分析就是从源程序辨认出每一个符合语言定义的语法单位的过程。

②语法分析。语法分析器以单词符号作为输入，分析单词符号串是否形成符合语法规则的语法单位，如表达式、赋值、循环等，最后看是否构成一个符合要求的程序，按该语言使用的语法规则分析检查每条语句是否有正确的逻辑结构，程序是最终的一个语法单位。编译程序的语法规则可用上下文无关文法来刻画。编写程序时，如果把上面一句错写为“TO SUM ADD 123”，人尚可理解，但不能通过编译的语法分析。哪怕把“;”错成“,”都不行。这样，编译程序保证提交给计算机的程序起码是没有语法错误的。但是程序设计时把123错写为456，编译程序对这类语义错误就无能为力了。

③中间语言的生成和优化。编译的最终目标是产生和源程序相对应的机器语言程序。通常的做法是分两步走：首先把通过语法检验的源程序先转换成某种中间形式，再转换成机器语言的目标形式，这样可以降低实现编译的难度。而有些语言直接两部并成一步，比如Java语言直接以产生的中间语言为目标，称之为“中间代码”，然后由安装在运行计算机上的另外一个处理软件（“Java虚拟机”）把中间形式的Java程序转换成为各自的机器语言程序。Java的跨平台特征就是靠这种编译方法来实现的。

所谓代码优化是指对程序代码进行等价（指不改变程序的运行结果）变换，优化的含义是最终生成的目标代码短（运行时间更短、占用空间更小），时空效率优化。原则上，优化可以在编译的各个阶段进行，但最主要的一类是对中间代码进行优化，这类优化不依赖于具体的计算机。优化环节的优劣很大程度上决定了编译程序的质量。

④代码生成。经过上述步骤，最终可以产生对应源程序的机器指令序列了。但是编译程序的几个工作步骤不见得一定是严格按顺序执行的，可能会交织地进行。

（2）链接阶段

编译阶段通过对源程序进行词法、语法分析及代码优化、代码生成等一系列加工，得到若干目标模块。目标模块还不能执行，还必须进一步转换成可执行文件。编译器的下一步工作，就是把外部函数的代码（通常是扩展名为.lib和.a的文件），添加到可执行文件中，这就称为链接。

2. 解释

高级语言的另一种可能的翻译方法称为解释执行（Interpret），具体过程是由一个称之为解释程序的系统软件逐句地分析源程序，随即产生对应的机器指令序列并执行之，如图5-4所示。解释程序的突出优点是可简单地实现，且易于在解释执行过程中灵活、方便地插入修改和调试措施，但最大缺点是执行效率很低。

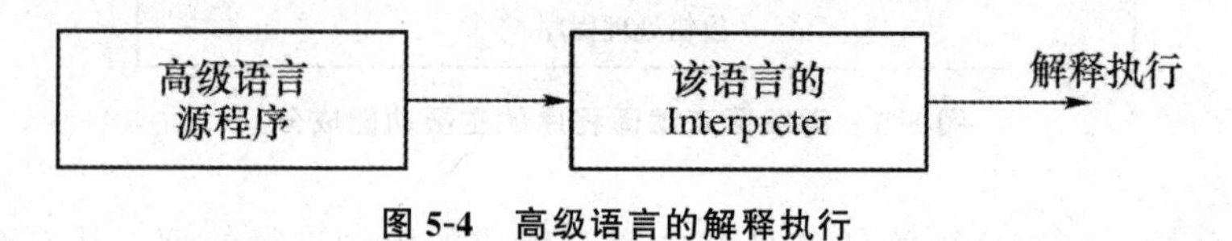

图5-4　高级语言的解释执行

解释程序的工作方式非常适于人通过终端设备与计算机会话，如在终端上打一条命令或语句，解释程序就立即将此语句解释成一条或几条指令并提交硬件立即执行且将执行结果反映到终端，从终端把命令打入后，就能立即得到计算结果。

比较两种语言处理方法，采用编译方法时程序的执行时间效率要高得多。表面上，编译和连接要花费“额外的”时间才能得到目标程序。但可执行的目标程序一旦产生，就可以在磁盘上保存起来，以后每当需要，就装入内存直接执行。而采用解释方法时，没有产生目标程序，每次执行程序时都要重复地对源程序进行解释，耗费的时间要多得多。

5.2　计算机程序设计语言

程序设计语言（Programming Language）是算法和数据的记号表示，是用于书写计算机程序的语言，利用程序设计语言编写的程序能被计算机系统接受、分析、处理、并最终执行。

任何程序设计语言都包含三个要素：语法（Syntax）、语义（Semantics）和语用（Pragmatics）。例如学习英语，先学习单词，然后是句子的语法，再然后是句子的语义，最后就是句子的语义如何去用，最后形成了英语。英语单词对应程序设计语言的词法，词法就是一些程序设计语言基本字符构成的符号，也可以称为单词，这些单词的书写规则称为词法规则；而语法是指由程序设计语言的基本符号组成程序中的各个语法成分（包括程序）的一组规则，由符号构成语法成分的规则称为语法规则；语义分为静态语义和动态语义，语义就是语法成分的含义，编译时可以确定语义就是静态语义，运行时刻才能确定的含义是动态语义；语用是构成语言的符号和使用者的关系，涉及符号的来源、使用和影响；有了单词（基本字符组成的符号）、语法、语义、语用就形成了各种各样的程序设计语言，语言有相应的运行环境，包括编译环境和运行环境。

5.3.1　程序设计语言的发展

程序设计语言自问世至今已有半个多世纪的历史了，经历了由机器代码到符号化、由低级到高级、由过程性到非过程性的发展，其应用范围也从单纯的科学计算发展到包括过程控制、信息处理、事务管理等各个领域。从程序设计语言出现的时间的角度来分析，它经历了机器语言、汇编语言、高级语言、非过程语言和自然语言等几个发展阶段如图 5-6 所示。

机器语言 → 汇编语言 → 高级语言 → 非过程化语言 → 自然语言

图 5-6　程序设计语言的演变过程

1. 机器语言

机器语言（Machine Language）也称机器代码指令（Machine Code Instruction），出现在 20 世纪 50 年代初，是最早的程序设计语言。机器语言是直接用二进制的机器代码指令编写的，由处理器执行的程序就是机器语言程序。计算机可以直接执行由机器语言编写的程序，而且效率高、速度快，但是这种程序的可读性较差、难以记忆、与计算机处理器硬件紧密相关导致可移植性差。第一个商用计算机 UNIVAC 就使用了机器语言编程。有人也把这种语言称为第一代语言（First Generation Language，FGL）。

【例 5-1】机器语言程序举例：两个整数值相加，其十六进制码格式的机器语言程序，如表 5-1 所示。

表 5-1　机器语言运行顺序

机器语言	操作定义
1020	从内存单元 20 中取数值置于寄存器 A
3021	寄存器 A 的数值加内存单元 21 的数值，和存于寄存器 A
2022	把寄存器 A 的数值存于内存单元 22 中
0000	结束程序运行

2. 汇编语言

机器语言虽然效率高、执行速度快，但是可读性和可移植性差，很快被汇编语言所替代。汇编语言（Assembly Language）是指用符号代替数字机器代码指令和其他常量进行编程的程序设计语言。汇编语言通常由计算机硬件制造商定义，使用的符号是有助于程序设计人员记忆的机器代码的缩写。汇编语言不能直接被计算机执行，需要通过汇编程序处理工具把汇编语言符号翻译成目标计算机的机器指令代码。相对于机器语言，汇编语言也被称为第二代语言（2-L）。

【例 5-2】汇编语言程序举例：两个整数相加，如表 5-2 所示。

表 5-2　汇编语言运行顺序

汇编语言	操作定义
LOAD X	从内存单元 X 中取数值置于寄存器 A
ADD Y	寄存器 A 的数值加内存单元的数值，和存于寄存器 A
STORE SUM	把寄存器 A 的数值存于内存单元 SUM 中
HALT	结束程序运行

从例 5-2 中可以发现，汇编语言基本特征有两个：一是把机器指令符号化，即用助记符的形式来表示机器指令的成分，这就比二进制数的表示形式好得多；二是增加少量描述性的伪指令（Pseudo Instruction），伪指令负责提供一些语言处理时要使用的信息，并不存在与之对应的机器指令。汇编语言虽然在一定程度上优化了机器语言的问题，改进了语言的逻辑结构，但依然是属于低级程序设计语言，因为一条汇编语言编写的语句只能翻译成一条机器指令代码。

3. 高级语言

汇编语言改进了语言的逻辑结构，但是语言的用户友好性还是不够完美，所以在汇编语言的基础上出现了高级语言，被称之为第三代语言（3-L）。高级语言的记号形式完全脱离机器指令，很接近人们非常习惯的自然语言和数学语言，看上去像英语句子和算术式子，易于理解，且和特定的 CPU 指令集在形式上不再关联。高级语言把人们利用机器语言或汇编语言编程时所用数据的逻辑结构，和对数据进行使用时的操作序列的逻辑结构，归纳抽象为数据类型和语句，利用英文字母、数字和一些符号通过一定规则（语法）对其编码，所用编码的自然语言含义与对应逻辑结构的意义尽量接近，用高级语言所编程序的实际意义由高级语言各成分的逻辑意义表示出来，各成分的物理意义由编译程序及机器语言指令的逻辑意义所规定。现在接触的大多语言都是属于高级程序设计语言，例如 FORTRAN、COBOL、BASIC、PASCAL、C、C++、Visual Basic、Java、C#等。下面分别介绍下这些语言的发展过程及其特点。

【例 5-3】用高级语言 C 写两个整数相加。

```
#include <stdio.h>
int main( )
{int a,b,sum;
a= 123;
b= 456;
sum= a+ b;
printf("sum is %d\n",sum);
return0;
}
```

1953 年，IBM 公司的 John Backus 领导一个开发团队开始开发 FORTRAN 语言。1957 年 4 月，第一个 FORTRAN 版本正式发布。这是一个优化的编译器，也是一个高级程序设计语言。FORTRAN 是公式翻译系（Formula Translating System）的缩写。1966 年 FORTRAN 语言被美国标准协会纳入标准，称为 FORTRAN 66。与 FORTRAN 66 相比，1977 年发布的 FORTRAN 77 语言有了许多重要的改变，特别是开始支持字符数据。1990 年发布的 Fortran 90 语言增加了模块化编程并具备对象编程的特点。在发布的标准规范中，名称中的部分大写字母改成了小写字母。完全具备面向对象编程的版本是 2003 年发布的 Fortran 2003，该版本与 C 语言具有互操作性。Fortran 008 语言在并行编程方面得到了增强。IBM 公司开发的 FORTRAN 语言最早主要用于科学计算，后来逐渐应用在天气预报、有限元分析、流体力学、计算物理、计算化学等高性能计算领域。

Grace Hopper 于 1959 年提出了 COBOL 语言的第一个规范。COBOL 是通用商业语言（Common Business-oriented Language）的简称，主要用于商业、金融、行政等行业领域。1968 年，COBOL 语言被纳入 ANSI 标准。2002 年，COBOL 语言被 ISO 接纳为标准。COBOL-2002 包括了许多面向对象语言的特征，例如，支持本地语言、用户定义的函数、指针、在 .NET 和 Java 环境中执行等，并且还可以生成和分析 XML 语言。

1964 年，美国达特茅斯学院的两位教授 John Kemeny 和 Thomas Kurtz 在教授计算机课程的时候，针对非计算机专业的学生的特点，提出了 BASIC（Beginners All-purpose symbolic Instruction Code，针对初学者的一般用途的符号指令代码）语言。该语言采用了解释计算方式，具有简单易学的特点。在 20 世纪七八十年代出现了大量的 BASIC 语言变种，例如微软公司 1981 年发布的 IBM BASICA、Borland 公司 1985 年发布的 Turbo BASIC 等。微软公司 1991 年推出的 Visual Basic 语言，除了具有图形化用户界面、事件驱动编程、集成的开发环境等特点之外，继承了 BASIC 语言的许多特点。

1972 年，AT&T 贝尔实验室的 Dennis Trichie 在开发 UNIX 操作系统的过程中，提出了 C 程序设计语言。之所以称为 C 语言，是因为其来自早期的 B（BCPL）语言。1978 年，Brian Kernighan 和 Dennis Ritchie 出版了《C 程序设计语言》一书，该书详细描述了 C 语言的规范。1983 年，C 语言成为 ANSIC。1990 年，ANSIC 被纳为 ISO 标准。1999 年，被称为 C99 的 ISO/IEC9899：1999 标准引入了一些新的功能，包括内联函数、long long int 数据类型、可变长度的数组、单行注释等。虽然 C 语言来自于操作系统的实现，但是现在也被广泛应用于开发各种可移植的应用程序，并且对后来的许多语言有重大的影响。例如，C＋＋、Java、C＃等语言都受到了 C 语言的显著影响。

1979 年，在贝尔实验室工作的、29 岁的 Bjarne Stroustrup 在写剑桥大学的博士论文时，对 C 语言进行了研究，并尝试在 C 语言中增加类以便增强 C 语言的功能。他的这项研究结果产生了 C with Classes 语言。1983 年，C with Classes 语言的名称改为 C＋＋语言，其中＋＋表示增量运算符。与 C 语言相比，C＋＋语言中增加了虚拟函数、函数名和运算符重载、引用、用户控制的内存控制等。1985 年，《C＋＋程序设计语言》一书出版。1989 年，多继承性、抽象类、静态成员函数、常量成员函数、保护成员等功能被增加到 C＋＋语言中。1990 年，C＋＋中又增加了模板、异常处理、命名空间等功能。1998 年，C＋＋语言被纳入 ISO/IEC 标准体系中。2003 年，新修订后的标准是 ISO/IEC14882：2003。目前，C＋＋是一种非常流行的程序设计语言，在系统软件、应用软件、嵌入式软件、高性能服务器等诸多领域都有广泛的应用。

Visual Basic 是微软公司于 1991 年发布的、基于 COM 模型的、具有集成开发环境的第三代事件驱动式程序设计语言。在 Visual Basic 语言中，可以使用拖拉技术创建表单，表单上可以放置控件，控件有属性和事件处理程序。使用 Visual Basic 语言可以创建可执行程序、ActiveX 控件、DLL 文件等。1998 年，微软发布的 Visual Basic 6 是该软件的最终版本，其后续版本被命名为 Visual Basic. NET 语言。2002 年发布的 Visual Basic. NET 是一种基于微软 .NET 框架的面向对象程序设计语言，该版本的语言与 VB6 开发的应用程序之间没有兼容性。2007 年发布的 Visual Basic 2008（也称为 VB9）是与 Microsoft. NET Framework 3. 5 对应的，增加了许多新的功能，例如条件运算符、匿名类型、LINQ 支持、XML 字符支持等。

Java 语言是 1995 年由 Sun Microsystems，是 James Gosling 领导的开发小公司发布的组开发的程序设计语言。最初的名称是 Oak，后来命名为 Java。

Java 源程序经过编译生成可以运行在 Java 虚拟机上的字节码，从而实现 WriteOnce，

RunAnywhere 的跨平台运行目标。Java 语言的主要特点包括：纯粹的面向对象语言、跨平台、编译 G 解释执行、支持多线程、支持分布式应用等。Java 也是一种源代码开放软件。目前，Java 语言是一种非常流行的程序设计语言，在许多领域都有广泛的应用。据 TIOBE 公司统计，Java 语言在程序设计语言排行榜中持续多年名列榜首。

C# 语言是微软公司于 2001 年发布的、具有面向对象功能的、运行于 .NETFramework 之上的程序设计语言。C# 语言的主要开发人员是丹麦软件工程师 AndersHejlsberg。C# 继承了 C 和 C++ 强大功能的同时，去掉了一些它们的复杂特性，例如没有宏和模板，不允许多重继承等。C# 与 Java 有许多类似的地方，例如，与 Java 几乎同样的语法和编译成中间代码再运行的过程。但是，C# 又与 Java 语言有显著的不同，它借鉴了 Pascal、Delphi 等语言的特点，是 .NET 程序开发的首选语言工具。2001 年，ECMA 接受 C# 语言为其标准，并发布了 ECMA－334C# 语言标准规范。2003 年，C# 语言也成为 ISO/IEC23270 标准。

Python 是著名的“龟叔” Guido van Rossum 在 1989 年圣诞节期间，为了打发无聊的圣诞节而编写的一个编程语言。

Python 本身也是由诸多其他语言发展而来的，这包括 ABC、Modula－3、C、C++、Algol－68、SmallTalk、Unix shell 和其他的脚本语言等等。像 Perl 语言一样，Python 源代码同样遵循 GPL（GNU General Public License）协议。现在 Python 是由一个核心开发团队在维护，Guido van Rossum 仍然占据着至关重要的作用，指导其进展。

Python 是 FLOSS（自由/开放源码软件）之一。简单地说，你可以自由地发布这个软件的拷贝、阅读它的源代码、对它做改动、把它的一部分用于新的自由软件中。FLOSS 是基于一个团体分享知识的概念。这是为什么 Python 如此优秀的原因之一，它是由一群希望看到一个更加优秀的 Python 的人创造并经常改进着的，由于它的开源本质，Python 已经被移植在许多平台上。。

Python 是一种代表简单主义思想的语言，极其容易上手。阅读一个良好的 Python 程序就感觉像是在读英语一样，尽管这个英语的要求非常严格！Python 的这种伪代码本质是它最大的优点之一。它使你能够专注于解决问题而不是去搞明白语言本身。当你用 Python 语言编写程序的时候，你无需考虑诸如如何管理你的程序使用的内存一类的底层细节。

Python 也有明显的缺点，比如它和 C 程序相比非常慢，因为 Python 是解释型语言，你的代码在执行时会一行一行地翻译成 CPU 能理解的机器码，这个翻译过程非常耗时，所以很慢。而 C 程序是运行前直接编译成 CPU 能执行的机器码，所以非常快。另外，Python 代码不能加密。如果要发布你的 Python 程序，实际上就是发布源代码，这一点跟 C 语言不同，C 语言不用发布源代码，只需要把编译后的机器码发布出去。要从机器码反推出 C 代码是不可能的，所以，凡是编译型的语言，都没有这个问题，而解释型的语言，则必须把源码发布出去。

4. 非过程式语言

非过程式语言也被称为第四代语言（4－L），它面向应用，不关注描述算法过程“怎么做”，而是着重表达程序要“做什么”。第四代语言（4－L）具有缩短应用开发过程、降低维护代价、最大限度地减少调试过程中出现的问题以及对用户友好等优点，能够大大提高程序设计的效率。当然，用4GL编写的程序仍然需要经过非常复杂的转换过程，最终变成对应的机器指令序列。其中Ada语言就是第四代计算机语言的成功代表。

Ada语言是一种表现能力很强的通用程序设计语言，它是美国国防部为克服软件开发危机历时近20年研制成功的，它诞生于1979年，1980年被指定为美国军用标准，是美国国防部指定的唯一的一种可用于军用系统开发的语言，1983年被正式确立为ISO标准并投入使用。Ada语言广泛应用于高可靠、长生存期的大型软件研发，在军事、商业、公共交通、金融等领域的核心软件开发中发挥着重要作用。诸多欧美国家的国防与空中管制系统、交通运输系统、银行安全防卫系统等均使用Ada语言研制开发。迄今为止，国际标准组织先后确立过Ada83，Ada95，Ada2005，Ada2012等四个语言标准。而Ada语言之所以命名Ada，是为了纪念世界上第一位计算机程序员奥左斯特艾达洛夫莱斯伯爵夫人（Augusta AdaLovlace，1815—1852），她是英格兰诗人拜伦（Byron）勋爵的女儿。

5. 自然语言

自然语言又称为知识库语言或者人工智能语言，是属于第五代语言（5GL）其特性是提供使用者以一般英文语句直接和计算机进行对话，向计算机发出问题，不必考虑程式语言，使用起来更人性化、更方便，是最接近日常生活所用语言的程序语言，是未来语言发展的一个方向。LISP和PROLOG是人工智慧上常用的语言，被称为是第五代语言（5GL），但其实还远远不能达到自然语言的要求。

McCarthy是第一个提出人工智慧概念的学者，他在1955年召集达特茅斯会议，并在会议上第一次提出“人工智慧”的概念，1960年在麻省理工学院时，他发明LISP程式语言，也是第一个函式型程式语言，因为McCarthy本人致力于人工智慧研究，LISP语言也较常在这个领域中被广泛使用，从McCarthy开始，才开始思考运用计算机程式语言的编写，创造出能够自行解决问题、自行学习的程式系统，计算机科学也进入全新境界。McCarthy认为，如果机器可以执行工作，就可以用程式语言来让计算机像机器一样运作。LISP（LISt Processing Language），寓意为“列表处理语言”，最初是于1950年代末期由美国的John McCarthy提出来，因其具有较强的符号处理功能和较灵活的控制结构，特别适合于人工智能的研究，所以主要是应用在人工智能领域，被称为人工智能语言。LISP语言是以解释器来进行解释执行，主要特点有以下几个。

（1）主要数据结构是表（符号表达式），而不是作为算术运算对象的数。

（2）特性表简单，便于进行表处理。

（3）最主要的控制结构为递归，适于过程描述和问题求解。

（4）LISP程序内外一致，全部数据均以表形式表示。

（5）能够产生更复杂的函数和解释程序。

（6）对大多数事物的约束发生在尽可能晚的时刻。

（7）数据和过程都可以表示成表使得程序可能构成一个过程并执行这个过程。

(8) 大多数 LISP 系统可以交互方式运行，便于开发各类程序，包括交互程序。

PROLOG (Programmingin Logic) 语言是法国的柯尔迈伦 (Alain Colmerauer) 和他在马赛大学的助手于1962年发明的一种高效率逻辑型语言，自一出现就引起了计算机界和人工智能界的高度重视，例如日本在开展第五代计算机计划时，就曾经把 PROLOG 语言作为核心语言使用。PROLOG 的理论基础是一阶谓词逻辑，一阶谓词逻辑既有坚实的理论基础，又有较强的表现能力。PROLOG 语言本身就是一个言语推理机，具有自动推理能力，具有表处理功能，通过合一、置换、消解、回溯和匹配等机制来求解问题，因此利用 PROLOG 语言进行程序设计不像传统的程序设计那样描述计算机"如何做"，而是描述计算机要"做什么"，至于如何做，则由 PROLOG 语言自己完成。而这一点正是理想的人工智能程序设计语言所应具有的特点之一。

5.3.2　程序设计语言的基本成分

程序设计语言的种类繁多，但程序设计语言的基本成分却基本相同，一般来说主要有数据成分、运算成分、传输成分、控制成分四种。

1. 数据成分

数据成分是指数据的描述，指明该语言所允许的控制结构，例如各种类型的变量、数组、指针、记录等。如高级语言用常量 (Constant)、变量 (Variable) 的定义来表示程序要处理的数据对象；用数据类型 (DataType) 作为手段，描述不同种类的数据，其合法的数据值域及涉及的合法操作集合等。

2. 运算成分

运算成分是程序设计语言提供的各类操作语句 (Statement)，用来表示对数据对象的运算动作。例如算术运算、赋值运算、关系运算、逻辑运算等。运算及表达式中要注意：运算数的数目，每种运算符能够操作的数据的个数是一定的，称为运算的目，例如加法需要两个运算数称为加法运算；运算符的优先级，不同的运算进行混合运算时，要按照优先级运算，例如"$x+6*y-z$"，乘运算优先级高于加减运算；运算的结合次序，例如"$x+6*y-z$"，等价于"$x+(6*y)-z$"而不是"$x+(6*y-z)$"，也就是说算术运算的结合次序是从左至右的。

3. 传输成分

传输成分即数据的输入/输出，指明了该语言所允许的数据传输方式，在程序中可用它进行数据传输，如输入/输出语句等，如果没有输出，即使程序产生了结果，编程者和用户也看不到它，而如果没有输入，多数程序的功能将会非常单一。

4. 控制成分

控制成分指明程序要表达完成处理任务的操作过程，指明语言允许表述的控制结构，人们可以利用这些控制成分来构造程序中的控制逻辑。不同语言支持的控制逻辑在形式上可能各不相同，但其作用是相同的，大致可分为顺序、分支、循环、子程序等几类控制逻辑。

（1）顺序控制结构

顺序控制结构是最简单的控制结构。编程语言并不提供专门的控制流语句来表达顺序控制结构，而是用程序语句的自然排列顺序来表达。计算机按此顺序逐条执行语句，当一条语句执行完毕，控制自动转到下一条语句。如果一个处理过程由顺序执行的步骤 S_1、S_2、…、S_n 组成，用流程图表示这种逻辑控制即如图 5-7 所示。

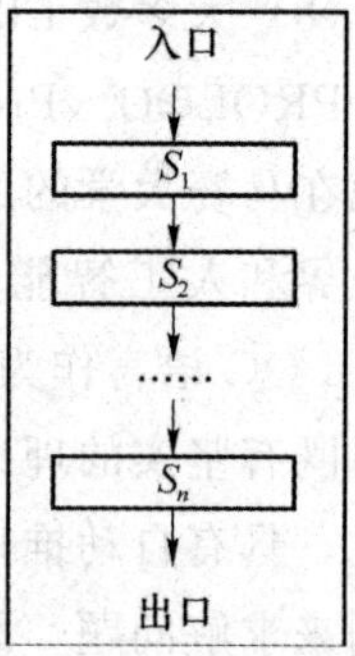

图 5-7　顺序结构图

（2）分支控制结构

分支控制结构也成为条件或判断结构。程序的控制流程一般都不是从第一条语句一直顺序执行到最后一条语句，而是在执行过程中需要根据不同情况来选择执行不同的语句序列。因此编程语言中提供了根据条件来选择执行路径的控制结构，即分支控制结构。依据条件和分支不同，分支结构可以分为：单分支结构、两路分支结构和多路分支结构，分别如图 5-8、图 5-9 和图 5-10 所示，其中多路分支也称为嵌套分支结构。

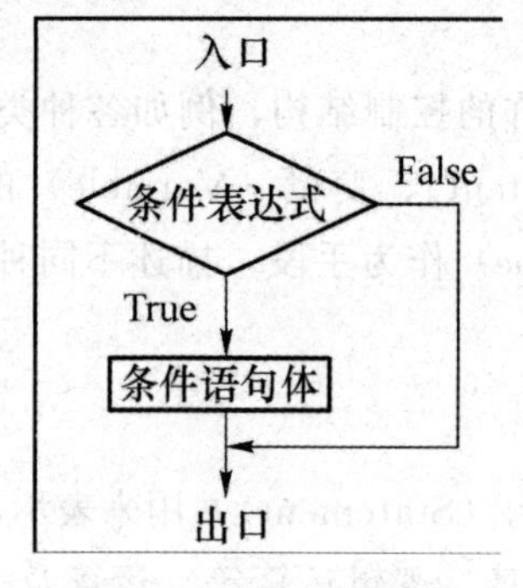

图 5-8　单分支结构图

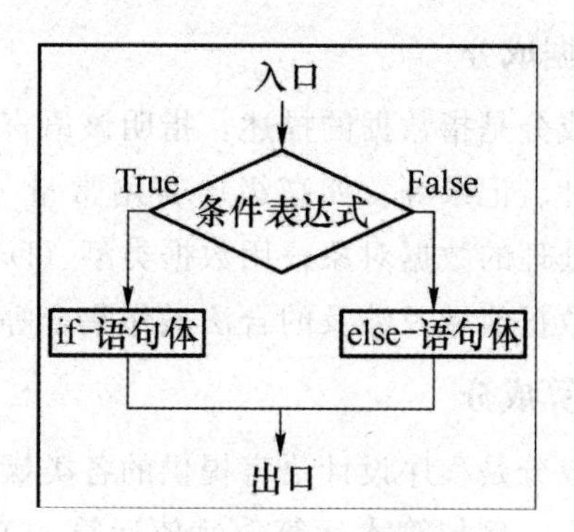

图 5-9　两路分支结构图

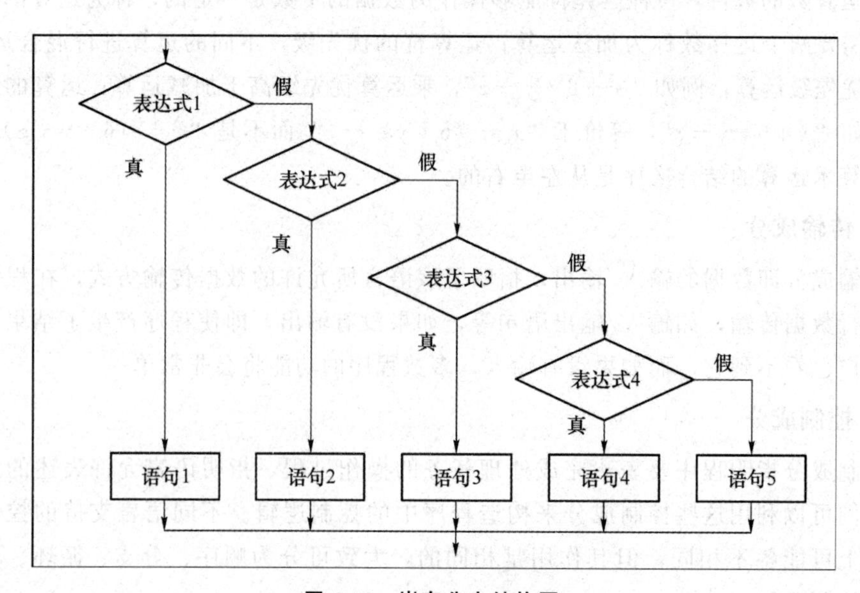

图 5-10　嵌套分支结构图

(3) 循环控制结构

循环是程序中的一组语句，只写一次但可以连续执行多次。在解决问题的指令序列中，经常会遇到需要重复执行的一组操作，比如重复输入、重复输出，针对这个问题编程语言一般提供了循环控制结构表达这种程序逻辑。循环控制结构按照语句循环的执行方式不同，分为 for 循环、while 循环、do-while 循环等，流程图分别如图 5-11、图 5-12 和图 5-13 所示。

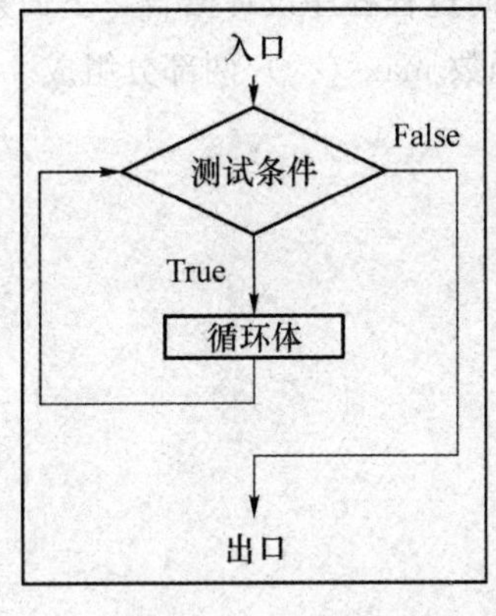

图 5-11　for 循环

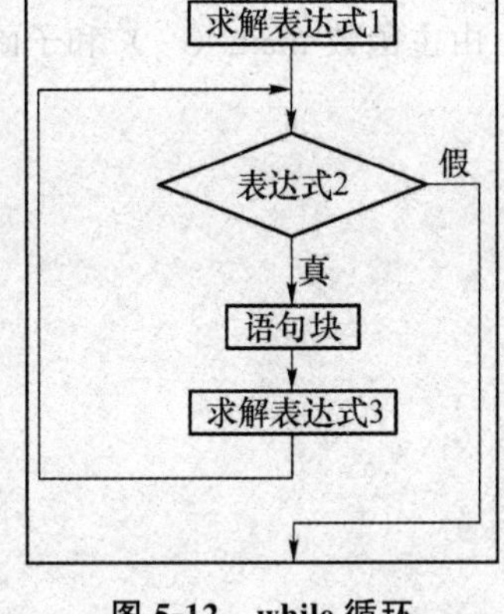

图 5-12　while 循环

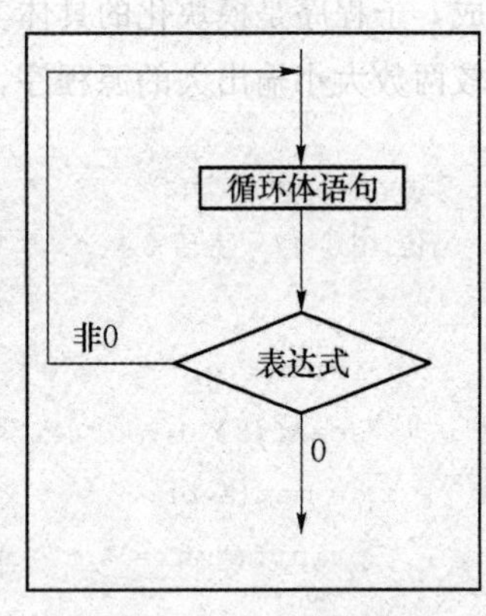

图 5-13　do-while 循环

(4) 子程序

模块化程序设计方法是按照各部分程序所实现的不同功能把程序划分成多个模块，各个模块在明确各自的功能和相互间的连接约定后，就可以分别编制和调试程序，最后再把它们连接起来，形成一个大程序。

子程序结构就是模块化程序设计的基础。把功能相对独立的程序段单独编写和调试，作为一个相对独立的模块供程序使用，就形成子程序。子程序可以实现源程序的模块化，可简化源程序结构，可以提高编程效率。

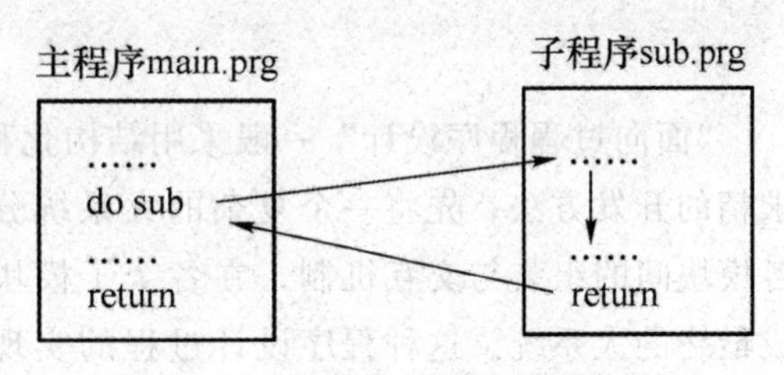

图 5-14　主程序与子程序的调用关系

子程序总是被其他程序调用而一般不能单独执行。通常把调用它的程序称为主程序，被主程序调用的程序称为子程序。当然，其概念也是相对的，即子程序也可以调用其他子程序。主程序与子程序的调用关系如图 5-14 所示。

5.4　计算机程序设计方法

计算机程序设计方法主要有面向过程程序设计、面向对象程序设计、可视化程序设计三种。

5.4.1 面向过程程序设计

面向过程（Procedure Oriented）是一种以模块为中心的编程思想。面向过程的软件，其程序结构是按功能划分为若干个基本模块，这些模块形成一个树状结构，这个树形结构表现的是各个模块之间相互调用的关系；每一模块内部均是由顺序、选择和循环三种基本结构组成；程序一般由一个主程序（或主函数）和若干个子程序（或函数）组成，子程序是模块化的具体实现方法。C语言是典型的面向过程程序设计语言，下面是比较两数大小输出大的源程序，由主函数 main（ ）和子函数 max（ ）两部分组成。

```
int max(in tint)
main( )/* 主函数* /
{
    int a,b,c;
    scanf("% d,% d",&i,&j);
    c= max(a,b);
    printf("max= % d",c);
}
int max(int x, int y) /* 子函数* /
{ int z;
    if(x> y) z= x;
  else z= y;
    return z;
}
```

“面向过程程序设计”一般采用结构化程序设计方法，程序设计是自顶向下、逐步求精的开发方法，先将一个复杂的大系统分解为若干个可独立设计的子模块，并明确各模块间的组装与交互机制，在各个子模块设计完成之后将这些子模块组合起来，形成最终的大系统。这种程序设计过程的实现取决于数据结构。如果一个数据结构发生变化，将导致许多函数和过程重写或程序崩溃。因此在程序设计中要把握“高内聚、低耦合”的原则，使各个模块都执行一个完整的功能，具有一个完整功能的业务都尽量组合在一个模块中，且各个模块之间共用信息要尽量少。

5.4.2 面向对象程序设计

面向对象简称OO（Object-Oriented），是按照人们对客观世界认识的规律把软件系统分解成一个个的对象，以对象为中心，以类和继承为构造机制来认识、理解、刻画客观世界；它不同于面向过程的“数据”和“功能”分离的思想，而是把数据和功能捆绑在一起，形成对象的概念，程序设计围绕被操作的对象来进行。对象、类是面向对象程序设计方法的核心，封装、继承、多态是面向对象程序设计方法的三个基本特点。C＋＋语言和Java语言都是属于面向对象程序设计语言。

类：类是现实世界或思维世界中的实体在计算机中的反映，它将数据以及这些数据上的操作封装在一起，所以类是一个模板，它描述一类对象的行为和状态即属性和方法。

对象：对象是具有类类型的变量，是以类为模板的一个实例。如图 5-15 所示，男孩女孩是类，而具体的某男孩或者女孩是对象。

封装：封装是一种将抽象性函式接口的实作细节部分包装、隐藏起来的方法，防止该类的代码和数据被外部类定义的代码随机访问。其他要访问类的代码或者数据，必须通过严格的接口控制，是一种保护屏障。

继承：继承可以理解为一个对象从另一个对象获取属性的过程。例如有 Animal 类、Dog 类和 Cat 类，那么 Dog 类和 Cat 类是 Animal 类的子类，继承了父类的属性和方法。继承提供了一种明确表述共性的方法，使得面向对象程序设计方法得以最大限度地实现代码重用。

图 5-15　类和对象示例图

多态：多态是同一个行为具有多个不同表现形式或形态的能力，是对象多种表现形式的体现。例如上面假设 Dog 类和 Cat 类都继承了父类一个方法是 speak（　），多态即指针对父类 Animal 类的方法，Dog 类和 Cat 类分别有不同的表现形式，Dog 类是汪汪，Cat 类是喵喵。可以看到多态性是基于继承的基础上，能够使代码重用更加灵活和高效。

5.4.3　可视化程序设计

可视化程序设计（Visual）简单说就是“所见即所得”，它是一种全新的程序设计方法：程序设计人员利用软件本身所提供的各种控件，像搭积木式地构造应用程序的各种界面。可视化设计语言的语句表达式由一组图符组成，可视化程序设计环境一般为用户提供大量的界面元素或称为控件对象。用户只要利用鼠标把这些控件对象拖动到适当位置，然后设置它们的大小、形状、属性等，就可以设计出自己所想要的应用程序界面。这也是可视化程序设计最大的优点：设计人员可以不用编写或只需编写很少的程序代码，只需要根据头脑中所想象的应用程序界面，通过鼠标以“手绘”的方式在屏幕上“画”出程序界面就能完成应用程序的设计。常见的可视化程序设计环境有 Visual Basic、Visual C++、Delphi 等。

5.5 程序设计与软件开发

计算机程序设计是给出解决特定问题程序的过程，最早被提出来是等同于软件开发的概念。随着计算机硬件技术的发展，计算机的应用领域越来越广，待解决的问题越来越复杂，导致计算机软件越来越大型化、复杂化，这时人们开始探索把工程的方法应用于软件开发中，形成了计算机科学的一大分支学科——软件工程学。因此，计算机程序设计是不同于软件开发的概念，但依然是软件开发过程中的重要步骤。软件开发是根据用户要求建造出软件系统或者系统中软件部分的一个产品开发的过程。软件开发过程划分为计划、开发、运行三个阶段。要完成的具体任务包括：可行性研究、需求分析、系统设计和详细设计、编码（即传统意义的“写程序”）、测试和排错、使用和维护。本书的软件工程章节将对软件开发的工程方法作更详细的叙述。

情景思考

如何用计算机来求解“求 n 个数据的最大值”问题？计算机解题的过程和步骤是什么？

【导读】人类历史上最伟大的 12 位程序员

程序员，是指能够创造、编写计算机程序的人。在这里将带领大家一起来认识人类历史上最伟大的 12 位程序员，他们是先驱，受人尊重，他们贡献的东西改变了人类的整个文明进程。

1. 第一位计算机程序员：埃达·洛夫莱斯 Ada Lovelace

埃达·洛夫莱斯，原名奥古斯塔·埃达·拜伦，是著名英国诗人拜伦之女。数学爱好者，被后人公认为第一位计算机程序员。1842—1843 年，埃达花了 9 个月的时间翻译意大利数学家路易吉·米那比亚讲述查尔斯·巴贝奇计算机分析机的论文。在译文后面，她增加了许多注记，详细说明用该机器计算伯努利数的方法，被认为是世界上第一个计算机程序；因此，埃达也被认为是世界上第一位程序员。不过，有传记作者也因为部分的程序是由巴贝奇本人所撰，而质疑埃达在计算机程序上的原创性。埃

达的文章创造出许多巴贝奇也未曾提到的新构想，比如埃达曾经预言道：这个机器未来可以用来排版、编曲或是各种更复杂的用途。1852年，埃达为了治疗子宫颈癌，却因此死于失血过多，年仅36岁。她死后一百年，于1953年，埃达之前对查尔斯·巴贝奇的《分析机概论》所留下的笔记被重新公布，并被认为对现代计算机与软件工程造成了重大影响。

2. Pascal之父：尼克劳斯·维尔特 Niklaus Wirth

尼克劳斯·埃米尔·维尔特，生于瑞士温特图尔，是瑞士计算机科学家。从1963年到1967年，他成为斯坦福大学的计算机科学部助理教授，之后又在苏黎世大学担当相同的职位。1968年，他成为苏黎世联邦理工学院的信息学教授，又往施乐帕洛阿尔托研究中心进修了两年。他是好几种编程语言的主设计师，包括Algol W、Modula、Pascal、Modula－2、Oberon等。他也是Euler语言的发明者之一。1984年他因发展了这些语言而获图灵奖。他也是Lilith计算机和Oberon系统的设计和运行队伍的重要成员。他的文章"Program Development by Step wise Refinement"视为软件工程中的经典之作。他写的一本书的书名Algorithms＋Data Structures＝Programs（算法＋数据结构＝程序）是计算机科学的名句。

3. 微软创始人：比尔·盖茨 Bil Gates

威廉亨利比尔盖茨三世，是一名美国著名企业家、投资者、软件工程师、慈善家。早年，他与保罗艾伦一起创建了微软公司，曾任微软董事长、CEO和首席软件设计师，并持有公司超过8%的普通股，也是公司最大的个人股东。

4. Java之父：詹姆斯·高斯林 James Gosling

詹姆斯·高斯林，出生于加拿大，软件专家，Java编程语言的共同创始人之一，一般公认他为"Java之父"。在他12岁的时候，他已能设计电子游戏机，帮忙邻居修理收割机。大学时期在天文系担任程式开发工读生，1977年获得了加拿大卡尔加里大学计算机科学学士学位。1981年开发在UNIX上运行的Emacs类编辑器Gosling Emacs（以C语言编写，使用Mocklisp作为扩展语言）。1983年获得了美国卡内基梅隆大学计算机科学博士学位，博士论文的题目是《The Algebraic Manipulation of Constraints》。毕业后到IBM工作，设计IBM第一代工作站NeWS系统，但不受重视。后来转至Sun公司。1990年，与Patrick Naughton和Mike Sheridan等人合作"绿色计划"，后来发展一套语言称为"Oak"，后改名为Java。1994年年底，James Gosling在硅谷召开的"技术、教育和设计大会"上展示Java程式。2000年，Java成为世界上最流行的计算机语言。

5. Python之父：吉多·范罗苏姆 Guidovan Rossum

吉多·范罗苏姆是一名荷兰计算机程序员，他作为Python程序设计语言的作者而为人们熟知。在Python社区，吉多范罗苏姆被人们认为是"仁慈的独裁者（BDFL）"，意思是他仍然关注Python的开发进程，并在必要的时刻做出决定。2002年，在比利时布鲁塞尔举办的自由及开源软件开发者欧洲会议上，吉多·范罗苏姆获得了由自由软件基金会颁发的2001年自由软件进步奖。2003年5月，吉多获得了荷兰UNIX用户小组奖。2006年，他被美国计算机协会（ACM）认定为著名工程师。

6. B语言、C语言和UNIX创始人：肯·汤普逊 Ken Thompson

肯尼斯·蓝·汤普逊，小名为肯·汤普逊，生于美国新奥尔良，计算机科学学者与软件工程师。他与丹尼斯里奇设计了B语言、C语言，创建了UNIX和Plan9操作系统，他也是编程语言Go的共同作者。与丹尼斯·里奇同为1983年图灵奖得主。肯汤普逊的贡献还包括了发展正规表示法，写作了早期的计算机文字编辑器QED与ed，定义UTFG8编码，以及发展计算机象棋。

7. 现代计算机科学先驱：高德纳 Donald Knuth

高德纳出生于美国密尔沃基，著名计算机科学家，斯坦福大学计算机系荣誉退休教授。高德纳教授为现代计算机科学的先驱人物，创造了算法分析的领域，在数个理论计算机科学的分支做出基石一般的贡献。在计算机科学及数学领域发表了多部具广泛影响的论文和著作。1974年图灵奖得主。高德纳最为人知的事迹是，他是《计算机程序设计艺术（The Art of Computer Programming）的作者。此书是计算机科学界最受高度敬重的参考书籍之一。此外还是排版软件TEX和字体设计系统Metafont的发明人。提出文学编程的概念，并创造了WEB与CWEB软件，作为文学编程开发工具。

8.《C程序设计语言》的作者：布莱恩·柯林汉 Brian Kernighan

布莱恩·威尔森·柯林汉，生于加拿大多伦多，加拿大计算机科学家，曾服务于贝尔实验室，为普林斯顿大学教授。他曾参与UNIX的研发，也是AMPL与AWK的共同创造者之一。与丹尼斯里奇共同写作了C语言的第一本著作《C程序设计语言》之后，他的名字开始为人所熟知。他也创作了许多UNIX上的程式，包括在Version7 UNIX上的ditroff与cron。

9. 互联网之父：蒂姆·伯纳斯—李 Tim Berners-Lee

蒂莫西·约翰·伯纳斯—李爵士，昵称为蒂姆·伯纳斯—李（Tim Berners-Lee)，英国计算机科学家。他是万维网的发明者，麻省理工学院教授。1990年12月25日，罗伯特卡里奥在CERN和他一起成功通过Internet实现了HTTP代理与服务器的第一次通信。伯纳斯—李为关注万维网发展而创办的组织，万维网联盟的主席。他也是万维网基金会的创办人。伯纳斯—李还是麻省理工学院计算机科学及人工智能实验室创办主席及高级研究员。同时，伯纳斯—李是网页科学研究倡议会的总监。最后，他是麻省理工学院集体智能中心咨询委员会成员。2004年，英女皇伊丽莎白二世向伯纳斯—李颁发大英帝国爵级司令勋章。2009年4月，他获选为美国国家科学院外籍院士。在2012年夏季奥林匹克运动会开幕典礼上，他获得了“万维网发明者”的美誉。伯纳斯—李本人也参与了开幕典礼，在一台NeXT计算机前工作。他在Twitter上发表消息说：“这是给所有人的”，体育馆内的LCD光管随即显示出文字来。

10. C++之父：比雅尼·斯特劳斯特鲁普 Bjarne Stroustrup

比雅尼·斯特劳斯特鲁普，生于丹麦奥胡斯郡，计算机科学家，德州农工大学工程学院的计算机科学首席教授。他以创造C++编程语言而闻名，被称为“C++之父”。用斯特劳斯特鲁普他本人的话来说，自己“发明了C++，写下了它的早期定义并做出了首个实现选择制定了C++的设计标准，设计了C++主要的辅助支持环境，而且负责处理C++标准委员会的扩展提案。”他还写了一本《C++程序设计语言》，它被许多人认为是C++的范本经典，目前是第四版（于2013年5月19日出版），最新版中囊括了C++11所引进的一些新特性。

11. Linux之父：林纳斯·托瓦兹 Linus Torvalds

林纳斯·本纳第克特托瓦兹，生于芬兰赫尔辛基市，拥有美国国籍。他是Linux内核的最早作者，随后发起了这个开源项目，担任Linux内核的首要架构师与项目协调者，是当今世界最著名的计算机程序员、黑客之一。他还发起了Git这个开源项目，并为主要的开发者。林纳斯在网上邮件列表中也以火爆的脾气著称。例如，有一次与人争论Git为何不使用C++开发时与对方用“放屁”（原文为“bullshit”）互骂。他更曾以“一群自慰的猴子”（原文为“Open BSD crowd is abunch of masturbating monkeys”）来称呼OpenBSD团队。2012年6月14日，托瓦兹在出席芬兰的阿尔托大学所主办的一次活动时称Nvidia是他所接触过的“最烂的公司”（The Worst Company）和“最麻烦的公司”（The Worst Trouble Spot），Nvidia一直没有针对Linux平台发布任何官方的Optimus支持。

12. C语言和UNIX之父：丹尼斯·里奇 DennisRitchie

丹尼斯·麦卡利斯泰尔·里奇，生于美国纽约州布朗克斯维尔（Bronxville），著名的美国计算机科学家，对C语言和其他编程语言、Multics和UNIX等操作系统的发展做出了巨大贡献。在技术讨论中，他常被称为dmr，这是他在贝尔实验室的用户名称（Username）。丹尼斯里奇与肯汤普逊两人开发了C语言，并随后以之开发出了UNIX操作系统，而C语言和UNIX在计算机工业史上都占有重要的地位：C语言至今在开发软件和操作系统时依然是非常常用，且它对许多现代的编程语言（如C++、C#、Objective－C、Java和JavaScript）也有着重大影响；而在操作系统方面UNIX也影响深远，今天市场上有许多操作系统是基于UNIX衍生而来（如AIX与System V等），同时也有不少系统（通称类UNIX系统）借鉴了UNIX的设计思想（如Solaris、MacOS X、BSD、Minix与Linux等），甚至以Microsoft Windows操作系统与UNIX相竞争的微软也为他们的用户和开发者提供了与UNIX相容的工具和C语言编译器。

习　题

1. 选择题

(1) 计算机工作的基本原理是（　　）。

A. 二进制运算　　　　　　　　B. 程序设计

C. 程序控制　　　　　　　　　　　D. 存储程序控制

(2) 面向对象技术将数据和数据操作结合为一体，这称为（　）。

A. 模块化　　　B. 继承　　　C. 多态性　　　D. 封装

(3) 下面哪个不属于程序设计语言的基本要素？（　）。

A. 语法　　　B. 语义　　　C. 语言　　　D. 语用

(4) 下面哪个不属于程序设计语言的基本成分？（　）。

A. 数据成分　　　B. 运算成分　　　C. 传输成分　　　D. 逻辑成分

(5) Visual Basic 语言是属于哪种程序设计语言？（　）。

A. 面向过程　　　B. 面向对象　　　C. 可视化程序设计语言

2. 简答题

(1) 什么是程序？什么是程序设计？程序设计的一般步骤是什么？

(2) 计算机语言和高级语言的区别是什么？

(3) 用高级语言编写的程序要载入计算机执行需要经过什么样的处理过程？

(4) 计算机程序设计语言的发展经历了哪几个阶段，各个代表性语言分别是什么？

(5) 什么是结构化程序设计？特点是什么？

(6) 什么是面向过程程序设计？特点是什么？

(7) 什么是可视化编程？特点是什么？

第6章 算法与数据结构

算法是程序设计的基础，是程序的核心。程序是某一算法用计算机程序设计语言的具体实现。如果希望计算机按照一定的“策略”，完成做什么的“任务”，那就要用计算机程序设计语言实现某个算法去完成该任务。这里“策略”就是算法，而不是计算机程序本身。大多数算法关注的是计算机中涉及的数据的组织方法。用这种方法建立的对象为数据结构，也是计算机科学研究的核心。

本章主要论述算法的定义、算法的表示和基本的算法以及数据结构的基本概念、线性和非线性的数据结构。

问题导入

农夫过河的故事

一名农夫带着狼、山羊、菜去赶集，来到了小河边。农夫需要把狼、羊、菜和自己运到河对岸去，但是船比较小，除农夫之外每次只能运一种东西，而且只有农夫能够划船。还有一个棘手问题，就是如果没有农夫看着，羊会偷吃菜，狼会吃羊。请考虑一种方法，让农夫能够安全地安排这些东西和他自己过河。

分析一下，在狼吃羊，羊吃菜这个食物链条中，“羊”处在关键位置，解决问题的指导思想就是将“羊”与“狼”和“菜”始终处于隔离状态，也就是说“羊”应该总是最后被带过河的。来看一个答案。

第一步：农夫带着羊划船过河，羊留在河对岸；农夫返回。

第二步：农夫带着狼划船过河，狼留在河对岸；农夫带羊返回。

第三步：羊留在河边，农夫带菜划船过河，菜留在河对岸；农夫返回。

第四步：农夫带羊过河；农夫、狼、羊、菜全部安然到达对岸。

当然，上面列出的这个算法不是唯一的，那么，这个问题到底有多少种答案呢？大家可以想一想还有什么样的步骤可以完成这个任务。

如果用计算机来回答这个问题，答案可以用计算机进行穷举。用计算机解决这个问题的关键是状态遍历，农夫、狼、羊和菜根据它们的位置关系可以有很多个状态，但总的状态数还是有限的，设计的算法就是在这些有限个状态之间遍历，直到找到一条从初始状态转换到终止状态的“路径”，并且根据题目的要求，这条“路径”上的每一个状态都应该是合法的状态。

因为狼、羊和菜不会划船，所以状态转换算法也很简单，本题一共只有8种固定的状态转换运算（过河动作），分别是：农夫单独过河、农夫带狼过河、农夫带羊过河、农夫带菜过河、农夫单独返回、农夫带狼返回、农夫带羊返回、农夫带菜返回。

依次对这8个动作进行遍历，最多可以转换为8个新状态，每个新状态又最多可以转化为8个新新状态，就形成了每个状态结点有8个（最多8个）子结点的状态树（八叉树）。本题算法的核心就是对这个状态树进行深度优先遍历，当某个状态满足结束状态时就输出一组结果。

要用计算机解决这个问题首先要对实际问题进行分析并建立数学模型，然后考虑数据的组织方式，设计合适的算法，并用某一种程序设计语言编写程序来实现算法，再经过上机调试，编译、链接和运行，从而完成该问题的求解，得出结果。这就是算法＋数据结构＝程序设计，下面将揭开它的面纱。

6.1 概述

计算机一般用于辅助解决现实问题，但是计算机世界和现实世界描述问题是采用不同的方法，要把现实世界问题映射到计算机世界一般采用分层次的表达方法。分层次的表达方法学的思想是：划分出不同的数据加工过程抽象表示层次；每个层次上都定义相应的数据加工表示手段；它们既相对独立，又可以从上一个表示层次映射到下一个层次上去；从现实世界的数据处理问题开始，把数据加工过程一层一层地转换到计算机内部的物理实现为止。这样，在完成数据加工表达任务的过程中，人可以根据任务需要选择适当的表达层次。然后由人或者计算机系统本身，按照明确定义的映射规则，完成层次之间不同表示手段的转换。

一般可以把计算机科学在不同时期提出的各种数据加工表示手段，总结为上述分层次地表示数据加工过程的方法学，如图6-1所示。前面在“第五章计算机程序设计”中介绍过利用计算机来解决一个现实世界的问题的一般步骤：首先要从具体问题抽象出一个合适的数学模型，然后设计或选择一个解此数学模型的算法，最后编出程序进行调试、测试、直至得到最终的解答。著名计算机科学家Nikiklaus Wirth就此提出了一个著名的公式：算法＋数据结构＝程序，其中算法是对运算操作的描述，反映解决问题的策略，数据结构是对数据的

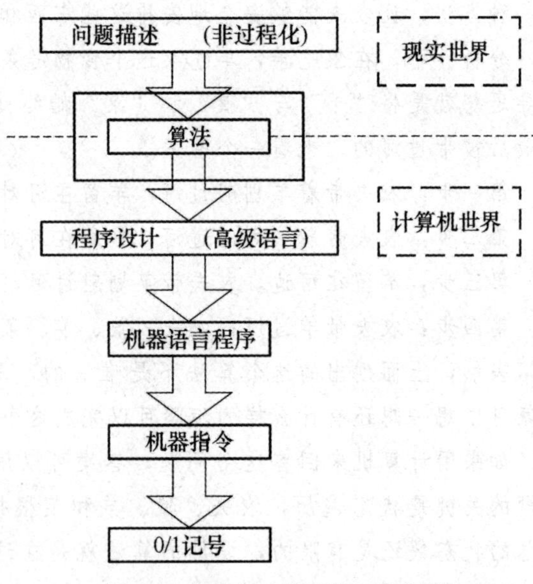

图6-1　数据加工表达的层次体系

描述，反映数据的存储方式。

6.2　算法

算法是程序设计的基础，反映解决问题的策略。在实际生活中，人们做每一件事情，都有一定的步骤，都存在着策略的问题，例如经典的烧水泡茶活动。“烧水泡茶”有五道工序：烧开水、洗茶壶、茶杯，拿茶叶、泡茶，各道工序用时表为烧开水 15 分、洗茶壶 2 分、洗茶杯 1 分、拿茶叶 1 分、泡茶 1 分。可以采取的策略如下。

策略 1：烧水；水烧开后，洗刷茶具，拿茶叶；沏茶。

策略 2：烧水；烧水过程中，洗刷茶具，拿茶叶；水烧开后沏茶。

在这两个策略下又有不同工序安排。

甲：烧开水同时，洗茶壶，洗茶杯，拿茶叶，花的时间为 16 分钟。

乙：烧开水之前，洗茶壶，洗茶杯，拿茶叶，花的时间为 20 分钟。

丙：烧开水之后，洗茶壶，洗茶杯，拿茶叶，花的时间为 20 分钟。

从这个例子，可以看到同一件事情可以采用不同的策略去完成，花费的时间也不同。而在实际生活中，人们脑海中的每一个活动，包括幻想、创造和决策，实际上都是算法的执行结果。总的来说，算法要解决的问题就是“做什么”和“怎么做”。

6.2.1　算法的定义

算法是定义一个可终止过程的一组有序的、无歧义的、可执行的步骤的集合。简单地讲，算法就是解决一个实际问题的步骤，但要求这个步骤集合是有先后序列的。算法具有以下五个特征。

(1) 输入：一个算法有 0 个或多个输入，以刻画运算对象的初始情况，所谓 0 个输入是指算法本身定出了初始条件。

(2) 确定性：算法的每一条指令都有确切的定义，没有二义性。

(3) 有穷性：一个算法必须保证执行有限步之后结束。

(4) 输出：一个算法有一个或多个输出，以反映对输入数据加工后的结果。没有输出的算法没有实际意义。

(5) 可行性：算法的每一条指令都足够基本，它们可以通过已经实现的基本运算执行有限次来实现。

针对同一个问题可以有多种不同的策略，性能自然也不同，例如泡茶和洗茶杯的例子。一般算法设计时需要考虑如下因素。

(1) 正确性：算法的执行结果应当满足预先规定的功能和性能要求。

(2) 简明性：一个算法应当思路清晰、层次分明、简单明了、易读易懂。

(3) 稳健性：当输入不合法数据时，应能作适当处理，不至引起严重后果。

(4) 高效性：有效使用存储空间和有较高的时间效率。

算法性能的好坏会影响程序的性能，对算法性能度量主要有两个指标：时间复杂

度、空间复杂度。

(1) 时间复杂度。算法的时间复杂度 $T(n)$ 定义为执行算法所需要的计算工作量。一般来说，计算机算法是问题规模 n 的函数 $f(n)$，算法的时间复杂度记作：

$$T(n)=O(f(n))$$

因此，问题的规模 n 越大，算法执行的时间的增长率与 $f(n)$ 的增长率正相关，称作渐进时间复杂度（Asymptotic Time Complexity）。

(2) 空间复杂度。算法的空间复杂度 $S(n)$，定义为该算法所耗费的存储空间，它是问题规模 n 的函数，其计算和表示方法与时间复杂度类似，一般都用复杂度的渐近性来表示。渐近空间复杂度也常简称为空间复杂度，记作：

$$S(n)=O(g(n))$$

6.2.2 算法的表示

算法是个抽象概念，可以借助不同的方法来描述算法，一般可以用自然语言、算法流程图和伪代码表示。

1. 自然语言

自然语言是指用日常用语来描述解决问题步骤的方法。用自然语言表示算法简单、方便、通俗易懂，这种方法适用于来描述简单算法的高层思想。

【例 6-1】 将 2000—2100 年中每一年是否闰年打印出来。

判断闰年的条件是：①能被 4 整除，但不能被 100 整除的年份都是闰年；②能被 4 整除又能被 400 整除的年份是闰年。如 1989 年、1900 年不是闰年，1992 年、2000 年是闰年。设 Y 为年份，算法可表示如下：

①2000=<Y。

②若 Y 不能被 4 整除，则打印 Y“不是闰年”。然后转到⑤。

③若 Y 能被 4 整除，不能被 100 整除，则打印 Y“是闰年”。

④若 Y 能被 4 整除，又能被 400 整除，则打印 Y“是闰年”。否则，打印 Y“不是闰年”。然后转到⑤。

⑤Y=Y+1。

⑥当 Y≤2100 时，转②继续执行，如 Y>2100，算法停止。

2. 算法流程图

算法流程图（Flowchart）是广泛使用的一种算法表示工具。用规定的图形符号表示要执行的各种操作步，用流线表示操作步的转移次序，从而描述出算法过程。流程图也可以用来描写程序的操作过程，所以有时也称程序流程图。GB1526 是算法流程图画法的国家标准，下面列举的是 GB1526 规定的部分图形符号形式，它们都是最常用的流程图符号。流程图基本图元素如图 6-2 所示。

图 6-2 流程图基本图元素

（1）端点：表示算法的起点和终点，即一个算法开始或者结束的地方。

（2）数据输入和输出：表示算法中的数据输入或者输出动作。用平行四边形框表示，算法执行时，等待来自输入设备的数据，或者把数据送往输出设备的操作。

（3）处理：表示各种处理功能。例如，执行一个或一组指定操作，使数据的值、形式或者位置发生变化。用矩形框表示。

（4）判断：表示逻辑判断或者“开关”类型的动作。判断操作只有一个入口，但可以有若干个供选择的出口。因此只能有一条流入的流线和判断框相连接，但可以有多条流出的流线通向其他的操作。在对判断中定义的条件进行求值之后，有一个且仅有一个出口会被选择。条件求值的结果可以在表示出口路径的流线附近写出。判断用菱形框表示。

（5）线：流线表示控制流程，即操作的转移，转移方向由箭头表示。

3. 类程序设计语言的伪代码

伪码是一种算法描述语言。结构清晰、代码简单、可读性好，并且类似自然语言。介于自然语言与编程语言之间。以编程语言的书写形式指明算法职能。伪代码并无统一标准，专业人员可以“意会”就可以了。下面是算法中可以使用的伪代码示例：

```
If 下午没有课
Then
    {
        先打篮球;
        再打排球;
};
```

使用自然语言表示算法的主要问题是冗长、语义容易模糊，很难准确地描述复杂的技术性强的算法。使用流程图表示算法可以避免自然语言的模糊缺陷，且独立与任何一种程序设计语言。伪代码是介于自然语言和计算机语言之间的文字和符号来描述算法，在描述时通常可借助某种高级语言的控制结构和语法规则，因此，能够方便地转换为一个的程序设计语言。

4. 算法的基本结构

当算法越来越复杂、越来越庞大的时候，人们开始关注算法表示的规范化问题。只需要定义有限的几种流程结构，就足以构造出任何一个算法，称之为结构化的算法设计方法。结构化的算法设计中一般有三种基本结构：顺序结构、分支结构、循环结构。

顺序结构表示，操作步骤按时间顺序依次执行。分支结构，也称选择结构，表示在算法过程的“某一点”上，后续的动作存在多种选择。从算法结构形式的角度看，呈现多条分支的操作流程。从算法执行的角度看，必须依据一个判断条件的结果取值，选择执行其中的一个操作。算法的一次执行中只能选择一条操作路径，不可能执行不同路径上的操作。循环结构，又称为重复结构。在这种流程结构里，一组操作反复地执行若干次。重复地执行的操作称为循环体，通过循环控制条件的设定来控制循环体的重复执行次数。

下面通过一个具体的例子来理解算法的三种基本结构。

【例 6-2】求一元二次方程 $Ax^2+Bx+C=0$ 的根。

这个算法的表示是结构化的。算法的整体是个顺序结构，首先输入方程的三个系数，再用求根公式。顺序结构里嵌套了一个二路分支结构，表示求根的两种不同处理情况。在分支结构其中的一条路径上，又嵌套了一个顺序结构，表示求出方程两个实根时应该顺序执行的一系列操作，如图 6-3 所示。

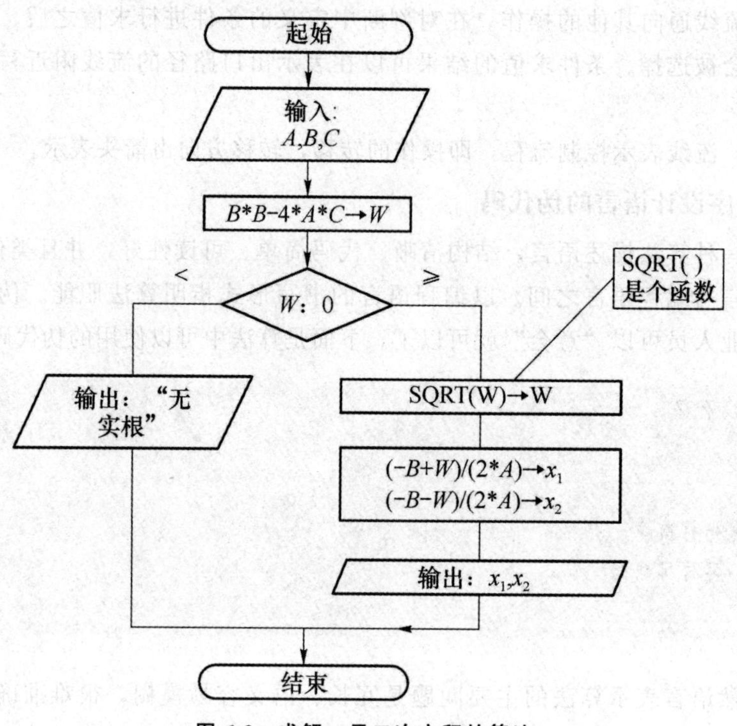

图 6-3 求解一元二次方程的算法

6.2.3 基本的算法

本节介绍计算机科学中最常用的几种算法：查找、排序、递归、迭代算法。通过学习这几类算法，可理解算法设计的具体内容和核心思想。

1. 排序算法

排序是数据处理中经常使用的一种重要运算，在计算机及其应用系统中，花费在排序上的时间在系统运行时间中占有很大比重；并且排序本身对推动算法分析的发展也起很大作用。

所谓排序，就是要整理文件中的记录，使之按关键字递增（或递减）次序排列起来。其确切定义如下。

输入：n 个记录 R_1，R_2，…，R_n，其相应的关键字分别为 K_1，K_2，…，K_n。

输出：R_{i1}，R_{i2}，…，R_{in}，使得 $K_{i1}\leqslant K_{i2}\leqslant\leqslant K_{in}$。（或 $K_{i1}\geqslant K_{i2}\geqslant\geqslant K_{in}$）。

目前已有上百种排序方法，但尚未有一个最尽如人意的方法，本节介绍常用的几种经典的排序算法：插入排序、选择排序、交换排序。

（1）插入排序

插入排序（Insertion Sort）的基本思想是：每次将一个待排序的记录，按其关键字大小插入到前面已经排好序的子文件中的适当位置，直到全部记录插入完成为止。直接插入排序就是典型的插入排序算法之一。

直接插入排序（Straight Insertion Sorting）的基本思想是：假设待排序的记录存放在数组 R［1…n］中，把 n 个待排序的元素看成为一个有序表和一个无序表。

①初始状态：无序区为 R［$2n$］，有序区 R［1］。

②从 $i=2$ 起直至 $i=n$ 为止，依次将 R［i］插入当前的有序区 R［1…$i-1$］中。

③这样，n 个记录的文件经过 $n-1$ 趟直接插入排序生成含 n 个记录的有序区，得到有序结果。

插入排序与打扑克时整理手上的牌非常类似。摸来的第 1 张牌无须整理，此后每次从桌上的牌（无序区）中摸最上面的 1 张并插入左手的牌（有序区）中正确的位置上。为了找到这个正确的位置，须自左向右（或自右向左）将摸来的牌与左手中已有的牌逐一比较。

【例 6-3】用插入排序方法处理［12，15，9，20，6，31，24］的顺序。直接插入排序法的结果如图 6-4 所示。

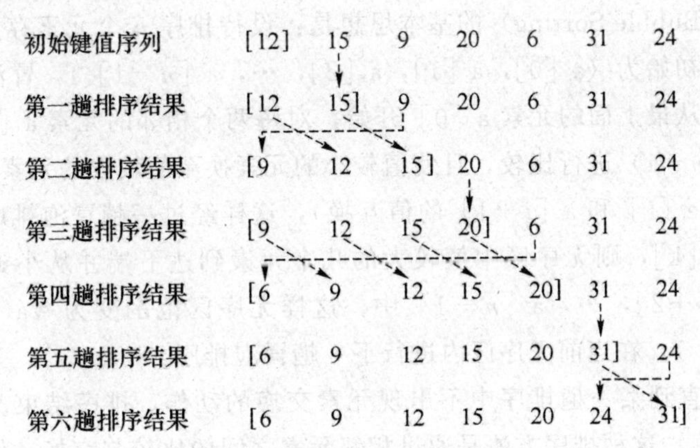

图 6-4　直接插入排序方法示例

（2）选择排序

选择排序（Selection Sort）的基本思想是：每一趟从待排序的记录中选出关键字最小的记录，顺序放在已排好序的子文件的最后，直到全部记录排序完毕。直接选择排序算法是典型的选择排序算法之一。

直接选择排序（Straight Select Sort）的基本思想是：n 个记录的文件的直接选择排序可经过 $n-1$ 趟直接选择排序得到有序结果。

①初始状态：无序区为 R［1…n］，有序区为空。

②第 1 趟排序：在无序区 R［1…n］中选出关键字最小的记录 R［k］，将它与无序区的第 1 个记录 R［1］交换，使 R［1…i］和 R［2…n］分别变为记录个数增加 1

个的新有序区和记录个数减少 1 个的新无序区。

③第 i 趟排序：第 i 趟排序开始时，当前有序区和无序区分别为 R［1…$i-1$］和 R［i…n］（$1 \leqslant i \leqslant n-1$）。该趟排序从当前无序区中选出关键字最小的记录 R［k］，将它与无序区的第 1 个记录 R［i］交换，使 R［1…i］和 R［$i+1$…n］分别变为记录个数增加 1 个的新有序区和记录个数减少 1 个的新无序区。

④这样，n 个记录的文件的直接选择排序可经过 $n-1$ 趟直接选择排序得到有序结果。

【例 6-4】用选择排序方法处理［38，20，46，74，91，12，25］。结果如图 6-5 所示。

初始键值序列	38	20	46	74	91	12	25
第1趟排序结果	12	20	46	74	91	38	25
第2趟排序结果	12	20	46	74	91	38	25
第3趟排序结果	12	20	25	74	91	38	46
第4趟排序结果	12	20	25	38	91	74	46
第5趟排序结果	15	20	25	38	46	74	91
第6趟排序结果	12	20	25	38	46	72	91

图 6-5 选择排序方法示例

（3）交换排序

交换排序（Swap Sort）的基本思想是：两两比较待排序记录的关键字，发现两个记录的次序相反时即进行交换，直到没有反序的记录为止。冒泡排序是典型的交换排序算法。

冒泡排序（Bubble Sorting）的基本思想是：设待排序 n 个元素存放在数组 a［n］中，无序区范围初始为（a［0］，a［1］，a［2］，…，a［$n-1$］），冒泡排序方法是在当前无序区内，从最上面的元素 a［0］开始，对每两个相邻的元素 a［$i+1$］和 a［i］（$i=0$，1，…，$n-1$）进行比较，且使值较小的元素换至值较大的元素之上（若 a［i］>a［$i+1$］，则 a［i］和 a［$i+1$］的值互换），这样经过一趟冒泡排序后，假设最后下移的元素为 a［k］，则无序区中值较大的几个元素到达下端并从小到大依次存放在 a［$k+1$］，a［$k+2$］，…，a［$n-1$］中，这样无序区范围变为（a［0］，a［1］，a［2］，…，a［k］）。在当前无序区内进行下一趟冒泡排序。

这个过程一直到某一趟排序中不出现元素交换的动作，排序结束。整个排序过程最多执行 $n-1$ 遍。这种排序方法是通过相邻元素之间的比较与交换，使值较小的元素逐渐从后部移向前部（从下标较大的单元移向下标较小的单元），就像水底下的气泡一样逐渐向上冒。故称为冒泡排序法。

【例 6-5】用冒泡排序方法处理［6，8，5，7，4］。结果如图 6-6 所示。

①	【6 8 5 7 4】	②	【4】6 8 5 7】
	【6 8 5 4 7】		【4】6 5 8 7】
	【6 8 4 5 7】		【4 5】6 8 7】
	【6 4 8 5 7】	③	【4 5】6 8 7】
	【4】6 8 5 7】		【4 5 6】7 8】
		④	【4 5 6 7】8】

图 6-6 冒泡排序方法示例

2. 查找算法

查找，也称为检索，在实际生活中使用频率很高，几乎涉及每一个计算机程序。查找（Searching）的定义是：给定一个值 K，在含有 n 个结点的表中找出关键字等于给定值 K 的结点。若找到，则查找成功，返回该结点的信息或该结点在表中的位置；否则查找失败，返回相关的指示信息。查找算法一般有顺序查找和折半查找等。

顺序查找的基本思是：从表的一端开始，顺序扫描线性表，依次将扫描到的结点关键字和给定值 K 相比较。若当前扫描到的结点关键字与 K 相等，则查找成功；若扫描结束后，仍未找到关键字等于 K 的结点，则查找失败。

【例 6-6】 在序列［32，15，40，7，90，75，10，20，66，80］中查找元素 75。顺序查找的结果如图 6-7 所示。

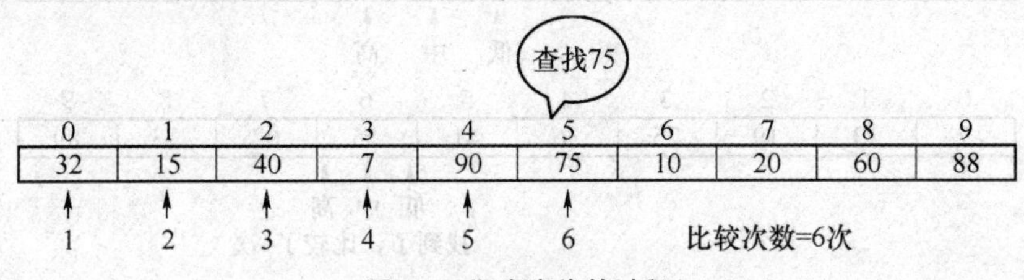

图 6-7　顺序查找的过程

择半查找的基本思想是：假设表中元素是按升序排列，将表中间位置记录的关键字与查找关键字比较，如果两者相等，则查找成功；否则利用中间位置记录将表分成前、后两个子表，如果中间位置记录的关键字大于查找关键字，则进一步查找前一子表，否则进一步查找后一子表。重复以上过程，直到找到满足条件的记录，使查找成功，或直到子表不存在为止，此时查找不成功。

【例 6-7】 在有序序列［7，13，19，25，36，41，55，62，73，89］中查找元素 55，折半查找的过程如图 6-8 所示。

【典型查找算法问题】水壶问题。

假设给定了 n 个红色的水壶和 n 个蓝色的水壶，它们的形状和尺寸都不相同。所有红色水壶中所盛水的量都不一样，蓝色水壶也是一样。此外，对于每一个红色的水壶，都有一个对应的蓝色水壶，两者所盛的水量是一样的。反之亦然，将所盛水量一样的红色水壶和蓝色水壶找出来。为了达到这一目的，可以执行如下操作：挑选出一对水壶，其中一个是红色的，另一个是蓝色的；将红色水壶中倒满水；再将水倒入蓝色的水壶中。通过这个操作，可以判断出来这两只水壶的容量哪一个大，或者是一样大。找出效率较高的算法。

3. 递归算法

一个函数、概念或数学结构，如果在其定义或说明内部直接或间接地出现对其本身的引用，或者是为了描述问题的某一状态，必须要用至它的上一状态，而描述上一状态，又必须用到它的上一状态，这种用自己来定义自己的方法，称之为递归或递归定义。递归算法是一种直接或者间接地调用自身的算法，一般通过函数或子过程来实现。递归分为直接递归、间接递归两种。直接递归，比如方法 A 内部调用方法 A 自

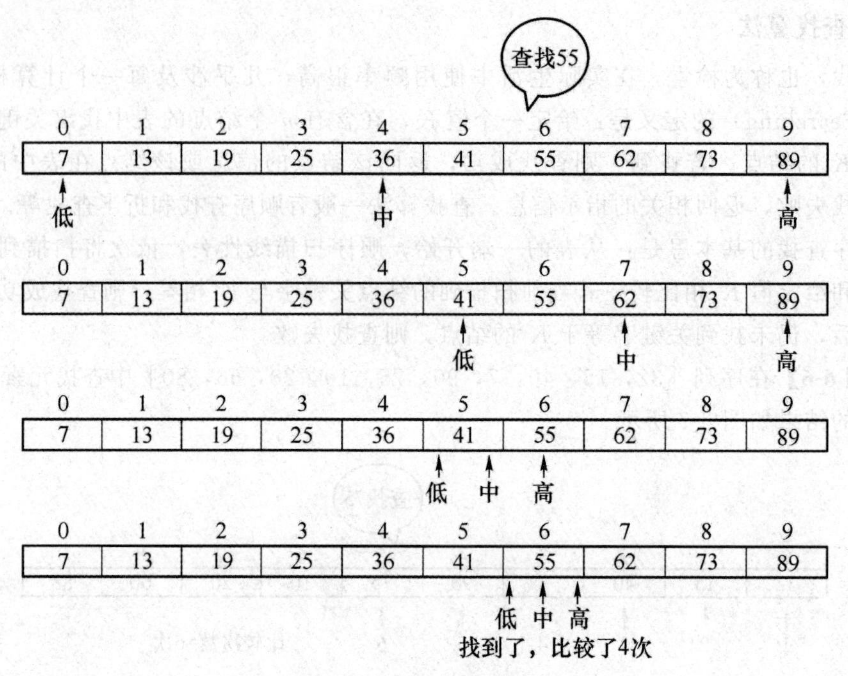

图 6-8 折半查找的过程

身。间接递归，比如方法 A 内部调用方法 B，方法 B 内部调用方法 C，方法 C 内部调用方法 A。

递归算法解决问题的特点如下。

（1）递归就是在过程或函数里调用自身。

（2）在使用递归策略时，必须有一个明确的递归结束条件，称为递归出口。

（3）递归算法解题通常显得很简洁，但递归算法解题的运行效率较低。所以一般不提倡用递归算法设计程序。

（4）在递归调用的过程当中系统为每一层的返回点、局部量等开辟了栈来存储。递归次数过多容易造成栈溢出等。所以一般不提倡用递归算法设计程序。

【典型递归算法问题】经典的八皇后问题，即在一个 8＊8 的棋盘上放 8 个皇后，使得这 8 个皇后无法互相攻击（任意 2 个皇后不能处于同一行，同一列或是对角线上），输出所有可能的摆放情况。

4. 迭代算法

迭代是数值分析中通过从一个初始估计出发寻找一系列近似解来解决问题（一般是解方程或者方程组）的过程，为实现这一过程所使用的方法统称为迭代法。迭代法也称辗转法，是一种不断用变量的旧值递推新值的过程。迭代算法是用计算机解决问题的一种基本方法，跟迭代法相对应的是直接法，即一次性解决问题。迭代法又分为精确迭代和近似迭代。它利用计算机运算速度快、适合做重复性操作的特点，让计算机对一组指令（或一定步骤）进行重复执行，在每次执行这组指令（或这些步骤）时，都从变量的原值推出它的一个新值。

利用迭代算法解决问题，需要做好以下三个方面的工作。

(1) 确定迭代变量。在可以用迭代算法解决的问题中，至少存在一个直接或间接地不断由旧值递推出新值的变量，这个变量就是迭代变量。

(2) 建立迭代关系式。它指如何从变量的前一个值推出其下一个值的公式（或关系）。迭代关系式的建立是解决迭代问题的关键，通常可以顺推或倒推的方法来完成。

(3) 对迭代过程进行控制。迭代过程的控制通常可分为两种情况：一种是所需的迭代次数是个确定的值，可以计算出来；另一种是所需的迭代次数无法确定。对于前一种情况，可以构建一个固定次数的循环来实现对迭代过程的控制；对于后一种情况，需要进一步分析出用来结束迭代过程的条件。

【典型迭代算法问题】一个饲养场引进一只刚出生的新品种兔子，这种兔子从出生的下一个月开始，每月新生一只兔子，新生的兔子也如此繁殖。如果所有的兔子都不死去，问到第12个月时，该饲养场共有兔子多少只？

6.3　数据结构

程序是算法加数据结构，算法的设计取决于数据的逻辑结构，算法的实现取决于数据的物理存储结构。数据结构讨论描述现实世界实体的数学模型及其上的操作在计算机中的表示和实现。

6.3.1　数据结构的基本概念

数据结构反映的是对数据的描述、数据的存储结构，它是由数据元素依据某种逻辑联系组织起来的，对数据元素间逻辑关系的描述称为数据的逻辑结构，描述了数据元素之间概念性的、抽象化的关联构造，是对要处理的现实世界事物对象的本质刻画。数据结构主要研究三个方面的内容，分别为：数据的逻辑结构、数据的物理存储结构、对数据的操作（或算法）。

1. 数据的逻辑结构

数据元素依据某种逻辑联系组织起来的，对数据元素间逻辑关系的描述被称为数据的逻辑结构。数据的逻辑结构是面向应用问题的，是从用户角度看到的数据结构。数据结构通常采用二元组来表示：

$$DS=(D, R)$$

其中，D 是数据元素的有限集合，R 是 D 上关系的有限集合之间关系，根据数据结构中数据元素不同的特征，可划分出四种基本的逻辑结构。

(1) 集合结构：在集合中，各数据元素间的关系是“属于同一个集合”。集合是元素关系极为松散的一种结构，各元素间没有直接的关联。需要借助其他结构才能在计算机中实现表示。

(2) 线性结构：该结构的数据元素之间存在着一对一的关系。是数据元素的有序序列。

(3) 树形结构：该结构的数据元素之间存在着一对多的关系。

(4) 图形结构：该结构的数据元素之间存在着多对多的关系，图形结构也称作网状结构。

这四种基本结构还可以进一步分成两类：线性结构和非线性结构。除了线性结构以外的集合结构，即树形、图形和几何都归入非线性结构一类。图 6-9 所示为 4 种基本结构关系的示意图。

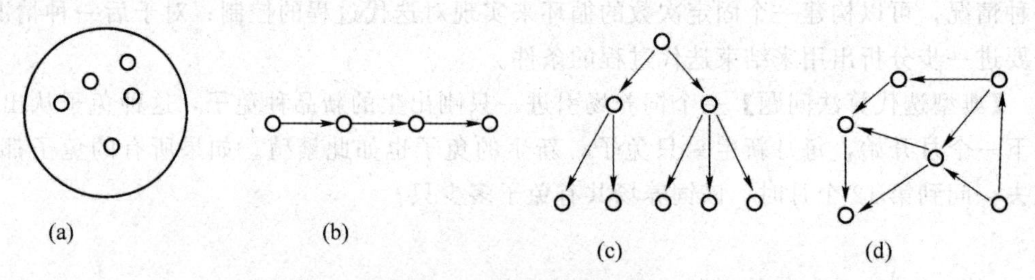

图 6-9　4 种基本的结构关系

(a) 集合结构；(b) 线性结构；(c) 树形结构；(d) 图形结构

2. 数据的物理结构

数据的物理结构是数据在计算机内的表示形式，是逻辑结构的存储映像，它是面向计算机的。对于一个数据结构，找到一种有效的存储表示方法，使它适于计算机表示是十分重要的。顺序和链式是两种基本的物理结构在内存中的存储表示方法。

顺序存储方法是把逻辑上相邻的元素存储在物理位置相邻的存储单元中，由此得到的存储表示成为顺序存储结构。顺序存储法需要一块连续的存储空间，利用物理存储空间位置的自然相关性来表示数据元素的逻辑关系，通常借助程序设计中的数组来实现。例如，由 4 个元素组成的线性数据结构（a_0，a_1，a_2，a_3），存储在某个连续的存储区内，设存储区的起始地址是 1001，假定每个元素占两个存储单元，则其顺序存储表示如图 6-10（a）所示。

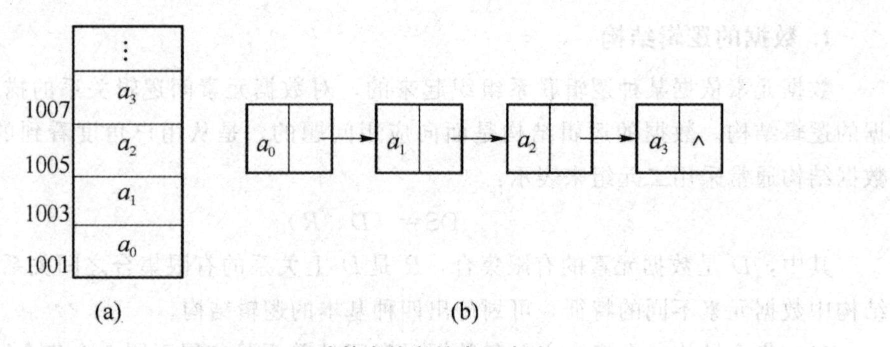

图 6-10　两种基本的存储表示方法

(a) 顺序存储结构；(b) 链式存储结构

链式存储方法是对逻辑上相邻的元素不要求其物理位置相邻，元素间的逻辑关系通过指针字段来表示，由此得到的存储表示称为链式存储结构，通常借助程序设计语言的指针类型来实现。在链式存储表示下，计算机内存放一个数据元素，除了需要存放元素本身的信息之外，还需要存放与该元素相关的其他元素的地址信息。线性数据结构（a_0，a_1，a_2，a_3）的链式存储表示如图 6-10（b）所示。

同一逻辑结构采用不同的存储方法，可以得到不同的存储结构。选择何种存储结构来表示相应的逻辑结构，要看具体要求而定，主要考虑运算方便和算法的时间和空间要求。

3. 数据的操作

逻辑结构和存储结构都相同，但操作不同，则数据结构不同。数据结构常见的操作有以下几种。

（1）创建：创建一个空的数据结构。

（2）清除：删除数据结构中的所有数据元素。

（3）插入：在数据结构指定的位置上插入一个新的数据元素。

（4）删除：将数据结构中的某个数据元素删除。

（5）搜索：在数据结构中搜索满足特定条件的数据元素。

（6）更新：修改数据结构中的某个数据元素的值。

（7）访问：访问数据结构中的某个数据元素。

（8）遍历：按照某种次序访问数据结构中的每一个数据元素，使每个数据元素恰好被访问一遍。

6.3.2　线性结构

线性结构是最基本的、最常用的数据结构。线性结构用于描述数据元素之间一对一的关系，其主要的特点是结构中的元素之间满足线性关系，即按这种关系可以把所有元素排成一个线性序列。线性表、栈、队列、数组、字符串都属于线性结构。

线性结构满足以下几个条件。

（1）存在唯一的“第一个”数据元素。

（2）存在唯一的“最后一个”数据元素。

（3）除第一个元素外，集合中的每一个数据元素都有且仅有一个前驱。

（4）除最后一个元素外，集合中的每一个数据元素有且仅有一个后继。

1. 线性表

线性表是一种线性数据结构，逻辑结构简单，便于实现和操作，应用于信息检索、存储管理、通信等领域。线性表可以使用顺序存储结构和链式存储结构两种不同的存储结构来实现。

线性表（list）是 n（$n \geqslant 0$）个具有相同内部构造结点组成的有限序列，形如（a_1，a_2，a_3，…，a_n）。其中 n 是线性表中元素的个数，称为线性表的长度；$n=0$ 时称为空表。线性表的定义有以下要点。

（1）序列——顺序性：元素具有线性顺序，第一个元素无前驱，最后一个元素无后继，其他每个元素有且仅有一个前驱和一个后继。

（2）有限——有限性：元素个数有限，在计算机中处理的对象都是有限的。

（3）相同类型——相同性：元素取自于同一个数据对象，这意味着每个元素占用相同数量的存储单元。

（4）元素类型不确定——抽象性：数据元素的类型是抽象的、不具体的，需要根据具体问题确定。

线性表中数据元素的相对位置是确定的，如果把一个线性表中的数据元素的位置做改动，那么变动后的线性表与原来的线性表是两个不同的线性表。但是线性表中的数据元素要求具有相同类型，它的数据类型可以根据具体情况而定，它可以是一个数、一个字符或一个字符串，也可以由若干个数据项组成。例如，字母表、学生成绩表、货物清单、图书目录、职工花名册等。在线性表上可以执行检索操作、修改操作，也可以在表中任何位置上执行插入和删除元素的。

（1）线性表的顺序存储

线性表的顺序存储结构称为顺序表，是用一组地址连续的存储单元依次存储线性表中的元素，逻辑上相邻的元素在物理（存储空间）上也相邻。

线性表的顺序存储结构具有两个基本特点。

①线性表中所有元素所占的存储空间是连续的。。

②线性表中各数据元素在存储空间中是按逻辑顺序依次存放的

如 n 个元素的线性表可以记为：L＝（a_1，a_2，…，a_n）。如图 6-11 所示。

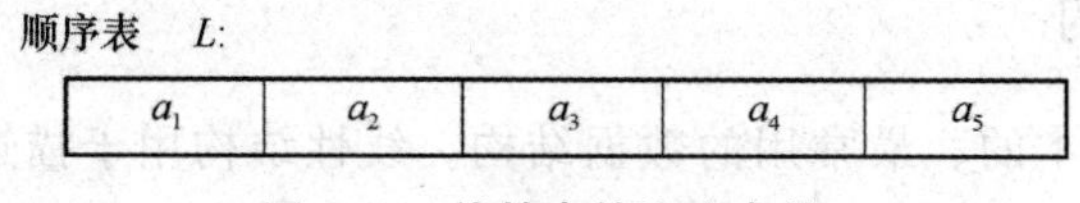

图 6-11 线性表的顺序存储

顺序表可以随机存取表中的元素，但插入和删除时效率较低，时间主要消耗在移动元素上移动元素的个数取决于插入或删除元素的位置。顺序表的插入前后的元素位置变化如图 6-12 所示。

顺序表 L:

a_1	…	a_{i-1}	a_i	…	a_n	
0		i-2	i-1	n-1	n	

插入前

a_1	…	a_{i-1}	e	a_i	…	a_n
0		i-2	i-1	i		n+1

插入后

图 6-12 顺序表的插入

插入操作要点：顺序存储要求逻辑上相邻的元素存储在数组中相邻的单元；注意元素移动的方向——后移一个单元。从最后一个元素开始移动，直至第 i 个元素。分析边界

条件，如果表满了，则引发上溢异常。如果元素的插入位置不合理，则引发位置异常。

(2) 线性表的链式存储

线性表的链式存储结构，也称为链表。链式存储采用结点来表示数据元素，一个结点由数据域和指针域两个部分构成。

其存储方式是：在内存中利用存储单元（可以不连续）来存放元素值及它在内存的地址，各个元素的存放顺序及位置都可以以任意顺序进行，原来逻辑相邻的元素存放到计算机内存后不一定相邻，从一个元素找下一个元素必须通过地址（指针）才能实现。故不能像顺序表一样可随机访问，而只能按顺序访问。常用的链表有单链表、循环链表和双向链表、多重链表等。以单链表和双链表的插入和删除为例。

在单链表中插入和删除一个元素只需要修改一两个指针即可完成，不需要移动元素。在单链表中插入一个元素如图 6-13 所示。

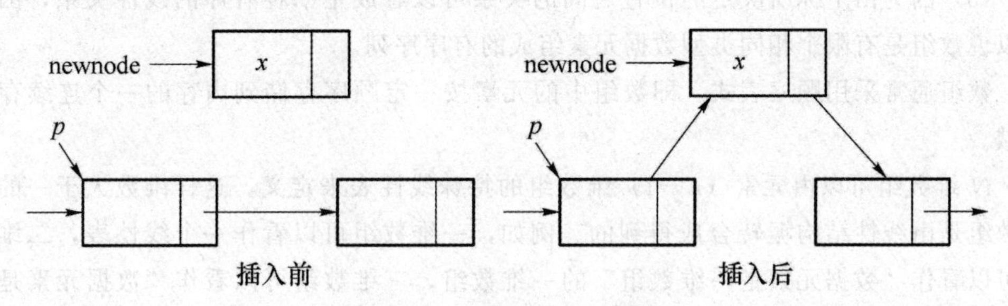

图 6-13 单链表的插入操作

在单链表中删除一个元素如图 6-14 所示。

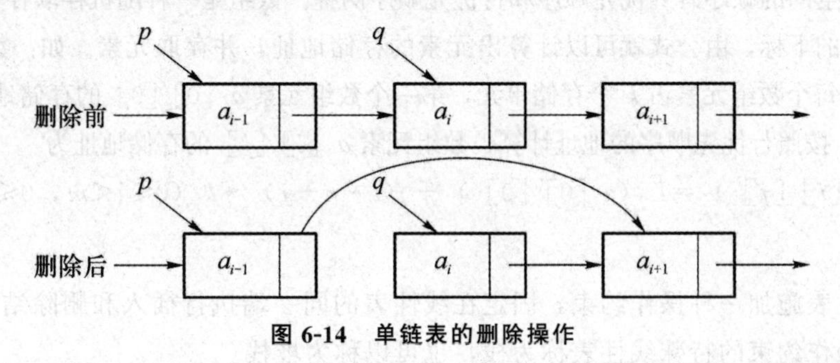

图 6-14 单链表的删除操作

双链表克服了单链表中逆向访问元素困难的缺点，每个结点都有数据域、前驱指针、后继指针，使得插入和删除操作变得非常简单。在双链表中插入一个元素如图 6-15 所示。

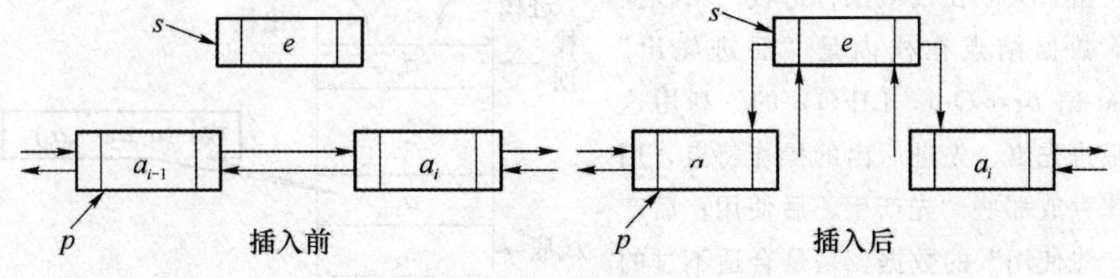

图 6-15 双联表的插入操作

2. 数组

数组是一种常用的数据结构，是线性表的推广。大多数的程序设计语言都提供数组来描述数据，数据结构的顺序存储结构多是以数组形式来描述的。

数组是由下标与值组成的数偶的有序集合，即它的每一个元素是由一个值与一组下标所确定。预先确定数据结点的最大数目，定义后不能再加改变，在数组上不能做插入、删除数据元素的操作。数组具有以下特征。

（1）对于每组有定义的下标总有一个相应的数值与之对应，并且这些值都是同一类型的。

（2）下标决定了元素的位置，数组中各元素之间的关系由下标体现出来，下标的个数决定了数组的维数。

（3）因为由下标所决定的位置之间的关系可以看成是一种有序的线性关系，因此可以说数组是有限个相同类型数据元素组成的有序序列。

数组通常采用顺序表式，即数组中的元素按一定顺序存储到内存的一个连续存储区域。

N 维数组可以由元素（$n-1$）维数组的特殊线性表来定义，这样维数大于一的多维数组是由线性结构辗转合成得到的。例如，一维数组可以看作一个线性表，二维数组可以看作“数据元素是一维数组”的一维数组，三维数组可以看作“数据元素是二维数组”的一维数组，以此类推。

一个一维数组 $a[n]$ 可以直接映射到一维的存储空间，二维数组 $a[m][n]$ 映射到一维的存储空间的顺序有列优先顺序和行优先顺序两种。数组是一种随机存取存储结构，即给定有定义的下标，由公式就可以计算出元素的存储地址，并存取元素。如：数组 $a[m][n]$）已知每个数组元素占 k 个存储单元，第一个数组元素 $a[0][0]$ 的存储地址是 L（$a[0][0]$），按照行优先顺序的地址计算，数组元素 $a[i][j]$ 的存储地址为

$$L(\mathrm{a}[i][j])=L(\mathrm{a}[0][0])+(i*n+j)*k\ (0\leqslant \mathrm{i}<m,\ 0\leqslant j<n)$$

3. 栈

对线性表施加一种操作约束，固定在线性表的同一端执行插入和删除结点的操作。满足这种操作约束的特殊线性表称为栈，也可以称为堆栈。

执行插入、删除结点操作的一端称为栈顶，另一端称为栈底。从栈顶删除一个结点称为出栈（Pop），把一个结点插入栈顶、成为新的栈顶结点的操作称为进栈（Push）。

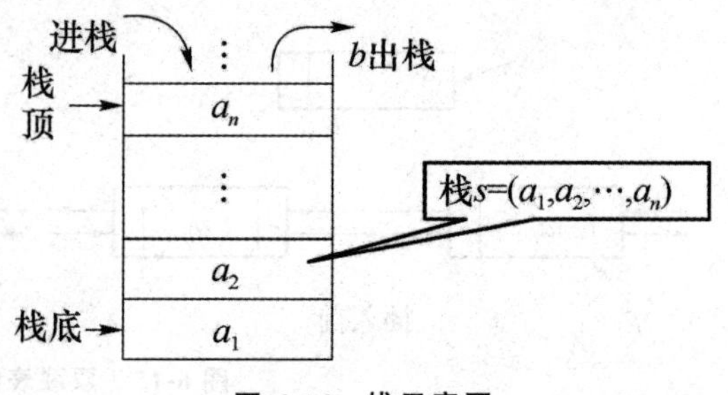

图 6-16　栈示意图

由于只能在栈顶执行进栈、出栈操作，数据结点在栈内是“后进先出”（last-In first-Out，LIFO）的。利用这种后进先出、先进后出的操作特点，用栈来存放那些“先产生、后使用；后产生、先使用”的数据，是最合适不过的了。元素 a_1，a_2，⋯，a_n 在栈中的进

栈顺序是 a_1，a_2，…，a_n，出栈顺序是 a_n，a_{n-1}，…，a_1，如图 6-16 所示。

栈的基本运算包含进栈（Push），出栈（Pop），读取栈顶元素（Readtop），初始化空栈（Setnull），判断一个栈是否为空（Empty），判断一个栈是否满（Full）等。

与线性表类似，栈的存储有顺序存储和链式存储两种。

【例 6-8】 设等待入栈的数据是 a、b、c、d，依次执行操作 Push、Push、Pop、Push、Pop、Push、Pop、Pop，列出数据输出序列。

从图 6-17 可见，数据输出序列为：b、c、d、a。注意，执行出栈操作并不需要把栈顶结点从栈空间"搬走"，只涉及栈顶指针的改变。因为入栈、出栈的操作都和栈顶指针的当前位置关联。

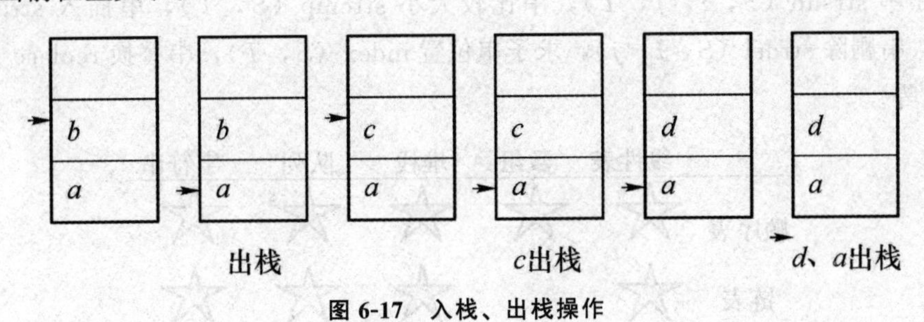

图 6-17　入栈、出栈操作

4. 队列

对线性表施加一种操作约束：在线性表固定的一端执行插入结点操作，在另一端执行删除结点的操作。满足这种操作约束的特殊线性表称为队，也可以翻译为队列。队列具有如下特征。

(1) 允许删除的一端称为队头（Front）。

(2) 允许插入的一端称为队尾（Rear）。

(3) 当队列中没有元素时称为空队列。

(4) 队列亦称作先进先出（First In First Out，FIFO）的线性表。

利用这种操作特点，用队来存储"先产生、先使用；后产生、后使用"的数据是最合适的，如图 6-18 所示。

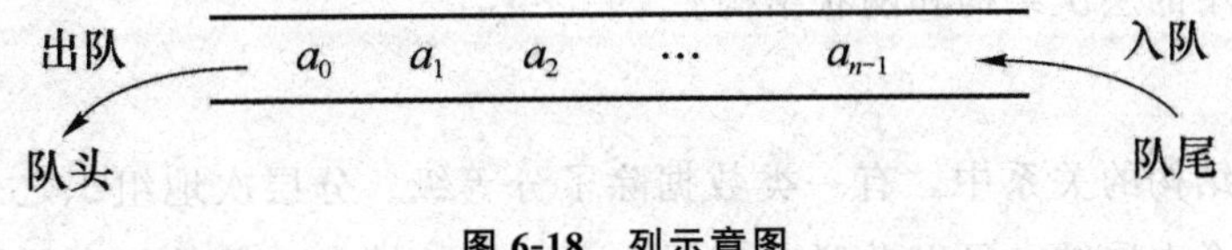

图 6-18　列示意图

队列的基本运算包含入队（Push），出队（Pop），初始化空队（Set null），判断一个队是否为空（Empty），判断一个队是否满（Full）等。

与线性表类似，队列的存储有顺序存储和链式存储两种。

队列的应用非常广泛，凡是需要保留待处理的数据，并且符合先进先出原则的，都可以使用队列结构，如层次访问树，操作系统中的作业调度、I/O 管理等。

5. 字符串

字符串是由零个或多个字符组成的有限序列，记作 $s=$ “a_1，a_2，…，a_n”，其中 s 为串的名字，用成对的双引号括起来的字符序列为串的值，但两边的双引号不算串值，不包含在串中。a_i（$1\leqslant i\leqslant n$）可以是字母、数字或其他字符。（取决于程序设计语言所使用的字符集），n 为串中字符的个数，称为串的长度。一个字符也没有的串称为空串，它的长度为零。串里面的若干个连续字符称为子串。

和其他线性表一样，可以用数组或链表来实现一个串。

串的基本运算包含串复制 strcpy（S，T），联接 strcat（S，T），求串长度 strlen（T），子串 strsub（S，i，j，T），串比较大小 strcmp（S，T），串插入 strins（S，i，T），串删除 strdel（S，i，j），求子串位置 index（S，T），串替换 replace（S，i，j，T）等。

图 6-19　线性表的结构对应关系

上面介绍了 5 种常见的线性结构，图 6-19 总结了上述 5 种线性结构逻辑结构和物理结构的对应关系。

6.3.3　非线性结构

现实世界里，不是所有的数据对象都能够用线性结构来刻画的。有非常多的数据集合不是顺序的构造关系，例如，公司的组织结构，磁盘中的文件存放在一个“目录树”里，各类交通网，人员社会关系网等，采用非线性结构来描述会更加清楚和方便。所谓非线性结构，是指该数据结构中至少存在一个数据元素，有两个或两个以上的直接前驱（或直接后继）元素。树形和图形结构就是非常典型的非线性结构，可以用来描述客观世界中的层次结构和网状结构。

1. 树

在非线性结构的关系中，有一类数据除了分等级、分层次地组织之外，还要满足一个条件：每个上层结点可以关联着若干个下一层的结点，但是每个下层结点只能和一个上一层结点相关联。为了组织层次结构，可以采用树形数据结构。下面介绍几种不同特征的树形数据结构。

树是包含 n（$n>0$）个结点的有穷集合 K，且在 K 中定义了一个关系 N，N 满足以下条件。

（1）有且仅有一个结点 k_0，它对于关系 N 来说没有前驱，称 k_0 为树的根结点，简称为根。

(2) 除 k_0 外，K 中的每个结点 k_0，对关系 N 来说有且仅有一个前驱。

(3) K 中各结点，对关系 N 来说可以有 m（$m \geqslant 0$）个后继。

若 n>1，除根结点之外的奇遇数据元素被分为 m（$m>0$）个互不相交的集合

T_1，T_2，…，T_m 其中每一个集合 T_i（$1 \leqslant i \leqslant m$）本身也是一棵树。树 T_1，T_2，…，T_m 称作根结点的子树。

图 6-20 表示了一棵有 8 个结点的树结构。结点 A 是根，余下的 7 个结点成三个不相交的子集；每个子集本身又是一棵树，根结点 A 的子树；B、S、D 分别是三棵子树的根结点。当然，每棵子树里又可以有它的子树，直到某一层的子树只有根结点和空子树为止。像树这种类型的结构称为递归结构。简单地说，就是"树里有树"，用树来定义树。

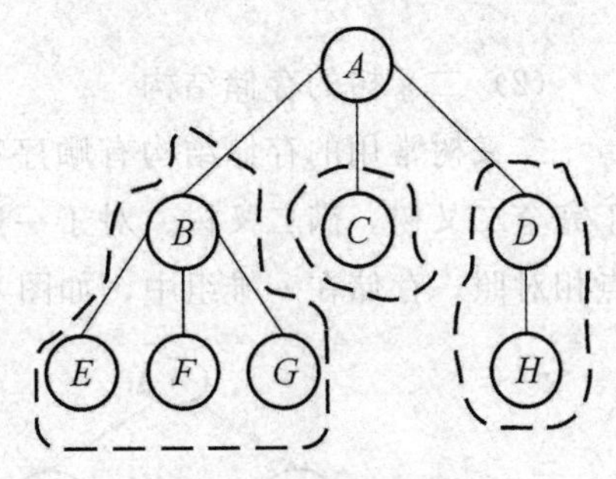

图 6-20　树结构示例

更直观地认识树结构：只能存在一个根结点，根可以有若干个小孩结点；每个小孩又可以有它的小孩；没有小孩的结点称为叶子；一个结点是它的所有小孩的双亲，它的所有小孩都是兄弟，但是兄弟之间不存在直接联系；因此除了根之外，每个树结点有且只有一个双亲结点。根结点可以有小孩，但不会有双亲。

2. 二叉树

二叉树是非常重要的树形结构。很多从实际问题中抽象出来的数据是二叉树形的，而且许多算法如果采用二叉树形式解决会非常方便和高效。此外，一般树或森林都可以通过简单的转换得到与之相应的二叉树，从而为一般树和森林的存储和处理提供了有效方法。

二叉树是一类与树不同的数据结构。它们的区别如下。

①二叉树可以是空集；这种二叉树称为空二叉树。

②二叉树的任一结点都有两棵子树（它们中的任何一个可以是空子树），并且这两棵子树之间有次序关系，也就是说它们的位置不能交换。

(1) 二叉树的逻辑结构

二叉树是结点的有限集合，该集合或者为空集，或者是由一个根和两棵互不相交的、称为该树的左子树和右子树的二叉树组成。

二叉树里，每个结点可以有 0 棵、1 棵、最多 2 棵子树；但是这些子树是

习惯形象地称之为左子树和右子树。二叉树和树一样，属于树形数据结构，但是二叉树有次序绝对不是树的特例。因为树的子树是不分次序的。

图 6-21 表示了两个树型结构。如果它们代表树，是完全相同的两棵树，根结点 A 有两个小孩 B 和 C。如果它们代表二叉树，是完全不相同的两棵二叉树。

在一棵里面，B 是 A 的左小孩；另一棵里，B 是 A 的右小孩。

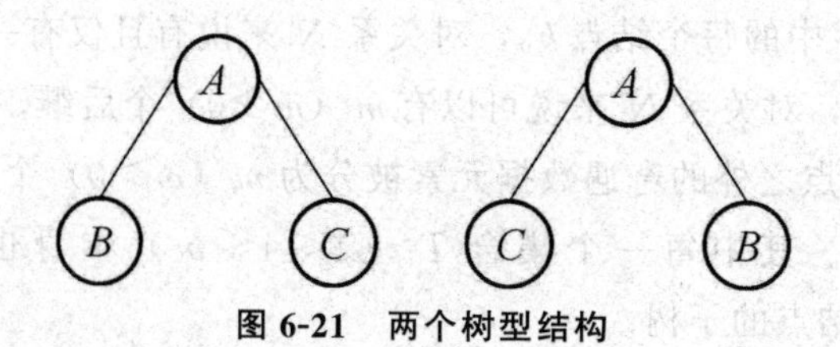

图 6-21　两个树型结构

（2）二叉树的存储结构

二叉树常用的存储结构有顺序存储结构和链式存储结构两种。顺序存储结构适用于完全二叉树，满二叉树。对于一般的二叉树，将其每一个结点与完全二叉树上的结点相对照，存储在一维组中，如图 6-22 所示。

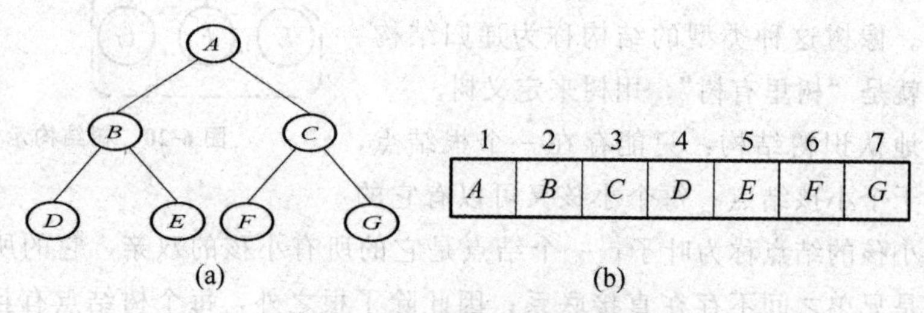

图 6-22　二叉树与顺序存储结构

（a）一棵满二叉树；（b）用数组存放图的满二叉树

在链式存储结构中，用于存储二叉树中的各元素的存储结点由两部分组成：数据域和指针域。在二叉树中，每个结点都有两个子结点，因此用于存储二叉树的存储结构的指针域也有两个，一个用于指向该结点的左子结点，称为左指针域，另一个用于指向该结点的右子结点，称为右指针域。对二叉树任何一个结点的操作，都要依靠根指针的指引，从访问根结点开始。图 6-22（a）的二叉树，其链表存储结构如图 6-23 所示。

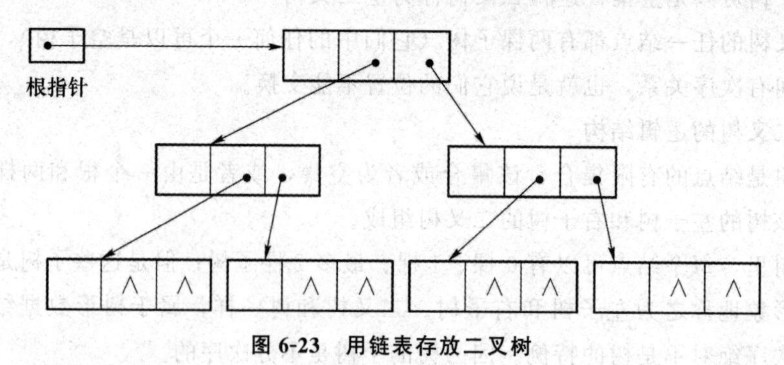

图 6-23　用链表存放二叉树

（3）二叉树的遍历

二叉树的遍历是指沿着某条搜素路线，依次对树中的每一个结点做一次且仅作一次访问。通过一次完整的遍历，可使二叉树中的结点信息由非线性排列变为某种意义上的线性序列。

遍历一棵二叉树，可以按照规定的三种顺序，依次访问二叉树的所有结点。三种

规定顺序如下。

①前序：先访问根，再访问根的左子树，最后访问根的右子树。

②中序：先访问根的左子树，再访问根，最后访问根的右子树。

③后序：先访问根的左子树，再访问根的右子树，最后访问根。

在搜索路线中，若访问结点均是第一次经过结点时进行的，则是前序遍历；若访问结点均是在第二次（或第三次）经过结点时进行的，则是中序遍历（或后序遍历）。只要将搜索路线上所有在第一次、第二次和第三次经过的结点分别列表，即可分别得到该二叉树的前序序列、中序序列和后序序列。

【例 6-9】 写出遍历图 6-24 给出的二叉树的结点访问顺序。前序遍历顺序结果：*abdefgc*。中序遍历顺序结果：*debgfac*。后序遍历顺序结果：*edgfbca*。

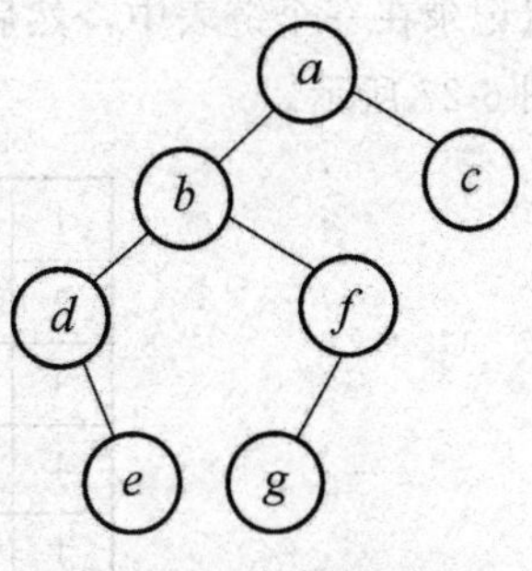

图 6-24　一棵二叉树

3. 图

图形结构是一种比树形结构更复杂的非线性结构。在树形结构中，结点间具有分支层次关系，而在图形结构中，任意两个结点之间都可能相关，即结点之间的邻接关系可以是任意的。因此，图形结构被用于描述各种复杂的数据对象，在自然科学、社会科学等许多领域有着非常广泛的应用。

(1) 图的逻辑结构

从形式的角度，可以把图描述为由顶点集合和边的集合组成的数据结构。顶点是图结点的习惯名称，边表示两个顶点之间存在的一种关联关系。

图的定义：一个偶对（*V*，*E*），记为 *G*=（*V*，*E*）。其中，*V* 是顶点的非空有限集合，记为 *V*（*G*）；*E* 是无序集 *V*&*V* 的一个子集，记为 *E*（*G*），其元素是图的弧（Arc）。弧（Arc）：表示两个顶点 v 和 w 之间存在一个关系，用顶点偶对＜*v*，*w*＞表示。通常根据图的顶点偶对将图分为有向图和无向图如图 6-25 所示。

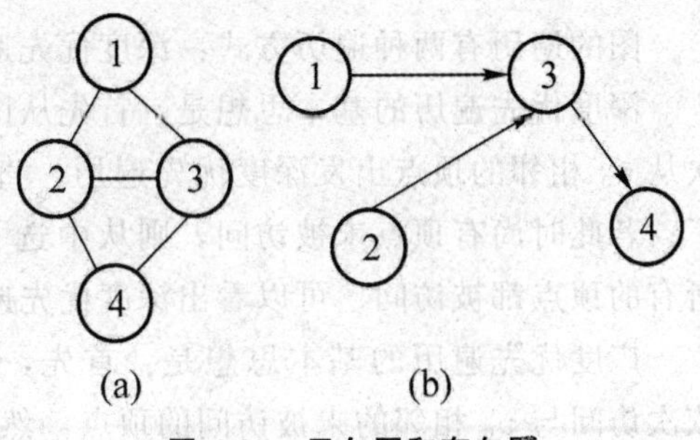

图 6-25　无向图和有向图

(a) 无向图；(b) 有向图

①有向图（Digraph）：若图 *G* 的关系集合 *E*（*G*）中，顶点偶对＜*v*，*w*＞的 *v* 和 *w* 之间是有序的，称图 *G* 是有向图。

②无向图（Undigraph）：若图 *G* 的关系集合 *E*（*G*）中，顶点偶对＜*v*，*w*＞的 *v* 和 *w* 之间是无序的，称图 *G* 是无向图。

(2) 图的存储结构

图的存储结构可以用矩阵的形式来表示，然后采用二维数组或者其他手段来实现矩阵。这种矩阵称为邻接矩阵，如果顶点 *i* 和顶点 *j* 之间有条边，则矩阵元素 A_{ij} 置为 1，否则置为 0。在无向图里，顶点 *i* 到顶点 *j* 的一条边，同时必然是顶点 *j* 到顶点 *i* 的一条边。因此无向图的邻接矩阵是个对称矩阵。图 6-26 给出了图 6-25 里两个图的邻接矩阵形式。

$$G=\begin{pmatrix}0&1&1&0\\1&0&1&1\\1&1&0&1\\0&1&1&0\end{pmatrix}\quad G=\begin{pmatrix}0&0&1&0\\0&0&1&0\\0&0&0&1\\0&0&0&0\end{pmatrix}$$

图 6-26　两个图的邻接矩阵构造

图的存储也可以采用邻接链表来实现。把一个顶点通过边能够直接到达的所有顶点记录在一个链表中，然后把每一个链表的头指针存放在一个邻接表的构造当中，如图 6-27 所示。

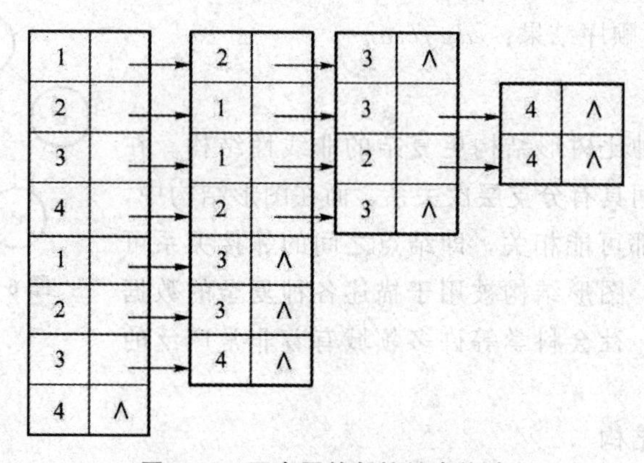

图 6-27　两个图的邻接链表构造

（3）图的遍历

图的遍历有两种遍历方式：深度优先遍历和广度优先遍历。

深度优先遍历的基本思想是：首先从图中某个顶点 v_0 出发，访问此顶点，然后依次从 v_0 相邻的顶点出发深度优先遍历，直至图中所有与 v_0 路径相通的顶点都被访问了；若此时尚有顶点未被访问，则从中选一个顶点作为起始点，重复上述过程，直到所有的顶点都被访问。可以看出深度优先遍历是一个递归的过程。

广度优先遍历的基本思想是：首先，从图的某个顶点 v_0 出发，访问了 v_0 之后，依次访问与 v_0 相邻的未被访问的顶点，然后分别从这些顶点出发，广度优先遍历，直至所有的顶点都被访问完。

情景思考

新生入学，各种社团招新人工作开始了。社团管理总部收到的入会申请表格，可以用什么样的方式快速地判断出各种社团受欢迎的程度？试着设计一个算法和一种数据结构，根据各社团的特色及个人意愿，合理分配调整新会员，先用流程图表示算法的设计思想，然后选择一种程序设计语言实现。

【导读】人工免疫算法

免疫算法是基于生物免疫学抗体克隆的选择学说而提出的一种新人工免疫系统算法—免疫克隆选择算法 ICSA（Immune Clonal Selection Algorithm），ICSA 算法具有自组选择学习、全息容错记忆、辩证克隆仿真和协同免疫优化的启发式人工智能。由于该方法收敛速度快，求解精度高，稳定性能好，并有效克服了早熟和骗的问题，成为新兴的实用智能算法。是与遗传系统、神经系统并列的人体三大信息系统之一。

在人工免疫算法中，被求解的问题视为抗原，抗体则对应于问题的解，改进的人工免疫算法与 GA 相似，人工免疫算法也是从随机生成的初始解群出发，采用复制、交叉、变异等算子进行操作，产生比父代优越的子代，这样循环执行，逐渐逼近最优解。不同的是人工免疫算法的复制算子模拟了免疫系统基于浓度的抗体繁殖策略，出色地保持了解群（对应于免疫系统中的抗体）的多样性，从而克服了 GA 解群多样性保持能力不足的缺点。

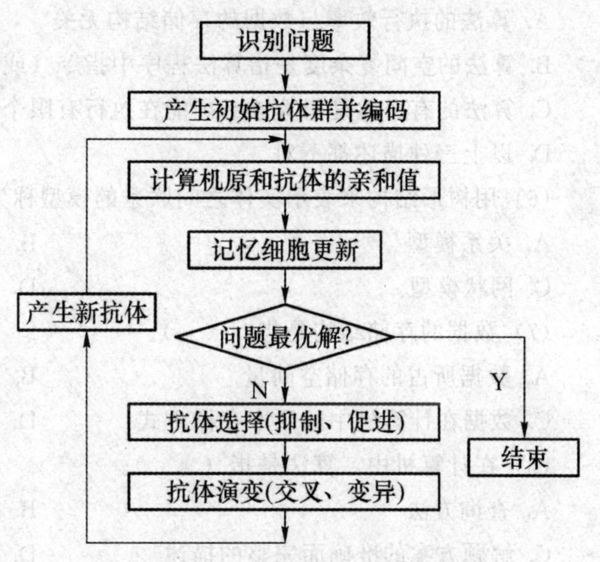

图 6-28 人工免疫算法的基本步骤

人工免疫算法将抗原和抗体分别对应于优化问题的目标函数和可行解。把抗体和抗原的亲和力视为可行解与目标函数的匹配程度；用抗体之间的亲和力保证可行解的多样性，通过计算抗体期望生存率来促进较优抗体的遗传和变异，用记忆细胞单元保存择优后的可行解来抑制相似可行解的继续产生并加速搜索到全局最优解，同时，当相似问题再次出现时，能较快产生适应该问题的较优解甚至最优解。人工免疫算法的基本步骤图 6-28 所示。

免疫算法已经应用于各种单目标、多目标优化及工程优化之中。例如：用于异常和故障诊断、机器人控制、网络入侵检测等领域，并表现出较为卓越的性能和效率。此外，免疫算法还被应用于数据挖掘、联想记忆和网络安全等领域。

习 题

1. 选择题

(1) 数据结构是指互相之间存在着一种或多种关系的数据元素的集合，基本的数据结构通常是（ ）。

A. 集合结构　B. 线性结构　C. 树形结构　D. 图形结构

（2）算法的基本结构有（ ）。

A. 顺序结构　B. 分支结构　C. 循环结构　D. 跳跃结构

（3）算法的实现方式有（ ）。

A. 子程序　B. 函数　C. 模块　D. 过程

（4）排序的方法有（ ）。

A. 插入排序　B. 选择排序　C. 冒泡排序　D. 快速排序

（5）下面叙述正确的是（ ）。

A. 算法的执行效率与数据的存储结构无关

B. 算法的空间复杂度是指算法程序中指令（或语句）的条数

C. 算法的有穷性是指算法必须能在执行有限个步骤之后终止

D. 以上三种描述都不对

（6）用树形结构来表示实体之间联系的模型称为（ ）。

A. 关系模型　B. 层次模型

C. 网状模型　D. 数据模型

（7）数据的存储结构是指（ ）。

A. 数据所占的存储空间量　B. 数据的逻辑结构在计算机中的表示

C. 数据在计算机中的顺序存储方式　D. 存储在外存中的数据

（8）在计算机中，算法是指（ ）。

A. 查询方法　B. 加工方法

C. 解题方案的准确而完整的描述　D. 排序方法

（9）数据处理的最小单位是（ ）。

A. 数据　B. 数据元素　C. 数据项　D. 数据结构

2. 简答题

（1）两类数据结构的构造和规模特点有何不同？数组是静态结构还是动态结构？为什么？

（2）解释数据结构的以下概念：逻辑结构、存储结构、结构的语言实现。

（3）举出现实世界数据对象例子，它们分别具有下列数据结构：线性表、栈、队、树、图。

（4）假设字母 A、C、D、E 顺序地存储在一个数组当中，要插入 B 而且保持字母顺序，要做些什么操作？

（5）设计一个树结构，每个结点是 26 个英文字母。说明这样的一棵“字母树”可以用来对英语单词进行拼写检查。

第7章 计算机网络与网络安全

作为一门相对独立的学科，计算机网络也经历了一个从简单到复杂，从低级到高级的发展过程。计算机网络已经成为信息社会的命脉和发展知识经济的重要基础之一，在当今社会的各行各业中发挥着不可忽视的作用。计算机网络，使千万台分散于广阔地域的计算机连接在一起，互相通信、共享资源，完全颠覆了传统的生活、工作和学习方式。

本章主要介绍计算机网络的基础知识概念，计算机的网络的分类及拓扑结构，计算机网络的组成及体系结构，计算机网路的应用，计算机网络安全因素和面临的相关安全问题等。

问题导入

"两军问题"

一支红色部队在山谷里扎营，在周围的两边山坡上驻扎着蓝色部队。红色部队比两支蓝色部队中的任意一支都要强大，但两支蓝色部队加在一起就要比红色部队强大。如果一支蓝色部队单独作战，那么它就会被红色部队击败；如果两支蓝色部队同时进攻，他们将能够把红色部队击败。两支蓝色部队需要同步他们的进攻，但他们唯一的通信媒介是步行进入山谷，在那里他们可能被俘虏，从而将信息丢失。问题是，如何通信，能够使得蓝色部队取胜？这就是有名的两军问题，如图7-1所示。

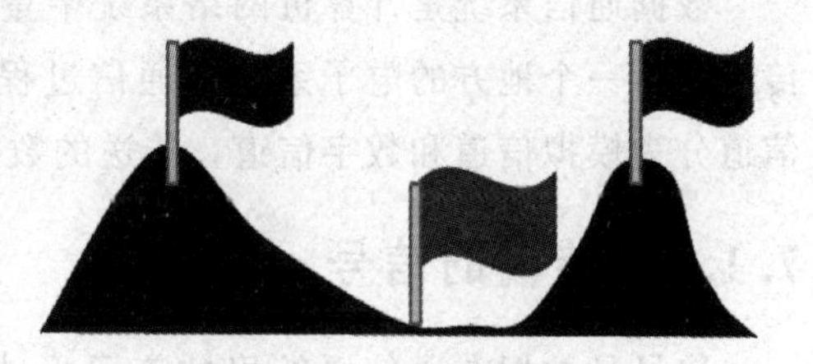

图 7-1　两军问题

假设一支蓝军指挥官发出进攻的消息，那么要通过几个步骤才能知道另外一支蓝军的指挥官是否正确收到信息呢？两只蓝军之间要如何才能达成共识呢？

在实际通信过程中，两台计算机如果需要通信，需要连接网络吗？应该怎样连接呢？而通过互联网相连的两台计算机又是如何发送和接收信息的呢？而且在通信过程中如何保证信息的安全性？

本章主要讲述计算机网络平台的基本原理和应用。

7.1 数据通信概念

数据通信是通信技术和计算机技术相结合而产生的一种通信方式。要在两地间传输信息必须有传输信道，根据传输媒体的不同，有有线数据通信与无线数据通信之分。但它们都是通过传输信道将数据终端与计算机联结起来，而使不同地点的数据终端实现软、硬件和信息资源的共享。

数据通信是从 20 世纪 50 年代初开始，随着计算机的远程信息处理应用的发展而发展起来的。早期的远程信息处理系统大多是以一台或几台计算机为中心，依靠数据通信手段连接大量的远程终端，构成一个面向终端的集中式处理系统。20 世纪 60 年代末，以美国的 ARPA 计算机网的诞生为起点，出现了以资源共享为目的的异机种计算机通信网，从而开辟了计算机技术的一个新领域——网路化与分布处理技术。20 世纪 70 年代后，计算机网与分布处理技术获得了迅速发展，从而也推动了数据通信的发展。1976 年，CCITT 正式公布了分组交换数据网的重要标准——X. 25 建议，其后又经多次的完善与修改，为公用与专用数据网的技术发展奠定了基础。20 世纪 70 年代末，国际标准化组织（ISO）为了推异机种系统的互连，提出了开放系统互连（OSI）参考模型，并于 1984 年正式通过，成为一项国际标准。此后，计算机网技术与应用的发展即按照这一模型来进行。计算机网络是在通信技术的基础上发展形成的。

数据通信系统是计算机网络系统中重要的一部分，是通过信道把信息从一个地方传送到另一个地方的电子系统。通信过程中，数据以信号的形式出现。网络中的通信信道分为模拟信道和数字信道，传送的数据包括数字数据和模拟数据。

7.1.1 传输的信号

信号是数据在通信系统里的表示形式。不同的通信系统会使用不同形式的信号，信号按其因变量的取值是否连续可以分为模拟信号和数字信号。

1. 模拟信号

模拟信号是一种连续变化的波，信号的基本特性是频率和振幅。图 7-2 里的模拟信号，频率和振幅都没有变化，是不能传递信息的。但是经过调制之后，它可以“搭载”信息。所以是一种载波信号。模拟信号可以在电缆、光缆、大气中传播，这类信道称为模拟信道。

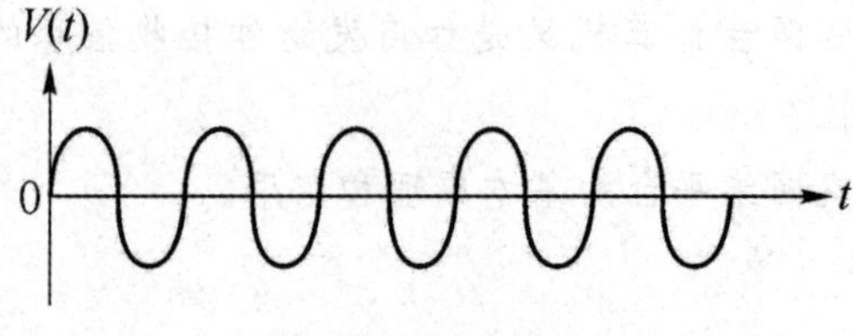

图 7-2 模拟信号

2. 数字信号

数字信号是一系列的脉冲。脉冲的状态只有两种，例如恒定的高电平和低电平。因为没有中间状态，脉冲在不断地跃变，信号是离散的。可以把脉冲的两种电平状态和二进制数字“1”和“0”对应，如图 7-3 所示。数字信号可以在有线介质上传送，这类信道称为数字信道。

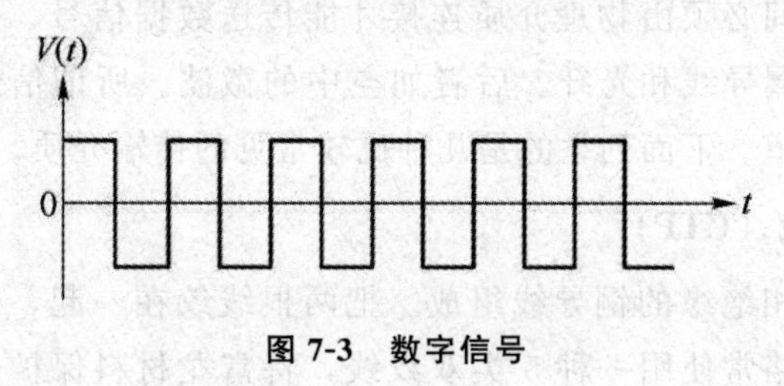

图 7-3　数字信号

7.1.2　数据的传输

信号的传送需要专门的技术，调制和编码是最基本的两种技术。

调制，在电话线这样的模拟信道上传送数据，需要将数据转换为模拟信号。发送的基础是上面提过的载波信号。把数据“装载”到载波上去的过程称为调制。通过改变载波信号的振幅、频率、相位三种基本特性之一，达到“装入信息”的目的。

编码，在网线这样的数字信道上传输数据，需要将数据转化为数字信号，也就是用脉冲来表示 0 和 1。这个过程称为编码。如果模拟数据要编码为数字信号，最常见的技术是脉冲代码调制。脉冲代码调制的方法是：先对模拟的声音信号采样，即以信号频率两倍以上的速率测量信号的振幅变化；然后把采样值量化为二进制数据；最后经过编码成为数字信号。

在通信网上传输数据信号的方法也分为模拟传输和数字传输两类。

模拟传输不考虑信号内容。信号传送一段距离后，强度会衰减、波形会走样。这时要靠放大器来增强信号。但信号放大并不能纠正信号畸形，数据传输就会失真。

数字传输方法关注信号的内容。通信线路上的中继器不但增强信号强度，而且修复信号形状。这样，不管传送的距离有多远，数据都不会失真。显然数字传输方法更适用于远程通信系统。

传输方法和信号种类的对应关系可以描述为以下四种方式。

(1) 模拟数据——模拟信号传送。利用传感器获得的声音、压力、温度等模拟量可转化成为电压或电流的变化，通过通信线进行传送。

(2) 数字数据——模拟信号传送。接收端进行调制（调幅、调频、调相），使数字数据变成模拟信号进行传送，接收端再进行解调。因此，若发送接收计算机都安装调制解调器即可进行双向的数据通信。

(3) 数字数据——数字信号传送。计算机中数字数据用 0 和 1 的组合表示，要进行传送，必须把他们变成电信号，即用一定的电压值来表示 0 和 1，称为数字信号编码。

(4) 模拟数据——数字信号传送。在实际数据处理、生产过程控制中常使用这种形式。

计算机应用中采用模数转换器或数模转换器来实现模数或数模的转换。

7.1.3 传输介质和信道

两个通信设备之间必须由物理介质连接才能传送数据信号，可分有线介质和无线介质两类。前者如金属导线和光纤，后者如空中的微波。所谓信道，指的是传输介质里数据信号的传送通道。下面列举的是几种比较常见的传输介质。

1. 无屏蔽双绞线（UTP）

双绞线由两条互相绝缘的铜导线组成。把两根线绞在一起，用以减少彼此的电磁干扰。计算机接入网络常使用一种 5 类双绞线，特富龙材料保护外壳里面有四对双绞线。由于没有金属屏蔽层，所以称为无屏蔽双绞线 UTP。

所有的 UTP 都有统一的颜色，4 对导线的颜色分别是：橙－白橙、绿－白绿、蓝－白蓝、棕－白棕。UTP 主要用作把计算机接入网络，在 UTP 端部套接一个 RJG45 接头，RJG45 接头上有八片金属片，通过强迫挤压，擦破胶皮与 UTP 的金属导线对接。计算机的网卡上有 RJG45 接口，接口上也有八片金属片，把 RJG45 接头插入 RJG45 接口，网卡与 UTP 导线就连接好了。RJG45 接口、接头和双绞线如图 7-4 所示。

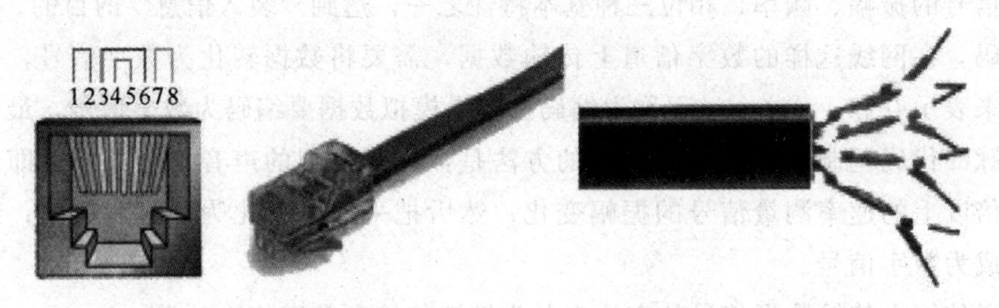

图 7-4　RJG45 接口、接头和双绞线

模拟信号和数字信号都可以用 UTP 传送，而且成本低廉。但是 UTP 不适合远程传输信号，直接传输距离一般不要超过 100 m，否则就需要使用中继设备。

2. 同轴电缆

同轴电缆的“轴”是一根铜芯线，铜芯外面套有一层塑料绝缘层，外面再套屏蔽金属网，最外面是塑料保护套。同轴电缆在电话系统、有线电视、计算机网络中曾经广泛使用，现在已经逐渐被光缆和 5 级双绞线代替。同轴电缆如图 7-5 所示。

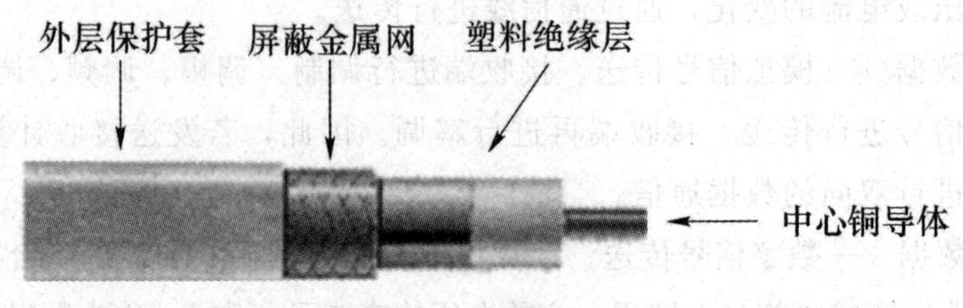

图 7-5　同轴电缆

3. 光缆

光缆是近年出现的一种高速传输介质。光缆由一束称为光纤的玻璃纤维组成。光纤的粗细大致和头发丝相当。纤芯的外面包围着一层折射率比纤芯低的玻璃材料。信号传送的时候，由光源产生的光脉冲在两种介质的结合面上不停地反射传播。使用光纤传输数据信号，速率可达1亿 bit/s，比双绞线高26 000倍左右。而且在传输过程中，光信号不易受外界干扰，衰减也小，直接传送距离可达几十公里。所以光缆是当代重要的通信传输介质。光缆和光在光纤里的传播如图7-6所示。

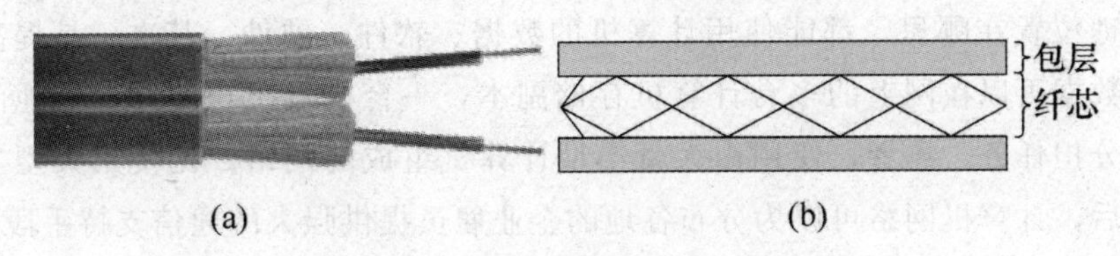

图7-6　光缆和光在光纤里的传播

(a) 光缆；(b) 内核与包层之间形成全反射

4. 微波

时刻要在线的移动用户，用笔记本计算机、手机传接数据，显然双绞线、同轴电缆、光纤都不可能满足连接要求。移动通信必须借助无线传输介质。微波是频率高达几GHz、波长只有几个厘米的电磁波，在空中直线传播，传递数据信号。由于地球表面是个球面，远程通信要借助彼此相距几十公里的一系列微波站，接力传送微波信号，如图7-7所示。

地面微波站要建在无遮无挡的地方，在卫星上建立微波中继站就不再受地形的制约了。卫星在同步轨道上运行，和地面站相对静止。通信卫星覆盖地域的跨度可达18 000 km，因此发射3个通信卫星就可以实现覆盖地球任何区域的远程通信。卫星地面站用碟形天线将数据的微波信号传输到卫星，或者从卫星接收传输信号。情况如图7-8所示。

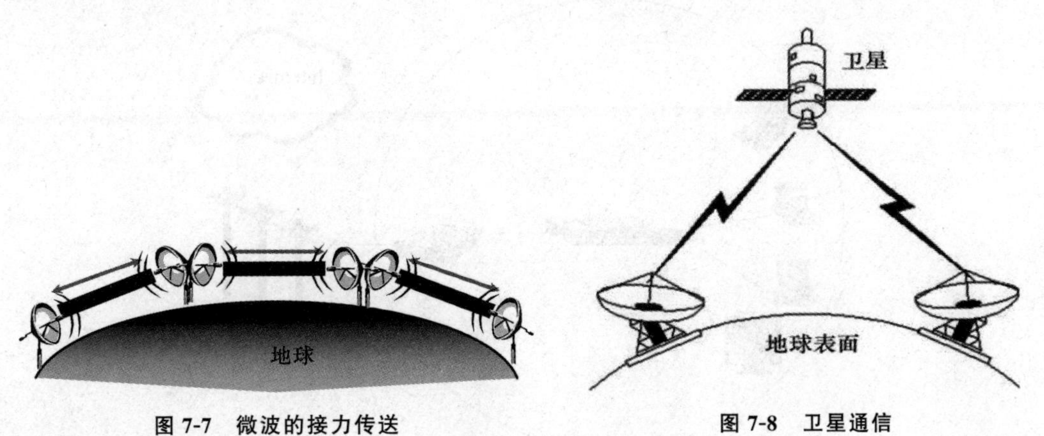

图7-7　微波的接力传送　　**图7-8　卫星通信**

7.2 计算机网络

计算机网络是计算机技术和通信技术结合的产物。大量分散但又互连的计算机按照共同约定规则提供数据通信和资源共享等网络服务。

在企业机构建立计算机网络，首要目的是资源共享。无论网络用户在哪里，网络资源的物理位置在哪里，都能使用计算机的数据、软件、硬件。其次，是提高系统的可靠性。数据可以在网上的多台计算机存储副本，一台机器出现故障，其他的计算机仍然可以分担任务。再者，使用由大量小型计算机组成的网络，比使用大型主机更加省钱。最后，计算机网络可以为分布各地的企业雇员提供强大的通信支持手段。

7.2.1 计算机网络的组成

计算机网络的定义：计算机网络是把一定地理范围内的计算机通过通信线路互相连接起来，在特定的通信协议和网络系统软件的支持下，彼此互相通信并共享资源的系统。

从逻辑上讲，计算机网络是由“通信子网”和“资源子网”两部分组成。从设备上讲，计算机网络是由网络硬件和网络软件组成。

1. 通信子网和资源子网

从逻辑上讲，计算机网络是由通信子网和资源子网组成的，如图 7-9 所示。资源子网由主计算机系统、终端、终端控制器、连网外设、各种软件资源与信息资源组成。资源子网负责全网的数据处理业务，向网络用户提供各种网络资源与网络服务。通信子网由通信控制处理机、通信线路和其他通信设备组成，完成网络数据传输、转发等通信处理任务。

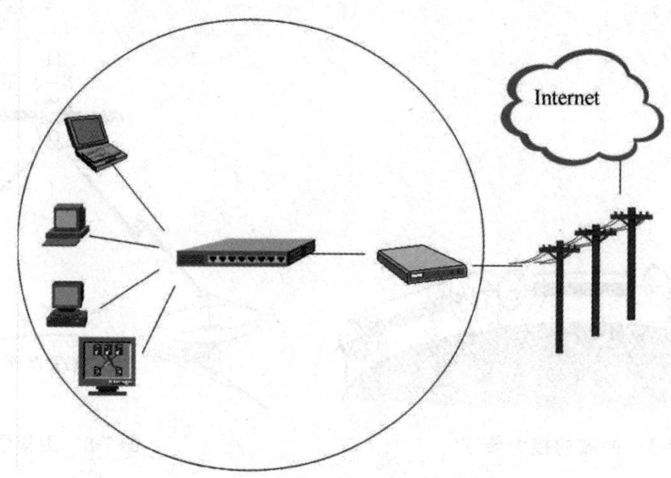

图 7-9 计算机网络的通信子网和资源子网

2. 网络硬件和网络软件

从设备上讲，计算机网络是由网络硬件和网络软件组成的。网络硬件是计算机网络的物质基础，包括拓扑结构（决定网络当中服务器和工作站之间通信的连接方式）、网络服务器、网络工作站（一台入网的计算机）、传输介质（网络通信用的信号通道）和网络连接设备，如图 7-10 所示。

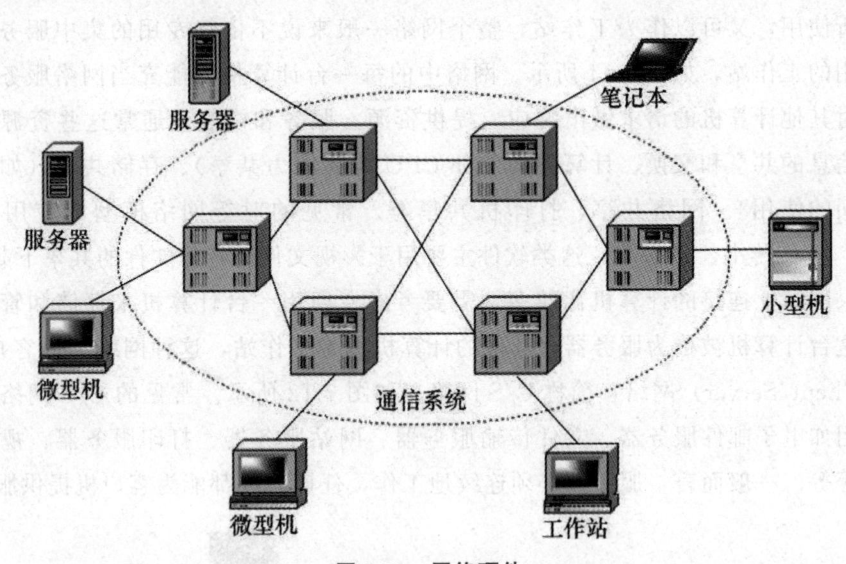

图 7-10　网络硬件

端点设备位于资源子网中，用以存储和处理数据。例如，服务器、用户计算机、打印机、终端设备等。

通信线路是传输数据的介质，常用的通信线路包括：电话网、双绞线、同轴电缆、光缆、无线线路，如微波线路和卫星线路等。

通信和网络连接设备，例如，调制解调器、交换机、路由器等。

网络软件对网络资源进行管理、调度、分配、提供安全保密，包括网络协议软件、网络应用软件、网络管理软件等。

网络协议软件是网络软件系统的基础。它为网络内的通信提供一套统一的规则，使不同的计算机系统之间能够顺利完成通信。

网络应用软件是为用户提供各种网络服务的工具。包括支持访问共享资源的软件，如万维网访问、远程登陆服务、网络文件访问等；支持远程用户通信的软件，如电子邮件、IP 电话、网络会议等；支持网上事务处理的软件，如电子商务、电子政务、电子金融、远程教育、远程医疗等。

网络管理软件负责网络资源的管理和分配。主要功能包括：性能管理、配置管理、故障管理、计费管理、安全管理、运行状态监视与统计。

7. 2. 2　网络的分类

可以按照不同的标准对计算机网络进行分类，如果按照网络中计算机之间的关系

划分，可以分为对等网络和C/S网络等几种模式；如果按照网络的地域覆盖范围来划分，可以分为局域网、城域网、广域网等几种类型。

1. 对等网络和C/S网络

在计算机网络中，彼此连接的多台计算机之间都处于对等的地位，各台计算机有相同的功能，无主从之分，一台计算机既可作为服务器，设定共享资源供网络中其他计算机所使用，又可以作为工作站，整个网络一般来说不依赖专用的集中服务器，也没有专用的工作站，如图7-11所示。网络中的每一台计算机既能充当网络服务的请求者，又对其他计算机的请求做出响应，提供资源、服务和内容。通常这些资源和服务包括：信息的共享和交换、计算资源（如CPU计算能力共享）、存储共享（如缓存和磁盘空间的使用）、网络共享、打印机共享等。常见的对等网络模型的应用如BT、Emuler、飞鸽传书、迅雷等，这类软件主要用于影视文件或音乐文件的共享下载。

如果网络上连接的计算机比较多，需要考虑专门用一台计算机来存储和管理共享资源，这台计算机被称为服务器，其他的计算机称为工作站，这种网络称为客户机/服务器（Client/Server）网络，简称C/S网络。如图7-12所示。常见的C/S网络模式模型的应用如电子邮件服务器、文件传输服务器、网站服务器、打印服务器、视频点播服务器等等。一般而言，服务器必须连续地工作，任何时候都能为客户机提供服务。

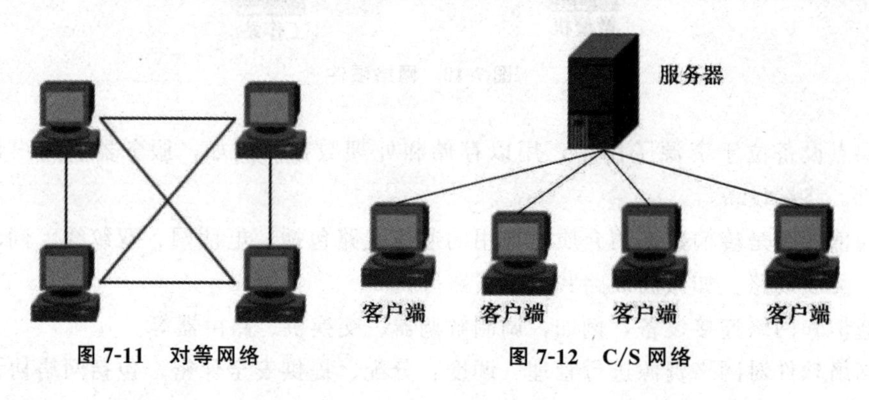

图7-11　对等网络　　图7-12　C/S网络

2. 局域网、城域网、广域网

局域网（Local Area Network，LAN）就是在局部地区范围内的网络，它所覆盖的地区范围较小。局域网在计算机数量配置上没有太多的限制，少的可以只有两台，多的可达几百台。一般来说在企业局域网中，工作站的数量在几十到两百台左右。在网络所涉及的地理距离上一般来说可以是几米至10公里以内。一般位于一个建筑物或一个单位内，不存在寻径问题，不包括网络层的应用。局域网技术发展迅速，应用广泛，是计算机网络技术最活跃的领域之一。

城域网（Metropolitan Area Network，MAN）这种网络一般来说是在一个城市，但不在同一地理小区范围内的计算机互联。这种网络的连接距离可以在10～100 km，它采用的是IEEE802.6标准。MAN与LAN相比扩展的距离更长，连接的计算机数量更多，在地理范围上可以说是LAN网络的延伸。在一个大型城市或都市地区，一个

MAN 网络通常连接着多个 LAN 网。如连接政府机构的 LAN、医院的 LAN、电信的 LAN、公司企业的 LAN 等等。由于光纤连接的引入，使 MAN 中高速的 LAN 互连成为可能，如图 7-13 所示。

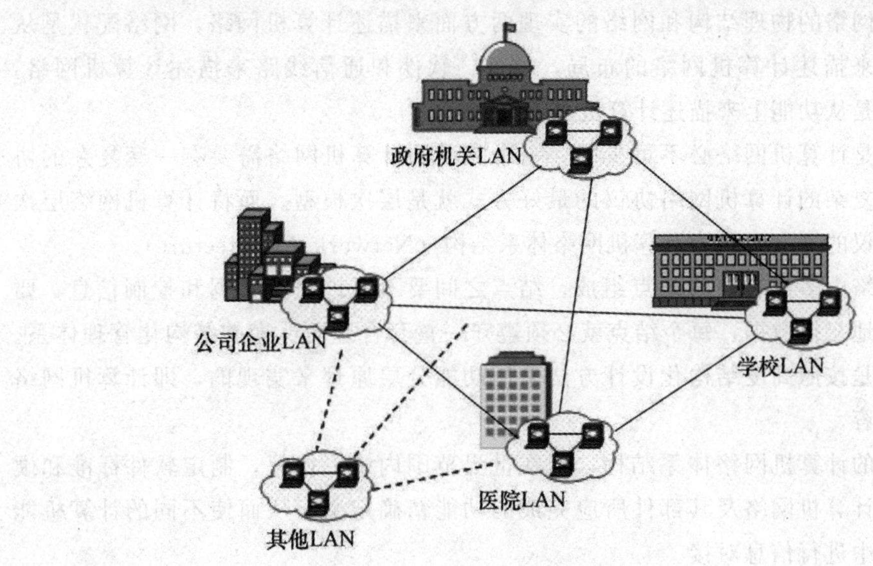

图 7-13　城域网

广域网（Wide Area Network，WAN）也称为远程网。所覆盖的地域范围可以从几百公里到几千公里不等，可以为位于不同城市、地区的计算机提供网络连接，甚至可以跨越几个洲，形成国际性的计算机网络。广域网如图 7-14 所示。

图 7-14　广域网

7.2.3 网络的体系结构

计算机的网络结构可以从网络体系结构，网络组织和网络配置三个方面来描述，网络组织是从网络的物理结构和网络的实现两方面来描述计算机网络，网络配置是从网络应用方面来描述计算机网络的布局，硬件、软件和通信线路来描述计算机网络，网络体系结构是从功能上来描述计算机网络结构。

网络协议是计算机网络必不可少的，一个完整的计算机网络需要有一套复杂的协议集合，组织复杂的计算机网络协议的最好方式就是层次模型。而将计算机网络层次模型和各层协议的集合定义为计算机网络体系结构（Network Architecture）。

计算机网络由多个互连的结点组成，结点之间要不断地交换数据和控制信息，要做到有条不紊地交换数据，每个结点就必须遵守一整套合理而严谨的结构化管理体系。计算机网络就是按照高度结构化设计方法采用功能分层原理来实现的，即计算机网络体系结构的内容。

通常所说的计算机网络体系结构，即在世界范围内统一协议，制定软件标准和硬件标准，并将计算机网络及其部件所应完成的功能精确定义，从而使不同的计算机能够在相同功能中进行信息对接。

常见的计算机网络体系结构有 DEC 公司的 DNA 数字网络体系结构，IBM 公司的 SNA 系统网络体系结构等。但是这些大型公司的网络硬件、软件、网络体系结构等设置各不相同。

为了使不同体系结构的计算机网络都能互联，1978 年 ISO 提出了“异种机连网标准”的框架结构，这就是著名的开放系统互联基本参考模型 OSI/RM（Open Systems Interconnection Reference Modle)，简称为 OSI，形成网络体系结构的国际标准。

为了实现网络通信功能，所有参与网络的软件和硬件应该遵循一些统一的规则和约定，通信双方才能实现通信。这些约定规则称为协议（Protocol)。网络协议的质量直接影响到网络的性能。

为了减少网络协议设计的复杂性，保证各种协议工作的协同性，应当将协议设计和开发成完整的、协作的协议系列（即协议族)，而不是孤立地开发每一个协议。这就是 OSI 使用分层的方法的根本原因所在。将网络通信这个庞大的、复杂的问题划分成若干个层次，每个层次解决相对独立的问题。每层的目的都是向上一层提供一些服务，而服务的实现细节是上一层不关心的。这种分层次的结构化技术使网络软件的设计和实现变得简单一些。

1. OSI 参考模型

开放式系统互联模型 OSI（Open System Interconnection）由国际标准化组织 ISO 提出。所谓“开放式”系统是指，为了进行通信而相互开放的计算机系统。OSI 提出一套如何把它们连接起来成为计算机网络的标准模式。

OSI 模型把网络通信的实现体系划分为应用层、表示层、会话层、传输层、网络层、数据链路层、物理层七个层次。OSI 高层协议是由软件实现的，是面向应用、面

向用户的，低层协议一般由硬件实现（也可以由软件实现），用于物理信号的传输与处理，如图7-15所示。

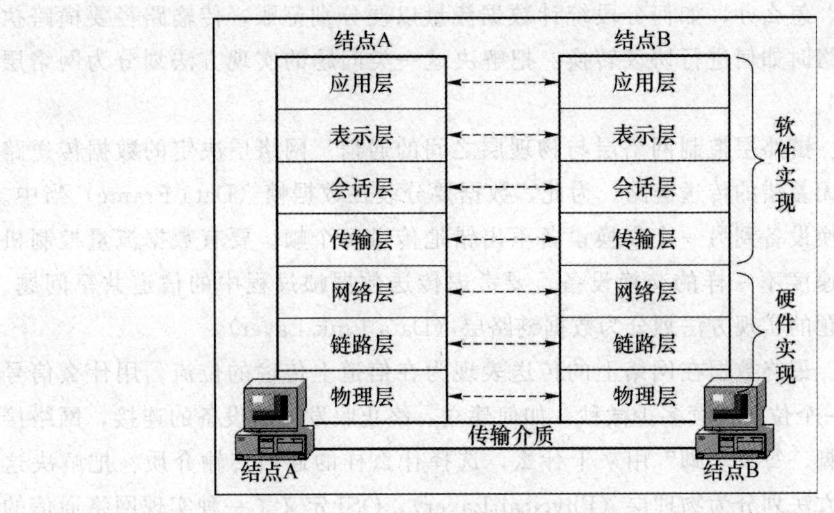

图7-15　OSI参考模型

（1）应用层。负责对软件提供接口以便使程序能使用网络服务。“应用层”并不是指运行在网络上的某个特别应用程序。应用层提供的服务包括文件传输（FTP）、文件管理以及电子邮件的信息处理（SMTP）等。例如，不管使用何种型号的终端，都是在计算机A上单击“发送按钮”发送文件，在计算机B上单击“接收按钮”接收文件。把解决这一类问题的实现方法划分为应用层（Application Layer）。

（2）表示层。充当应用程序和网络之间的“翻译官”角色。在这个层次上数据表示可以是抽象的，然后在计算机内部表示和网络标准表示之间进行转换。必要时还可以对数据进行加密、压缩等处理后再发出，接收方要按照同样的协议对数据解压、解密。此外，表示层协议还对图片和文件格式信息进行解码和编码。把解决这类问题的实现方法划分为表示层（Presentation Layer）。

（3）会话层。负责在网络中的两结点之间建立和维持通信。通信时数据在计算机A、B之间传送，因此双方用户要建立会话（Session）关系。每一台计算机需要执行自己的通信进程，如启动会话、保持会话、结束会话。会话采用单工方式或双工方式？出现故障打断了数据传输怎么办？把解决这一类问题的实现方法划分为对话层（Session Layer）。

（4）传输层。编定序号、控制数据流量、查错与错误处理，确保数据可靠、顺序、无错地从A点传输到B点。计算机A和B确立会话关系之后，就要在网络中建立从A到B的一条独立的连接通道。在“端点到端点”的数据传输过程中，网络软件需要提供一系列传输控制服务。发出的数据是否成功到达，有没有数据丢失，有没有顺序错乱，出现差错应如何处理？把解决这一类问题的实现方法划分为传输层（Transport Layer）。

（5）网络层。网络层主要负责将网络地址翻译成物理地址，并决定如何将数据从发送方路由到接收方。发出的数据文件会被分解成一个个分组在网络通道上传送。那

么，如何选择路由就是要解决的关键问题之一。“端到端”的传送是由一个交换设备到另一个交换设备的分段传输组成的。如果运行时有通道出现故障，数据分组数量过多出现“网络堵车”怎么办，如何分段统计数据流量以便分别记账，传输路径要横跨执行不同协议的网络时如何进行协议转换？把解决这一类问题的实现方法划分为网络层（Network Layer）。

（6）链路层。链路层控制网络层与物理层之间的通信。网络层决定的数据传送路经必须成为一条无差错的传送链路。为此，数据要分装在数据帧（Data Frame）当中。要保证从一个交换设备到另一个交换设备不出错地传送每个帧。要有数据流量控制机制，以协调处理速度不一样的交换设备。要考虑传送数据帧过程中的信道共享问题。把解决这一类问题的实现方法划分为数据链路层（Data Link Layer）。

（7）物理层。最终数据在网络上的传送表现为在信道上传输的位流。用什么信号来表示 1 和 0，一个位要持续多少微秒，如何建立、终止收发通信设备的连接，网络接插硬件有多少只脚、每只“脚”用来干什么，选择什么样的通信传输介质？把解决这一类问题的实现方法划分为物理层（Phycical Layer）。OSI 定义了一种实现网络通信的结构体系框架模型。从网络应用到物理实现划分出 7 个解决层次。每个层次都定义了独立的通信目标和功能，下层对上层提供各种服务，层与层之间由接口连接。

2. TCP/IP 参考模型

和 OSI 模型相比，TCP/IP 模型的最大特点是它的实用性。TCP/IP 模型把网络通信的实现体系划分为四个层次，它们是应用层、传输层、互联网层、物理接口层，如图 7-16 所示。

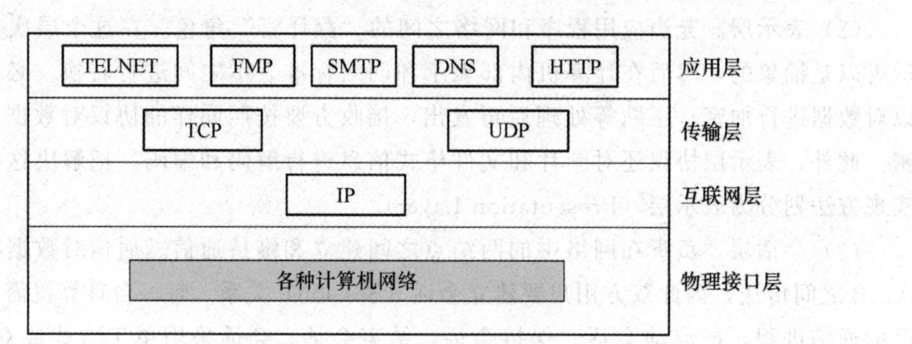

图 7-16　TCP/IP 模型

应用层包含各种高层协议。包括虚拟终端协议（TELNET）、文件传送协议（FTP）、电子邮件协议（SMTP）、域名系统服务协议（DNS）、超文本传送协议（HTTP）等等。

传输层上定义了两个端点到端点的协议。一个是 TCP 协议。它是一个连接协议，TCP 保证从源计算机发出的数据流正确无误地到达目标计算机。另一个协议是 UDP。它是一个无连接协议，适于自己有能力完成数据传输的应用程序。

互联网层的核心是 IP 协议，定义了数据分组的格式和传输控制。其中路由选择和避免分组阻塞是关键问题。

物理接口层主要是与其他网络的接口协议。

7.3　计算机局域网

按照 IEEE 的标准，局域网的定义为：局域网是一个通信系统，是允许很多彼此独立的计算机在适当的区域内、以适当的传输速率直接进行沟通的数据通信系统。主要特征如下。

（1）LAN 通常只覆盖几公里的局部地域，由一个企业按业务需要自主地建设、拥有和管理。

（2）LAN 上的计算机和其他通信设备具有特别的连接方式，所谓局域网拓扑结构。

（3）LAN 使用专门的数据传输技术和协议。

（4）能进行广播或组播。

局域网主要的技术有三个方面：拓扑结构、传输介质和介质访问控制方法。

7.3.1　局域网的拓扑结构

常见的局域网拓扑结构可以划分为：总线型、环形、星形。其余的一些拓扑结构多是从这三种结构衍生或组合而来的。

1. 总线型

总线型局域网的拓扑结构如图 7-17 所示。总线型局域网使用一条公共传输总线来连接所有的设备。结构简单，接入灵活，一个设备失效不会影响其他设备的工作。数据传输速率可以达到 10 Mbit/s～1 000 Mbit/s，数据传输出错率低。

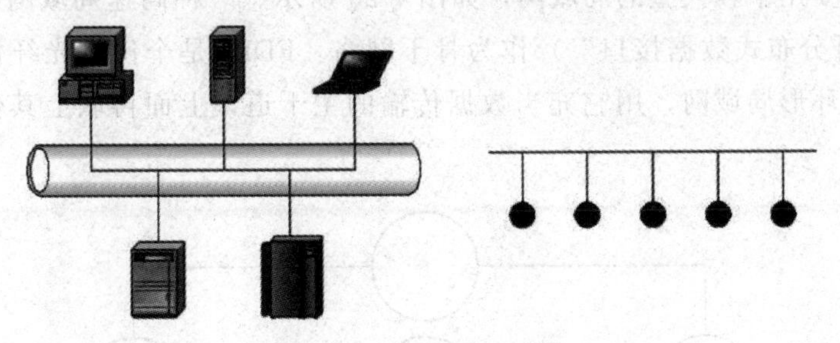

图 7-17　总线型局域网

总线型局域网中的所有计算机都连在同一通信介质上。因为任何时刻只能有一台计算机有效地进行数据发送，因此遇到两台或更多台机器同时发送信息时，总线上的信号就会发生冲突。此时，需要采用特别的传输控制技术协议来解决冲突。

2. 环形

环形局域网的拓扑结构如图 7-18 所示，所有网络设备构成一个闭合环。数据沿一个方向绕环逐站传送。环结构的致命弱点在于，某一处出现故障会导致全环数据传输的崩溃。

增强环结构可靠性的一种方案是采用双环结构。一个环发生故障时，另一个环还可以继续为网络提供服务。环形局域网的数据传输率可达 4 Mbit/s～16 Mbit/s。

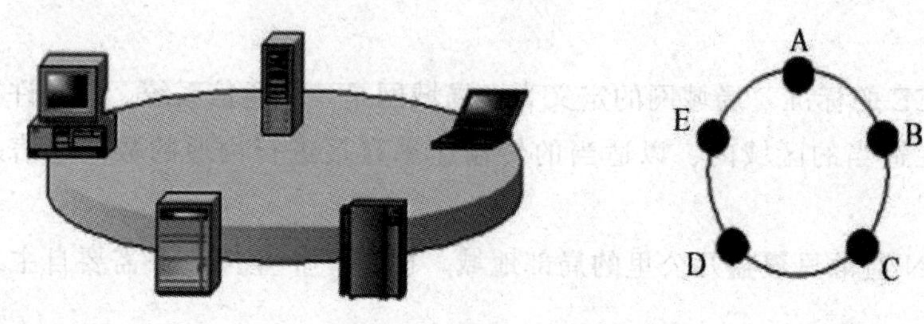

图 7-18　环形局域网

3. 星形

星形网络拓扑结构如图 7-19 所示。星形网络中，所有计算机之间通信都通过中心设备进行。目前常见的交换局域网是典型的一种星形拓扑结构。交换局域网中，使用交换机作为网络的中心设备，网络的可靠性和吞吐量取决于交换机。

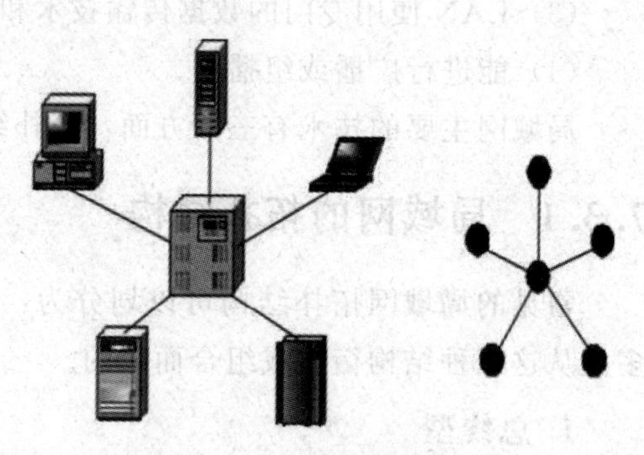

图 7-19　星形局域网

多级的星形结构构成目前颇为流行的树形局域网结构。

4. 混合型结构

混合型结构是结合各类拓扑结构组成的网络结构，主要用于较大型的局域网，如图 7-20 所示。一种高速局域网的结构，是用 FDDI（“光纤分布式数据接口”）作为骨干网络。FDID 是个使用光纤作为通信介质的、高性能的环形局域网，用它充当数据传输的主干道，上面再联上其他拓扑结构的局域子网。

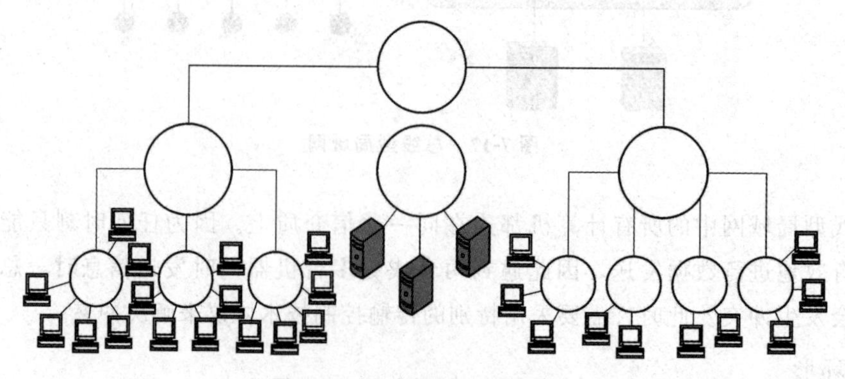

图 7-20　混合型网络拓扑结构

7.3.2　介质访问控制方法

总线型、环形、星形、树形局域网都是广播式网络。源计算机把信息发送到通信线路上，目标计算机在线路上“各取所需”。某个时刻多个机器都想发送信息时，要有一种仲裁机制进行管理。否则就会在传输介质里产生信号冲突，导致信号失效。介质访问控制的目的是，

在广播式网络出现对通信信道的竞争时，进行信道使用权的分配。解决广播信道分配的协议现在被定义在介质访问控制 MAC 子层。

局域网的数据链路层分为逻辑链路层 LLC 和介质访问控制 MAC 两个子层。逻辑链路控制（Logical Link Control，LLC）是局域网中数据链路层的上层部分，IEEE802.2 中定义了逻辑链路控制协议。用户的数据链路服务通过 LLC 子层为网络层提供统一的接口。在 LLC 子层下面是 MAC 子层。MAC（Medium Access Control）属于 LLC（Logical Link Control）一个子层。

局域网中目前广泛采用的两种介质访问控制方法分别如下。

（1）争用型介质访问控制又称随机型的介质访问控制协议，如 CSMA/CD 方式。

（2）确定型介质访问控制，又称有序的访问控制协议，如 Token（令牌）方式。

1. 冲突回避

冲突回避控制方法的典型协议名为 CSMA/CD（带冲突检测的载波侦听多路访问）。核心思想是：“先听后发，边发边听，冲突停止，延迟重发”。CSMA/CD 技术已定义为 IEEE802.3 标准。具体的检测原理描述如下。

（1）当一个站点想要发送数据的时候，它检测网络查看是否有其他站点正在传输，即侦听信道是否空闲。

（2）如果信道忙，则等待，直到信道空闲；如果信道空闲，站点就准备好要发送的数据。

（3）在发送数据的同时，站点继续侦听网络，确信没有其他站点在同时传输数据才继续传输数据。因为有可能两个或多个站点都同时检测到网络空闲然后几乎在同一时刻开始传输数据。如果两个或多个站点同时发送数据，就会产生冲突。若无冲突则继续发送，直到发完全部数据。

（4）若有冲突，则立即停止发送数据，但是要发送一个加强冲突的 JAM（阻塞）信号，以便使网络上所有工作站都知道网上发生了冲突，然后，等待一个预定的随机时间，且在总线为空闲时，再重新发送未发完的数据。

不管是在传统的有线局域网（LAN）中还是在目前流行的无线局域网（WLAN）中，MAC 协议都被广泛地应用。在传统局域网中，各种传输介质的物理层对应到相应的 MAC 层，目前普遍使用的网络采用的是 IEEE802.3 的 MAC 层标准，采用 CSMA/CD 访问控制方式；而在无线局域网中，MAC 所对应的标准为 IEEE802.11，其工作方式采用 DCF（分布控制）和 PCF（中心控制）。

CSMA/CD 控制方式的优点是：原理比较简单，技术上易实现，网络中各工作站

处于平等地位，不需集中控制，不提供优先级控制。但在网络负载增大时，发送时间增长，发送效率急剧下降。

当网络连接的计算机数量巨大时，冲突的概率呈几何倍数增加，再三随机延迟，冲突都难以回避。因此，方法不适合直接用于较大型的网络。可以把一个较大网络再划分成若干个较小的冲突侦听域。

2. 令牌环

令牌环网上所有计算机都没有发送信息时，称为令牌（Token）的一个位串不停地绕环运行。想发送数据的机器必须先捕获令牌。令牌只有一个，因此每个时刻只会有一台机器在发送信息。发送结束，再重新产生一个令牌。令牌环工作原理描述如下。

（1）网上站点要求发送帧，必须等待空令牌。

（2）当获取空令牌，则将它改为忙令牌，后随数据帧；环内其他站点不能发送数据。

（3）环上站点接收、移位数据，并进行检测。如果与本站地址相同，则同时接收数据，接收完成后，设置相应标记。

（4）该帧在环上循环一周后，回到发送站，发送站检测相应标记后，将此帧移去。

（5）将忙令牌改成空令牌，继续传送，供后续站发送帧。

令牌环控制方法严格控制计算机发送数据的权利，避免冲突，不管规模多大的网络，都能保证传输的有效性。因此在骨干网络中得到广泛应用。这种技术方法已经定义为 IEEE802.5 标准。

7.3.3 局域网中常见的网络设备

除了计算机和通信介质之外，局域网需要配备各种通信设备才能完成数据传输功能。常见的网络设备连接设备有网卡、集线器、交换机、路由器、防火墙及无线局域网设备等。

1. 网卡

网卡也称网络适配器。网卡（Network Interface Card）的基本功能是实现计算机与传输介质之间的物理连接和电子信号匹配，接收和发送数据。网卡按其数据传送速率可分为：10 M 网卡、10/100 M 自适应网卡、1 000 M 网卡等几类。

2. 集线器

集线器（Hub）的主要功能是作为网络的集中连接点，如图 7-21 所示。

图 7-21 集线器

集线器的工作特点是，从一个端口传入的数据，会发送到其他所有端口。因此，集线器呈现的网络连接方式是星形的，但是实际的工作方式却是总线型、广播式的。市场上集线器已经逐步被交换机所取代。

3. 交换机

交换机与集线器相仿，交换机（Switch）也用作一种网络集中连接设备，如图 7-22 所示。交换机有几个不同于集线器的特点：交换机能够根据数据传送目的地址将数据发往指定接口；多个接口可以并发地通信；能够进行软件设置实现较为复杂的网络管理功能。

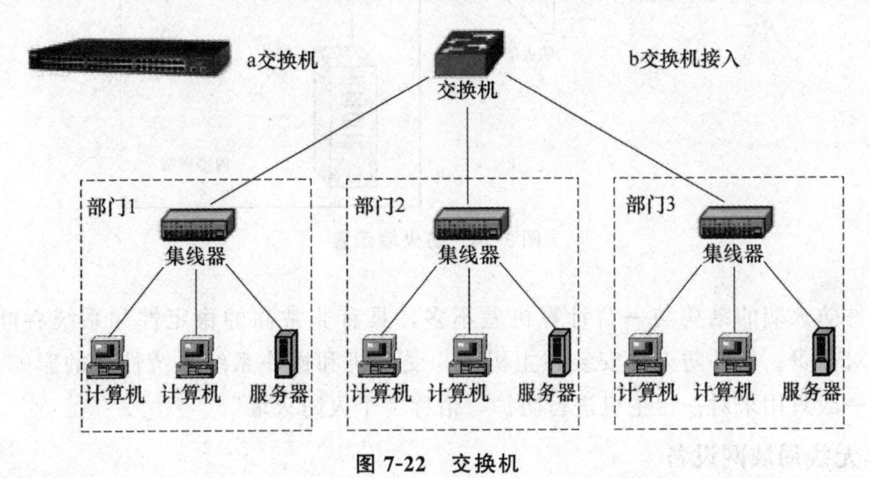

图 7-22　交换机

4. 路由器

路由器（Router）是一种网络层上的数据交换设备，基本功能是决定数据在通信网上的传送路径，即路由。路由器的主要功能包括：为网络之间提供物理连接手段；决定数据传输的有效路径；通过访问控制来保护网络安全；进行不同的网络协议转换等，如图 7-23 所示。在因特网的环境里，企业的内部网络要通过路由器和外部网络连接。这时，路由器起到网关（Gateway）设备的作用。

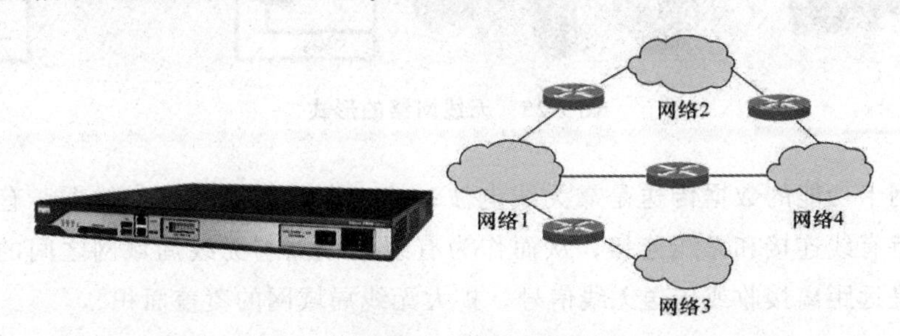

图 7-23　路由器

5. 防火墙

防火墙（Firewall）是一种网络安全保护设备，将网络分成内部网络和外部网络两部分。

人们认为内部网络是安全的、可信赖的，而外部网络则是不安全的。防火墙检查

进出内部网的信息流，防止未经授权的通信进出被保护的内部网络，如图 7-24 所示。防火墙有硬件防火墙和软件防火墙。

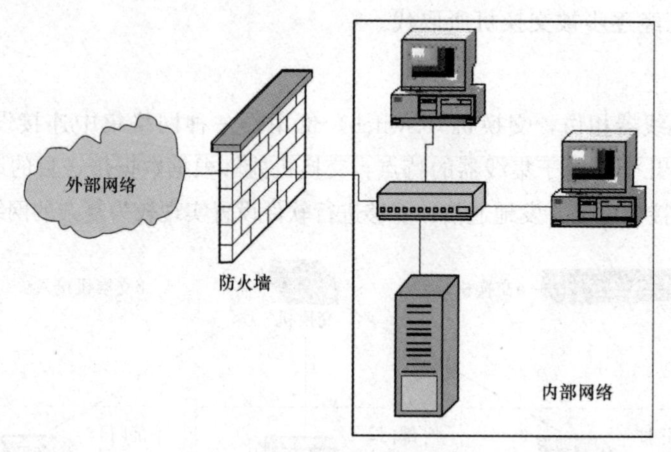

图 7-24　防火墙示意

硬件防火墙的结构与一台计算机差不多，具有非常高的稳定性和系统吞吐性能，价格相对昂贵。软件防火墙安装在主机中，受主机和操作系统系统性能的影响，效率较低，一般只用来对一台主机进行防护，俗称“个人防火墙”。

6. 无线局域网设备

笔记本计算机和智能手机的使用已经非常普遍了。要在旅途中或者身处荒山野岭仍然能够上网，只能借助无线网络。无线网络有多种形式，无线局域网 WLAN 是其中一种，主要设备包括：无线网卡、接入点、天线，如图 7-25 所示。

图 7-25　无线网络的形式

无线网卡功能的数据传送是靠无线电波；接入点设备相当于集线器，有的设备可以同时支持有线连接和无线连接，从而作为有线局域网与无线局域网之间的桥梁；天线的功能是远距离接收或传送无线信号，扩大无线局域网的覆盖面积。

7.4　因特网

因特网（Internet）是世界范围内众多广域网和局域网联结的产物。因特网就是位于世界各地的成千上万的计算机相互连接在一起形成的可以相互通信的计算机网络系统。它是全球最大的、最有影响力的计算机网络，也是全球开放的信息资源网。它是一个非常大的信息集合体，并且在不断地膨胀。因特网改变了人类社会通信、工作、娱乐以及很多其他活动的方式。它是基于TCP/IP体系建立的。

7.4.1　因特网的结构

因特网之所以能够在短时间内风靡全球，并不断地发展壮大，就是因为因特网有其独特的基本结构。

因特网是一种分层网络互联群体的结构。从直接用户的角度，可以把因特网作为一个单一的大网络来对待，这个大网可以被认为是允许任意数目的计算机进行通信的网络。因特网一般由主干网、中间层、底层网三层网络构成的。

(1) 主干网：是因特网的最高层，它是由NSFNET（国家科学基金会）、Milne（国防部）、NSI（国家宇航局）、ESNET（能源部）等政府提供的多个网络互联构成的。主干网是因特网的基础和支柱网。

(2) 中间层网：是由地区网络和商业用网络构成的。

(3) 底层网：处于因特网的最下层，主要是由大学和企业的网络构成。

因特网也称为由网络构成的网络（Network of Networks），因此，当考察因特网的组成时，人们更关心不同规模的网络是如何互连起来的。从网络互连的层次看，因特网就是用路由器所互连起来的网络的集合；从服务的角度看，孤立的网络是通过因特网服务提供商（Internet Service Provider，ISP）接入因特网的。

7.4.2　因特网的接入

家庭用户或单位用户要接入互联网，可通过某种通信线路连接到ISP（网络运营商），由ISP提供互联网的入网连接和信息服务。互联网接入是通过特定的信息采集与共享的传输通道，利用以下传输技术完成用户与IP广域网的高带宽、高速度的物理连接。从用户角度来看，又可以分为有线接入技术和无线接入技术，如图7-26所示。

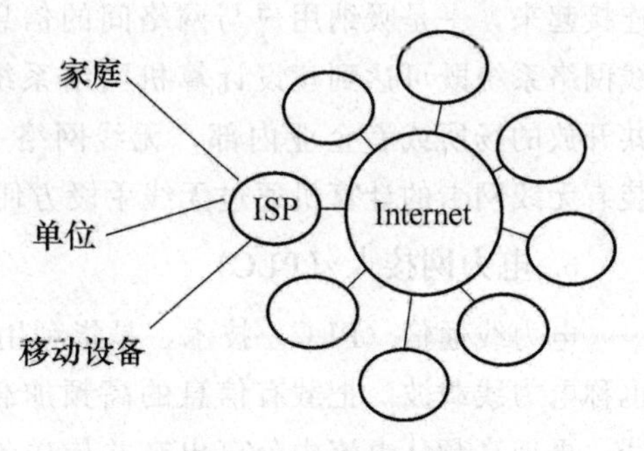

图7-26　ISP示意图

1. ADSL接入

非对称数字用户线系统（ADSL）可直接利用现有的电话线路，通过ADSL Modem后进行数字信息传输的一种技术。理论速率可达到8 Mbit/s的下行和1 Mbit/s的上行，传输距离可达4～5 km。ADSL2＋速率可达24 Mbit/s下行和1 Mbit/s上行。另外，最新的VDSL2技术可以达到上下行各100 Mbit/s的速率。特点是速率稳定、带宽独享、语音数据不干扰等。适用于家庭，个人等用户的大多数网络应用需求，满足一些宽带业务包括IPTV、视频点播（VOD），远程教学，可视电话，多媒体检索，

LAN 互联，Internet 接入等。

2. HFC 接入

光纤和同轴电缆混合网（HFC）是一种基于有线电视网络铜线资源的接入方式。具有专线上网的连接特点，允许用户通过有线电视网实现高速接入互联网。适用于拥有有线电视网的家庭、个人或中小团体。特点是速率较高，接入方式方便（通过有线电缆传输数据，不需要布线），可实现各类视频服务、高速下载等。缺点在于基于有线电视网络的架构是属于网络资源分享型的，当用户激增时，速率就会下降且不稳定，扩展性不够。

3. 光纤宽带接入

光纤接入技术是通过光纤接入到小区结点或楼道，再由网线连接到各个共享点上（一般不超过 100 m），提供一定区域的高速互联接入。其特点是速率高，抗干扰能力强，适用于家庭，个人或各类企事业团体，可以实现各类高速率的互联网应用（视频服务、高速数据传输、远程交互等）；其缺点是一次性布线成本较高。

4. 无源光网络（PON）

无源光网络（PON）是一种点对多点的光纤传输和接入技术，局端到用户端最大距离为 20 km，接入系统总的传输容量为上行和下行各 155 Mbit/s/622 Mbit/s/1 Gbit/s，由各用户共享，每个用户使用的带宽可以以 64k bit/s 步进划分。特点是接入速率高，可以实现各类高速率的互联网应用（视频服务、高速数据传输、远程交互等），缺点是一次性投入较大。

5. 无线网络

无线接入技术是一种有线接入的延伸技术，是通过无线介质将用户与网络结点来连接起来，一是吸纳用户与网络间的信息传递。无线接入可以减少使用电线连接，无线网络系统既可达到建设计算机网络系统的目的，又可让设备自由安排和搬动。在公共开放的场所或者企业内部，无线网络一般会作为已存在有线网络的一个补充方式，装有无线网卡的计算机通过无线手段方便接入互联网。

6. 电力网接入（PLC）

电力线通信（PLC）技术，是指利用电力线传输数据和媒体信号的一种通信方式，也称电力线载波。把载有信息的高频加载于电流，然后用电线传输到接受信息的适配器，再把高频从电流中分离出来并传送到计算机或电话。PLC 属于电力通信网，包括 PLC 和利用电缆管道和电杆铺设的光纤通信网等。电力通信网的内部应用，包括电网监控与调度、远程抄表等。面向家庭上网的 PLC，俗称电力宽带，属于低压配电网通信。

7. 4. 3　因特网的地址编制和域名

1. IP 地址

因特网里每一台计算机和路由器都有一个由授权机构分配的唯一的地址，网上机

器的这个唯一标识称为 IP 地址。现在常见的 IP 地址，分为 IPv4 与 IPv6 两大类。

IPV4 采用 32 位的二进制数编码，为了方便用户的理解和记忆，写为点分十进制形式。即每 8 位用十进数表示，中间用“.”分隔。例如，10111101001011010101101111100010 写作 189.45.91.26。

最初设计互联网络时，为了便于寻址以及层次化构造网络，每个 IP 地址包括两个标志码即网络 ID 和主机 ID。同一个物理网络上的所有主机都是用同一个网络 ID，网络上的一个主机（包括网络上的服务器和路由器等）有一个主机 ID 与其对应。Internet 委员会定义了 5 种 IP 地址类型以适合不同容量的网络，即 A 类～E 类。其中 A、B、C 三类是由 InternetNIC 在全球范围内同一分配，D 类和 E 类是特殊地址。IP 地址采用高位字节的高位来标识地址类别。IP 地址编码方案如图 7-27 所示。

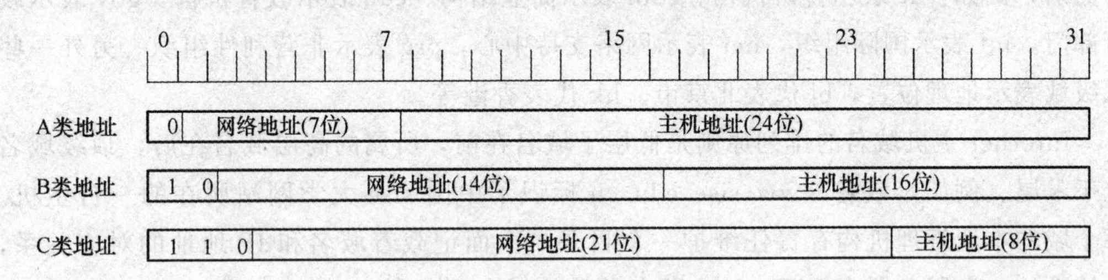

图 7-27　IP 地址的编码方案

用户一般只使用 A、B、C 类地址，每类地址表示的实际网络数和主机数要比理论的小，这是因为每类地址中都有一些特殊用途的地址，这类 IP 地址是不用申请可直接用于企业内部网的，这就是私有地址，私有地址不会被 Internet 上的任何路由器转发，欲接入 Internet 必须要通过 NAT/PAT 转换，以公有 IP 的形式接入。这些私为地址为：10.0.0.0—10.255.25.255（一个 A 类地址），172.16.0.0—172.31.255.255（16 个 B 类地址），192.168.0.0　192.168.255.255（256 个 C 类地址）。

从计算机本身发展以及 Internet 规模和网络传输速率来看 IPv4 已经不能满足时代的需求，32 位的 IP 地址已经不够用。最好的解决办法是采用下一代具有更大的地址空间的网际协议 IPv6。IPv6 采用 128 位地址长度，几乎可以不受限制地提供地址。IPv6 的设计过程中除解决了地址短缺问题外，还将解决 IPv4 的其他一些问题，如端到端的 IP 连接、服务质量、安全性、多播、移动性、即插即用等。IPv4 将逐渐向 IPv6 过渡。

IP 地址难以记忆，为方便起见，Internet 使用域名系统 DNS（Domain Name System）来标识一台计算机。DNS 的核心是分层次的、基于域（Domain）的机器命名机制，主要用来把应用中的主机名字、电子邮件地址等机器标识映射为 IP 地址。

2. 域名

如邮政地址先区分国家，后区分省、市、街道、门牌号码一样，DNS 将整个 Internet 划分为几百个顶级域，规定了每个顶级域的名字。如表 7-1 所示，一类顶级域表示机构类型、另一类表示国家。如 com 是商业机构、edu 是学校、cn 是中国。

表 7-1 顶级域名

顶级域名	使用结构或国家	顶级域名	使用结构或国家
com	商业组织	net	主要网络支持中心
edu	教育机构	org	其他的组织
gov	政府部门	int	国际组织
mil	军事部门	国家代码	各个国家，中国的代码是 cn

顶级域的下面可以定义树型的子域，分由不同组织管理。中国互联网信息中心（CNNIC）负责管理我国的顶级域。它将 cn 域划分为多个二级域。一些二级域表示结构类别，例如，ac 表示科研机构、com 表示商业结构、edu 表示教育机构，gov 表示政府部门，int 表示国际组织，net 表示网络支持中心，org 表示非营利性组织。另外一些二级域表示地理位置，bj 代表北京市、hk 代表香港等。

Internet 主机域名的排列原则是低层子域名在前，所属的高层域名在后，顶级域名位于末尾。例如，域名 www. sise. edu. cn 标识了中国 sise 大学网站所在的一台主机。每个域的本地管理机构有责任维护一个目录，上面记载着域名和 IP 地址的对应关系，由域内的一台服务器来管理，这台服务器称为域名服务器（Domain Name Server）。当程序请求访问一个域名的时候，域名服务器负责将域名转换为对应的 IP 地址。因特网上所有的域名服务器一起组成因特网全球地址目录系统。

7.4.4 因特网的典型应用

因特网是个覆盖全世界的信息中心，因特网的应用已经使人类社会的生产方式、生活方式产生了巨变。千千万万“网民”已经不能离开下面所描述的网络服务。因特网的典型应用有 WWW 服务、邮件服务、文件传输服务、远程登录服务等。

1. WWW 服务

WWW（World Wide Web）的中文名为万维网，它的出现是 Internet 发展中的里程碑

WWW 服务是 Internet 上最方便、最受用户欢迎的信息服务之一。它的影响力已经远远超出原本用来发布高能物理技术数据的范畴，广泛地进入各种各样社会领域，包括信息服务、电子商务、远程教育、远程医疗等。

在 WWW 中，信息是用超文本方式组织的。超文本文件以网页（Web Page）的形式组织内容相关的一组网页称为网站（Web Site），一个网站通常驻留在网络上的一台主机里面，网站的第一个网页称为主页（Home Page）。

Web 服务器和浏览器之间，按照超文本传输协议 HTTP（Hyper Text Transfer Protocol）进行网页多媒体数据的传送。

2. 电子邮件

电子邮件（E-mail）是因特网上最早出现的服务之一。电子邮件系统采用了客户/服务器的方式，电子邮件的发送与接受有 E-mail 客户机程序和服务器程序共同完成。

邮件服务器与其他程序协同工作。该系统使用 SMTP（简单邮件传送协议）或 ESMTP（扩展 SMTP）来发送电子邮件，使用 POP3（电子邮局协议 3）或 IMAP（因特网消息访问协议）来接收电子邮件。当发送电子邮件消息时，电子邮件程序，如 Outlook 或 Eudora，发送消息到邮件服务器，它再依次发送到其他邮件服务器或同一服务器的保存区，过后再发送出去。

3. 文件传输服务

文件传输是依靠文件传输协议（FTP）实现的，它的基本思想是客户机利用类似于远程登录的方法登录到 FTP 服务器，然后利用该机文件系统的命令进行操作。

FTP 是文件传输协议的英文简称，用于 Internet 上的控制文件的双向传输。同时，它也是一个应用程序。用户可以通过它把自己的 PC 与世界各地所有运行 FTP 协议的服务器相连，访问服务器上的大量程序和信息。FTP 的主要作用，就是让用户连接上一个远程计算机（这些计算机上运行着 FTP 服务器程序）查看远程计算机有哪些文件，然后把文件从远程计算机上复制到本地计算机，或把本地计算机的文件送到远程计算机去。

4. 远程登录服务

利用远程登录（Remote Log-on）服务，一个用户可以和网上另一地点的远程登录服务器接通，按照远程机器上运行的操作系统注册过程，成为那台计算机的合法终端用户。远程登录基于 TCP/IP 体系的 Telnet 协议实现。协议的核心是网络虚拟终端机的定义任何 Telnet 服务器都以单一方式和定义在任何 Telnet 客户机上的网络虚拟终端通信。

7.5 计算机网络安全

随着计算机网络的不断发展，网络系统的硬件、软件及其系统中的数据因为偶然的或者恶意的原因而遭受到破坏、更改、泄露，系统不能连续正常地运行，网络服务中断等安全方面的问题也随之而来。

7.5.1 计算机网络安全威胁的因素

网络安全从其本质上来讲就是网络上的信息安全。从广义来说，凡是涉及网络上信息的保密性、完整性、可用性、真实性和可控性的相关技术和理论都是网络安全的研究领域。

1. 主要存在的网络信息安全威胁

网络安全威胁是指某个人、物或事件对网络资源的保密性、完整性、可用性和可审查性所造成的危害。目前主要存在 4 类网络信息安全方面的威胁：信息泄露、拒绝服务、信息完整性破坏和信息的非法使用。

(1) 信息泄露。信息被有意或无意中泄露后透漏给某个未授权的实体，这种威胁主要来自诸如搭线窃听或其他更加错综复杂的信息探测攻击。

（2）拒绝服务。对信息或其他资源的合法访问被无条件地阻止。这可能是由以下攻击所致：攻击者不断对网络服务系统进行干扰，通过对系统进行非法的、根本无法成功的访问尝试而产生过量的负载，执行无关程序使系统响应减慢甚至瘫痪，从而导致系统资源对于合法用户也是不可使用的。拒绝服务攻击频繁发生，也可能是系统在物理上或逻辑上受到破坏而中断服务。由于这种攻击往往使用虚假的源地址，因此很难定位攻击者的位置。

（3）信息完整性破坏。以非法手段窃得的对数据的使用权，删除、修改、插入或重发某些重要信息，以取得有益于攻击者的响应；恶意添加、修改数据、以干扰用户的正常使用，使数据的一致性通过未授权实体的创建、修改或破坏而受到损坏。

（4）信息的非法使用。某一资源被某个未授权的人以某一未授权的方式使用。这种威胁的例子有：侵入某个计算机系统的攻击者会利用此系统作为盗用电信服务的基点或者作为侵入其他系统的出发点。

2. 威胁网络信息安全的具体方式

威胁网络信息安全的具体方式表现在以下 8 个方面。

（1）假冒：某个实体（人或系统）假装成另外一个不同的实体，这是渗入某个安全防线的最为通用的方法。

（2）旁路控制：除了给用户提供正常的服务外，还将传输的信息送给其他用户，这就是旁路。旁路非常容易造成信息的泄密，如攻击者通过各种手段利用原本应保密但又暴露出来的一些系统特征渗入系统内部。

（3）特洛伊木马：特洛伊程序一般是由编程人员编制，它除了提供正常的功能外还提供了用户所不希望的额外功能，这些额外功能往往是有害的。

（4）蠕虫：蠕虫可以从一台机器传播，它同病毒不一样，不需要修改宿主程序就能传播。

（5）陷门：一些内部程序人员为了特殊的目的，在所编制的程序中潜伏代码或保留漏洞。在某个系统或某个文件中设置的“机关”，当提供特定的输入数据时，便允许违反安全策略。

（6）黑客攻击：黑客的行为是指涉及阻挠计算机系统正常运行或利用、借助和通过计算机系统进行犯罪的行为。

（7）拒绝服务攻击：一种破坏性攻击、最普遍的拒绝服务攻击是“电子邮件炸弹”。

（8）泄露机密信息：系统内部人员泄露机密或外部人员通过非法手段截获机密信息。

7.5.2　计算机网络安全分析

1. 物理安全分析

网络的物理安全是整个网络系统安全的前提。在校园网工程建设中，由于网络系统属于弱电工程，耐压值很低。因此，在网络工程的设计和施工中，必须优先考虑保护人和网络设备不受电、火灾和雷击的侵害；考虑布线系统与照明电线、动力电线、

通信线路、暖气管道及冷热空气管道之间的距离；考虑布线系统和绝缘线、裸体线以及接地与焊接的安全；必须建设防雷系统，防雷系统不仅考虑建筑物防雷，还必须考虑计算机及其他弱电耐压设备的防雷。总体来说物理安全的风险主要有，地震、水灾、火灾等环境事故；电源故障；人为操作失误或错误；设备被盗、被毁；电磁干扰；线路截获；高可用性的硬件；双机多冗余的设计；机房环境及报警系统、安全意识等，因此要尽量避免网络的物理安全风险。

2. 网络结构的安全分析

网络拓扑结构设计也直接影响到网络系统的安全性。假如在外部和内部网络进行通信时，内部网络的机器安全就会受到威胁，同时也影响在同一网络上的许多其他系统。透过网络传播，还会影响到连上 Internet/Intrant 的其他的网络；还可能涉及法律、金融等安全敏感领域。因此，在设计时有必要将公开服务器（Web、DNS、E-mail 等）和外网及内部其他业务网络进行必要的隔离，避免网络结构信息外泄；同时还要对外网的服务请求加以过滤，只允许正常通信的数据包到达相应主机，其他的请求服务在到达主机之前就应该遭到拒绝。

3. 系统的安全分析

系统的安全是指整个网络操作系统和网络硬件平台是否可靠且值得信任。目前恐怕没有绝对安全的操作系统可以选择，无论是微软公司的 Windows NT 或者其他任何商用 UNIX 操作系统，其开发厂商必然有其 Back－Door。因此，可以得出如下结论：没有完全安全的操作系统。不同的用户应从不同的方面对其网络作详尽的分析，选择安全性尽可能高的操作系统。因此不但要选用尽可能可靠的操作系统和硬件平台，并对操作系统进行安全配置。而且，必须加强登录过程的认证（特别是在到达服务器主机之前的认证），确保用户的合法性；其次应该严格限制登录者的操作权限，将其完成的操作限制在最小的范围内。

4. 应用系统的安全分析

应用系统的安全跟具体的应用有关，它涉及面广。应用系统的安全是动态的、不断变化的。应用的安全性也涉及信息的安全性，它包括很多方面。

(1) 应用系统的安全是动态的、不断变化的。

应用的安全涉及方面很多，以目前 Internet 上应用最为广泛的 E-mail 系统来说，其解决方案有 Sendmail、Netscape Messaging Server、Office、Lotus Notes、Exchange Server、SUN CIMS 等不下二十多种。其安全手段涉及 LDAP、DES、RSA 等各种方式。应用系统是不断发展且应用类型是不断增加的。在应用系统的安全性上，主要考虑尽可能建立安全的系统平台，而且通过专业的安全工具不断发现漏洞，修补漏洞，提高系统的安全性。

(2) 应用的安全性涉及信息、数据的安全性。

信息的安全性涉及机密信息泄露、未经授权的访问、破坏信息完整性、假冒、破坏系统的可用性等。在某些网络系统中，涉及很多机密信息，如果一些重要信息遭到

窃取或破坏，它的经济、社会影响和政治影响将是很严重的。因此，对用户使用计算机必须进行身份认证，对于重要信息的通信必须授权，传输必须加密。采用多层次的访问控制与权限控制手段，实现对数据的安全保护；采用加密技术，保证网上传输的信息（包括管理员口令与账户、上传信息等）的机密性与完整性。

5. 管理的安全风险分析

管理是网络中安全最最重要的部分。责权不明，安全管理制度不健全及缺乏可操作性等都可能引起管理安全的风险。当网络出现攻击行为或网络受到其他一些安全威胁时（如内部人员的违规操作等），无法进行实时的检测、监控、报告与预警。同时，当事故发生后，也无法提供黑客攻击行为的追踪线索及破案依据，即缺乏对网络的可控性与可审查性。这就要求我们必须对站点的访问活动进行多层次的记录，及时发现非法入侵行为。

建立全新网络安全机制，必须深刻理解网络并能提供直接的解决方案，因此，最可行的做法是制定健全的管理制度和严格管理相结合。保障网络的安全运行，使其成为一个具有良好的安全性、可扩充性和易管理性的信息网络便成为了首要任务。一旦上述的安全隐患成为事实，所造成的对整个网络的损失都是难以估计的。

7.5.3 计算机网络安全的关键技术

1. 防火墙技术

网络防火墙技术是一种用来加强网络之间访问控制，防止外部网络用户以非法手段通过外部网络进入内部网络，访问内部网络资源，保护内部网络操作环境的特殊网络互联设备，它对两个或多个网络之间传输的数据包如链接方式按照一定的安全策略来实施检查，以决定网络之间的通信是否被允许，并监视网络运行状态。

防火墙的主要功能如下。

(1) 网络安全的屏障。一个防火墙（作为阻塞点、控制点）能极大地提高一个内部网络的安全性，并通过过滤不安全的服务而降低风险。由于只有经过精心选择的应用协议才能通过防火墙，所以网络环境变得更安全。

(2) 强化网络安全策略。通过以防火墙为中心的安全方案配置，能将所有安全软件（如口令、加密、身份认证、审计等）配置在防火墙上。

(3) 对网络存取和访问进行监控审计。如果所有的访问都经过防火墙，那么，防火墙就能记录下这些访问并做出日志记录，同时也能提供网络使用情况的统计数据。当发生可疑动作时，防火墙能进行适当的报警，并提供网络是否受到监测和攻击的详细信息。

(4) 防止内部信息的外泄。通过利用防火墙对内部网络的划分，可实现内部网重点网段的隔离，从而限制了局部重点或敏感网络安全问题对全局网络造成的影响。

2. 防病毒技术

随着计算机技术的发展，计算机病毒变得越来越复杂和高级，计算机病毒防范不仅仅是一个产品、一个策略或一个制度，它是一个汇集了硬件、软件、网络、以及它们之间相互关系和接口的综合系统。从反病毒产品对计算机病毒的作用来讲，防毒技术可以直观地分为：病毒预防技术、病毒检测技术及病毒清除技术。

(1) 计算机病毒的预防技术

计算机病毒的预防技术就是通过一定的技术手段防止计算机病毒对系统的传染和破坏。实际上这是一种动态判定技术，即一种行为规则判定技术。也就是说，计算机病毒的预防是采用对病毒的规则进行分类处理，而后在程序运作中凡有类似的规则出现则认定是计算机病毒。具体来说，计算机病毒的预防是通过阻止计算机病毒进入系统内存或阻止计算机病毒对磁盘的操作，尤其是写操作。

预防病毒技术包括：磁盘引导区保护、加密可执行程序、读写控制技术、系统监控技术等。例如，大家所熟悉的防病毒卡，其主要功能是对磁盘提供写保护，监视在计算机和驱动器之间产生的信号。以及可能造成危害的写命令，并且判断磁盘当前所处的状态：哪一个磁盘将要进行写操作，是否正在进行写操作，磁盘是否处于写保护等，来确定病毒是否将要发作。

计算机病毒的预防应用包括对已知病毒的预防和对未知病毒的预防两个部分。目前，对已知病毒的预防可以采用特征判定技术或静态判定技术，而对未知病毒的预防则是一种行为规则的判定技术，即动态判定技术。

(2) 检测病毒技术

计算机病毒的检测技术是指通过一定的技术手段判定出特定计算机病毒的一种技术。它有以下两种。

①根据计算机病毒的关键字、特征程序段内容、病毒特征及传染方式、文件长度的变化在特征分类的基础上建立的病毒检测技术。

②不针对具体病毒程序的自身校验技术。即对某个文件或数据段进行检验和计算并保存其结果，以后定期或不定期地以保存的结果对该文件或数据段进行检验，若出现差异，即表示该文件或数据段完整性已遭到破坏，感染上了病毒，从而检测到病毒的存在。

(3) 清除病毒技术

计算机病毒的清除技术是计算机病毒检测技术发展的必然结果，是计算机病毒传染程序的一种逆过程。目前，清除病毒大都是在某种病毒出现后，通过对其进行分析研究而研制出来的具有相应解毒功能的软件。这类软件技术发展往往是被动的，带有滞后性。而且由于计算机软件所要求的精确性，解毒软件有其局限性，对有些变种病毒的清除无能为力。目前市场上流行的 Intel 公司的 PC _ CILLIN、Central Point 公司的 CPAV，及我国的 LANClear 和 Kill89 等产品均采用上述三种防病毒技术。

3. 安全扫描技术

安全扫描技术是为使系统管理员能够及时了解系统中存在的安全漏洞，并采取相应防范措施，从而降低系统的安全风险而发展起来的一种安全技术。利用扫描技术，可以对局域网络、Web 站点、主机操作系统、系统服务以及防火墙系统的安全漏洞进

行扫描，系统管理员可以了解在运行的网络系统中存在的不安全的网络服务，以及在操作系统上存在的可能导致攻击的安全漏洞。

安全扫描技术主要分为两类：主机安全扫描技术和网络安全扫描技术。

①主机安全扫描技术是通过执行一些脚本文件模拟对系统进行攻击的行为并记录系统的反应，从而发现其中的漏洞。

②网络安全扫描技术则主要针对系统中不合适的设置脆弱的口令，以及针对其他同安全规则抵触的对象进行检查等。

一次完整的安全扫描分为三个阶段：发现目标主机或网络；发现目标后进一步搜集目标信息，包括操作系统类型、运行的服务以及服务软件的版本等。如果目标是一个网络，还可以进一步发现该网络的拓扑结构、路由设备以及各主机的信息。根据搜集到的信息判断或者进一步测试系统是否存在安全漏洞。

4. VPN 的关键技术

VPN 即虚拟专用网，是通过一个公用网络（通常是因特网）建立一个临时的、安全的连接，是一条穿过混乱的公用网络的安全、稳定的隧道。通常，VPN 是对企业内部网的扩展，通过它可以帮助远程用户、公司分支机构、商业伙伴及供应商同公司的内部网建立可信的安全连接，并保证数据的安全传输。VPN 可用于不断增长的移动用户的全球因特网接入，以实现安全连接；可用于实现企业网站之间安全通信的虚拟专用线路，用于经济有效地连接到商业伙伴和用户的安全外联网虚拟专用网。VPN 的关键技术如下。

（1）加密技术

数据加密的基本思想是通过变换信息的表示形式来伪装需要保护的敏感信息，使非受权者不能了解被保护信息的内容。加密算法有用于 Windows 的 RC4、用于 IPSec 的 DES 和三次 DES。RC4 虽然强度比较弱，但是保护免于非专业人士的攻击已经足够了；DES 和三次 DES 强度比较高，可用于敏感的商业信息。

加密技术可以在协议栈的任意层进行。

在网络层中的加密标准是 IPSec，可以对数据或报文头进行加密。网络层加密实现的最安全方法是在主机的端到端进行。也可以选择“隧道模式”：加密只在路由器中进行，而终端与第一跳路由之间不加密。“隧道模式”不太安全，因为数据从终端系统到第一条路有时可能被截取而危及数据安全。终端到终端的加密方案中，VPN 安全粒度达到个人终端系统的标准；而“隧道模式”方案，VPN 安全粒度只达到子网标准。

在链路层中，目前还没有统一的加密标准，因此所有链路层加密方案基本上是生产厂家自己设计的，需要特别的加密硬件。

（2）隧道技术

L2TP 是 L2F（Layer 2 Forwarding）和 PPTP 的结合。但是由于 PC 的桌面操作系统包含着 PPTP，因此 PPTP 仍比较流行。隧道的建立有两种方式即：“用户初始化”隧道和“NAS 初始化”（Network Access Server）隧道。前者一般指“主动”隧道，后者指“强制”隧道。“主动”隧道是用户为某种特定目的的请求建立的，而“强制”隧道则是在没有任何来自用户的动作以及选择的情况下建立的。

L2TP 作为“强制”隧道模型是让拨号用户与网络中的另一点建立连接的重要机制。建立过程如下。

①用户通过 Modem 与 NAS 建立连接。

②用户通过 NAS 的 L2TP 接入服务器身份认证。

③在政策配置文件或 NAS 与政策服务器进行协商的基础上的基础上，NAS 和 L2TP 接入服务器动态地建立一条 L2TP 隧道。

④用户与 L2TP 接入服务器之间建立一条点到点协议（Pointto Point Protocol，PPP）访问服务隧道。

⑤用户通过该隧道获得 VPN 服务。

与之相反的是，PPTP 作为“主动”隧道模型允许终端系统进行配置，与任意位置的 PPTP 服务器建立一条不连续的、点到点的隧道。并且，PPTP 协商和隧道建立过程都没有中间媒介 NAS 的参与。NAS 的作用只是提供网络服务。PPTP 建立过程如下。

①用户通过串口以拨号 IP 访问的方式与 NAS 建立连接取得网络服务。

②用户通过路由信息定位 PPTP 接入服务器。

③用户形成一个 PPTP 虚拟接口。

④用户通过该接口与 PPTP 接入服务器协商、认证建立一条 PPP 访问服务隧道。

⑤用户通过该隧道获得 VPN 服务。

在 L2TP 中，用户感觉不到 NAS 的存在，仿佛与 PPTP 接入服务器直接建立连接。而在 PPTP 中，PPTP 隧道对 NAS 是透明的；NAS 不需要知道 PPTP 接入服务器的存在，只是简单地把 PPTP 流量作为普通 IP 流量处理。

采用 L2TP 还是 PPTP 实现 VPN 取决于要把控制权放在 NAS 还是用户手中。L2TP 比 PPTP 更安全，因为 L2TP 接入服务器能够确定用户从哪里来的。L2TP 主要用于比较集中的、固定的 VPN 用户，而 PPTP 比较适合移动的用户。

情景思考

当你滑动你的手指网上购物时，你的手机上或计算机上的信息是如何传递到购物平台的服务器？需要具备什么样的网络条件？在这个过程中涉及哪些网络安全问题？应该如何防范？

【导读】云计算

云计算（Cloud Computing）是基于互联网的相关服务的增加、使用和交付模式，通常涉及通过互联网来提供动态易扩展且经常是虚拟化的资源。云是网络、互联网的一种比喻说法。过去在图中往往用云来表示电信网，后来也用来表示互联网和底层基础设施的抽象。因此，云计算甚至可以让你体验每秒 10 万亿次的运算能力，拥有这么强大的计算能力可以模拟核爆炸、预测气候变化和市场发展趋势。用户通过计算机、笔记本、手机等方式接入数据中心，按自己的需求进行运算。

对云计算的定义有多种说法。对于到底什么是云计算，至少可以找到 100 种解释。

现阶段广为接受的是美国国家标准与技术研究院（NIST）定义：云计算是一种按使用量付费的模式，这种模式提供可用的、便捷的、按需的网络访问，进入可配置的计算资源共享池（资源包括网络，服务器，存储，应用软件，服务），这些资源能够被快速提供，只需投入很少的管理工作，或与服务供应商进行很少的交互。

云计算（Cloud Computing）是分布式计算（Distributed Computing）、并行计算（Parallel Computing）、效用计算（Utility Computing）、网络存储（Network Storage Technologies）、虚拟化（Virtualization）、负载均衡（Load Balance）、热备份冗余（High Available）等传统计算机和网络技术发展融合的产物。

被普遍接受的云计算特点如下：

(1) 超大规模："云"具有相当的规模，Google云计算已经拥有100多万台服务器，Amazon、IBM、微软、Yahoo等公司的"云"均拥有几十万台服务器。企业私有云一般拥有数百上千台服务器。"云"能赋予用户前所未有的计算能力。

(2) 虚拟化：云计算支持用户在任意位置、使用各种终端获取应用服务。所请求的资源来自"云"，而不是固定的有形的实体。应用在"云"中某处运行，但实际上用户无须了解、也不用担心应用运行的具体位置。只需要一台笔记本或者一个手机，就可以通过网络服务来实现我们需要的一切，甚至包括超级计算这样的任务。

(3) 高可靠性："云"使用了数据多副本容错、计算结点同构可互换等措施来保障服务的高可靠性，使用云计算比使用本地计算机可靠。

(4) 通用性：云计算不针对特定的应用，在"云"的支撑下可以构造出千变万化的应用，同一个"云"可以同时支撑不同的应用运行。

(5) 高可扩展性："云"的规模可以动态伸缩，满足应用和用户规模增长的需要。

(6) 按需服务："云"是一个庞大的资源池，用户按需购买；云可以像自来水，电，煤气那样计费。

(7) 极其廉价：由于"云"的特殊容错措施可以采用极其廉价的结点来构成云，"云"的自动化集中式管理使大量企业无须负担日益高昂的数据中心管理成本，"云"的通用性使资源的利用率较之传统系统大幅提升，因此用户可以充分享受"云"的低成本优势，经常只要花费几百美元、几天时间就能完成以前需要数万美元、数月时间才能完成的任务。

云计算可以彻底改变人们未来的生活，但同时也要重视环境问题，这样才能真正为人类进步做贡献，而不是简单的技术提升。

(8) 潜在的危险性：云计算服务除了提供计算服务外，还必然提供了存储服务。但是云计算服务当前垄断在私人机构（企业）手中，而他们仅仅能够提供商业信用。对于政府机构、商业机构（特别像银行这样持有敏感数据的商业机构）对于选择云计算服务应保持足够的警惕。一旦商业用户大规模使用私人机构提供的云计算服务，无论其技术优势有多强，都不可避免地让这些私人机构以"数据（信息）"的重要性挟制整个社会。对于信息社会而言，"信息"是至关重要的。另一方面，云计算中的数据对于数据所有者以外的其他用户云计算用户是保密的，但是对于提供云计算的商业机构而言确实毫无秘密可言。所有这些潜在的危险，是商业机构和政府机构选择云计算服务、特别是国外机构提供的云计算服务时，不得不考虑的一个重要的前提。

云计算主要经历了四个阶段才发展到现在这样比较成熟的水平，这四个阶段依次是电厂模式、效用计算、网格计算和云计算。

(1) 电厂模式阶段. 电厂模式就好比是利用电厂的规模效应，来降低电力的价格，并让用户使用起来更方便，且无须维护和购买任何发电设备。

(2) 效用计算阶段。在1960年左右，当时计算设备的价格是非常高昂的，远非普通企业、学校和机构所能承受，所以很多人产生了共享计算资源的想法。1961年，人工智能之父麦肯锡在一次会议上提出了“效用计算”这个概念，其核心借鉴了电厂模式，具体目标是整合分散在各地的服务器、存储系统以及应用程序来共享给多个用户，让用户能够像把灯泡插入灯座一样来使用计算机资源，并且根据其所使用的量来付费。但由于当时整个IT产业还处于发展初期，很多强大的技术还未诞生，比如互联网等，所以虽然这个想法一直为人称道，但是总体而言“叫好不叫座”。

(3) 网格计算阶段。网格计算研究如何把一个需要非常巨大的计算能力才能解决的问题分成许多小的部分，然后把这些部分分配给许多低性能的计算机来处理，最后把这些计算结果综合起来攻克大问题。可惜的是，由于网格计算在商业模式、技术和安全性方面的不足，使得其并没有在工程界和商业界取得预期的成功。

(4) 云计算阶段。云计算的核心与效用计算和网格计算非常类似，也是希望IT技术能像使用电力那样方便，并且成本低廉。但与效用计算和网格计算不同的是，2014年在需求方面已经有了一定的规模，同时在技术方面也已经基本成熟了。云计算可以认为包括以下几个层次的服务：基础设施即服务（IaaS），平台即服务（PaaS）和软件即服务（SaaS）。

①IaaS（Infrastructure-as-a-Service）。基础设施即服务。消费者通过Internet可以从完善的计算机基础设施获得服务。例如，硬件服务器租用。

②PaaS（Platform-as-a-Service）。平台即服务。PaaS实际上是指将软件研发的平台作为一种服务，以SaaS的模式提交给用户。因此，PaaS也是SaaS模式的一种应用。但是，PaaS的出现可以加快SaaS的发展，尤其是加快SaaS应用的开发速度。例如，软件的个性化定制开发。

③SaaS（Software-as-a-Service）。软件即服务。它是一种通过Internet提供软件的模式，用户无须购买软件，而是向提供商租用基于Web的软件，来管理企业经营活动。例如：阳光云服务器。

习　题

1. 选择题

(1) 随着微型计算机的广泛应用，大量的微型计算机是通过局域网连入广域网，而局域网与广域网的互联是通过（ ）实现的。

A. 通信子网　B. 路由器　C. 城域网　D. 电话交换网

（2）利用各种通信手段，把地理上分散的计算机有机的连接在一起，达到相互通信而且共享软件、硬件和数据的系统属于（ ）。

A. 计算机网络　B. 终端分时系统

C. 分布式计算机系统　D. 多机系统

（3）在OSI参考模型中，第 N 层与它之上的第 $N+1$ 层的关系是（ ）。

A. 第 N 层与第 $N+1$ 层相互没有影响

B. 第 N 层为第 $N+1$ 层提供服务

C. 第 $N+1$ 层将从第 N 层接收的报文添加一个报头

D. 第 N 层使用第 $N+1$ 层提供的服务

（4）在TCP/IP参考模型的层次中，解决计算机之间通信问题是在（ ）。

A. 应用层　B. 传输层

C. 互联网络层　D. 网络接口层

（5）在常用的传输介质中，（ ）的带宽最宽，信号传输衰减最小，抗干扰能力最强。

A. 同轴电缆　B. 双绞线　C. 光纤　D. 微波

（6）下列哪一种交换方式实时性最好？（ ）

A. 报文交换　B. 虚电路分组交换

C. 电路交换　D. 数据报分组交换

（7）在Internet上浏览信息时WWW浏览器和WWW服务器之间传输网页使用的协议是（ ）。

A. IP　B. HTTP　C. FTP　D. TELNET

（8）在TCP/IP体系结构中，TCP/IP的传输层协议使用哪一种地址形式将数据传送给上层应用程序？（ ）。

A. IP地址　B. MAC地址

C. 套接字（Socket）地址　D. 端口号

2. 简答题

（1）计算机网络向用户可以提供那些服务？

（2）计算机网络都有哪些类别？各种类别的网络都有哪些特点？

（3）计算机网络的安全因素有哪些？

（4）计算机网络的安全分析有哪些？

第8章 数据库技术与应用

随着计算机信息化的不断发展，数据库技术已经属于应用最为广泛的技术之一。数据库技术专门研究如何高效地组织和存储数据，如何快速获取和处理数据。

本章主要介绍数据库技术相关概念，关系数据库，数据库新发展等多个方面的数据库的技术及应用。

数据的用途

日常生活中，人们几乎每天都在与各种各样的数据表格打交道，如入学时的学生登记表，期末时收到的学生成绩单，超市购物后的购物清单小票，每个月的水电费清单等。这些表格数据在计算机系统里是怎样存储的呢？学生信息系统又是怎样管理学生信息数据的呢？超市系统是如何管理商品数据的呢？为什么在超市的收银台前会摆放一些商品呢？这些商品的种类又是根据什么数据结果来决定的呢？在访问过淘宝的网页后，下面的“猜你喜欢”推送的商品种类的依据又是什么呢？

如何管理和利用数据已经成为当今社会每个人所必须面对的问题，高效地管理数据、合理地利用数据的能力也成为信息社会人们必须具备的能力与基本素质。从数据到数据库，再到数据库管理，数据库的应用等即将揭秘这些问题。

8.1 数据库技术相关概念

在计算机的三大主要应用领域（科学计算、过程控制和数据处理）中，数据处理所占比例最大，而数据库技术则是数据处理的最新技术。数据库技术已经成为各行各业存储数据、管理信息、共享资源的最先进最常用的技术。在数据处理中，通常涉及以下相关概念。

8.1.1 信息、数据的概念

数据处理中，数据和信息是最常用的两个基本概念。

1. 信息

信息是客观存在的，是人脑对现实世界事物的存在方式、运动状态以及事物之间联系的抽象反映。人们有意识地对信息进行采集并加工、传递，形成各种消息、情报、指令、数据和信号等。

信息源于物质和能量，信息的传递需要通过物质载体，信息的获取和传递则需要消耗能量；信息是可以通过视觉听觉等各种感官进行感知的；信息可以被存储、加工、传递和再生。

2. 数据

数据是数据库中存储的基本对象。数据是用来记录信息的可识别的符号组合，是信息的具体表现形式。例如，一个学生的信息可以用一组数据“S20150100001，刘宇，男，17，软件工程”来表示。

数据的表现形式是多样的，可以用多种不同的数据形式表示同一个信息。比如20%和百分之二十表达的信息是一致的。

由于早期的计算机系统主要用于科学计算，处理的数据都基本是整数、浮点等数值型数据，因此数据在人们头脑中第一反应是数字，其实数字只是数据最简单的一种形式。在现代计算机系统中数据的种类非常丰富，例如文本、图像、音频、视频等都是数据。

数据处理是将数据转换成信息的过程。而数据处理中，通常计算比较简单，但数据的管理比较复杂。数据管理是指数据的收集、分类、组织、编码、存储、维护、检索和传输等操作。

8.1.2 数据管理技术的发展

数据处理的中心问题是数据管理。根据数据管理手段，数据库技术的发展，可以划分为三个阶段：人工管理阶段、文件系统阶段和数据库系统阶段。

1. 人工管理阶段

20 世纪 40 年代至 50 年代中期，计算机外部设备只有磁带机、卡片机和纸带穿孔机，而没有直接存取的磁盘设备，也没有操作系统，只有汇编语言，计算机主要用于科学计算，数据处理采取批处理的方式，被称为人工管理数据阶段。

这个阶段的特点是数据不保存，数据面向某一应用程序，数据无共享、冗余度极大，数据不独立，完全依赖于程序，数据无结构，应用程序自己控制数据。

2. 文件系统阶段

从 20 世纪 50 年代中期到 60 年代中期，计算机不仅用于科学计算，同时也开始用于信息处理，硬件方面有了很大改进，出现了磁盘、磁鼓等直接存储设备。软件方面出现了高级语言和操作系统，且操作系统中出现了专门的数据管理软件。

这个阶段数据以文件形式可长期保存下来，由文件系统管理数据。文件形式多样化，程序与数据间有一定独立性。由专门的软件即文件系统进行数据管理，程序和数据间由软件提供的存取方法进行转换，数据存储发生变化不一定影响程序的运行。

这个阶段仍存在明显缺陷，数据冗余度大，数据一致性差。

3. 数据库系统阶段

进入 20 世纪 60 年代，计算机软件、硬件技术得到了飞速发展。1969 年 IBM 公司研发的层次性信息管理系统（IMS 系统）、美国数据系统语言协会发布的数据库任务组关于网状数据库的报告以及 1970 年 IBM 公司的研究员 E. F. Codd 在发表的论文“大型共享数据库数据的关系模型”中提出的“关系模型”是数据库技术发展史上具有里程碑意义的重大事件，这些研究成果大大促进了数据库管理技术的发展和应用。

这个阶段数据高度结构化。使用规范的数据模型表示数据结构，数据不再针对某一项应用，而是面对系统整体，应用程序可通过数据库管理系统（DBMS）访问数据库中所有数据。具有较小的数据冗余，共享性高，数据与应用程序相互独立，通过 DBMS 进行数据安全性和完整性控制。数据库管理系统（DBMS）可以有效地防止数据库中的数据被非法使用或修改。对于完整性控制，DBMS 提供了数据完整性定义方法和进行数据完整性检验的功能。数据管理三个阶段的比较如表 8-1 所示。

表 8-1　数据管理三个阶段的比较

	人工管理	文件系统	数据库系统
应用领域	科学计算	科学计算、管理	大规模管理
硬件需求	无直接存取存储设备	磁盘、磁鼓	大容量磁盘
软件需求	没有操作系统	文件系统	数据库管理系统
数据共享	无共享，冗余度极大	共享性差，冗余大	共享性高，冗余度小
数据独立性	不独立，完全依赖于程序	独立性差	具有高度的物理独立性和逻辑独立性
数据结构化	无结构	记录内有结构，整体无结构	整体结构化，用数据模型描述
数据控制能力	应用程序自己控制	应用程序自己控制	由数据库管理系统提供数据安全性、完整性、并发控制和恢复能力

8.1.3　数据库系统的组成

数据库系统（Data Base System，DBS）是指采用数据库技术的计算机系统。数据库系统一般由数据库、计算机软件系统、计算机硬件系统和用户构成。数据库系统常被简称为数据库。数据库系统的组成如图 8-1 表示。

1. 数据库

数据库（DB）是存储在计算机内、有组织的、可共享的数据和数据对象的集合，并按一定的数据模型组织、描述并长期存储，同时能以安全和可靠的方法进行数据的检索和存储。

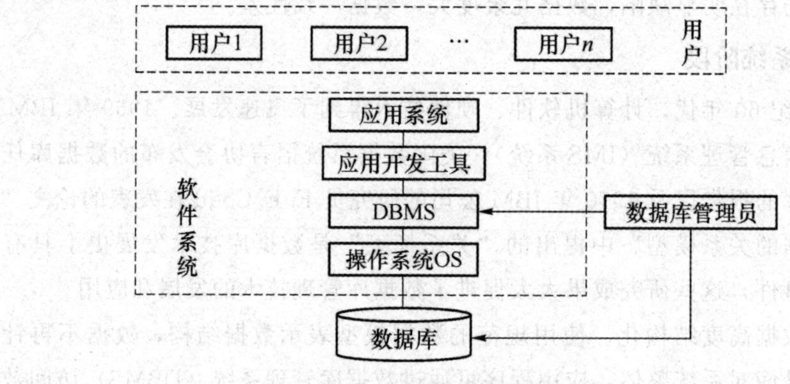

图 8-1 数据库系统的组成

2. 软件系统

软件系统主要包括数据库管理系统（DBMS）及其应用开发工具，应用系统和操作系统。数据库系统的各种用户和应用程序等对数据库的各类操作请求，都必须通过 DBMS 完成。DBMS 是数据库系统的核心软件。

3. 硬件系统

硬件系统指存储和运行数据库系统的硬件设备，包括内存、CPU、存储设备、输入/输出设备和外部设备等。

4. 用户

用户是指使用数据库的人，可以对数据库进行存储、维护和检索等操作，包括最终用户、应用程序员和数据库管理员。

8.1.4 数据库管理系统

在大量的数据中如何能快速找到所需要的数据，并能对庞大的数据库进行日常维护，这就需要使用数据库管理系统（Data Base Management System，DBMS）。这个系统是一种操纵和管理数据库的大型软件，用于建立、使用和维护数据库。它对数据库进行统一的管理和控制，以保证数据库的安全性和完整性。用户通过 DBMS 访问数据库中的数据，数据库管理员也通过 DBMS 进行数据库的维护工作。它可使多个应用程序和用户用不同的方法在同时或不同时刻去建立、修改和询问数据库。

大部分 DBMS 提供数据定义语言 DDL（Data Definition Language）、数据操作语言 DML（Data Manipulation Language）和数据控制语言 DCL（Data Control Language）供用户定义数据库的模式结构与权限约束，实现对数据的追加、删除等操作。

数据库管理系统是位于用户与操作系统之间的一层数据管理软件，主要功能是为用户或应用程序提供访问数据库的方法，如图 8-2 所示。

目前，常用的数据库管理系统有 Oracle、SQL Server、MySQL、DB2、Sybase 等。

8.1.5　三个世界及相关概念

由于计算机不能直接处理现实世界中的具体事物及其联系，为了利用数据库技术管理和处理现实世界中的事物及其联系，必须将这些具体事物及其联系转换成计算机能够处理的数据。从现实世界的事物到数据模型的抽象过程如图 8-3 所示。

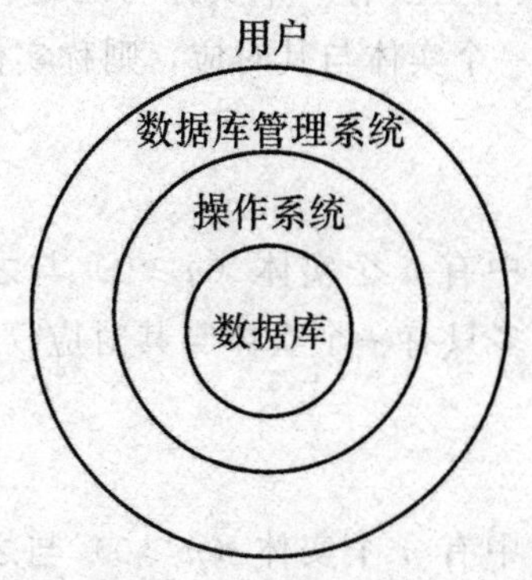

图 8-2　DBMS 在计算机系统中的位置

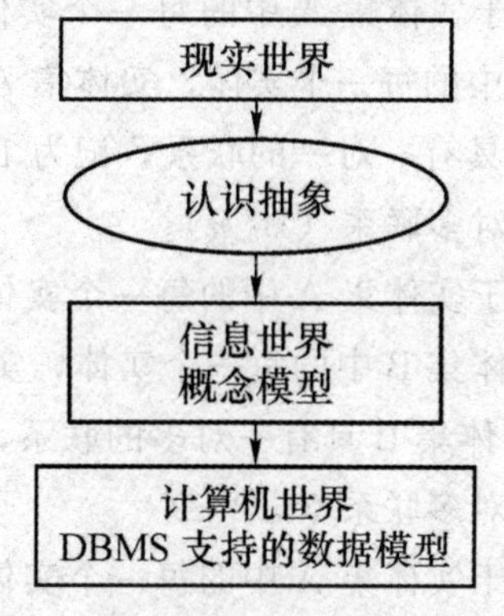

图 8-3　数据处理的抽象和转换过程

1. 现实世界

现实世界即客观存在的世界。现实世界中存在着各种事物及事物之间的联系，每个事物都有它自身的特征或性质，人们总是选择感兴趣的最能表示一个事物的若干特征来描述该事物。例如，要描述一种商品，常选用商品编号、商品名称、商品类型、型号、库存量、单价等来描述，通过这些特征，就能区分不同的商品。现实世界中，事物之间也是相互联系的，人们通常选择感兴趣的联系并非所有。

2. 信息世界

信息世界是将现实世界的事物及事物间的联系经过分析、归纳和抽象，形成信息。人们再将这些信息进行记录、整理、归类和格式化后，就构成了信息世界。实体、属性、实体型、码、域、联系均属于信息世界的概念。

（1）实体

实体（Entity）是一个数据对象，指应用中客观存在并可相互区别的事物。实体可以为具体的人、事、物，如一个客户、一种商品、一本书籍等；也可以是抽象的事件，如一场比赛、一次订购商品等。

（2）属性

实体所具有的某一特性称为属性（Attribute）。一个实体可以由若干个属性共同来刻画。例如客户有编号、姓名、性别、地址、电话等属性。在一个实体中，唯一标识实体的属性集称为码。例如，客户的编号就是客户实体的码，而客户实体的姓名属性有可能重名，则不能作为客户实体的码。属性的取值范围称为该属性的域。

（3）联系

现实世界中事物内部以及事物之间的联系在信息世界中反映为实体内部的联系和

实体之间的联系。实体内部的联系通常是指组成实体的各属性之间的联系，实体之间的联系通常是指不同实体集之间的联系。可分为两个实体型之间的联系以及两个以上实体型之间的联系。

两个实体型之间的联系可以分为以下三种类型。

①一对一联系（1∶1）。

若对于实体集 A 中的每一个实体，实体集 B 中至多有一个实体与之对应，反之，实体集 B 中的每一个实体，实体集 A 中也至多有一个实体与其对应，则称实体集 A 和实体集 B 具有一对一的联系，记为 1∶1。

②一对多联系（1∶n）。

若对于实体集 A 中的每一个实体，实体集 B 中有 n 个实体（$n \geqslant 0$）与之相对应，反之，实体集 B 中的每一个实体，实体集 A 中至多只有一个实体与其对应，则称实体集 A 和实体集 B 具有一对多的联系，记为 1∶n。

③多对多联系（m∶n）

若对于实体集 A 中的每一个实体，实体集 B 中有 n 个实体（$n \geqslant 0$）与之相对应，反之，对于实体集 B 中的每一个实体，实体集 A 中也有 n 个实体（$n \geqslant 0$）与之相对应，则称实体集 A 和实体集 B 具有多对多的联系，记为 m∶n。

3. 计算机世界

计算机世界是信息世界中信息的数据化，就是将信息用字符和数值等数据表示，便于存储在计算机中并由计算机进行识别和处理。计算机世界中，常涉及的概念有以下几个。

字段（Field）。标记实体属性的命名单位称为字段。每张表中包含很多字段。字段和信息世界的属性相对应，字段的命名也经常和属性名相同。如客户有客户编号、姓名、性别、地址、邮编和电话等字段。

(2) 记录（Record）。字段的有序集合称为记录。通常用一个记录描述一个实体。因此，记录也可以定义为能完整地描述一个实体的字段集。例如，一个客户（44000001，李芳，女，广州市天河区中山大道中 89 号，510660，13802088889，20）为一个记录。

(3) 文件（File）。同一类记录的集合称为文件。文件是用来描述实体集的。例如，所有客户的记录组成了一个客户文件。

(4) 关键字（Key）。能唯一标识文件中每个记录的字段或字段集，称为记录的关键字，或简称主键。例如，客户文件中，客户编号可以唯一标识每一个客户记录，因此，客户编号可以作为客户记录的关键字。

在计算机世界中，信息模型被抽象为数据模型，实体型内部的联系抽象为同一记录内部各字段间的联系，实体型之间的联系抽象为记录与记录之间的联系。

8.1.6 数据模型

数据模型（Data Model）是数据特征的抽象，是数据库的框架，该框架描述了数据及其联系的组织方式、表达方式和存取路径，是数据库系统的核心和基础。数据模

型的选择，是设计数据库时的一项首要任务。数据模型通常由数据库数据的结构部分、数据库数据的操作部分和数据库数据的约束条件三个要素组成。

根据模型应用的不同目的，可以将模型划分为两类，分别属于两个不同的抽象级别。第一类模型是概念模型，也称为信息模型。它是按用户的观点对数据和信息建模，是对实现世界的事物及其联系的第一级抽象，主要用于数据库设计。第二类模型是逻辑（或称数据模型）和物理模型。逻辑模型是按计算机的观点对数据建模，主要包括层次模型、网状模型、关系模型和面向对象模型。

层次模型和网状模型采用格式化的结构。在这类结构中实体用记录型表示，而记录型抽象为图的顶点。记录型之间的联系抽象为顶点间的连接弧。整个数据结构与图相对应。对应于树形图的数据模型为层次模型；对应于网状图的数据模型为网状模型。关系模型为非格式化的结构，用单一的二维表的结构表示实体及实体之间的联系。满足一定条件的二维表，称为一个关系。

1. 层次数据模型

层次数据模型表现为倒立的树，用户把层次数据库理解为段的层次。一个段（Segment）等价于一个文件系统的记录型。在层次数据模型中，文件或记录之间的联系形成层次。换句话说，层次数据库把记录集合表示成倒立的树结构。树可以被定义成一组结点，即有一个特别指定的结点称为根（结点），它是段的双亲，其他段都直接在它之下。其余结点被分成不相交的系并作为上面段的子女。每个不相交的系依次构成树和根的子树。树的根是唯一的。双亲可以没有、有一个或者有多个子女。层次模型可以表示两个实体之间的一对多联系，此时这两个实体被表示为双亲和子女关系。树的结点表示记录型。

层次数据库是企业在过去所使用的最老的数据库模型之一。由 IBM 公司和北美罗克韦尔公司共同研制的、用于大型机平台的信息管理系统是第一个层次数据库。在 20 世纪 70 年代和 80 年代的早期，IMS 是层次数据库系统的领头者。层次数据库模型是第一个体现数据库概念的商业化产品，它克服了计算机文件系统的内在缺陷。层次模型如图 8-4 所示。

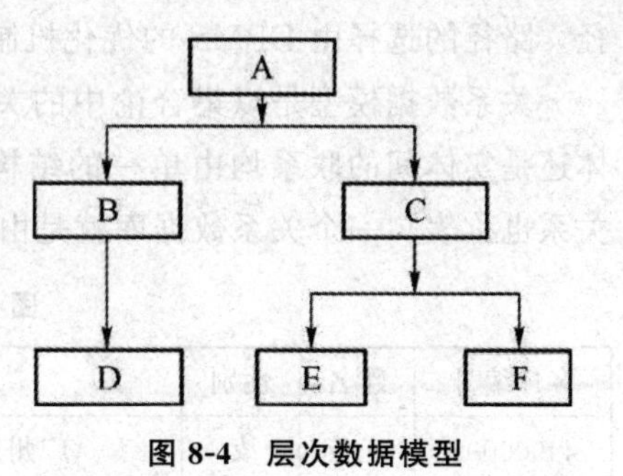

图 8-4　层次数据模型

层次模型简单高效，但很难实现多对多的联系，且缺乏灵活性。

2. 网状数据模型

网状模型中以记录为数据的存储单位，记录包含若干数据项。网状数据库的数据项可以是多值的和复合的数据。每个记录有一个唯一标识它的内部标识符，它在一个记录存入数据库时由 DBMS 自动赋予。

网状数据库是导航式数据库，用户在操作数据库时不但说明要做什么，还要说明怎么做。例如在查找语句中不但要说明查找的对象，而且要规定存取路径。世界上第

一个网状数据库管理系统也是第一个 DBMS 是美国通用电气公司 Bachman 等人在 1964 年开发成功的 IDS（Integrated DataStore）。在 20 世纪 70 年代，曾经出现过大量的网状数据库的 DBMS 产品。比较著名的有 Cullinet 软件公司的 IDMS，Honeywell 公司的 IDSII，Univac 公司的 DMS1100，HP 公司的 IMAGE 等。网状数据库模型对于层次和非层次结构的事物都能比较自然的模拟，在关系数据库出现之前网状 DBMS 要比层次 DBMS 用得普遍。在数据库发展史上，网状数据库占有重要地位。网状数据模型如图 8-5 所示。

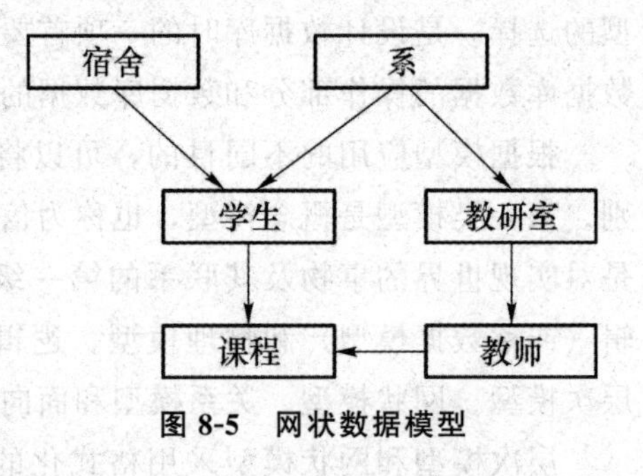

图 8-5 网状数据模型

3. 关系数据模型

网状数据库和层次数据库已经很好地解决了数据的集中和共享问题，但是在数据独立性和抽象级别上仍有很大欠缺。用户在对这两种数据库进行存取时，仍然需要明确数据的存储结构，指出存取路径。而后来出现的关系数据库较好地解决了这些问题。关系数据库理论出现于 20 世纪 60 年代末到 70 年代初。1970 年，IBM 公司的研究员 E .F. Codd 博士发表《大型共享数据银行数据的关系模型》一文提出了关系模型的概念。

关系模型有严格的数学基础，抽象级别比较高，而且简单清晰，便于理解和使用。最终成为现代数据库产品的主流。

关系数据模型提供了关系操作的特点和功能要求，但不对 DBMS 的语言给出具体的语法要求。对关系数据库的操作是高度非过程化的，用户不需要指出特殊的存取路径，路径的选择由 DBMS 的优化机制来完成。

关系数据模型是以集合论中的关系概念为基础发展起来的。关系模型中无论是实体还是实体间的联系均由单一的结构类型——关系来表示。在实际的关系数据库中的关系也称表。一个关系数据库就是由若干个表组成。关系数据模型如图 8-6 所示。

图 8-6 关系数据模型

客户编号	姓名	性别	地址	邮编	电话	年龄
44000001	李芳	女	广州市越秀区 89 号	510660	13802088899	20
43000002	陈宁	男	长沙市天心区 59 号	410002	13626780028	35
44000002	张键	男	广州市越秀区八旗二马路 98 号	510115	13925056689	16

4. 面向对象数据模型

面向对象的基本概念是在 20 世纪 70 年代萌发出来的，它的基本做法是把系统工程中的某个模块和构件视为问题空间的一个或一类对象。到了 20 世纪 80 年代，面向对象的方法得到很大发展，在系统工程、计算机、人工智能等领域获得了广泛应用。但是，在更高级的层次上和更广泛的领域内对面向对象的方法进行研究还是

20 世纪 90 年代的事。面向对象的基本思想是通过对问题领域进行自然的分割，用更接近人类通常思维的方式建立问题领域的模型，并进行结构模拟和行为模拟，从而使设计出的软件能尽可能地直接表现出问题的求解过程。因此，面向对象的方法就是以接近人类通常思维方式的思想，将客观世界的一切实体模型化为对象。每一种对象都有各自的内部状态和运动规律，不同对象之间的相互联系和相互作用就构成了各种不同的系统。

面向对象数据库管理系统（OODBMS）是数据库管理中最新的方法，它们始于工程和设计领域的应用，并且成为广受金融、电信和万维网（WWW）应用欢迎的系统。它适用于多媒体应用以及复杂的、很难在关系 DBMS 里模拟和处理的关系。

8. 2　关系数据库

在众多的数据模型中，关系模型是一种非常重要的数据模型。而关系数据库是支持关系模型的数据库。关系数据库是目前应用最广泛最重要的一种数据库。

数据模型是用于描述数据或信息的标记，一般由数据结构、操作集合和完整性约束三部分组成。对于关系模型，其数据结构非常简单，不管是现实世界中的实体还是实体间的相互联系都可以用单一的数据结构即关系来表示。

关系模型的常用关系操作主要包括数据插入、数据修改、数据删除和数据查询等操作，其中数据查询操作相对更加复杂。关系操作的特点主要采用集合操作方式，即操作的对象和结构是都集合。而非关系数据模型的操作方式则是一次一记录的方式。

早期的关系操作能力通常是用代数方式或逻辑方式来表示，分别称为关系代数和关系演算。关系代数是用对关系的运算来表达查询要求的方式，而关系演算则是用谓词来表达查询要求。关系代数和关系演算均是抽象的查询语言，与 DBMS 中实现的实际语言并不完全一样。

目前 DBMS 最流行的关系数据库的标准语言 SQL，不仅具有丰富的数据查询功能，还包括数据定义和数据控制功能。SQL 是以数据代数作为前期基础。

8. 2. 1　关系数据库的设计原则

关系数据库中，构造设计关系模式时，必须要遵循一定的规则，而这种理论规则就是范式。

关系模式规范化的基本思想就是消除关系模式中的冗余，去掉函数依赖不合适部分，解决数据新增、修改和删除等操作时的异常，这就需要关系模式必须满足一定的要求。在规范化过程中为不同程度的规范化要求设立的不同标准称为范式，满足不同程度要求的为不同范式。

最早是由 E. F. Codd 提出范式的概念，目前关系数据库主要有六种范式：第一范式（1NF）、第二范式（2NF）、第三范式（3NF）、Boyce-Codd 范式（BCNF）、第四范式（4NF）和第五范式（5NF）。一般来说，关系数据库设计只需满足到第三范式（3NF）即可，特殊情况特殊分析。

1. 第一范式（1NF）

第一范式是最基本的规范形式，不满足第一范式的数据库模式不能称为关系数据库。如果关系模式 R 中所有的属性都具有原子性，均是不可再分的，则称 R 属于第一范式。

只要是关系模式必须满足第一范式，但是关系模式如果只属于第一范式并不一定是好的关系模式。

2. 第二范式（2NF）

第二范式是在第一范式的基础上建立起来的，即满足第二范式必须先满足第一范式。如果关系模式 R 属于第一范式，且每个非主属性都完全函数依赖于 R 的主关系键，则称 R 属于第二范式。

3. 第三范式（3NF）

如果关系模式 R 属于第二范式，且每个非主属性都不传递函数依赖于 R 的主关系键，则称 R 属于第三范式。

8.2.2 关系数据库的设计步骤

按照规范化设计方法，数据库设计可以分为以下六个阶段。

1. 需求分析阶段

需求分析是指收集和分析用户对系统的信息需求和处理需求，得到设计系统所必需的需求信息，是整个数据库设计过程的基础。其目标是通过调查研究，了解用户的数据要求和处理要求，并按照一定格式整理形成需求说明书。需求说明书是需求分析阶段的成果。需求分析阶段是最费时最复杂的一个阶段，但也是最重要的一个阶段，它的效果直接影响后续设计阶段的速度和质量。

2. 概念结构设计阶段

概念结构设计阶段是根据需求提供的所有数据和处理要求进行抽象和综合处理，按一定的方法构造出反映用户环境的数据及其相互联系的概念模型。这种概念模型与DBMS无关，是面向现实世界的、极易为用户理解的概念模型。

3. 逻辑结构设计阶段

逻辑结构设计阶段是将上一阶段得到的概念模型转换成等价的，并为某个特定的DBMS所支持的逻辑数据模型，并进行优化。

4. 物理结构设计阶段

物理结构设计阶段是把逻辑设计阶段得到的逻辑模型在物理上加以实现，设计数据的存储形式和存取路径，即设计数据库的内模式或存储模式。

5. 数据库实施阶段

数据库实施阶段是运用 DBMS 提供的数据语言及数据库开发工具，根据物理结构设计的结果建立一个具体的数据库，调试相应的应用程序，组织数据入库并进行试运行。

6. 数据库运行和维护阶段

数据库运行和维护阶段是指将已经试运行的数据库应用系统投入正式使用，在其使用过程中，不断进行调整、修改和完善。

此六个阶段，每完成一个阶段，都需要进行组织进行评审，评价一些重要的设计指标，评审文档产出物，和用户交流，如不符合要求，则不断修改，以求最后实现的数据库能够比较合适地表现现实世界，准确反映用户的需求。

8.2.3　结构化查询语言 SQL 概述

结构化查询语言（Structured Query Language）简称 SQL，是目前应用最为广泛的关系数据库语言，主要用于存取数据以及查询、更新和管理关系数据库系统。通过 SQL 语句可以实现数据定义、数据操纵、数据查询和数据控制四部分功能。

结构化查询语言是高级的非过程化编程语言，允许用户在高层数据结构上工作。它不要求用户指定对数据的存放方法，也不需要用户了解具体的数据存放方式，所以具有完全不同底层结构的不同数据库系统，可以使用相同的结构化查询语言作为数据输入与管理的接口。结构化查询语言语句可以嵌套，这使它具有极大的灵活性和强大的功能。

1. SQL 的产生与发展

1974 年由 Boyce 和 Chamberlin 提出，1975 年—1979 年由 IBM 公司和 SanJose Research Laboratory 研制出关系数据库管理系统原型 System R，实现了 SQL 语言，1986 年 10 月由美国国家标准局（ANSI）通过的数据库语言美国标准，接着，国际标准化组织（ISO）颁布了 SQL 正式国际标准。1989 年 4 月，ISO 提出了具有完整性特征的 SQL89 标准，1992 年 11 月又公布了 SQL92 标准，在此标准中，把数据库分为三个级别：基本集、标准集和完全集。

（1）1982 年，美国国家标准化协会开始制定 SQL 标准；

（2）1986 年，ANSI 公布了 SQL 的第一个标准 SQLG86。

（3）1987 年，国际标准化组织 ISO 正式采纳 SQLG86。

（4）1989 年，ISO 推出 SQLG89 标准。

（5）1992 年，ISO 推出 SQLG92 标准（SQL2）。

（6）1999 年，ISO 推出 SQLG99 标准（SQL3）。

（7）2003 年，ISO 推出 ISO/IEC9075：2003 标准（SQL4）。

2. SQL 的特点

SQL 应用较为广泛，主要包括如下特点。

（1）一体化。SQL 集数据定义 DDL、数据操纵 DML 和数据控制 DCL 于一体，语言风格统一，可以独立完成数据库生命周期中的全部活动，包括定义关系模式、插入数据、建立数据库、查询、更新、维护、数据库重构、数据库安全性控制等一系列操作要求。

（2）非过程化。只提操作要求，不必描述操作步骤，也不需要导航。使用时只需要告诉计算机“做什么”，而不需要告诉它“怎么做”。用户无须了解存取路径，存取路径的选择以及 SQL 语句的操作过程由系统自动完成。

（3）面向集合的操作方式。SQL 语言采用集合方式，不仅一次插入、删除、更新操作的对象是元组的集合，而且操作的结果也是元组的集合。

（4）使用方式灵活：它具有两种使用方式，即可以直接以命令方式交互使用；也可以嵌入使用，嵌入到 C、C＋＋、FORTRAN、COBOL、Java 等语言中使用。

（5）语言简洁，语法简单，好学好用。在 ANSI 标准中，只包含了 94 个英文单词，核心功能只用 9 个动词：create、drop、select、insert、update、delete、grant、revoke。SQL 语言语法简单，容易学习，容易使用。

（6）SQL 具有数据定义、数据操纵、数据查询和数据控制四种功能。

3. SQL 的基本语法

SQL 作为关系数据库管理系统中的一种通用结构化查询语言，在开发数据库应用程序中广泛使用。

SQL 十分简洁、设计巧妙，完成其核心功能只用了 9 个动词，如表 8-2 所示。

表 8-2　SQL 基本动词

SQL 功能	动词	SQL 功能	动词
数据查询	SELECT	数据操纵	INSERT、UPDATE、DELETE
数据定义	CREATE、DROP、ALTER	数据控制	GRANT、REVOKE

（1）数据定义

SQL 的数据定义包括定义表、视图等数据库对象，在此只介绍定义表，其他操作在后续数据库课程中有专门介绍。

①数据类型。表中的每个列都来自于同一个域，属于同一种数据类型。定义数据表时，需要给表中的每个列设置一种数据类型。不同的数据库管理系统所提供的数据类型的种类和名称会有少许不同。SQL 所提供的基本数据类型大致包括数值型、字符型和时间类型等。

数值型主要包括整数（int 等）和浮点数（float 和 real 等），字符型可以为定长或者变长。如 char（n）为定长型，其中 n 表示最大字符数，若具体数据值的长度小于 n 的字符串，则需在此数据值的后面补空格，补足 n 个字符存储。varchar（n）为变长型，其中 n 表示最大字符数，与定长不同，当具体数据值的长度小于 n 的字符串，则根据具体数据值的实际长度存储。时间类型主要包括日期型（Date）和时间型

(Date time)。

②定义基本表。表是数据库中实际存储数据的对象。表由行和列组成，每行代表表中的记录，而每列代表表中的一个字段。列的定义决定了表的结构，行的内容则是表中的数据。创建基本表，可使用 create table 语句实现，一般格式如下：

```
Create table 表名
(列名 1 数据类型  列约束,列名 2 数据类型  列约束,列名 n 数据类型  列约束)
```

【例 8-1】创建一个学生表 student，包括学号 sno，姓名 sname，年龄 age，学号 sno 不能为空值。

```
Create table student
(sno char(10)not null primary key,
Sname varchar(10),
Age int)
```

以上语句定义了学生表，not null 表示不允许为空值，primary key 表示主键。若某个表不再需要，则可以删除表，可使用 drop table 语句实现，一般格式如下：

```
droptable 表名
```

【例 8-2】删除学生表 student

```
Drop table student
```

(2) 数据查询

数据查询是数据库中最常用的操作 SQL 使用 SELECT 语句进行数据查询操作数据查询语句功能丰富，形式多样，包括简单查询、连接查询、嵌套查询和子查询等操作，一般格式如下：

```
SELECT 列名 1,列名 2,列名 n
FROM 表 1,表 2,表 n]
[WHERE 条件表达式]
[GROUPBY 列名 1[HAVING<条件表达式>]]
[ORDERBY 列名 2[ASC|DESC]]
```

以上语句主要功能是查询出 FROM 子句指定的基本表中满足 WHERE 条件的所有指定列名的数据，若有 GROUPBY 子句，则按照其指定列的值进行分组，若有 ORDER BY 子句，则按照其指定的列进行排序，默认是升序 ASC，DESC 是降序。

【例 8-3】查询所有学生的信息。

```
Select sno,sname,age from student 或者 select*  from student
```

【例 8-4】查询所有年龄大于 20 岁的学生的学号和姓名。

```
Select sno,sname from student where age>20
```

（3）数据更新

SQL 的数据更新功能主要包括插入数据 Insert、修改数据 Update、删除数据 Delete）语句。

①插入数据。Insert 操作用于向表中插入新的数据元组。Insert 操作既可以单条插入，也可以与子单条数据插入。单条数据插入一般语法如下：

```
INSERTINTO<表名>[(<字段名 1>[,<字段名 2>,])]
VALUES(<表达式 1>[,<表达式 2>,…])
```

【例 8-5】向学生表中插入一条数据（学号为 1401010111，姓名为李舒，年龄为 19 岁）。

```
Insert into student(sno,sname,age)values('1401010111','李舒',19)
```

②修改数据。使用 UPDATE 语句对表中的一行或多行记录的某些已有数据值进行修改。其语法形式如下所示：

```
UPDATE<表名>
SET<字段名>= <表达式>[,<字段名>= <表达式>][WHERE<条件>]
```

【例 8-6】将学生表中姓名为李舒的学生的年龄修改为 20 岁。Update student set age＝20 where sname＝'李舒'

③删除数据。Delete 操作用于删除表中数据。使用 DELETE 语句可以删除表中的一行或多行记录。

其语法如下所示：

```
DELETE FROM <表名> [WHERE <条件>]
```

【例 8-7】删除学生表中姓名为李舒的学生。

```
DELETE from student wheres name= '李舒'
```

（4）数据控制

数据控制语言（DCL）是用来设置或者更改数据库用户或角色权限的语句。

①授予权限。SQL 语言用 GRANT 语句向用户授予权限，GRANT 语句的一般格

式为：

```
GRANT<权限>[,<权限>][ON<对象类型><对象名>]TO<用户>[,<用户>]
```

【例 8-8】 将学生表的查询权限授予给用户 user1。

```
grant select on student to user1
```

②收回权限，向用户授予的权限可以由 DBA 或者授权者用 REVOKE。REVOKE 的一般语句收回语句格式为：

```
REVOKE<权限>[,<权限>][ON<对象类型><对象名>]FROM<用户>[,<用户>]
```

【例 8-9】 把用户 user1 的学生表的查询权限收回。

```
revoke select on student from user1
```

8.3　数据库新发展

数据库技术被应用到特定的领域中，并且与其他计算机新技术互相渗透，互相结合，出现了分布式数据库、多媒体数据库、并行数据库、演绎数据库、主动数据库、NoSQL 等多种数据库。

8.3.1　分布式数据库

分布式数据库是指利用高速计算机网络将物理上分散的多个数据存储单元连接起来组成一个逻辑上统一的数据库。分布式数据库的基本思想是将原来集中式数据库中的数据分散存储到多个通过网络连接的数据存储结点上，以获取更大的存储容量和更高的并发访问量。近年来，随着数据量的高速增长，分布式数据库技术也得到了快速的发展，传统的关系型数据库开始从集中式模型向分布式架构发展，基于关系型的分布式数据库在保留了传统数据库的数据模型和基本特征下，从集中式存储走向分布式存储，从集中式计算走向分布式计算。

另一方面，随着数据量越来越大，关系型数据库开始暴露出一些难以克服的缺点，以 NoSQL 为代表的非关系型数据库，其高可扩展性、高并发性等优势出现了快速发展，一时间市场上出现了大量的 key－value 存储系统、文档型数据库等 NoSQL 数据库产品。NoSQL 类型数据库正日渐成为大数据时代下分布式数据库领域的主力。

8.3.2　多媒体数据库

多媒体数据库是数据库技术与多媒体技术结合的产物。多媒体数据库不是对现有

的数据进行界面上的包装，而是从多媒体数据与信息本身的特性出发，考虑将其引入到数据库中之后而带来的有关问题。多媒体数据库从本质上来说，要解决三个难题。第一是信息媒体的多样化，不仅仅是数值数据和字符数据，要扩大到多媒体数据的存储、组织、使用和管理。第二要解决多媒体数据集成或表现集成，实现多媒体数据之间的交叉调用和融合，集成粒度越细，多媒体一体化表现才越强，应用的价值也才越大。第三是多媒体数据与人之间的交互性。

8.3.3 并行数据库

并行数据库系统（Parallel Database System）是新一代高性能的数据库系统，是在MPP和集群并行计算环境的基础上建立的数据库系统。

并行数据库技术起源于20世纪70年代的数据库机（Database Machine）研究，研究的内容主要集中在关系代数操作的并行化和实现关系操作的专用硬件设计上，希望通过硬件实现关系数据库操作的某些功能，该研究以失败而告终。20世纪80年代后期，并行数据库技术的研究方向逐步转到了通用并行机方面，研究的重点是并行数据库的物理组织、操作算法、优化和调度策略。从20世纪90年代至今，随着处理器、存储、网络等相关基础技术的发展，并行数据库技术的研究上升到一个新的水平，研究的重点也转移到数据操作的时间并行性和空间并行性上。

并行数据库系统的目标是高性能（High Performance）和高可用性（High Availability），通过多个处理结点并行执行数据库任务，提高整个数据库系统的性能和可用性。

8.3.4 演绎数据库

演绎数据库是指具有演绎推理能力的数据库。一般地，它用一个数据库管理系统和一个规则管理系统来实现。将推理用的事实数据存放在数据库中，称为外延数据库；用逻辑规则定义要导出的事实，称为内涵数据库。主要研究内容为，如何有效地计算逻辑规则推理。具体为：递归查询的优化、规则的一致性维护等。

演绎数据库由以下三部分组成。

（1）传统数据库管理。由于演绎数据库建立在传统数据库之上，因此传统数据库是演绎数据库的基础。

（2）具有对一阶谓词逻辑进行推理的演绎结构。这是演绎数据库全部功能特色所在，推理功能由此结构完成。

（3）数据库与推理机构的接口。由于演绎结构是逻辑的，而数据库是非逻辑的，因此必须有一个接口实现物理上的连接。

8.3.5 主动数据库

所谓主动数据库就是完成一切传统数据库的服务外，还具有各种主动服务功能的数据库系统。主动数据库是相对传统数据库的被动性而言的。在传统数据库中，当用户要对数据库中的数据进行存取时，只能通过执行相应的数据库命令或应用程序来实

现。数据库本身不会根据数据库的状态主动做些什么，因而是被动的。

然而在许多实际应用领域中，例如计算机集成制造系统，管理信息系统，办公自动化中常常希望数据库系统在紧急情况下能够根据数据库的当前状态，主动、适时地做出反应，执行某些操作，向用户提供某些信息。这类应用的特点是事件驱动数据库操作以及要求数据库系统支持涉及时间方面的约束条件。为此，人们在传统数据库的基础上，结合人工智能技术研制和开发了主动数据库。

8.3.6　NoSQL

NoSQL 泛指非关系型的数据库。随着互联网 Web 2.0 网站的兴起，传统的关系数据库在应付 Web 2.0 网站，特别是超大规模和高并发的 SNS 类型的 Web 2.0 纯动态网站已经显得力不从心，暴露了很多难以克服的问题，而非关系型的数据库则由于其本身的特点得到了非常迅速的发展。NoSQL 数据库的产生就是为了解决大规模数据集合多重数据种类带来的挑战，尤其是大数据应用难题。

NoSQL 数据库主要分为以下四大类。

1. 键值（Key-Value）存储数据库

键值存储数据库主要会使用到一个哈希表，这个表中有一个特定的键和一个指针指向特定的数据。Key/value 模型对于 IT 系统来说的优势在于简单、易部署。但是如果 DBA 只对部分值进行查询或更新的时候，Key/value 就显得效率低下了，如 Tokyo Cabinet/Trant、Redis、Voldemort、OracleBDB。

2. 列存储数据库

列存储数据库通常是用来应对分布式存储的海量数据。键仍然存在，但是它们的特点是指向了多个列。这些列是由列家族安排的，如 Cassandra、HBase、Riak。

3. 文档型数据库

文档型数据库同第一种键值存储相类似。该类型的数据模型是版本化的文档，半结构化的文档以特定的格式存储，比如 JSON。文档型数据库可以看作是键值数据库的升级版，允许之间嵌套键值。而且文档型数据库比键值数据库的查询效率更高，如 CouchDB、MongoDb。国内的文档型数据库 SequoiaDB 已经开源。

4. 图形（Graph）数据库

图形结构的数据库同其他行列以及刚性结构的 SQL 数据库不同，它是使用灵活的图形模型，并且能够扩展到多个服务器上。NoSQL 数据库没有标准的查询语言 SQL，因此进行数据库查询需要制定数据模型。许多 NoSQL 数据库都有 REST 式的数据接口或者查询 API，如 Neo4J、InfoGrid、InfiniteGraph。NoSQL 数据库通常在以下的这几种情况下比较适用。

（1）数据模型比较简单。

（2）需要灵活性更强的 IT 系统。

（3）对数据库性能要求较高。

（4）不需要高度的数据一致性。

（5）对于给定 key，比较容易映射复杂值的环境。

8.4 数据仓库与数据挖掘

数据仓库之父比尔恩门（BillInmon）在 1991 年出版的《Building the Data Warehouse》一书中所提出的定义被广泛接受——数据仓库（Data Warehouse）是一个面向主题的（Subject Oriented）、集成的（Integrated）、相对稳定的（Non-Volatile）、反映历史变化（Time Variant）的数据集合，用于支持管理决策（Decision Making Support）。

数据仓库也可简写为 DW，其特征在于面向主题、集成性、稳定性和时变性。

数据仓库主要功能是联机事务处理（OLTP）系统日积月累所累积的大量数据，透过数据仓库理论所特有的资料储存架构，作系统性的分析整理，以利各种分析方法如联机分析处理（OLAP）、数据挖掘（Data Mining）之进行，并进而支持如决策支持系统（DSS）、主管资讯系统（EIS）之创建，帮助决策者能快速有效的自大量资料中，分析出有价值的资讯，以利决策拟定及快速回应外在环境变动，帮助建构商业智能（BI）。而数据仓库通常使用数据挖掘来发现数据潜在的价值。

数据挖掘（Data Mining），是数据库知识发现（Knowledge-Discoveryin Databases，KDD）中的一个步骤。数据挖掘一般是指从大量的数据中通过算法搜索隐藏于其中信息的过程。数据挖掘通常与计算机科学有关，并通过统计、在线分析处理、情报检索、机器学习、专家系统（依靠过去的经验法则）和模式识别等诸多方法来实现上述目标。

近年来，数据挖掘引起了信息产业界的极大关注，其主要原因是存在大量数据，可以广泛使用，并且迫切需要将这些数据转换成有用的信息和知识。获取的信息和知识可以广泛用于各种应用，包括商务管理，生产控制，市场分析，工程设计和科学探索等。

数据挖掘利用了来自如下一些领域的思想。

（1）来自统计学的抽样、估计和假设检验。

（2）人工智能、模式识别和机器学习的搜索算法、建模技术和学习理论。

数据挖掘也迅速地接纳了来自其他领域的思想，这些领域包括最优化、进化计算、信息论、信号处理、可视化和信息检索。

情景思考

如果需要完成班务管理信息系统，应该如何设计数据库，涉及哪些关系？可使用什么数据库管理系统工具完成？

【导读】什么是大数据

现代社会正以不可想象的速度产生大数据，手机通信、网站访问、微博留言、视频上传、物流运送等等，无处不在的社会和商业活动源源不断地产生各种各样的数据，

如今已经进入到数据爆炸性增长的全新时代——大数据时代。可什么是大数据呢？

目前在学术研究领域和产业界，对大数据并没有一个严格的定义。通常来说，凡是数据量超过一定大小，导致常规软件无法在一个可接受的时间范围内完成对其进行抓取、管理和处理工作的数据即可称为大数据。以下主要从三个方面介绍大数据。

（1）数据量大小——大容量。

每分钟，全球所有电子邮件用户发出了 2.04 亿封电子邮件；电子商务 ebay 上产生了 7 万次页面访问，新增了 35 GB 的数据；中国通信中产生了时长 531 万分钟的移动通话，发出了 165 万条短信；搜索引擎 Google 处理了 200 万次搜索请求等。百度每天处理的数据量也超过 20 PB。与海量的数据同时存在的还有越来越快的数据增长速度。根据 IDC 统计，2012 年全球产生的数据内容将达到 2.7 ZB，相比 2011 年增长 48%，相当于全球 70 亿人口每人手持一个 420 G 的硬盘所能容纳的数据之和，且增长速度加快，2015 年，每年产生的数据已超过 8 ZB。

（2）数据类型——多类型。

早期数据库中，主要存储的是结构化数据，以二维关系表的方式存储在数据库中。但随着技术的飞速发展，非结构化数据所占比例快速上升，例如一些办公文档、图片、音频和视频等。

（3）数据时效性——高时效。

大数据时代，随着数据量的剧增和数据类型的多样化，数据中所蕴藏价值的时效性特征也越来越凸显。在传统的数据分析和商业智能（BI）中，数据处理的工作重点更多地放在对历史数据的分析和挖掘，而如今，企业或组织必须具有实时分析所拥有的最新数据，并提其中有价值的信息的能力，以产生对未来具有指导意义的分析结果。

习　题

1. 选择题

（1）对数据库进行规划、设计、协调、维护和管理的人员，通常被称为（　　）。

A. 工程师　　B. 用户

C. 程序员　　D. 数据库管理员

（2）下面关于数据库（DB）、数据库管理系统（DBMS）与数据库系统（DBS）之间关系的描述正确的是（　　）。

A. DB 包含 DBMS 和 DBS　　B. DBMS 包含 DB 和 DBS

C. DBS 包含 DB 和 DBMS　　D. 以上都不对

（3）下列关于用文件管理数据的说法错误的是（　　）。

A. 用文件管理数据，难以提供应用程序对数据的独立性

B. 当存储数据的文件名发生变化时，必须修改访问数据文件的应用程序

C. 用文件存储数据的方式难以实现数据访问的安全控制

D. 将相关的数据存储在一个文件中，有利于用户对数据进行分类，因此也可以加快用户操作数据的效率

(4) 数据库管理系统是数据库系统的核心，它负责有效地组织、存储和管理数据，它位于用户和操作系统之间，属于（　）。

A. 系统软件　　B. 工具软件　　C. 应用软件　　D. 数据软件

(5) 在数据的组织模型中，用树形结构来表示实体之间联系的模型称为（　）。

A. 关系模型　　B. 层次模型　　C. 网状模型　　D. 数据模型

(6) 在关系数据库中关系就是一个由行和列构成的二维表其中行对应（　）。

A. 属性　　B. 记录　　C. 关系　　D. 主键

(7) SQL 语言是（　）语言。

A. 层次数据库　　B. 网络数据库

C. 非数据库　　D. 关系数据库

(8) 下列关于数据库管理系统的说法错误的是（　）。

A. 数据库管理系统与操作系统有关，操作系统的类型决定了能够运行的数据库管理系统的类型

B. 数据库管理系统对数据库文件的访问必须经过操作系统实现才能实现

C. 数据库应用程序可以不经过数据库管理系统而直接读取数据库文件

D. 数据库管理系统对用户隐藏了数据库文件的存放位置和文件名

(9) 数据库系统是由若干部分组成的。下列不属于数据库系统组成部分的是（　）。

A. 数据库　　B. 操作系统　　C. 应用程序　　D. Java

(10) 数据模型三要素是指（　）。

A. 数据结构、数据对象和数据共享

B. 数据结构、数据操作和数据完整性约束

C. 数据结构、数据操作和数据的安全控制

D. 数据结构、数据操作和数据的可靠性

(11) 下列说法中，不属于数据库管理系统特征的是（　）。

A. 提供了应用程序和数据的独立性

B. 所有的数据作为一个整体考虑，因此是相互关联的数据的集合

C. 用户访问数据时，需要知道存储数据的文件的物理信息

D. 能够保证数据库数据的可靠性，即使在存储数据的硬盘出现故障时，也能防止数据丢失

2. 填空题

(1) 数据库是存储在计算机内________的集合。

(2) 在利用数据库技术管理数据时所有的数据都________被统一管理。

(3) 关系数据模型的组织形式是________。

（4）数据管理的发展主要经历了________、________和________三个阶段。

（5）数据模型的三个要素包括________、________、________。

（6）关系模型中无论是实体还是实体间的联系均由单一的结构类型________来表示。

（7）数据库系统就是基于数据库的计算机应用系统，它主要由________、________、________和四________部分组成。

（8）与用数据库技术管理数据相比，文件管理系统的数据共享性________，数据独立性________。

（9）关系数据库是支持________模型的数据库。

3. 简答题

（1）简述数据管理技术发展的三个阶段，各个阶段的特点是什么。

（2）简述数据库、数据库管理系统、数据库系统三个概念的含义和联系。

（3）数据库系统由哪几部分组成，每一部分在数据库系统中的作用大致是什么？

（4）关系数据库的设计步骤大致是什么？

（5）SQL 有什么特点，其核心功能用了哪些语句实现？

第9章 软件工程

今天，软件无处不在，并且已经深入到社会生活的各个角落，其价值与重要性不言而喻，对于软件行业，如何保证提交高质量软件和创造更高的服务价值呢？自“软件危机”出现以后，行业专家提出采用“软件工程”的方法与技术解决此问题。软件工程是一种采用工程化方法构建和维护有效、实用和高质量软件的技术与方法。

本章主要介绍软件工程概述，软件工程常用模型，软件开发方法，软件质量保证体系等。

问题导入

可怕的软件危机

美国 IBM 公司在 1963—1966 年开发的 IBM360 机的操作系统，这个项目花了 5 000 人 3 年的工作量，最多的时候，同时有 1 000 人投入工作，写出了近一百万行源代码，结果却非常糟糕。据统计，这个操作系统每次发布的新版本都要更正前一版本中有 1 000 多个程序错误。这个项目的负责人 F. P. Broods 在 1975 年出版的著名的《神秘的人——月》一书中沉痛地说好像一条陷入泥潭的恐龙，越是挣扎陷得越深，最后无法逃脱灭顶的灾难。程序设计工作就像这样一个泥潭，一批批程序员被迫在泥潭中拼命挣扎……”

1991 年海湾战争中，一个软件故障打乱了“爱国者”导弹雷达跟踪系统，使导弹发射后未能迎击对方的“飞毛腿”导弹，反而轰击了自己的军营，造成 28 名士兵丧生，98 人受伤。

1996 年欧洲航天局发射的阿丽亚娜 5 型火箭，在发射 40s 后爆炸，发射场上 2 名士兵当场死亡这个耗资 10 亿美元，历时 9 年的航天计划严重受挫，引起国际宇航界的震惊。事故发生后，专家组的调查分析报告指明，爆炸的根本原因在于惯性导航系统软件中技术要求和设计的错误。

这样的例子还有很多，它们共同的结果是软件项目灾难性的失败，他们共同的特征是用户对“已完成的”软件系统不满意。那么，要尽可能地避免这种类似的现象发生，则需要充分吸取和借鉴人类长期以来从事各种工程项目所积累的原理、概念、技术和方法。

9.1　软件工程概述

软件行业被誉为 21 世纪的朝阳产业，在计算机应用方面发挥重大的作用，软件工程则是支持该行业发展的重要学科。软件工程的由来、兴起、发展，则是首先应该了解的重要问题。

9.1.1　软件危机与软件工程

20 世纪 60 年代以前，计算机刚刚投入实际使用，软件设计往往只是为了一个特定的应用而在指定的计算机上设计和编制，采用密切依赖于计算机的机器代码或汇编语言，软件的规模比较小，文档资料通常也不存在，很少使用系统化的开发方法，设计软件往往等同于编制程序，基本上是个人设计、个人使用、个人操作、自给自足的私人化的软件生产方式。

20 世纪 60 年代中期，大容量、高速度计算机的出现，使计算机的应用范围迅速扩大，软件开发急剧增长。高级语言开始出现，操作系统的发展引起了计算机应用方式的变化，大量数据处理导致第一代数据库管理系统的诞生。软件系统的规模越来越大，复杂程度越来越高，软件可靠性问题也越来越突出。原来的个人设计、个人使用的方式不再能满足要求，迫切需要改变软件生产方式，提高软件生产率，“软件危机”开始爆发。

1968 年北大西洋公约组织的计算机科学家在联邦德国召开国际会议，第一次讨论软件危机问题，并正式提出“软件工程”一词，从此一门新兴的工程学科——软件工程学——为研究和克服软件危机应运而生。

软件工程作为一个新兴的工程学科，主要研究软件生产的客观规律性，建立与系统化软件生产有关的概念、原则、方法、技术和工具，指导和支持软件系统的生产活动，以期达到降低软件生产成本，改进软件产品质量，提高软件生产率水平的目标。软件工程学从硬件工程和其他人类工程中吸收了许多成功的经验，明确提出了软件生命周期的模型，发展了许多软件开发与维护阶段适用的技术和方法，并应用于软件工程实践，取得良好的效果。

在软件开发过程中人们开始研制和使用软件工具，用以辅助进行软件项目管理与技术生产，人们还将软件生命周期各阶段使用的软件工具有机地集合成为一个整体，形成能够连续支持软件开发与维护全过程的集成化软件支援环境，以期从管理和技术两方面解决软件危机问题。

此外，人工智能与软件工程的结合成为 20 世纪 80 年代末期活跃的研究领域。基于程序变换、自动生成和可重用软件等软件新技术研究也已取得一定的进展，把程序设计自动化的进程向前推进一步。在软件工程理论的指导下，发达国家已经建立起较为完备的软件工业化生产体系，形成了强大的软件生产能力。软件标准化与可重用性得到了工业界的高度重视，在避免重用劳动，缓解软件危机方面起到了重要作用。

历经40余年研究，软件工程学（Software Engineering，SE）成为了计算机科学的一个分支。研究领域除了软件开发技术之外，还涉及软件开发的工程管理课题。经过业界多年的努力和来自其他工程技术的启发，并最终确立了软件工程学的一些基本原则，提出了实用技术方法，甚至制定出软件开发应遵从的标准规范。但是总的来看，离实现学科的目标还很远，要彻底解决软件开发所面临的种种问题还遥遥无期。软件工程的理论基础仍未明确。不像机电、建筑等工程学科，数学、物理、化学给它们奠定了严谨、坚实的基础体系。

大部分软件特性仍然无法用定量的方式测量。依据软件的开发和使用实践，人们选择了一组属性来刻画软件的质量。如功能的正确性、运行的可靠性、效率、完备性、可用性、可维护性、可测试性、可移植性、可重用性等。对这些软件质量属性的量度大多缺乏定量的标准，因此就不能建立十分有效的质量保证体系。

工程产品都会容许出现一定的误差，误差范围之内都是合格产品。而软件是一种逻辑产品，往往“非对则错”，这就给开发过程控制带来一些难题。

传统的工程产品会使用大量的标准化零部件。这样就容易在生产过程中采用预制构件来建造产品。为了加快开发效率，软件构件的可重用性也被关注。但软件或多或少和具体应用相关，很少能够不做任何改动就直接重复使用。

尽管如此，软件开发人员仍然有必要自觉地利用软件工程学已经取得的成果，来指导、辅助、管理开发过程。否则将重蹈前人覆辙，踏上那条导向“软件危机”的歧路。

9.1.2 什么是软件工程

软件工程是一门研究用工程化方法构建和维护有效的、实用的和高质量的软件的学科。它涉及程序设计语言，数据库，软件开发工具，系统平台，标准，设计模式等方面。在现代社会中，软件应用于多个方面。典型的软件比如有电子邮件，嵌入式系统，人机界面，办公套件，操作系统，编译器，数据库，游戏等。同时，各个行业几乎都有计算机软件的应用，如工业，农业，银行，航空，政府部门等。这些应用促进了经济和社会的发展，使得人们的工作更加高效，同时提高了生活质量。

软件工程一直以来都缺乏一个统一的定义，很多学者、组织机构都分别给出了自己的定义。

Barry Boehm 指出，软件工程就是运用现代科学技术知识来设计并构造计算机程序及为开发、运行和维护这些程序所必需的相关文件资料。Fritz Bauer 在 NATO 会议上给出的定义则是，建立并使用完善的工程化原则，以较经济的手段获得能在实际机器上有效运行的可靠软件的一系列方法。ISO9000 对软件工程过程的定义是：软件工程过程是输入转化为输出的一组彼此相关的资源和活动。

国际权威机构 IEEE 于1993年发布了软件工程的定义：软件工程是将系统的、受规范约束的、可量化的方法，应用于软件的开发、运行与维护，即将工程方法应用于软件开发以及在软件开发中工程方法的研究。软件工程是研究和应用如何以系统性的、规范化的、可定量的过程化方法去开发和维护软件，以及如何把经过时间考验而证明

正确的管理技术和当前能够得到的最好的技术方法结合起来。

软件工程是从管理和技术两方面研究如何更好地开发和维护计算机软件的一门学科。采用工程化方法和途径来开发与维护软件。软件工程研究内容包括相关的理论、结构、过程、方法、工具、环境、管理、规范等。

9.1.3 软件生存周期

软件生命周期（Software Lift Circle）是软件工程学的最基本概念。它是指一个软件从提出开发的要求开始，到开发完成投入使用，直至废弃软件为止的整个时期。从时间进程角度，整个软件生命周期被划分为若干个阶段，每个阶段有明确的目标和任务，要确定完成任务的理论、方法、工具，要有检查和审核的手段，要规定每个阶段工作完成的标志，即所谓的“里程碑”（Milestone）。阶段的里程碑由一系列指定的“软件工作产品”构成。作为工作成果的软件工作产品表现为软件现代定义中所说明的几种要素：文档、程序、数据。

“分阶段”是软件生命周期概念的第一个要点。软件生命周期概念来源于工程实践。任何现代工程都由众多工序交错执行完成。把工程分解为一个个“过程”，是工程化方法的首要特征。

软件生命周期概念的另一个要点是强调文档（Document）的使用。伴随产品从无到有的整个过程，会产生种种分析、设计、制造、管理、使用说明等方面的资料。文档就是指以某种可读形式出现的这些技术资料、管理资料。文档是对活动、需求、过程、结果进行描述、定义、规定、报告、认证的书面信息。文档的使用是工程化方法的另外一个特征。

对软件生命周期的划分，大体上可以把软件工程过程分成：分析、设计、实现、测试、使用和维护等几个阶段。

1. 分析阶段

分析阶段的核心工作是需求分析（Requirement Analysis）。简单地说，这个阶段的目标就是确定软件究竟要“做什么”。首先明确功能、性能和其它方面的“需求”，才能保证所开发产品能够满足用户需求。

需求分析工作一般分两步来完成，第一步是获得需求，第二步是分析需求。需求来源于用户，通过正式或非正式的方式来收集，例如举行会议、聊天、整理业务单据和报表等。在这个阶段，需求从用户应用的角度来表述，并且以文档形式记录下来。对获得的需求进行分析，用比较专业的手段加以表示。例如使用数据流图（Dataflow Diagram）表示系统的数据处理功能，使用用况图（Use Case Diagram）描述系统在用户界面上呈现的行为等。习惯把技术性的系统需求描述文档称为系统规格说明书（System Specification）。

通过需求分析提出准确而详尽的要求，才能确立软件设计的目标和依据。

2. 设计阶段

如果说分析阶段着眼于确定用户需要什么样的软件，那么设计阶段的主要任务就是确定软件要“怎么做”，才能实现目标。设计阶段的一项主要任务是设计软件的“结

构”。模块化结构被证明是大型软件的最佳结构。一个软件被分解为众多组成部分，称之为“模块”（Module）。每个模块都具有具体的功能，都有明确的“接口”（Interface），即对模块使用方法和结果的说明。一个软件表现为由若干模块通过接口组成的一个结构。正是有了模块化的分解构造，大型软件才得以实现。

在结构化的设计方法里，模块体现为程序过程（Procedure）；在面向对象的设计方法里，模块体现为对象（Object）。它们是搭建软件的基本构件。

每一个模块尽可能相对独立，这样在开发或者修改软件时，可以避免模块之间的干扰。系统是统一的，软件模块之间会存在某种程度的联系，用模块耦合度（Coupling）来表示模块之间的联系方式。而模块的内聚度（Cohesion）概念则表示依据什么原则把软件成分放到一个模块中去。设计模块时追求“高内聚、低耦合”，就可以使模块尽量相对独立。

数据库设计往往是另一个重要的系统设计任务。简单地说，就是要考虑长期存储在数据库里的数据，要分布在多少个表（关系）当中，每个表（关系）应该包含那些数据元素。

还会有许许多多的设计任务，例如事务处理流程、输入输出、安全性控制等。原则上，确定了什么需求，就要进行如何实现这些要求的系统设计工作。注意系统设计不是“程序设计”，到现在，很可能一行程序都还没有写呢。

3. 实现阶段

“实现阶段的核心任务就是传统意义的写程序”。制做出可以运行的软件，首先是编码（Coding），用某种选定的程序设计语言编写可以在计算机系统上运行的程序，完成源程序、目标程序清单和用户手册等文档。

选择哪一种程序设计语言来编码要考虑一些因素。例如，语言本身的特点、软件的应用领域、算法的复杂性、数据结构的复杂性、软件的运行环境、支持平台、软件开发人员对语言的熟悉程度等。即使是同一类任务也可以有不同的语言选择方案。一个网上购销网站，既可以在Java平台上实现，也可以在.NET平台上实现。应该综合各种因素做出选择。

编写程序要养成良好的编程风格。随着计算机硬件性能的飞速提高，今天程序员们没有必要在编写程序的时候，过分关注程序的运行时间效率和空间效率了。运行效率是硬件效率和软件效率的综合体现。倒是软件越来越大、越来越复杂，人们更关注开发效率。程序编写要更加规范，程序要更加容易读懂、容易理解、容易修改、容易扩充。所以编码的时候，在遵从语言语法定义的前提下，要追求程序形式的简单和清晰。

4. 测试和排错阶段

开发大型软件系统的漫长过程中，面对极其错综复杂的问题，人的主观认识不可能完全符合客观现实，各类开发人员之间的通信和配合也不可能完美无缺。在目前的技术条件下，差错是无法完全避免的。如果在软件投入运行之前，不能发现并且纠正软件中的大部分差错，它们迟早会在使用过程中暴露出来。所以软件系统必须经过严格的测试，才能投入使用。

测试（Test）就是力图证明程序存在错误的技术。经验表明，人工“审查”程序只能发现部分差错。主要的测试技术基于执行程序并做出评价，以验证程序是否满足规定的需求，或者识别出期望的结果和实际的结果之间的差别。

测试的目的是为了暴露程序的潜在错误。如果做了测试而没有发现错误，不但不能证明程序是正确的，而且只能说这样的测试是失败的测试。

通过测试证明程序有错的话，就要分析出错的原因和位置，从而改正错误。这个任务称为排错（Debug）。通常，测试和排错会交错进行。

5. 运行和维护阶段

软件经过测试，就可以投入运行使用，进入运行和维护阶段，软件生命周期中最长的、也是最后的一个阶段。人们容易理解机器要维修、大厦要保养，却没想到运行“没有磨损”的软件，会面临极为繁重的维护工作。

首先，软件运行过程中会发现错误，而且都是些隐藏较深，在测试阶段未能发现的漏洞。这样就必须进行改正性维护。

其次，在软件使用过程中有必要对软件的功能或者性能进行完善和升级，以满足用户日益增长的业务需求。这就要进行完善性维护。使软件处于不断的改进过程，延长软件使用期。所以，总是在不断发布新的软件版本（Release 和 Version），直到被全新的软件所替代。

软件运行的软件、硬件环境和支持平台会发生变化，要让软件继续工作就必须做相应的适应性维护工作。

有时软件维护人员还要做些预防性维护工作。从专业的角度提出一些修改，以提高软件的可维护性，可靠性等性能，为以后的维护工作打好基础。

6. 软件开发的人员角色和工作量

软件生命周期概念不但界定软件开发和使用的各个阶段，而且规定了完成不同阶段任务的人员角色。软件分析师要参与软件开发的全过程，主要任务是完成需求分析和系统设计。软件设计师（高级程序员）负责完成一些详细的设计细节，例如局部的算法流程设计、数据文件设计、输入/输出界面设计，并且协调程序设计工作。程序员是开发团队里的“蓝领”，基本任务是编写程序。测试人员专门负责对软件进行各种测试。自然也需要维护人员在软件的使用阶段负责完成各种维护工作。

也许，在软件开发企业里，这些人员角色会交叉重叠。软件分析师也会写程序，程序员也会做测试。在国内一些小型软件公司，这种情况尤为常见。即使如此，软件开发人员必须在不同的开发阶段的活动里扮演不同的专业角色，工程化的开发方法才能得以落实。

软件生命周期里使用与维护阶段的工作量要远远超过开发工作量，约占到总量的三分之二。而在工程化的开发过程中，需求分析和系统设计阶段的工作量要占 40%，编码的工作量占 20%，测试和排错的工作量占到 40%。通过分析和设计，软件分解成为数量庞大但功能单一的模块，每个模块的规模很小。相比之下，写程序的任务反而是最为简单的。“软件开发”的确是不能用“写程序”来理解的。

9.2 软件质量保证体系

质量是产品的生命，对于软件尤其如此。软件由于其自身的特点，其质量也就具有与其他产品质量不同的特点。软件质量贯穿整个软件生存周期，设计软件质量需求，软件质量度量、软件属性检测、软件质量管理技术和过程等。

质量评估是产品的质量管理的关键，如果没有科学的质量评估标准和方法，就无从有效地管理质量。

9.2.1 软件质量标准

根据软件工程标准制定机构和标准适用的范围，将软件质量标准分为 5 个级别：国际标准、国家标准、行业标准、企业标准和项目规范。

国际标准是由国际机构指定和公布供各国参考的标准，如国际化标准组织（ISO）具有广泛的代表性和权威性，它所公布的标准具有国际影响力。20 世纪 60 年代初，国际标准化组织建立了“计算机与信息处理技术委员会”，专门负责与计算机有关的标准工作。ISO9001 就是用来设计、开发、生产、安装和服务的质量保证模式，包含了高效的质量保证系统必须体现的 20 条需求，适用于所有的工程行业。ISO9000－3 是为在软件过程中用于帮助解释 ISO9001 标准专门开发的一个 ISO 指南的子集，是 ISO 质量管理和质量保证标准在软件开发、供应和维护中的使用指南，并不作为质量体系注册/认证时的评估准则。

对于软件行业，另外存在一个最权威的评估认证体系——软件能力成熟度模型，1987 年美国卡内基梅隆大学软件研究所（Software Engineering Institute，SEI）受美国国防部的委托，率先在软件行业从软件过程能力的角度提出了软件过程成熟度模型(Capability Maturity Model，CMM)，随后在全世界推广实施的一种软件评估标准，用于评价软件承包能力并帮助其改善软件质量的方法。它主要用于软件开发过程和软件开发能力的评价和改进。它侧重于软件开发过程的管理及工程能力的提高与评估。CMM 自 1987 年开始实施认证，现已成为软件业最权威的评估认证体系。CMM 包括 5 个等级，共计 18 个过程域，52 个目标，300 多个关键实践，如表 9-1 所示。

表 9-1 CMM 主要内容

能力等级	特　点	关键过程
第一级初始级	软件过程是混乱无序的，对过程几乎没有定义，成功依靠的是个人的才能和经验，管理方式属于反应式	

（续表）

能力等级	特 点	关键过程
第二级可重复级	建立了基本的项目管理来跟踪进度。费用和功能特征，制订了必要的项目管理，能够利用以前类似的项目应用取得成功	需求管理，项目计划，项目跟踪和监控，软件子合同管理，软件配置管理，软件质量保障
第三级已定义级	已经将软件管理和过程文档化，标准化，同时综合成该组织的标准软件过程，所有的软件开发都使用该标准软件过程	组织过程定义，组织过程焦点，培训大纲，软机集成管理，软件产品工程，组织协调，专家审评
第四级已管理级	收集软件过程和产品质量的详细度量，对软件过程和产品质量有定量的理解和控制	定量的软件过程管理和产品质量管理
第五级优化级	软件过程的量化反馈和新的思想和技术促进过程的不断改进	缺陷预防，过程变更管理和技术变更管理

能力成熟度模型（Capability Maturity Modelfor Software，英文缩写为 SW-CMM，简称 CMM)。CMM 是对于软件组织在定义、实施、度量、控制和改善其软件过程的实践中各个发展阶段的描述。CMM 的核心是把软件开发视为一个过程，并根据这一原则对软件开发和维护进行过程监控和研究，以使其更加科学化、标准化、使企业能够更好地实现商业目标。

CMM 是一种用于评价软件承包能力并帮助其改善软件质量的方法，侧重于软件开发过程的管理及工程能力的提高与评估。CMM 分为五个等级，即初始级、可重复级、已定义级、已管理级、优化级。其依据思想是：持续改进，即只要集中精力持续努力去建立有效的软件工程过程的基础结构，不断进行管理的实践和过程的改进，就可以克服软件生产中的困难。

CMM 是目前国际上最流行、最实用的一种软件生产过程标准，已经得到了众多国家以及国际软件产业界的认可，称为当今从事规模软件生产不可缺少的一项内容。

CMM 的作用主要表现在两个方面。

（1）科学地评价软件开发单位的软件能力成熟等级。

（2）帮助软件开发单位进行自检，了解自己的强项和弱项，从而不断完善和改进单位的软件开发过程，确保软件质量，提高软件开发能效率。

9.2.2 软件质量控制

质量管理大师戴明（W. Edwards. Deming）指出，“质量不是来自于检验而是来自于过程的改进。”

软件质量控制是一组由开发组织使用的程序和方法，使用它可在规定的资金投入和时间限制的条件下，提供满足客户质量要求的软件产品并持续不断地改善开发过程和开发组织本身，以提高将来生产高质量软件产品的能力。

软件质量控制是开发组织执行的一系列过程。软件质量控制的目标是以最低的代

价获得客户满意的软件产品。对于开发组织本身来说软件质量控制的另一个目标是从每一次开发过程中学习以便使软件质量控制一次比一次更好。

软件质量控制的一般性方法包括目标问题度量法、风险管理法、PDCA 质量控制法。目标问题度量法。通过确定软件质量目标并连续监视这些目标是否达到来控制软件质量的一种方法。其目标就是客户所希望的质量需求的定量说明。具体做法包括四个步骤。

(1) 对一个项目的各个方面（产品、过程和资源）规定具体的目标，这些目标的表达应非常明确。

(2) 对每一个目标，要引出一系列能反映出这个目标是否达到要求的问题，并要求对这些问题进行回答。这些问题的答案将有助于使目标定量化。

(3) 将回答这些问题的答案映射到对软件质量等级的度量上，根据这种度量得出软件目标是否达到的结论，或确认哪些做好了，哪些仍需改善。

(4) 收集数据。要为收集和分析数据做出计划。

风险管理法。识别和控制软件开发中对成功达到目标（包括软件质量目标）危害最大的那些因素的一个系统性方法。实施步骤为根据经验识别项目要素的有关风险；评估风险发生的概率和发生的代价；按发生概率和代价划分风险等级并排序；在项目限定条件下选择控制风险的技术并制定计划；执行计划并监视进程；持续评估风险状态并采取正确的措施。美国卡内基梅隆大学（Carnegie Mellon University，CMU）的软件工程研究所（Software Engineering Institute，SEI）。SEI 风险管理模型如图 9-1 所示。

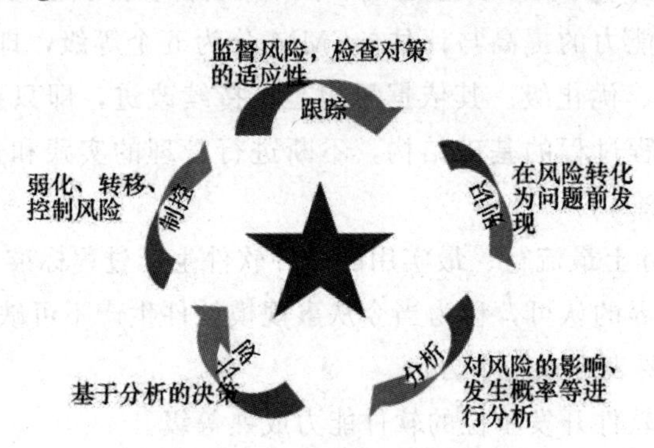

图 9-1　SEI 风险管理模型

PDCA 质量控制法，即计划（Plan）、实施（Do）、检查（Check）、处理（Action）这样的一个循环过程。它由现代质量管理之父戴明提出，又称为“戴明循环”。包括四个阶段。

(1) 计划阶段。要通过市场调查、用户访问等，摸清用户对产品质量的要求，确定质量政策、质量目标和质量计划等。

(2) 设计和执行阶段。实施上一阶段所规定的内容。根据质量标准进行产品设计、试制、试验及计划执行前的人员培训。

(3) 检查阶段。主要是在计划执行过程之中或执行之后，检查执行情况，看是否

符合计划的预期结果效果。

（4）处理阶段。主要是根据检查结果，采取相应的措施。巩固成绩，把成功的经验尽可能纳入标准，进行标准化，遗留问题则转入下一个 PDCA 循环去解决。即巩固措施和下一步的打算。循环过程为分析现状，发现问题。分析质量问题中各种影响因素。找出影响质量问题的主要原因。针对主要原因，提出解决的措施并执行。检查执行结果是否达到了预定的目标。把成功的经验总结出来，制订相应的标准。把没有解决或新出现的问题转入下一个 PDCA 循环去解决。

9.2.3　软件质量保证

软件质量保证（Software Quality Assurance，SQA）是建立一套有计划，有系统的方法，来向管理层保证拟定出的标准、步骤、实践和方法能够正确地被所有项目所采用。软件质量保证的目的是使软件过程对于管理人员来说是可见的。它通过对软件产品和活动进行评审和审计来验证软件是合乎标准的。软件质量保证组在项目开始时就一起参与建立计划、标准和过程。这些将使软件项目满足机构方针的要求。

1. SQA 工作内容

SQA 工作内容主要包括：计划、审计、问题追踪。

（1）计划。针对具体项目制订 SQA 计划，确保项目组正确执行过程。制订 SQA 计划应当注意要有重点，依据企业目标以及项目情况确定审计的重点；要明确审计内容，明确审计哪些活动，那些产品；要明确审计方式，确定怎样进行审计；要明确审计结果报告的规则，即审计的结果报告给谁。

（2）审计/证实。依据 SQA 计划进行 SQA 审计工作，按照规则发布审计结果报告。注意审计一定要有项目组人员陪同，不能搞突然袭击。双方要开诚布公，坦诚相对。审计的内容包括是否按照过程要求执行了相应活动，是否按照过程要求产生了相应产品。

（3）问题跟踪对审计中发现的问题，要求项目组改进，并跟进直到解决。

2. 对项目组成员的素质要求

质量保证工作对其小组成员具有一定的素质要求。

（1）过程为中心。应当站在过程的角度来考虑问题，只要保证了过程，SQA 就尽到了责任。

（2）服务精神：为项目组服务，帮助项目组确保正确执行过程。

（3）了解过程。深刻了解企业的工程，并具有一定的过程管理理论知识。

（4）了解开发。对开发工作的基本情况了解，能够理解项目的活动。

（5）沟通技巧。善于沟通，能够营造良好的气氛，避免审计活动成为一种找茬活动。

3. SQA 与两种不同的参与者相关

（1）软件工程师通过采用可靠的技术方法和措施，进行正式的技术评审，执行计划周密的软件测试来考虑质量问题，并完成软件质量保证和质量控制活动。

（2）SQA 小组的职责是辅助软件工程小组得到高质量的最终产品。

4. 任务

SQA小组需要完成以下几个任务。

（1）为项目准备SQA计划。该计划在制订项目规定项目计划时确定，由所有感兴趣的相关部门评审。包括需要进行的审计和评审，项目可采用的标准，错误报告和跟踪的规程，由SQA小组产生的文档，向软件项目组提供的反馈数量。

（2）参与开发项目的软件过程描述。评审过程描述以保证该过程与组织政策，内部软件标准，外界标准以及项目计划的其他部分相符。

（3）评审各项软件工程活动，对其是否符合定义好的软件过程进行核实。记录、跟踪与过程的偏差。

（4）审计指定的软件工作产品，对其是否符合事先定义好的需求进行核实。对产品进行评审，识别、记录和跟踪出现的偏差；对是否已经改正进行核实；定期将工作结果向项目管理者报告。

（5）确保软件工作及产品中的偏差已记录在案，并根据预定的规程进行处理。

（6）记录所有不符合的部分并报告给高级领导者。

9.2.4 正式技术评审

正式技术评审是一种由软件工程师和其他人进行的软件质量保障活动。其目标在于发现功能、逻辑或实现的错误；证实经过评审的软件的确满足需求；保证软件的表示符合预定义的标准；得到一种一致的方式开发的软件。使项目更易管理。

一般情况下，采用评审会议的形式，3～5人参加，不超过2小时，由评审主席、评审者和生产者参加，必须做出相关的决定。

（1）工作产品可不可以不经修改而被接受。

（2）由于严重错误而否决工作产品。

（3）暂时接受工作产品。

评审需要总结出严格的评审总结报告，主要包括评审什么？由谁评审？结论是什么？评审总结报告是项目历史记录的一部分，标识产品中存在问题的区域，作为行政条目检查表以指导生产者进行改正。

评审会议坚持一定的指导原则。评审产品，而不是评审生产者。注意客气地指出错误，气氛轻松。不要离题，限制争论。有异议的问题不要争论但要记录在案。对各个问题都发表见解。问题解决应该放到评审会议之后进行。为每个要评审的工作产品建立一个检查表。应为分析、设计、编码、测试文档都建立检查表。分配资源和时间。应该将评审作为软件工程任务加以调度。

9.3 软件测试技术

软件测试是软件开发过程中的一个重要组成部分，是贯穿整个软件开发生命周期、

对软件产品（包括阶段性产品）进行验证和确认的活动过程，其目的是尽快尽早地发现在软件产品中所存在的各种问题——与用户需求、预先定义的不一致性。检查软件产品的 bug。写成测试报告，交于开发人员修改。

IEEE 定义软件测试是使用人工操作或者软件自动运行的方式来检验它是否满足规定的需求或弄清预期结果与实际结果之间的差别的过程。

9.5.1　软件测试概述

软件测试是帮助识别开发完成（中间或最终的版本）的计算机软件（整体或部分）的正确度（Correctness）、完全度（Completeness）和质量（Quality）的软件过程；是 SQA（Software Quality Assurance）的重要子域。

1. 软件测试应遵循的一般原则

（1）测试应该尽早进行，最好在需求阶段就开始介入，因为最严重的错误不外乎是系统不能满足用户的需求。

（2）程序员应该避免检查自己的程序，软件测试应该由第三方来负责。

（3）设计测试用例时应考虑到合法的输入和不合法的输入及各种边界条件，特殊情况下要制造极端状态和意外状态，如网络异常中断、电源断电等。

（4）应该充分注意测试中的群集现象。

（5）对错误结果要进行一个确认过程。一般由 A 测试出来的错误，一定要由 B 来确认。严重的错误可以召开评审会议进行讨论和分析，对测试结果要进行严格地确认，是否真的存在这个问题以及严重程度等。

（6）制订严格的测试计划。一定要制订测试计划，并且要有指导性。测试时间安排尽量宽松，不要希望在极短的时间内完成一个高水平的测试。

（7）妥善保存测试计划、测试用例、出错统计和最终分析报告，为维护提供方便。

2. 软件测试的目标

（1）发现一些可以通过测试避免的开发风险。

（2）实施测试来降低所发现的风险。

（3）确定测试何时可以结束。

（4）在开发项目的过程中将测试看作是一个标准项目。

3. 软件测试过程

（1）对要执行测试的产品/项目进行分析，确定测试策略，制订测试计划。该计划被审核批准后转向第二步。测试工作启动前一定要确定正确的测试策略和指导方针，这些是后期开展工作的基础。只有将本次的测试目标和要求分析清楚，才能决定测试资源的投入。

（2）设计测试用例。设计测试用例要根据测试需求和测试策略来进行，进度压力应不大，该设计的详细，如果进度、成本压力较大，则应该保证测试用例覆盖到关键性的测试需求。该用例被批准后转向第三步。

如果满足“启动准则”（Entry Criteria），那么执行测试。执行测试主要搭建测试环境，执行测试用例。执行测试时要进行进度控制、项目协调等工作。

(4) 提交缺陷。这里要进行缺陷审核和验证等工作。

(5) 消除软件缺陷。通常情况下，开发经理需要审核缺陷，并进行缺陷分配。程序员修改自己负责的缺陷。在程序员修改完成后，进入到回归测试阶段。如果满足“完成准则”，那么正常结束测试。

(6) 撰写测试报告。对测试进行分析，总结本次的经验教训，在下一次的工作中改。

4. 软件测试注意事项

人类行为具有高度目标性，确立一个正确的目标有着重要的心理学影响。软件测试的心理学问题就是如何摆正测试的两个目标的关系，使得测试活动更加富有成效。

(1) 程序测试的过程具有破坏性

每当测试一个程序时，人们总希望为程序增加一些价值。利用测试来增加程序的价值，是指通过测试，找出并修改尽可能多的程序缺陷，从而提高程序的可靠性或质量。

因此，不要只是为了证明程序能够正确运行而去测试程序。相反，应该一开始就假设程序中隐藏着错误（这种假设几乎对所有的程序都成立），然后测试程序，发现尽可能多的错误。

事实上，如果把测试目标定位于要证明程序中没有缺陷，那么就会在潜意识中倾向于实现这个目标。也就是说，测试人员会倾向于挑选那些使程序失效的可能性较小的测试数据。另一方面，如果把测试目标定位于要证明程序中存在缺陷，那么就会选择一些容易发现程序缺陷的测试数据。而后一种态度会比前者给程序增加更多的价值。

如果在测试某个程序段时发现了可以纠正的缺陷，或者测试最终确定再没有其他缺陷，则应将这次合理设计并得到有效执行的测试称作是“成功的”。而所谓“不成功的”测试，仅指未能适当地对程序进行检查，未能找出程序中潜藏缺陷的测试。

总之，软件测试更适宜被视为试图发现程序中错误（假设其存在）的破坏性的过程。一个成功的测试，通过诱发程序发生错误，可以在这个方向上促进软件质量的改进。当然最终人们还是要通过软件测试来建立某种程度的信心：软件做了其应该做的，而没有做其不应该做的。

(2) 软件测试由独立测试机构承担的好处

独立测试是指软件测试工作由在经济上和管理上独立于开发机构的组织进行。独立测试可以避免软件开发者测试自己开发的软件，由于心理学上的问题，软件开发者难以客观、有效的测试自己的软件，要找出那些因为对问题的误解而产生的错误就更加困难。独立测试还可以避免软件开发机构测试自己的软件，软件产品的开发过程受到时间、成本和质量三者的制约，在软件开发的过程中，当时间、成本和质量三者发生矛盾时，质量最容易被忽视，如果测试组织与开发组织来自相同的机构，测试过程就会面临来自于开发组织同一来源的管理方面的压力，使测试过程受到干扰。

9.5.2　软件测试分类

软件测试的方法与技术很多，可以从不同的角度将其分为白盒测试与黑盒测试，分类依据如表 9-2 所示。

黑盒测试也称为功能测试与数据驱动测试，它是已知软件所需功能，并通过测试来检测每个功能是否都能正常使用。测试时把程序看作一个不能打开的黑盒子，在完全不考虑程序内部结构和内部特性的情况下，测试者在程序接口进行测试。这样只检查程序功能是否按照要求规格说明书的规定正常使用，程序是否能适当地接收输入数据产生正确的输出信息，并且保持外部信息的完整性。

表 9-2　软件测试分类

分类依据	分类
是否关心软件内部结构和具体实现的角度	A. 白盒测试　B. 黑盒测试　C. 灰盒测试
是否执行程序的角度	A. 静态测试　B. 动态测试
从软件开发的过程按阶段	A. 单元测试　B. 集成测试　C. 确认测试　D. 系统测试 E. 验收测试　F. 回归测试　G. Alpha 测试　H. Beta 测试

白盒测试也称为结构测试或逻辑驱动测试，白盒测试知道软件内部工作过程，可通过测试来检测软件产品内部动作是否按照规格说明书的规定正常进行。并按照程序内部的结构测试程序。来检验程序中的每条通过是否都能按预定要求正确工作，不考虑功能是否正确。

9.5.3　软件测试过程

软件测试的对象不仅仅是程序测试，软件测试应该包括整个软件开发期间各个阶段所产生的文档，如需求规格说明、概要设计文档、详细设计文档，当然软件测试的主要对象还是源程序。

测试过程按 4 个步骤进行，即单元测试、集成测试、系统测试及验收测试。

1. 单元测试

单元测试又称模块测试，是针对软件设计的最小单位——程序模块，进行正确性检验的测试工作。其目的在于发现各模块内部可能存在的各种差错。单元测试需要从程序的内部结构出发设计测试用例。多个模块可以平行地独立进行单元测试。

在单元测试时，测试者需要依据详细设计说明书和源程序清单，了解该模块的 I/O 条件和模块的逻辑结构，主要采用白盒测试的测试用例，辅之以黑盒测试的测试用例，使之对任何合理的输入和不合理的输入，都能鉴别和响应。

单元测试的步骤可分为：确定被测模块程序，搭建合适的测试环境，设计驱动模块与桩模块，展开单元测试，提交缺陷报告。

模块并不是一个独立的程序，在考虑测试模块时，同时要考虑它和外界的联系，用一些辅助模块去模拟与被测模块相联系的其他模块。如果一个模块要完成多种功能，可以将这个模块看成由几个小程序组成。必须对其中的每个小程序先进行单元测试要做的工作，对关键模块还要做性能测试。

2. 集成测试

集成测试又称组装测试或联合测试。在单元测试的同时可进行集成测试，发现并排除在模块连接中可能出现的问题，最终构成要求的软件系统。子系统的集成测试特别称为部件测试，它所做的工作是要找出集成后的子系统与系统需求规格说明之间的不一致。

通常，把模块集成成为系统的方式有两种：一次性集成方式和增殖式集成方式。

（1）一次性集成方式

它是一种非增殖式组装方式。也称整体拼装。使用这种方式，首先对每个模块分别进行模块测试，然后再把所有模块组装在一起进行测试，最终得到要求的软件系统。

（2）增殖式集成方式

这种集成方式又称渐增式集成。首先对一个个模块进行模块测试，然后将这些模块逐步组装成较大的系统；在集成的过程中边连接边测试，以发现连接过程中产生的问题；通过增殖逐步组装成为要求的软件系统。可分为自顶向下的增殖方式、自底向上的增殖方式和混合增殖式测试。

①自顶向下的增殖方式，这种集成方式将模块按系统程序结构，沿控制层次自顶向下进行组装。自顶向下的增殖方式在测试过程中较早地验证了主要的控制和判断点。选用按深度方向组装的方式，可以首先实现和验证一个完整的软件功能。

②自底向上的增殖方式，这种集成的方式是从程序模块结构的最底层的模块开始集成和测试。因为模块是自底向上进行组装，对于一个给定层次的模块，它的子模块（包括子模块的所有下属模块）已经组装并测试完成，所以不再需要桩模块。在模块的测试过程中需要从子模块得到的信息可以直接运行子模块得到。

自顶向下增殖的方式和自底向上增殖的方式各有优缺点。一般来讲，一种方式的优点是另一种方式的缺点。

③混合增殖式测试，衍变的自顶向下的增殖测试。首先对输入/输出模块和引入新算法模块进行测试；再自底向上组装成为功能相当完整且相对独立的子系统；然后由主模块开始自顶向下进行增殖测试。自底向上一自顶向下的增殖测试：首先对含读操作的子系统自底向上直至根结点模块进行组装和测试；然后对含写操作的子系统做自顶向下的组装与测试。回归测试：这种方式采取自顶向下的方式测试被修改的模块及其子模块；然后将这一部分视为子系统，再自底向上测试。

在组装测试时，应当确定关键模块，对这些关键模块及早进行测试。关键模块的特征：满足某些软件需求；在程序的模块结构中位于较高的层次（高层控制模块）；较复杂、较易发生错误；有明确定义的性能要求。

3. 系统测试

系统测试，是将通过确认测试的软件，作为整个基于计算机系统的一个元素，与计算机硬件、外设、某些支持软件、数据和人员等其他系统元素结合在一起，在实际运行环境下，对计算机系统进行一系列的组装测试和确认测试。系统测试的目的在于通过与系统的需求定义作比较，发现软件与系统的定义不符合或与之矛盾的地方。

4. 验收测试

在通过了系统的有效性测试及软件配置审查之后，就应开始系统的验收测试。验收测试是以用户为主的测试。软件开发人员和 QA（质量保证）人员也应参加。由用户参加设计测试用例，使用生产中的实际数据进行测试。在测试过程中，除了考虑软件的功能和性能外，还应对软件的可移植性、兼容性、可维护性、错误的恢复功能等进行确认。

验收测试应交付的文档：有确认测试分析报告；最终的用户手册和操作手册；项目开发总结报告。

软件测试主要工作内容是验证（Verification）和确认（Validation），验证（Verification）是保证软件正确地实现了一些特定功能的一系列活动，即保证软件以正确的方式来做了这个事件（Doitright）；确认（Validation）是一系列的活动和过程，目的是想证实在一个给定的外部环境中软件的逻辑正确性。即保证软件做了你所期望的事情。

9.5.4　测试工具

目前在测试界用的工具有很多，基本上覆盖了整个测试周期。按照这些工具所完成的功能，基本可以分为以下几类：测试管理工具、测试用例设计工具、静态分析工具、白盒测试工具、黑盒测试工具、性能测试工具等。但是在实际项目测试过程中，可以根据测试任务书或测试计划中对该软件项目的要求组合使用以上测试工具。

1. 测试管理工具

一个优秀的测试管理工具，可以大大提高测试效率，节省测试成本。至少包括以下功能：测试需求管理、测试计划管理、与需求相关的测试用例管理、测试执行管理、缺陷管理、测试执行过程相关的统计与分析。

比较常用的测试管理工具有 TD 和 TC。Test Director 是全球最大的软件测试工具提供商 Mercury Interactive 公司生产的企业级测试管理工具，也是业界第一个基于 Web 的测试管理系统。通过在一个整体的应用系统中集成了测试管理的各个部分，包括需求管理，测试计划，测试执行以及错误跟踪等功能，Test Director 极大地加速了测试过程。Test Center 是一款功能强大测试管理工具，它可以实现测试用例的过程管理，对测试需求过程、测试用例设计过程、业务组件设计实现过程等整个测试过程进行管理。测试管理工具有以下的作用。

（1）实现测试用例的标准化即每个测试人员都能够理解并使用标准化后的测试用例，降低了测试用例对个人的依赖。

（2）提供测试用例复用，用例和脚本能够被复用，以保护测试人员的资产；提供可伸缩的测试执行框架，提供自动测试支持。

(3) 提供测试数据管理，帮助用户同意管理测试数据，降低测试数据和测试脚本之间的耦合度。

2. 测试用例设计工具

测试用例设计工具分为两类：一类是基于需求的测试用例设计工具，这类工具典型代表是 Softtest。在使用 Softtest 时，先将软件功能需求转化为文本形式的因果图，然后使用 Softtest 读入，Softtest 会根据因果图自动生成测试用例。

3. 白盒测试工具

白盒测试又可以称为代码测试，是定位到代码级的测试，由于多用于单元测试阶段，因此也称为单元测试工具。单元测试不仅要验证被测单元的功能实现是否正确，还要查找代码中的内存使用错误和性能瓶颈，并为了检验测试的全面性，还要对测试所达到的覆盖率进行统计与分析。因此，白盒测试工具多为一个套件，包括了动态错误检测、时间性能分析、覆盖率统计等多个工具。C/C++语言对应的白盒测试工具为 C++Test，Java 环境单元测试对应的白盒测试工具为 Junit、JTest。

4. 功能测试工具

AutoRunner 是国内第一款自动化测试工具，可以用来完成功能测试、回归测试、每日构建测试与自动回归测试等工作。是具有脚本语言的、提供针对脚本完善的跟踪和调试功能的、支持 IE 测试和 Windows Native 测试的自动化测试工具。

5. 性能测试工具

性能测试工具的重要目的是度量应用系统的可扩展性和性能，是一种预测系统行为和性能的自动化测试工具。在性能测试过程中。通过实时性能监测来确认和查找问题，并发现系统的瓶颈所在，从而针对所发现问题对系统性能进行优化，确保应用的成功部署。其主要工具有 Load Runner、JMeter。

随着软件产业的发展，软件产品的质量控制与质量管理正逐渐成为软件企业生存与发展的核心。几乎每个大中型 IT 企业的软件产品在发布前都需要大量的质量控制、测试和文档工作，而这些工作必须依靠拥有娴熟技术的专业软件人才来完成。软件测试工程师就是这样的一个企业重头角色。然而，现状是一方面企业对高质量的测试工程师需求量越来越大越大，另一方面国内原来对测试工程师的职业重视程度不够，使许多人不了解测试工程师具体是从事什么工作。在具体工作过程中，测试工程师的工作是利用测试工具按照测试方案和流程对产品进行功能和性能测试，甚至根据需要编写不同的测试用例，设计和维护测试系统，对测试方案可能出现的问题进行分析和评估。对软件测试工程师而言，必须具有高度的工作责任心和自信心。任何严格的测试必须是一种实事求是的测试，因为它关系到一个产品的质量问题，而测试工程师则是产品出货前的把关人，所以，没有专业的技术水准是无法胜任这项工作的。同时，由于测试工作一般由多个测试工程师共同完成，并且测试部门一般要与其他部门的人员进行较多的沟通，所以要求测试工程师不但要有较强的技术能力而且要有较强的沟通能力。

情景思考

请思考开发一个班级班务管理系统，需要配备一个什么样的团队，这个团队里需要什么样的人才，这些成员各自负责什么样的工作？这个系统大概需要经过哪些过程模块才能投入使用？

【导读】软件开发新方法——敏捷开发

敏捷开发是一种应对快速变化的需求的一种软件开发能力，以用户的需求进化为核心，采用迭代、循序渐进的方法进行软件开发。在敏捷开发中，软件项目在构建初期被切分成多个子项目，各个子项目的成果都经过测试，具备可视、可集成和可运行使用的特征。换言之，就是把一个大项目分为多个相互联系，但也可独立运行的小项目，并分别完成，在此过程中软件一直处于可使用状态。以下是 Thoughts Work 咨询公司的推崇的敏捷开发流程。

1. Iteration

迭代开发。可以工作的软件胜过面面俱到的文档。因此，敏捷开发提倡将一个完整的软件版本划分为多个迭代，每个迭代实现不同的特性。重大的、优先级高的特性优先实现，风险高的特性优先实现。在项目的早期就将软件的原型开发出来，并基于这个原型在后续的迭代不断完善。迭代开发的好处是：尽早编码，尽早暴露项目的技术风险。尽早使客户见到可运行的软件，并提出优化意见。可以分阶段提早向不同的客户交付可用的版本。

2. Iteration Planning Meeting

迭代计划会议。每个迭代启动时，召集整个开发团队，召开迭代计划会议，所有的团队成员畅所欲言，明确迭代的开发任务，并解答疑惑。

3. Story Card/Story Wal/Feature List

在每个迭代中，架构师负责将所有的特性分解成多个 StoryCard。每个 Story 可以视为一个独立的特性。每个 Story 应该可以在最多 1 个星期内完成开发，交付提前测试（Pre-Test）。当一个迭代中的所有 Story 开发完毕以后，测试组再进行完整的测试。在整个测试过程中（Pre-Test，Test），基于 Daily Build，测试组永远都是每天从配置库上取下最新编译的版本进行测试，开发人员也随时修改测试人员提交的问题单，并合入配置库。

敏捷开发的一个特点是开放式办公，充分沟通，包括测试人员也和开发人员一起办公。

4. Standup Meeting

站立会议。每天早上，所有的团队成员围在 Story Wall 周围，开一个高效率的会议，通常不超过 15 分钟，汇报开发进展，提出问题，但不浪费所有人的时间立刻解决问题，而是会后个别沟通解决。

5. Pair Programming

结对编程是指两个开发人员结对编码。结对编程的好处是：经过两个人讨论后编写的代码比一个人独立完成会更加的完善，一些大的方向不至于出现偏差，一些细节也可以被充分考虑到。一个有经验的开发人员和一个新手结对编程，可以促进新手的成长，保证软件开发的质量。

6. CI/Daily Build

持续集成和每日构建能力是否足够强大是迭代开发是否成功的一个重要基础。基于每日构建。开发人员每天将编写/修改的代码及时的更新到配置库中，自动化编译程序每天至少一次自动从配置库上取下代码，执行自动化代码静态检查（如 PCLint），单元测试，编译版本，安装，系统测试，动态检查（如 Purify）。以上这些自动化任务执行完毕后，会输出报告，自动发送邮件给团队成员。如果其中存在着任何的问题，相关责任人应该及时的修改。

7. Retrospect

总结和反思。每个迭代结束以后，项目组成员召开总结会议，总结好的实践和教训，并落实到后续的开发中。

8. ShowCase

演示。每个 Story 开发完成以后，开发人员叫上测试人员，演示软件功能，以便测试人员充分理解软件功能。

9. Refactoring

重构。因为迭代开发模式在项目早期就开发出可运行的软件原型，一开始开发出来的代码和架构不可能是最优的、面面俱到的，因此在后续的 Story 开发中，需要对代码和架构进行持续的重构。迭代开发对架构师要求很高。因为架构师要将一个完整的版本拆分成多个迭代，每个跌倒由拆分成很多 Story，从架构的角度看，这些 Story 必须在是有很强的继承性，是可以不断叠加的，不至于后续开发的 Story 完全推翻了早期开发的代码和架构，同时也不可避免的需要对代码进行不断完善，不断重构。

10. TDD

测试驱动开发。正如上面讲的，迭代开发的特点是频繁合入代码，频繁发布版本。测试驱动开发是保证合入代码正常运行且不会在后期被破坏的重要手段。这里的测试主要指单元测试。

习 题

1. 选择题

（1）既要掌握用户业务领域知识，又要掌握软件开发领域的知识的人员，通常被称为（　　）。

A. 软件开发人员　　　　B. 用户

C. 分析人员　　D. 数据库管理员

（2）设计模块时追求（　　），就可以使模块尽量相对独立。

A. “高内聚、低耦合”　　B. “低内聚、高耦合”

C. “低内聚、低耦合”　　D. “高内聚、高耦合”

（3）CMM 中收集软件过程和产品质量的详细度量，对软件过程和产品质量有定量的理解和控制，属于（　　）。

A. 可重复级　　B. 已管理级　　C. 优化级　　D. 已定义级

（4）软件运行的软件、硬件环境和支持平台会发生变化，要让软件继续工作就必须做相应的（　　）工作。

A. 完善性维护　　B. 改正性维护

C. 适应性维护　　D. 预防性维护

（5）（　　）负责完成一些详细的设计细节，例如局部的算法流程设计、数据文件设计、输入输出界面设计，并且协调程序设计工作。

A. 软件设计师（高级程序员）　　B. 软件分析师

C. 软件测试员　　D. 维护人员

（6）关于正式技术评审目标描述错误的是（　　）。

A. 发现功能、逻辑或实现的错误　　B. 证实经过评审的软件的确满足需求

C. 保证软件的表示符合预定义的标准　　D. 发现项目管理中存在的问题

2. 填空题

（1）CMM 是一种用于评价软件承包能力并帮助其改善软件质量的方法，侧重于软件开发过程的管理及工程能力的提高与评估。CMM 分为五个等级：________、________、________、________、________。

（2）软件质量控制的一般性方法包括________、________、________。

（3）使用人工操作或者软件自动运行的方式来检验它是否满足规定的需求或弄清预期结果与实际结果之间的差别的过程称为________。

（4）黑盒测试也称为功能测试与数据驱动测试，黑盒测试方法主要包括________、________、________、________。

（5）OMT 的基础是对象模型：每个对象类由________（属性）和________（行为）组成，有关的所有数据结构（包括输入、输出数据结构）都成了软件开发的依据。

3. 简答题

（1）简述软件生命周期的各个阶段。

（2）简述结构化分析的步骤与结构化设计的步骤。

（3）UML 从考虑系统的不同角度出发，定义哪几种图，作用分别是什么？

（4）简述“戴明循环”的四个步骤？

（5）简述软件测试的目的、原则、步骤？

第10章

微课与慕课

近十年来，伴随网络信息技术和多媒体技术的发展，新型的教学理念和教学模式不断涌现。微课、慕课作为新兴的较为成熟的教学资源形式，越来越受到高校教师的关注，已成为当今教育教学改革的热点之一。这些基于网络技术的新型教学模式，打破了传统课堂教学在时间和空间的限制，使人们更易于获得知识，发挥学生主体性，同时也为教师提供了教学改革和创新的新思路。为了改善教学质量和提高教学效率，越来越多的教师将慕课、微课和翻转课堂与课堂教学模式相融合，进行混合教学模式的设计和探索。

问题导入

1993 年，美国北爱荷华大学（University of Northern Iowa）的有机化学教授 LeRoy A. McGrew，为了让非化学专业的人也能了解一些实用的化学知识而提出了一种“60 秒有机化学课程”，这就是微课的最早形。

2004 年，孟加拉裔美国人萨尔曼·可汗，他上七年级的表妹纳迪亚向他求助数学难题，可汗通过聊天软件和电话等手段帮助她解答了问题并且收到了良好的效果。消息一经传开，更多的亲戚朋友也来请教这位数学天才，于是于是可汗就将辅导的过程制作成视频并且上传到 YouTube 视频网站上让大家分享，他有意地将每次的讲解时间控制在 10 分钟之内，方便理解和消化。微课本身是一个完整的教学环节设计，不等于传统完整课堂的局部片段。

本章主要讲述微课和慕课的基本知识，以及微课和慕课开发流程。

10.1 微课与慕课的基本知识

1.1.1 微课

微课（Microlecture），是指运用信息技术按照认知规律，呈现碎片化学习内容、过程及扩展素材的结构化数字资源。

1. 微课的组成

“微课”的核心组成内容是课堂教学视频（课例片段），同时还包含与该教学主题相关的教学设计、素材课件、教学反思、练习测试及学生反馈、教师点评等辅助性教学资源，它们以一定的组织关系和呈现方式共同“营造”了一个半结构化、主题式的资源单元应用“小环境”。因此，“微课”既有别于传统单一资源类型的教学课例、教学课件、教学设计、教学反思等教学资源，又是在其基础上继承和发展起来的一种新型教学资源。

2. 微课的主要特点

（1）教学时间较短：教学视频是微课的核心组成内容。根据中小学生的认知特点和学习规律，“微课”的时长一般为5～8分钟左右，最长不宜超过10分钟。因此，相对于传统的40或45分钟的一节课的教学课例来说，“微课”可以称之为“课例片段”或“微课例”。

（2）教学内容较少：相对于较宽泛的传统课堂，“微课”的问题聚集，主题突出，更适合教师的需要：“微课”主要是为了突出课堂教学中某个学科知识点（如教学中重点、难点、疑点内容）的教学，或是反映课堂中某个教学环节、教学主题的教与学活动，相对于传统一节课要完成的复杂众多的教学内容，“微课”的内容更加精简，因此又可以称为“微课堂”。

（3）资源容量较小：从大小上来说，“微课”视频及配套辅助资源的总容量一般在几十兆左右，视频格式须是支持网络在线播放的流媒体格式（如rm、wmv、flv等），师生可流畅地在线观摩课例，查看教案、课件等辅助资源；也可灵活方便地将其下载保存到终端设备（如笔记本电脑、手机、MP4等）上实现移动学习、“泛在学习”，非常适合于教师的观摩、评课、反思和研究。

（4）资源组成/结构/构成“情景化”：资源使用方便。“微课”选取的教学内容一般要求主题突出、指向明确、相对完整。它以教学视频片段为主线“统整”教学设计(包括教案或学案)、课堂教学时使用到的多媒体素材和课件、教师课后的教学反思、学生的反馈意见及学科专家的文字点评等相关教学资源，构成了一个主题鲜明、类型多样、结构紧凑的“主题单元资源包”，营造了一个真实的“微教学资源环境”。这使得“微课”资源具有视频教学案例的特征。广大教师和学生在这种真实的、具体的、典型案例化的教与学情景中可易于实现“隐性知识”、“默会知识”等高阶思维能力的学习并实现教学观念、技能、风格的模仿、迁移和提升，从而迅速提升教师的课堂教学水平、促进教师的专业成长，提高学生学业水平。就学校教育而言，微课不仅成为教师和学生的重要教育资源，而且也构成了学校教育教学模式改革的基础。

（5）主题突出、内容具体。一个课程就一个主题，或者说一个课程一个事；研究的问题来源于教育教学具体实践中的具体问题：或是生活思考、或是教学反思、或是难点突破、或是重点强调、或是学习策略、教学方法、教育教学观点等等具体的、真实的、自己或与同伴可以解决的问题。

(6) 草根研究、趣味创作。因为课程内容的微小，所以人人都可以成为课程的研发者；因为课程的使用对象是教师和学生，课程研发的目的是将教学内容、教学目标、教学手段紧密地联系起来，是“为了教学、在教学中、通过教学”，而不是去验证理论、推演理论，所以，决定了研发内容一定是教师自己熟悉的、感兴趣的、有能力解决的问题。

(7) 成果简化、多样传播。因为内容具体、主题突出，所以研究内容容易表达、研究成果容易转化；因为课程容量微小、用时简短，所以传播形式多样（网上视频、手机传播、微博讨论）。

(8) 反馈及时、针对性强。由于在较短的时间内集中开展“无生上课”活动，参加者能及时听到他人对自己教学行为的评价，获得反馈信息。较之常态的听课、评课活动，“现炒现卖”，具有即时性。由于是课前的组内“预演”，人人参与，互相学习，互相帮助，共同提高，在一定程度上减轻了教师的心理压力，不会担心教学的“失败”，不会顾虑评价的“得罪人”，较之常态的评课就会更加客观。

3. 微课的分类

(1) 按照课堂教学方法来分类。根据李秉德教授对我国中小学教学活动中常用的教学方法的分类总结，同时也为便于一线教师对微课分类的理解和实践开发的可操作性，笔者初步将微课划分为11类，分别为讲授类、问答类、启发类、讨论类、演示类、练习类、实验类、表演类、自主学习类、合作学习类、探究学习类，如表1-1所示。

表 1-1　微课的分类及适用范围

分类依据	常用教学方法	微课类型	适用范围
以语言传递信息为主的方法	讲授法	讲授类	适用于教师运用口头语言向学生传授知识（如描绘情境、叙述事实、解释概念、论证原理和阐明规律）。这是中小学最常见、最主要的一种微课类型。
	谈话法（问答法）	问答类	适用于教师按一定的教学要求向学生提出问题，要求学生回答，并通过问答的形式来引导学生获取或巩固检查知识。
	启发法	启发类	适用于教师在教学过程中根据教学任务和学习的客观规律，从学生的实际出发，采用多种方式，以启发学生的思维为核心，调动学生的学习主动性和积极性，促使他们生动活泼地学习。
	讨论法	讨论类	适用于在教师指导下，由全班或小组围绕某一种中心问题通过发表各自意见和看法，共同研讨，相互启发，集思广益地进行学习。
以直接感知为主的方法	演示法	演示类	适用于教师在课堂教学时，把实物或直观教具展示给学生看，或者作示范性的实验，或通过现代教学手段，通过实际观察获得感性知识以说明和印证所传授知识。

（续表）

分类依据	常用教学方法	微课类型	适用范围
以实际训练为主的方法	练习法	练习类	适用于学生在教师的指导下，依靠自觉的控制和校正，反复地完成一定动作或活动方式，借以形成技能、技巧或行为习惯。尤其适合工具性学科（如语文、外语、数学等）和技能性学科（如体育、音乐、美术等）。
	实验法	实验类	适用于学生在教师的指导下，使用一定的设备和材料，通过控制条件的操作过程，引起实验对象的某些变化，从观察这些现象的变化中获取新知识或验证知识。在物理、化学、生物、地理和自然常识等学科的教学中，实验类微课较为常见。
以欣赏活动为主的教学方法	表演法	表演类	适用于在教师的引导下，组织学生对教学内容进行戏剧化的模仿表演和再现，以达到学习交流和娱乐的目的，促进审美感受和提高学习兴趣。一般分为教师的示范表演和学生的自我表演两种。
以引导探究为主的方法	自主学习法	自主学习类	适用于以学生作为学习的主体，通过学生独立的分析、探索、实践、质疑、创造等方法来实现学习目标。
	合作学习法	合作学习类	合作学习（Collaborative Learning）是一种通过小组或团队的形式组织学生进行学习的一种策略。
	探究学习法	探究学习类	适用于学生在主动参与的前提下，根据自己的猜想或假设，运用科学的方法对问题进行研究，在研究过程中获得创新实践能力、获得思维发展，自主构建知识体系的一种学习方式。

值得注意的是，一节微课作品一般只对应于某一种微课类型，但也可以同时属于二种或二种以上的微课类型的组合（如提问讲授类、合作探究类等），其分类不是唯一的，应该保留一定的开放性。同时，由于现代教育教学理论的不断发展，教学方法和手段的不断创新，微课类型也不是一成不变的，需要教师在教学实践中不断发展和完善。

（2）按课堂教学主要环节（进程）来分类。微课类型可分为课前复习类、新课导入类、知识理解类、练习巩固类、小结拓展类。其它与教育教学相关的微课类型有：说课类、班会课类、实践课类、活动类等。

4. 区域微课资源的开发

（1）内容规划。区域教育行政部门必须首先做好微课建设内容的整体规划，确定建设方案和进程，形成建设规范和体系，避免重复和无序开发。内容规划的一项重要工作是要按照新课程标准并结合本地区使用的教材，组织教研员和一线学科专家共同确定各学科各年级的知识点谱系，在征求意见后统一发布，供学校和教师有针对性选择开发。

(2) 平台建设。微课平台是区域性微课资源建设、共享和应用的基础，须由区域教育行政部门统一开发。平台功能要在满足微课资源日常“建设、管理”的基础上增加便于用户“应用、研究”的功能模块。形成微课建设、管理、应用和研究的“一站式”服务环境。

(3) 微课开发。微课内容开发是一个较为复杂的系统工程。其建设模式一般有“征集评审式”（面向教师个人）和“项目开发式”（面向学校和机构）。区域性微课资源建设一般要经过宣传发动、技术培训、选题设计、课例拍摄、后期加工、在线报送、审核发布、评价反馈等环节，才能确保其质量。

(4) 交流应用。交流与应用是微课建设的最终目的。通过集中展播、专家点评和共享交流等方式，向广大师生推荐、展示优秀获奖微课作品；定期组织教师开展基于区域“微课库”的观摩、学习、评课、反思、研讨等活动，推进基于微课的校本研修和区域网上教研新模式形成。

5. 微课的区域实践效应及应用前景展望

微课早在2011年便有了一定的概念，2013年被称为微课元年，微课的发展可谓空前盛大，此后逐年受到国内院校的应用及发展。近两年来，虽然各地院校都在倡导微课的发展与应用，但其实际效果还是稍欠人意的，这个情况主要体现在以下几点。

(1) 部分院校缺乏高质量的微课内容。微课虽然短小精悍，但反而要求更高的内容设计能力。如果对微课内容的理解有所偏颇，微课视频制作出来的效果是较糟糕的。

(2) 微课在实际教学的应用还是较少的。比如在职业教育方面，现在很多微课的发展应用还停留在技能培训阶段，或用于参加微课比赛等等。除了个别学校制作了一些精品的微课视频之外，大多数微课的质量都较一般，无法起到很好的拓展教育意义。

(3) 微课视频制作的水平参差不齐。现在有很多种类的微课，如抠图微课、PPT微课、交互式微课等，制作起来看似简单，但从技术角度而言，教师个体的制作能力是较为欠缺的，而校外企业虽然具备一定的技术人才以及设备，但部分企业的技术发展程度有很大的局限，难以实现目标的效果，这样就导致制作出来的微课不受欢迎。

那么如何避免这些雷区，引导微课资源的优质发展呢？

首先要改变的是制作者的心态和资质。一个优秀的微课需要制作者去精心设计，认真对待微课在教学中的作用。这要求制作者具备对内容的深入的了解，同时要求他们要与时俱进，不断吸收其他优秀微课作品的制作精华点，融会贯通，再加以创新。

此外，微课视频制作相关的软件、硬件资源也要做好一定的准备工作，这个可以跟校外企业进行互补互进。校外企业有丰富制作经验，可以提供系列的服务包括优秀脚本分享、微课慕课培训、拍摄技巧讲解、视频特效制作等。通过系统化的整体服务，将微课视频打造成符合课程需要且受到学生喜欢的教学资源。

最后且最为重要的一点，便是需要学校加大对微课资源的应用力度。据了解，目前一部分学校已经采用了翻转课堂教学模式，而微课资源可以配合相关的教学活动，协助完成教学方式的创新与改革发展。学生课前先观看相关的微课资源，学习基础知识，而课堂上就可以进行师生间的交互沟通。通过这种相辅相成的关系，微课资源才

能得到更好的发展与应用。

10.1.2　慕课

慕课（MOOC），即大规模开放在线课程，是“互联网＋教育”的产物。英文直译“大规模开放的在线课程（Massive Open Online Course）”，是新近涌现出来的一种在线课程开发模式。

所谓“慕课”（MOOC），顾名思义，“M”代表Massive（大规模），与传统课程只有几十个或几百个学生不同，一门MOOCs课程动辄上万人，最多达16万人；第二个字母“O”代表Open（开放），以兴趣导向，凡是想学习的，都可以进来学，不分国籍，只需一个邮箱，就可注册参与；第三个字母“O”代表Online（在线），学习在网上完成，无需旅行，不受时空限制；第四个字母“C”代表Course，就是课程的意思。

1. 慕课课程范围

MOOC是以连通主义理论和网络化学习的开放教育学为基础的。这些课程跟传统的大学课程一样循序渐进地让学生从初学者成长为高级人才。课程的范围不仅覆盖了广泛的科技学科，比如数学、统计、计算机科学、自然科学和工程学，也包括了社会科学和人文学科。慕课课程并不提供学分，也不算在本科或研究生学位里。绝大多数课程都是免费的。Coursera的部分课程提供收费服务“Signature Track”，可以自由选择是否购买。你也可以免费学习有这个服务的课程，并得到证书。

2. 慕课授课形式

课程不是搜集，而是一种将分布于世界各地的授课者和学习者通过某一个共同的话题或主题联系起来的方式方法。

尽管这些课程通常对学习者并没有特别的要求，但是所有的慕课会以每周研讨话题这样的形式，提供一种大体的时间表，其余的课程结构也是最小的，通常会包括每周一次的讲授、研讨问题、以及阅读建议等等。

3. 慕课测验

每门课都有频繁的小测验，有时还有期中和期末考试。考试通常由同学评分（比如一门课的每份试卷由同班的五位同学评分，最后分数为平均数）。一些学生成立了网上学习小组，或跟附近的同学组成面对面的学习小组。

4. 慕课特点

（1）大规模的，不是个人发布的一两门课程。“大规模网络开放课程”（MOOC）是指那些由参与者发布的课程，只有这些课程是大型的或者叫大规模的，它才是典型的的MOOC。

（2）开放课程：尊崇创用共享（CC）协议；只有当课程是开放的，它才可以称之为MOOC。

（3）网络课程：不是面对面的课程；这些课程材料发布于互联网上。人们上课地点不受局限。无论你身在何处，都可以花最少的钱享受知名大学的一流课程，只需要一台电脑和网络联接即可。斯坦福大学校长约翰·L·汉尼希（John L. Hennessy）在最近的一篇评论文章中解释说：“由学界大师在堂授课的小班课程依然保持其高水准。但与此同时，网络课程也被证明是一种高效的学习方式。如果和大课相比的话，更是如此。”

5. 慕课在我国的发展

MOOC课程在中国同样受到了很大关注。根据Coursera的数据显示，2013年Coursera上注册的中国用户共有13万人，位居全球第九。而在2014年达到了65万人，增长幅度远超过其他国家。而Coursera的联合创始人和董事长吴恩达（Andrew Ng）在参与果壳网MOOC学院2014年度的在线教育主题论坛时的发言中谈到，现在每8个新增的学习者中，就有一个人来自中国。果壳网CEO、MOOC学院创始人姬十三也重点指出，和一年前相比，越来越多的中学生开始利用MOOC提前学习大学课程。以MOOC为代表的新型在线教育模式，为那些有超强学习欲望的90后、95后提供了前所未有的机会和帮助。Coursera现在也逐步开始和国内的一些企业合作，让更多中国大学的课程出现在Coursera平台上。

而在中国的MOOC学习者主要分布在一线城市和教育发达城市，学生的比例较大。目前，我国上线慕课数量已达5 000门，学习人数突破7 000万人次，慕课总量、参与开课学校数量、学习人数均处于世界领先地位，我国已成为世界慕课大国。2019年4月9日，参加中国慕课大会的600位代表汇聚北京，为办好更加公平更有质量的中国高等教育，就中国慕课的更快建设、更好使用、更有效学习、更有序管理，共同发表《中国慕课行动宣言》。

10.2 微课和慕课开发流程

10.2.1 开发微课程

微课程是以阐释某一知识点为目标，以短小精悍的在线视频为表现形式，同时配备相应的图片、文字说明，以学习或教学应用为目的，视频时长控制在5～10分钟。

1. 微课程的体现形式

微课程的体现形式有很多种，例如以下几种。

演示式微课：针对微课的要求进行课程的设计，拍摄过程以演示为主，配备相应的讲解，后期制作过程中配备相关的图片、PPT等。

访谈式微课：针对微课的要求进行课程的设计，以访谈的形式展现知识点内容。

讨论式微课：根据微课本身的情况，设计好讨论的内容、顺序等，按照设计脚本进行拍摄；

练习式微课：主讲教师确定好微课的知识点，根据知识点要求设计题目或者练习，以演练、解答等的形式完成微课的讲解；

讲授式微课：针对微课的要求进行课程的设计，由主讲老师按照课程设计进行授课，可以选择在办公室、教师、录影棚或者专门录播教室进行拍摄，主要考虑的因素是光线要求和符合微课程的讲授内容。拍摄完成后初剪、精剪、美化、配合课件动漫效果设计、独立包装、形成每个时长在 5～10 分钟的微课。

动画式微课：通过主讲老师提供的比较完整的课程设计及相关课件和素材进行编辑，形成脚本文件，将 PPT 等课件以及其他各种素材进行动画效果的设计，转化成按一定节奏自动播放的视频文件，配合音乐和文字或者老师的授课配音进行展现。

情景剧或记录片式微课：需要按微电影的制作流程，以授课老师的课程设计为基础，由专业电视级编导编制脚本、剧情策划、场景设计、演员的组织等专业活动。完成 2～4 倍时长的素材拍摄和准备，通过后期剪辑、制作和包装最终呈现成 5～10 分钟的一个微课程。

2. 微课程的准备工作

（1）拍摄前准备。视频录制当天，工作人员按照要求准时到达拍摄场地，做好拍摄的准备工作，编导人员根据主讲老师沟通好以下注意事项：

主讲老师仪容要求：教师仪容要端正、庄重、斯文；避免染彩色指甲，不留怪异的发型或将头发染成怪异颜色；男教师不要满脸胡茬，要注意面部干净整洁。

主讲老师着装要求：教师要端庄大方，符合教师身份，避免穿密集条纹或细条纹服装。女教师服装不应过于时尚，还应注意不要穿短、露、透的服装，避免造成与教学气氛不符；为了教师在拍摄时形象更佳，建议教师多带一套衣服，以供摄制组挑选。

讲课安排：课程拍摄前教师应该演练好教学内容，以保证拍摄时课堂教学活动顺畅进行；确保多媒体课件（PPT、音视频、动画等）文字和格式没有错误，符合拍摄要求。

学校提供资料，拍摄当天教师需要提供所用的教学资源（课件、素材等），并按统一的文件夹形式提交。

（2）拍摄中准备。框定主讲老师讲课走动范围：教师讲课过程中须避开投影显示范围，避免造成视频画面中教师面部的阴阳脸。

教师体态、语言：教师在讲课过程中，教师须注意自己的肢体语言不能太过激烈，尽量避免出现口头禅等。要注意避免一些小动作的发生。比如：掏耳朵、打喷嚏、挖鼻孔、揉眼睛等，以免影响拍摄质量。

板书要求：在拍摄过程中，教师在书写板书的同时，从摄像机的画面上就应该能够看到板书内容，而不是在教师书写完毕后才能看到。这就要求在书写板书时教师身体不可完全正对黑板，而是身体稍向左侧，把板书露出给摄像机镜头。板书范围安排在一个长方形区域内，这个长方形的宽高比应为 16∶9，也就是电视屏幕的比例。

（3）拍摄后准备

①课程资料验收。课程拍摄后，摄制组负责人员会现场拷贝教师上课资料。本次拍摄课程完结后工作人员会与授课教师核对上课资料是否符合上课内容。

②课程编辑验收。课程制作完成后，教师审片应注意以下几点。

- 教师职称需与单位对应，已经确认就不再修改。
- 如无特殊要求，教师单位写到学校即可、不必具体到年级。
- 字体以显示清楚为基本原则。
- 整体成片视频风格统一。

3. 微课程制作要求

（1）微课程制作的基本要求

目的性：教学目标明确，主题突出，一个微视频解决一个知识点的教学，讲解时围绕主题，重点突出。

规范性：无知识性错误，是微视频录制的底线性要求。知识性错误包括讲解错误（不规范）或者是书写错误（不规范）。

科学性：技术运用恰当，形式与内容结合较好。教育技术的运用是为了服务于学生的学习，不是为技术而技术。所选择的录制方式、图片背景的选择、文字的呈现方式等都要服务于学生更好地学习。教学节奏控制适当：教师要多考虑学生的可接受程度，切忌语速过快，内容呈现过快。

悦读性：视觉效果较好，便于学习和思考，视频学习需要学生观看，因而界面简洁、友好，和学生的年龄特点和心理特点相符合，有利于学生学习。

悦听性：内容讲解清晰、生动。教师的讲解是视频学习中非常重要的要素。因而，教师的讲解要做到讲解科学、清晰有条理，同时又要亲切、生动，是学生身边贴心的指导者和学习帮助者。

基础性：微视频学习只是翻转课堂教学模式的一个组成部分，它并非是教学过程的全部。为此，制作者要抓住“知识点”这一最基础的部分，而不要试图解决学生学习的全部问题。

录制效果好：录制过程中，教师要注意避免外界因素的干扰。包括声音的干扰、图像的干扰等，这些技术的细节会非常影响学生学习效果。

（2）微课程制作的基本原则

微课程只讲授一个知识点，没有复杂的课程体系，也没有众多的教学目标与教学对象，看似没有系统性和全面性，许多人称之为“碎片化”。但是微课程是针对特定的目标人群、传递特定的知识内容的，一个微课程自身仍然需要系统性，一组微课程所表达的知识仍然需要全面性。微课程的基本原则：

流媒体播放性：可以视频、动画等基于网络流媒体播放。

教学时间较短：5～10 分钟为宜，最少的 1～2 分钟，最长不宜超过 20 分钟。

教学内容较少：突出某个学科知识点或技能点。

资源容量较小：适于基于移动设备的移动学习。

精致教学设计：完全的、精心的信息化教学设计。

经典示范案例：真实的、具体的、典型案例化的教与学情景。

自主学习为主：供学习者自主学习的课程，是一对一的学习。

制作简便实用：多种途径和设备制作，以实用为宗旨。

配套相关材料：微课程需要配套相关的练习、资源及评价方法。

4. 微课程制作基本流程

（1）安排编导与老师进行沟通，确定微课程的基本信息：微课程名称，主讲内容、录制时间等。

（2）拷贝课程相关资料：课程视频中用到的素材及课件，老师的简介及照片等材料。

（3）协助老师进行微课程脚本的设计。

（4）确定拍摄基本因素：商定拍摄时间、场地、机位数（要求双机位或以上）。

（5）制定拍摄计划：一般一天拍摄 15 个左右的微课程，协调好各个老师的时间以及拍摄场地，制定拍摄计划安排表。

（6）拍摄：根据课程特色，确定微课程拍摄基调、风格等。

（7）后期制作：

①时长控制在 5～10 分钟。

②视频图像清晰稳定、构图合理、声音清楚，主要教学环节有字幕提示等。

③演示文稿配合视频讲授使用的主要教学课件限定为 PPT 格式，需单独文件提交，其他拓展资料符合网站上传要求。

④教学方案设计表内应注明讲课内容所属大类专业（2 位代码）、专业（4 位代码）、课程名称、知识点（技能点）名称及适用对象等信息。

5. 微课程视频拍摄

每门课程均采用 2 机位或以上（专业佳能单反相机）进行拍摄，所用分辨率 1 920 ×1 080，录制视频宽高比 16：9，视频帧率为 25 帧/秒。录音设备专业索尼无线麦 UWP－V1 领夹话筒 3 套。

6. 片头要求

片头要求专业的后期合成软件 AE、MAYA 进行片头设计：需要用到平面设计＋后期合成＋3D 渲染。根据每个微课程的主讲内容及课程特色，设计出相关联的片头。片头的时长控制在 5～10 秒，包括学校 LOGO、课程名称、主讲教师姓名、专业技术职务、单位等信息。

7. 信号源要求

（1）视频信号源

稳定性：全片图像同步性能稳定，无失步现象，CTL 同步控制信号连续；图像无抖动跳跃，色彩无突变，编辑点处图像稳定。

信噪比：图像信噪比不低于 55 dB，无明显杂波。

色调：白平衡正确，无明显偏色，多机拍摄的镜头衔接处无明显色差。

视频电平：视频全讯号幅度为 1 V p－p，最大不超过 1.1 V p－p。其中，消隐电平为 0 V 时，白电平幅度 0.7 V p－p，同步信号－0.3V，色同步信号幅度 0.3Vp－p（以消隐线上下对称），全片一致。

（2）音频信号源

声道：中文内容音频信号记录于第 1 声道，音乐、音效、同期声记录于第 2 声道，若有其他文字解说记录于第 3 声道（如录音设备无第 3 声道，则录于第 2 声道）。

电平指标：－2 db～－8 db 声音应无明显失真、放音过冲、过弱。

音频信噪比不低于 48 db。

声音和画面要求同步，无交流声或其他杂音等缺陷。

伴音清晰、饱满、圆润，无失真、噪声杂音干扰、音量忽大忽小现象。解说声与现场声无明显比例失调，解说声与背景音乐无明显比例失调。

8. 后期剪辑要求

（1）画面要求：使用专业的非线性编辑系统 EDIUS 对源视频进行最基本的处理（如抠像、颜色校正、双声道处理）。TMP _ Enc Video 视频编辑系统进行视频降噪、音频降噪，以保证满足学校教学对视频画面的严格要求。

（2）后期制作要求：后期合成软件 AE（AfterEffects）和图片处理软件 Photoshop 进行片花背景设计、配乐：要根据每讲的课程内容来制定出相应的片花背景，并且主色调要和片头、尾还有内容相协调。后期合成软件 AE 进行课题条、简介条设计：根据课程内容不同，设计符合本课程的课题。

（3）内容编辑、资料查询（编导工作）：通篇观看源视频，根据主讲人所讲内容，理清脉络，划分片子结构，确定片子整体风格，查找相关素材资料，如历史类，则需查找老师课堂讲到的历史人物、人物简介、历史事件、事件介绍等，并要保证其正确性；还要负责标记与课程内容关系不大的内容时间点，并告知后期制作人员进行删除处理，并且确保不存在涉及政治和民族矛盾等字眼出现，最后编辑出最终的制作脚本。专业非线性编辑系统 EDIUS 制作片花、引文、情景图片。后期制作人员根据编导所提供的制作脚本来进行片花和引文等的编辑与制作，主要有背景板、特定的背景音乐、音乐场景特效、引文字体、字体颜色、构图排版、转场特效、基本剪辑、音视频调整与衔接等。

（4）片子基本剪辑：使用专业非线性编辑系统 EDIUS 剪掉不必要的废镜头，制作完之后，添加必要的背景音乐，保证制作的片花无错误、无硬伤，画面美观，排版规范、逻辑完整。后期合成软件 AE 制作片尾：使用专业非线性编辑系统 EDIUS 渲染成片。所有内容编辑结束之后，最后生成成片。

9. Flash 动画项目制作要求

（1）制作基本流程。

前期制作——策划、剧本、资料的收集和整理、风格设计、角色造型设计、场景设计、分镜头脚本。

中期制作——设计稿、背景绘制、原画、加动画、动作检查。

后期制作——扫描、电脑描线、上色、合成、输出、剪辑、配音、影片输出。

（2）二维技术标准

格式为 SWF 格式。

Flash 导出版本为 10.0 以上，在导出时，音频流格式为 mp3，16 kps；音频事件格式为 mp3，16 kps。

Flash 动画帧频为 24 帧，动画统一设定模板、颜色，标题大小为 32 号字。

交互动画要制定统一播放器，要有控制按钮进行操作，可控制音频声音，可任意调整播放进度。

动画的框架可视内容而定，但层次结构原则上不应超过 3 层。

静止时间不超过 5 秒。

10. 视、音频交付文件

(1) 交付载体：所有视频文件及相应的 SRT 唱词文件请刻录在 DVD+R 光盘上，并对刻录光盘做封口处理。每张 DVD+R 光盘可以刻录多讲内容（每一讲内容包括视频文件及相应的 SRT 唱词文件），并在盘面上注明光盘中的内容清单（标记学校名称、课程名称、主讲教师、时长等）。

(2) 视频压缩格式及技术参数

视频压缩采用 H.264/AVC（MPEG－4 Part10）编码、使用二次编码、不包含字幕的 MP4 格式。

视频码流率：动态码流的最高码率不高于 2500 Kbps，最低码率不得低于 1 024 Kbps。

视频分辨率：前期采用高清 16∶9 拍摄时，设定为 1 280×720。在同一课程中，各讲的视频分辨率统一，统一高清。

视频画幅宽高比：在同一课程中，各讲画幅的宽高比统一，分辨率设定为 1 280×720 的，选定为 16∶9。

视频帧率为 25 帧/秒：扫描方式采用逐行扫描。

音频压缩格式及技术参数：音频压缩采用 AAC（MPEG4 Part3）格式，采样率必须达到 48 KHz，音频码流率达到 128 Kbps，同时必须做混音处理。

11. 交付

除按照要求交付相应光盘文件以作存档外，最终课程将以慕课化的形式呈现在自主平台上，并可供学生进行学习。在自主平台上的展示以下内容。

(1) 微课程简介（必选项）。

(2) 教师团队姓名、照片、教师简介信息（必选项）。

(3) 知识点教学目标（可选项）。

(4) 学习方法（可选项）。

(5) 微课程相关扩展资料：链接、视频、学生风采照片（可选项）。

(6) 电子版本课程内容：文字、教案、图片、PPT、电子书、教案等。(必选项)。

(7) 章节测试题目（必选项）。

10.2.2　开发慕课

开发 1 门慕课，每门课程 32 个课时（每课时 10 分钟左右），大约 128 个左右的技能点（知识点）片段，按照教学设计以富媒体化（包含相应的文本、教案、图片、音频、视频、动画、图书、期刊等）进行开发，各技能点（知识点）的教学资源建设包括微型视频资源的拍摄、制作和演示或交互型动画资源的开发两种形式，以微型视频资源为主、动画资源为辅。

慕课开发过程包含课程脚本的设计及书写、课程视频的拍摄、后期制作、专业慕课化制作（含做到平台中去）。

1. 准备工作

（1）拍摄前准备。视频录制当天，工作人员按照要求准时到达拍摄场地，做好拍摄的准备工作，编导人员根据主讲老师沟通好以下注意事项：

主讲老师仪容要求：教师仪容要端正、庄重、斯文；避免染彩色指甲，不留怪异的发型或将头发染成怪异颜色；男教师不要满脸胡茬，要注意面部干净整洁。

主讲老师着装要求：教师要端庄大方，符合教师身份，避免穿密集条纹或细条纹服装；女教师服装不应过于时尚，还应注意不要穿短、露、透及绿色的服装，避免造成与教学气氛不符；为了教师在拍摄时形象更佳，建议教师多带一套衣服，以供摄制组挑选。

讲课安排：课程拍摄前编导应与老师沟通清晰，教师应该演练好教学内容，以保证拍摄时课堂教学活动顺畅进行；确保多媒体课件（PPT、音视频、动画等）文字和格式没有错误，符合拍摄要求。

学校提供资料：拍摄当天教师需要提供所用的教学资源（课件、素材等），并按统一的文件夹形式提交。

（2）拍摄中准备。框定主讲老师讲课走动范围：教师讲课过程中须避开投影显示范围，避免造成视频画面中教师面部的阴阳脸。

教师体态、语言：教师在讲课过程中，教师须注意自己的肢体语言不能太过激烈，尽量避免出现口头禅等；要注意避免一些小动作的发生，比如：掏耳朵、打喷嚏、挖鼻孔、揉眼睛等，以免影响拍摄质量。

板书要求：在拍摄过程中，教师在书写板书的同时，从摄像机的画面上就应该能够看到板书内容，而不是在教师书写完毕后才能看到。这就要求在书写板书时教师身体不可完全正对黑板，而是身体稍向左侧，把板书露出给摄像机镜头。板书范围安排在一个长方形区域内，这个长方形的宽高比应为 16∶9，也就是电视屏幕的比例。

章节之间或者知识点与知识点之间做适当停顿，便于编辑后期剪辑时做内容的分割。特殊环节需要提前演练（师生互动问答、实训），确保正式拍摄的顺利进行。

（3）拍摄后准备。课程资料验收：课程拍摄后，摄制组负责人员会现场拷贝教师上课资料。本次拍摄课程完结后工作人员会与授课教师核对上课资料是否符合上课内容。

课程编辑验收：课程制作完成后，应当审核教师职称需与单位对应；如无特殊要求，教师单位写到学校即可、不必具体到年级；字体以显示清楚为基本原则；整体成片视频风格统一。

2. 慕课制作的要求

（1）慕课以学生为中心，重视学习情境、资源、活动的设计。

（2）慕课以为学生提供有效的学习支架为导向。

（3）慕课具有很强的实用性、可操作性和实践性。

（4）慕课可以因材施教，形成自主学习的资源库。

3. 慕课制作的基本流程

每一门课程配备一名编导人员全程跟踪：负责跟主讲老师的沟通、协调、协助老师进行课程脚本的设计、拍摄环境的选择、拍摄过程中的记录等。

（1）与老师沟通后确定课程基本信息：课程名称，课时数，知识点数量，各知识点目录。

（2）拷贝课程相关资料：课程视频中用到的素材及课件，教师团队各位老师的简介及照片，课程简介、课程大纲、参考书目、章节练习、作业、考试题库、教学目标、教学成果、学生实训照片、课程相关参考资料等。

（3）制作拍摄计划：商定拍摄时间、场地、机位数（建议双机位或以上），教师团队拍摄顺序，并制定拍摄计划安排表。

（4）试拍：挑选主讲老师准备的最充分、讲的最好的一个课时进行拍摄并制作，让老师适应镜头，同时，确定本门课程的拍摄手法、制作风格等。

（5）根据样片和老师的要求，拍摄并制作课程视频，完成成品。

（6）在老师的指导下，在平台上制作慕课，添加相应的文本、教案、图片、音频、视频、动画、图书、期刊等。

（7）慕课制作完成后，添加相应的试题库。

（8）导入学生名单，指导老师及同学了解平台功能及操作方法，根据反馈及时解答相关疑问，协助老师和学生学会使用平台。

（9）提供配套服务：提供产品相关的培训、技术支持等服务。

4. 慕课视频拍摄

每门课程均采用2机位或以上（专业佳能单反相机）进行拍摄，所用分辨率1 920×1 080，录制视频宽高比16∶9，视频帧率为25帧/秒。录音设备专业索尼无线麦UWP－V1领夹话筒2套。

5. 片头片尾要求

片头、片尾要求专业的后期合成软件AE、MAYA进行片头设计：需要用到平面设计＋后期合成＋3D渲染。根据每门课程的主讲内容及课程特色，设计出相关联的片头与片尾。片头、片尾的时长控制在5～10秒，包括：学校LOGO、课程名称、主讲教师姓名、专业技术职务、单位等信息。

6. 信号源要求

（1）视频信号源

稳定性：全片图像同步性能稳定，无失步现象，CTL同步控制信号连续；图像无抖动跳跃，色彩无突变，编辑点处图像稳定。

信噪比：图像信噪比不低于55 dB，无明显杂波。

色调：白平衡正确，无明显偏色，多机拍摄的镜头衔接处无明显色差。

视频电平：视频全讯号幅度为1 Vp－p，最大不超过1.1 Vp－p。其中，消隐电平为0 V时，白电平幅度0.7 Vp－p，同步信号－0.3 V，色同步信号幅度0.3 Vp－p（以消隐线上下对称），全片一致。

（2）音频信号源

声道：中文内容音频信号记录于第1声道，音乐、音效、同期声记录于第2声道，若有其他文字解说记录于第3声道（如录音设备无第3声道，则录于第2声道）。

电平指标：－2 db～－8 db声音应无明显失真、放音过冲、过弱。

音频信噪比不低于48 db。

声音和画面要求同步，无交流声或其他杂音等缺陷。

伴音清晰、饱满、圆润，无失真、噪声杂音干扰、音量忽大忽小现象。解说声与现场声无明显比例失调，解说声与背景音乐无明显比例失调。

7. 后期剪辑要求

1）画面要求：使用专业的非线性编辑系统EDIUS对源视频进行最基本的处理（如抠像、颜色校正、双声道处理）。TMP-Enc Video视频编辑系统进行视频降噪、音频降噪，以保证满足学校教学对视频画面的严格要求。

（2）后期制作要求：后期合成软件AE和图片处理软件Photoshop进行片花背景设计、配乐：要根据每讲的课程内容来制定出相应的片花背景，并且主色调要和片头、尾还有内容相协调。后期合成软件AE进行课题条、简介条设计：根据课程内容不同，设计符合本课程的课题。

（3）内容编辑、资料查询（编导工作）：通篇观看源视频，根据主讲人所讲内容，理清脉络，划分片子结构，确定片子整体风格，查找相关素材资料，如历史类，则需查找老师课堂讲到的历史人物、人物简介、历史事件、事件介绍等，并要保证其正确性；还要负责标记与课程内容关系不大的内容时间点，并告知后期制作人员进行删除处理，并且确保不存在涉及政治和民族矛盾等字眼出现，最后编辑出最终的制作脚本。专业非线性编辑系统EDIUS制作片花、引文、情景图片。后期制作人员根据编导所提供的制作脚本来进行片花和引文等的编辑与制作，主要有背景板、特定的背景音乐、音乐场景特效、引文字体、字体颜色、构图排版、转场特效、基本剪辑、音视频调整与衔接等。

（4）片子基本剪辑：使用专业非线性编辑系统EDIUS剪掉不必要的废镜头，制作完之后，添加必要的背景音乐，保证制作的片花无错误、无硬伤，画面美观，排版规范、逻辑完整。后期合成软件AE制作片尾：使用专业非线性编辑系统EDIUS渲染成片。所有内容编辑结束之后，最后生成成片。

8. Flash（平面）动画项目制作要求

（1）制作基本流程。

前期制作——策划、剧本、资料的收集和整理、风格设计、角色造型设计、场景设计、分镜头脚本（2D Layout）。

中期制作——设计稿、背景绘制、原画、加动画、动作检查。

后期制作——扫描、电脑描线、上色、合成、输出、剪辑、配音、影片输出。

（2）二维技术标准

格式为SWF格式。Flash导出版本为10.0以上，在导出时，音频流格式为mp3，16 kps；音频事件格式为mp3，16 kps。

Flash动画帧频为24帧，动画统一设定模板、颜色，标题大小为32号字

交互动画要制定统一播放器，要有控制按钮进行操作，可控制音频声音，可任意调整播放进度。

动画的框架可视内容而定，但层次结构原则上不应超过3层。静止时间不超过5秒。

9. 视、音频交付文件

（1）交付载体。所有视频文件及相应的SRT唱词文件请刻录在DVD+R光盘上，并对刻录光盘做封口处理。每张DVD+R光盘可以刻录多讲内容（每一讲内容包括视频文件及相应的SRT唱词文件），并在盘面上注明光盘中的内容清单（标记学校名称、课程名称、主讲教师、时长等）。

（2）视频压缩格式及技术参数

视频压缩采用H.264/AVC（MPEG－4 Part10）编码、使用二次编码、不包含字幕的MP4格式。

视频码流率：动态码流的最高码率不高于2 500 Kbps，最低码率不得低于1 024 Kbps。

视频分辨率：前期采用高清16∶9拍摄时，设定为1 280×720。在同一课程中，各讲的视频分辨率统一，统一高清。

视频画幅宽高比：在同一课程中，各讲画幅的宽高比统一，分辨率设定为1 280×720的，选定为16∶9。

视频帧率为25帧/秒：扫描方式采用逐行扫描。

音频压缩格式及技术参数：音频压缩采用AAC（MPEG4 Part3）格式，采样率必须达到48 KHz，音频码流率达到128 Kbps，同时必须做混音处理。

10. 交付

除按照要求交付相应光盘文件以作存档外，最终课程将以慕课化的形式呈现在自主平台上，并可共学生进行学习。在自主平台上的展示以下内容。

（1）课程简介（必选项）。

（2）课程目录（必选项）。

（3）教师团队姓名、照片、教师简介信息（必选项）。

（4）教学目标（可选项）。

（5）教学成果（可选项）。

（6）学习方法（可选项）。

（7）课程相关扩展资料：链接、视频、学生风采照片（可选项）。

（8）课程参考书目（必选项）。

（8）电子版本课程内容：文字、教案、图片、PPT、电子书、教案等。（必选项）。

（10）章节测试题目（必选项）。

（11）考试题库（必选项）。

习　题

1. 填空题

（1）“微课”的核心组成内容是______________________________，同时还包含与该教学主题相关的________、________、________、________及________、________等辅助性教学资源。

（2）根据中小学生的认知特点和学习规律，“微课”的时长一般为________分钟左右，最长不宜超过________。

（3）慕课的特点________、________、________。

2. 简答题

（1）微课的主要特点哪些？

（2）简述微课程制作基本流程。

（3）简述慕课制作的流程。

（4）简述微课程制作要求。

第11章 计算机新技术及应用

近年来，在计算机领域出现了许多新技术和应用，包括物联网、大数据、云计算、人工智能、虚拟现实和增强现实、区块链、5G等。这些新技术和应用对我们的工作、学习、娱乐方式都产生了深刻的影响，同时对社会的发展也起到了重要的推动作用。

问题导入

计算机经历了70多年的发展历程，现在计算机已经走入家庭，走进办公室，现在的计算机不是应用一些专门领域，比如国防、银行等。计算机技术的应用改变了人们的生活方式，传统的人们生活购物都是去实体店去购买，一个个实体进行比较，比较麻烦，可以说以前购物很不方便。在互联网+时代，电子商务产业快速发展，人们可以通过网络平台进行购物，比如可以去淘宝、京东等去选择自己合适的商品，这样购物不仅方便，一般情况比实体店还便宜。计算机技术的发展改变人们的娱乐方式，比如看电影从前得去电影院去看，现在可以通过计算机在家进行观看，时间也不受到限制，计算机技术的应用也促进了影视制作的发展，现在我国影视行业不断在发展与完善，提高其实际的应用效果，提升影视作品的质量，丰富了人们生活，提高了人们娱乐的渠道。现在计算机用户逐年在增加，家庭、单位、公共场所都在利用计算机进行工作，现在计算机已经成为人们生活中的一部分，计算机技术的发展关系到民生的大事，计算机技术不断发展是计算机发展结果，也是社会发展对计算机技术提出新的要求，必须提升计算机技术的发展。

本章主要讲述物联网、大数据、云计算、人工智能、虚拟现实和增强现实、区块链、5G等知识。

11.1 物联网

物联网（Internet of Things，IoT）作为新一代信息技术的典型代表，其应用目前在全球范围内呈现出爆发式增长态势，不同行业和不同类型的物联网应用为我们开启了万物互联时代。

11.1.1 物联网是什么

物联网又称传感网，是利用射频识别（RFID）、传感器、全球定位系统（GPS）、激光扫描器等信息传感设备，按约定的协议，把任何物体与互联网相连接，进行信息交换和通信，以实现对物体的智能化识别、定位、跟踪、监控和管理的一种网络。

RFID是射频识别（Radio Frequency Identification）的英文缩写，是20世纪90年代开始兴起的一种自动识别技术。RFID系统主要由3部分组成：电子标签（Tag）、阅读器（Rcadcr）和天线（Antcnna）。其中，电子标签用于存储物体的标识信息；阅读器用于以射频信号方式读取电子标签中的信息（有的阅读器也具有写入信息功能）；天线用于发射和接收射频信号，往往内置在电子标签和阅读器中。

例如，中国第二代身份证内嵌了存储个人基本信息的电子标签，需要时利用阅读器一扫，即可获取个人身份信息，通过网络层将这些信息实时传输到公安部相关系统，即可识别出此人是否有犯罪前科，是否为通缉犯等。

传感器也称感应器，是一种探测装置，利用它可以感知物体或环境的温度、湿度、电磁辐射或气体成分等属性，并将感知的信息转换成为电信号或其他形式输出。

物联网的定义包含两层意思：一是物联网的基础仍然是互联网，它是在互联网的基础上延伸和扩展的网络；二是其用户终端延伸和扩展到了任何物体与物体之间，使任何物体与物体之间都可以进行信息交换和通信。简而言之，物联网就是“物物相联的互联网”，如图11-1所示。

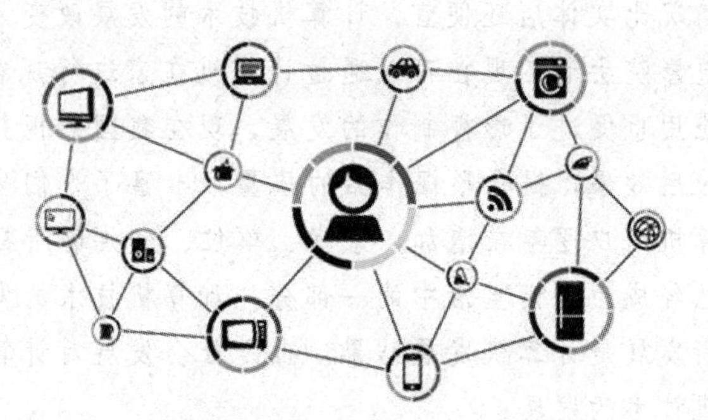

图11-1 物联网示意图

11.1.2 物联网的体系结构

物联网作为一个网络系统，与其他网络一样，也有其特有的体系结构。它包括感知层、网络层和应用层3个层次。

(1) 感知层。物联网的感知层利用RFID、传感器、摄像头、全球定位系统等传感技术和设备，随时随地获取物体的属性信息并传输给网络层。物体属性包括静态和动态两种，其中，静态属性可以存储在电子标签中，使用阅读器读取；动态属性（如温度、湿度、速度、位置等）则需要使用传感器、摄像头或全球定位系统（GPS）等实时探测。

(2) 网络层。通过各种网络，将物体的信息实时、准确地传递给应用层。

(3) 应用层。应用层有一个信息处理中心，用来处理从感知层得到的信息，以实现物体的智能化识别、定位、跟踪、监控和管理等实际应用。

物联网的 3 层结构体现了物联网的基本特征，即全面感知、可靠传递和智能处理。

11.1.3　物联网的应用场景

物联网作为一种新兴的信息技术，其应用正在迅速向各个领域蔓延，从家居、医疗、物流、交通、零售、金融、工业到农业，物联网的应用无处不在。例如，时下流行的共享单车，只要拿出手机扫一扫即可打开智能锁骑行，这些智能锁使用的就是物联网技术。

1. 智能家居

物联网在智能家居中的应用包括设备控制、设施控制、防盗报警等，如图 11-2 所示。例如，可以利用物联网技术将家中的空调、电视、冰箱、洗衣机、电灯、窗户和窗帘等设备和设施连接在一起（需要为相关设备和设施安装传感器、智能插座并连接到互联网），然后通过智能手机远程查看、关闭或开启这些设备和设施。

此外，还可以在设备之间或人和设备之间形成智能联动。例如，客厅门打开时，客厅灯自动开启；人离开客厅 10 分钟后，客厅灯自动关闭。

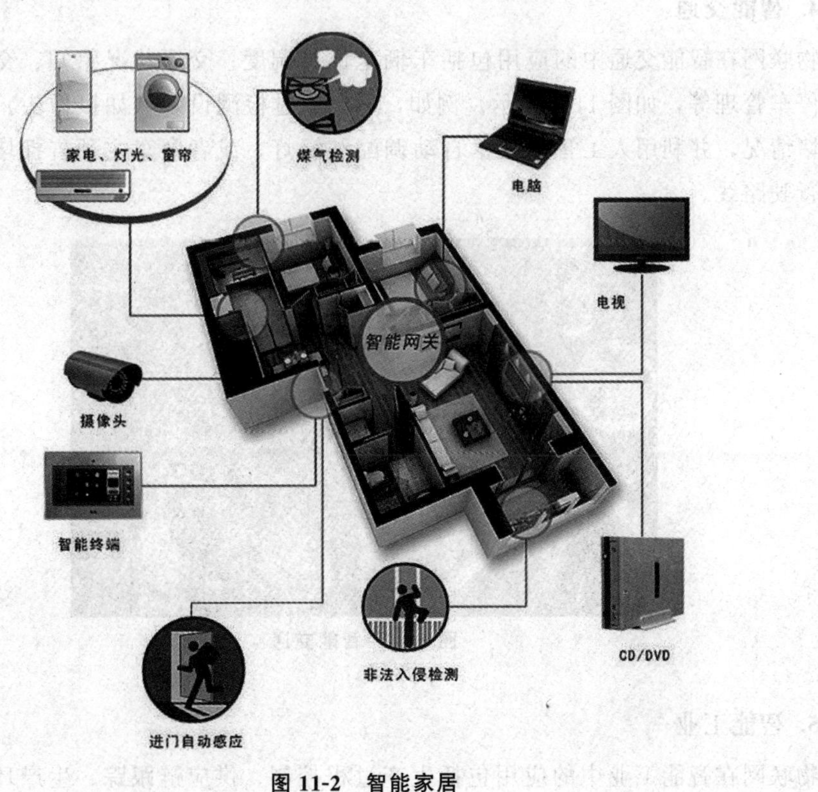

图 11-2　智能家居

2. 智能医疗

物联网在智能医疗中的应用包括病人监控、远程医疗、医疗管理、医院物资管理等，如图 11-3 所示。例如，通过在病人身上安装医疗传感设备，医生可以通过手机、平板计算机等实时掌握病人的各项生理指标数据，从而更科学、合理地制订诊疗方案，或者进行远程诊疗。此外，我们在医院看病时利用就诊卡挂号、分诊、付费、取化验单、取药等，也是利用物联网技术（就诊卡中内嵌有电子标签芯片）实现的。

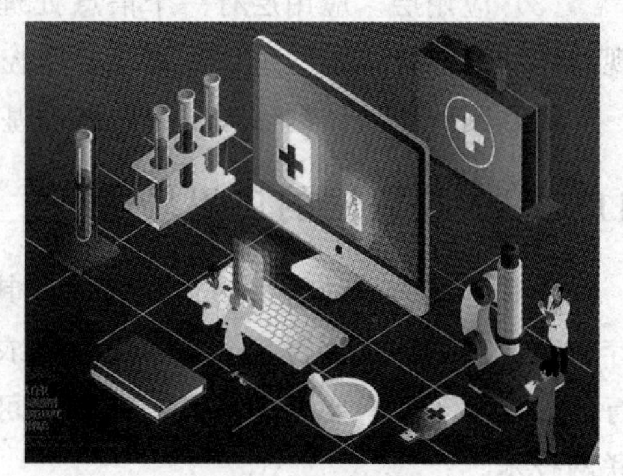

图 11-3　智能医疗

3. 智能物流

物联网在智能物流中的应用包括库存监控、物品识别、配送管理、运输管理、包装管理、装卸管理、安全追踪等。例如，利用 GPS、RFID、传感器等物联网技术和设备，在物流过程中实现实时对车辆定位、运输物品监控、配送跟踪、在线调度的可视化管理。

4. 智能交通

物联网在智能交通中的应用包括车辆定位与调度、交通状况感知、交通智能化管控、停车管理等，如图 11-4 所示。例如，可以通过检测设备（如摄像头）自动检测道路拥堵情况，并利用人工智能技术自动调配红绿灯，或者向车主预告拥堵路段、推荐最佳行驶路线。

图 11-4　智能交通

5. 智能工业

物联网在智能工业中的应用包括生产过程控制、供应链跟踪、生产环境监测、产品质量检测等。例如，钢铁企业利用传感器和通信网络，在生产过程中对产品的宽度、厚度、温度等进行实时监控，可以提高产品质量，优化生产流程。

6. 智能农业

物联网在智能农业中的应用包括自动灌溉、自动施肥、自动喷药、异地监控、环境监测等，如图 11-5 所示。例如，利用温度传感器、湿度传感器和光线传感器等，实时获得大棚内农作物的生长环境信息，然后通过手机等设备远程操控遮光板、通风口等设备的开启或关闭，让农作物始终处于最优的生长环境，从而提高农作物的产量和品质。

图 11-5　智能农业

11.2　大数据

大数据被称为 21 世纪的石油和金矿。那么大数据是什么？大数据有哪些关键技术？如何应用大数据？

11.2.1　大数据是什么

大数据（Big Data）也称海量数据或巨量数据，是指数据量大到无法利用传统数据处理技术在合理的时间内获取、存储、管理和分析的数据集合。“大数据”一词除用来描述信息时代产生的海量数据外，也被用来命名与之相关的技术、创新与应用。最早提出“大数据”时代已经到来的是全球知名咨询公司麦肯锡。麦肯锡在 2011 年发布的《大数据：创新、竞争和生产力的下一个新领域》报告中指出：“大数据已经渗透到当今每一个行业和业务职能领域，成为重要的生产因素。人们对于海量数据的挖掘和运用，预示着新一波生产率增长和消费者盈余浪潮的到来。”

大数据具有海量的数据规模（Volume）、快速的数据流转（Velocity）、多样的数据类型（Variety）和价值密度低（Value）四大特征，简称 4V。

（1）海量的数据规模（Volume）。2004 年，全球数据总量为 30 EB，2005 年达到 50 EB，2015 年达到 7 900 EB。根据国际数据资讯（IDC）公司监测，全球数据量大约每两年翻一番，预计到 2020 年，全球将拥有 35 ZB 的数据。

（数据存储单位之间的换算关系：1 MB=1 024 KB；1 GB=1 024 MB；1 TB=1 024 GB；1 PB=1 024 TB；1 EB=1 024 PB；1 ZB=1 024 EB）

大数据是随着互联网（尤其是移动互联网）的普及和物联网的广泛应用而产生的。在互联网中，人人都是数据制造者。例如，在社交网络媒体上发表文章、上传照片和视频，在购物网站购物，利用搜索引擎搜索信息，利用支付宝或微信付费，都会产生大量的数据。此外，在物联网中，各类传感设备、监控设备等每天也会产生大量的数据。

（2）快速的数据流转（Velocity）。指数据产生、流转速度快，而且越新的数据价值越大。这就要求对数据的处理速度也要快，以便能够及时从数据中发现、提取有价值的信息。

（3）多样的数据类型（Variety）。指数据的来源及类型多样。大数据的数椐类型除传统的结构化数据外，还包括大量非结构化数据（结构化数据是指可以使用二维表结构来表示的数据，一般使用传统的关系数据库进行存储和管理；非结构化数据是指数据结构不规则，不方便用二维表来表示的数据，包括各类文档、网页、图像、音频、视频等）。

（4）数据价值密度低（Value）。这是指数据量大但价值密度相对较低，挖掘数据中蕴藏的价值犹如沙里淘金。

大数据正在众多领域掀起变革的巨浪，但是，我们要看到，大数据的核心在于挖掘数据中蕴藏的价值。例如，通过对大量数据的分析和挖掘来预测行业发展趋势、做精准营销、优化生产流程等。

11. 2. 2 大数据的关键技术

大数据技术是指用非传统的方式对大量结构化和非结构化数据进行处理，以挖掘出数据中蕴含的价值的技术。根据大数据的处理流程，可以将其关键技术分为大数据采集、大数据预处理、大数据存储与管理、大数据分析与挖掘、大数据可视化展现等技术。

1. 大数据采集

对于网络上各种来源的数据，包括社交网络数据、电子商务交易数据、网上银行交易数据、搜索引擎点击数据、物联网传感器数据等，在被采集前都是零散的，没有任何意义。大数据采集就是将这些数据写入数据仓库，整合在一起，以便对数据进行综合分析。

大数据采集包括网络日志采集、网络文件采集（提取网页中的图片、文本等）、关系型数据库的接入等，常用的工具有 Flume、Kakfa、Sqoop 等。

网络日志是记录 Web 服务器接收处理请求及运行错误等各种原始信息的文件。通过网络日志可以清楚地得知用户使用什么 IP、在什么时间，用什么操作系统、什么浏览器、什么分辨率显示器访问了网站的哪个页面，以及是否访问成功等。

2. 大数据预处理

由于大数据的来源和种类繁多，这些数据有残缺的、有虚假的、有过时的，因此，想要获得高质量的数据分析结果，必须在数据准备阶段提高数据的质量，即对大数据进行预处理。大数据预处理是指将杂乱无章的数据转化为相对单一且便于处理的结构（数据抽取），或者去除没有价值甚至可能对分析造成干扰的数据（数据清洗），从而为后期的数据分析奠定基础。

3. 大数据存储与管理

大数据存储是指用存储器把采集到的数据存储起来，并建立相应的数据库，以便对数据进行管理和调用。目前，主要采用 HDFS 分布式文件系统（Hadoop Distributed File System）和非关系型分布式数据库（NoSQL）来存储和管理大数据。常用的 NoSQL 数据库包括 HBase. Redis、Cassandra、MongoDB、Neo4j 等。

由于数据量太大，即使是最好的计算机也无法单独完成大数据的采集、预处理、存储、分析与挖掘等工作，因此需要聚合众多计算机的力量来完成大数据的处理。为此，需要利用分布式系统和并行处理等技术。

计算机集群：是一种计算机系统，它通过高速网络将一组计算机连接起来，像一个整体一样高度紧密地协作完成计算工作。计算机集群中的单个计算机被称为节点。

分布式系统：是由一组通过网络进行通信、为了完成共同的任务而协调工作的计算机组成的系统。分布式系统包括分布式计算与分布式存储，作用分别是使用众多计算机完成单个计算机无法完成的计算和存储任务。其中，分布式存储又包括分布式文件系统和分布式数据库等。

并行计算：是指同时使用多个处理器来协同求解同一问题，即将被求解的问题分解成若干个部分，各部分均由一个独立的处理器来计算。

此外，提到大数据处理技术，还不得不提 Hadoop。Hadoop 是大数据开发的重要框架，许多厂商都围绕 Hadoop 开发走数据处理工具，建立大数据技术生态系统。谷歌、雅虎、微软、思科、阿里巴巴等知名大数据平台都支持 Hadoop。

Hadoop 最核心设计是分布式文件系统 HDFS 和分布式计算引擎 MapReduce。其中，利用 HDFS 可以将海量数据分散存储在计算机集群上，用户可以像使用本地文件系统一样管理这些数据；MapReduce 则允许程序员在不了解分布式系统底层细节的情况下，轻松地开发并行处理应用程序，并将其运行干计算机集群上，从而完成海量数据的处理。

目前，MapReduce 正逐渐被新一代的计算引擎 Spark 取代。

4. 大数据分析与挖掘

大数据分析与挖掘是指通过各种算法从大量的数据中找出潜在的有用信息，并研究数据的内在规律和相互间的关系。常用的大数据分析与挖掘技术包括 Spark、MapReduce、Hive、Pig. Flink、Impala、Kylin、Tez、Akka、Storm. S4、Mahout、MLlib 等。

5. 大数据可视化展现

大数据可视化展现是指利用可视化手段对数据进行分析，并将分析结果用图表或文字等形式展现出来，从而使读者对数据的分布、发展趋势、相关性和统计信息等一目了然，如图 11-6 所示。目前，常用的大数据可视化工具有 Echarts 和 Tableau 等。

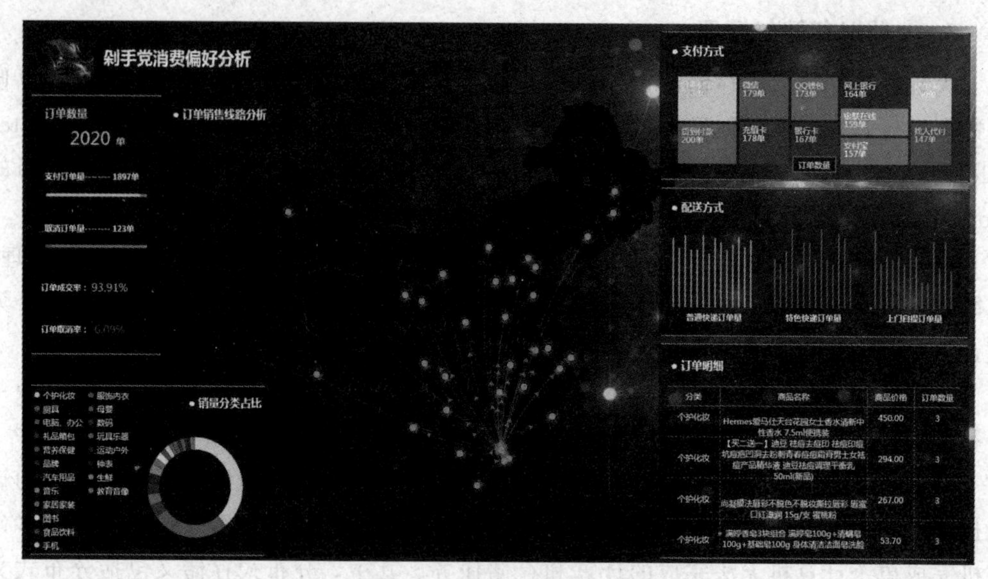

图 11-6 大数据可视化展现

11.2.3 大数据的应用场景

目前，大数据在各行各业的应用无处不在，包括电商、金融、通信、物流、医疗、教育、农业、工业制造、城市管理等。相关企业、机构或自己搭建大数据平台，或与商业大数据平台合作，收集数据并挖掘数据中蕴含的价值，从而洞察行业发展趋势、提升营销效率、优化生产流程、洞悉用户行为。下面介绍大数据的一些典型应用场景。

1. 大数据在电商行业的应用

大数据在电商行业的应用较为广泛，其典型的应用场景有以下几个。

（1）商企业收集大量用户在电商网站或网络媒体上的注册信息、行为数据（用户在网站和移动 App 中的浏览/点出/发帖等行为）、交易数据、网络日志数据等。

（2）对收集的数据进行分析和挖掘，得出不同用户的购买能力、行为特征、心理特征、兴趣爱好、家庭情况、喜欢的社交网络等。

（3）根据分析结果做精准营销、精准推荐或提高用户的购物体验等。

2. 大数据在金融行业的应用

金融行业也是大数据应用的重点行业。目前，国内不少银行、保险公司都已建立大数据平台，并通过大数据来驱动业务运营。例如，银行通过收集并分析自身业务产生的数据、客户在社交媒体上的行为数据、客户在电商网站上的交易数据、客户的缴税信息等，可以了解不同客户的消费能力、信用额度和风险偏好，从而对客户实施精准营销、风险管控。

3. 大数据在医疗行业的应用

大数据在医疗行业的应用包括疾病预防、临床应用、远程医疗、医学研究、医院

管理等。例如，利用大数据平台收集不同的病例、治疗方案和治疗效果，建立针对疾病特点的数据库。医生诊断病人时可以利用疾病数据库和相关工具分析病人的疾病特征、化验报告和检测报告，从而快速为病人确诊，并制定适合病人的治疗方案。

4. 大数据在教育行业的应用

大数据住教育行业的应用包括优化教学管理、学生管理、教学内容、教学手段、教学评价等。例如，基于网络的学习平台能记录学生的作业完成情况、课堂言行、师生互动等数据，如果将这些数据汇集起来，就可以分析出学生的学习特点和习惯，从而对不同学生的学习提出有针对性的建议。同时，这些数据也可以促使教师进行教学反思，从而优化教学。

例如，电子科技大学曾经做一个课题——寻找校园最孤独的人。他们通过校园一卡通物联网，从 3 万名学生中采集到了 2 亿多条行为数据，包括选课、进出图书馆、食堂用餐、超市购物等数据。通过对校园一卡通"一前一后刷卡"的记录分析，可以发现一个学生在学校有多少知心朋友。他们通过此方式找到了 800 多个校园中最孤独的人，这些人中有 17%可能产生心理疾病，需要学校和家长重点予以关爱。

5. 大数据在政务管理中的应用

在我国，政府部门掌握着全社会量最大、最核心的数据。有效地利用这些数据，将使政务管理和服务、抢险救灾等的效率进一步提高，各项公共资源得到更合理的配置。例如，大数据对地震、台风等"天灾"救援已经开始发挥重要作用。利用大数据技术可以抓取气象局、地震局的气象历史数据、星云图变化历史数据，以及城建局、规划局等的城市规划、房屋结构数据等，然后构建大气运动规律评估模型、气象变化关联性分析模型等，从而精准地预测气象变化，寻找最佳的救灾解决方案。

11.3　云计算

云计算已经成为一个大众化的词语，似乎每个人对于云计算的理解各不相同。云计算的"云"就是存在于互联网上的服务器集群上的资源，它包括硬件资源（服务器、存储器、CPU 等）和软件资源（应用软件、集成开发环境等）。本地计算机只需要通过互联网发送一个需求信息，远端就有成千上万的计算机为用户提供需要的资源并将结果返回给本地计算机。这样，本地计算机几乎不需要做什么，所有的处理都在云计算提供商所提供的计算机群来完成。简而言之，云计算是一种商业计算模型，它将计算任务分布在大量计算机构成的资源池上，使用户能够按需获取计算力、存储空间和信息服务。

最简单的云计算技术在网络服务中已经随处可见，例如搜索引擎、网络信箱等，使用者只需要输入简单的指令即能得到大量信息。

11.3.1　云计算的组成

云计算的组成可以分为六个部分，它们由下至上分别是：基础设施（Infrastructure)、存储（Storage)、平台（Platform)、应用（Application)、服务（Services）和客户端（Clients)。

（1）基础设施

云基础设施（InfrastructureasaService，IaaS）是经过虚拟化后的硬件资源和相关管理功能的集合，对内通过虚拟化技术对物理资源进行抽象，对外提供动态、灵活的资源服务。具体用于如Sun公司的Sun网格（Sun Gird)、亚马逊（Amazon）的弹性计算云（Elastic Computer Clotld，EC2)。

（2）存储

云存储涉及提供数据存储作为一项服务，包括类似数据库的服务，通常以使用的存储量为结算基础。全球网络存储工业协会（SNIA）为云存储建立了相应标准，它既可交付作为云计算服务，又可以交付给单纯的数据存储服务。具体应用如亚马逊简单存储服务（Simple Storage Service，S3)、Coogle应用程序引擎的Big Table数据存储。

（3）平台

云平台（Platforma sa Service，PaaS）直接提供计算平台和解决方案作为服务，以方便应用程序部署，从而节省购买和管理底层硬件和软件的成本。具体应用如Google应用程序引擎（Google APP Engine)，这种服务让开发人员可以编译基于Python的应用程序，并可免费使用Google的基础设施来进行托管。

（4）应用

云应用利用云软件架构，往往不再需要用户在自己的电脑上安装和运行该应用程序，从而减轻软件维护、操作和售后支持的负担。具体应用如Facebook的网络应用程序、Google的企业应用套件（Google Apps)。

（5）服务

云服务是指包括产品、服务和解决方案都实时地在互联网上进行交付和使用，这些服务可能通过访问其他云计算的部件，例如软件，直接和最终用户通信。具体应用如亚马逊简单排列服务（Simple Queuing Service)、贝宝在线支付系统（PayPal)、google地图（Google Maps）等。

（6）客户端

云客户端包括专为提供云服务的计算机硬件和电脑软件终端，如苹果手机（iPhone)、google浏览器（google Chrom)。

11.3.2 云计算的关键技术

云计算是一种新型的超级计算方式，以数据为中心，是一种数据密集型的超级计算。云计算的目标是以低成本的方式提供高可靠、高可用、规模可伸缩的个性化服务，要实现这个目标，需要分布式海量数据存储、虚拟化技术、云平台技术、并行编程技术、数据管理技术等若干关键技术支持。

1. 分布式海量数据存储

随着信息化建设的不断深入，信息管理平台已经完成了从信息化建设到数据积累的职能转变，在一些信息化起步较早、系统建设较规范的行业，如通信、金融和大型生产制造等领域，海量数据的存储、分析需求的迫切性日益明显。

以移动通信运营商为例，随着移动业务和用户规模的不断扩大，每天都产生海量的业务、计费以及网管数据，然而庞大的数据量使得传统的数据库存储已经无法满足存储和分析需求。其面临的问题主要有以下几个。

(1) 数据库容量有限

关系型数据库并不是为海量数据而设计，设计之初并没有考虑到数据量能够庞大到PB级。为了继续支撑系统，不得不进行服务器升级和扩容，成本高昂，难以接受。

(2) 并行取数困难

除了分区表可以并行取数外，其他情况都要对数据进行检索才能将数据分块，并行读数效果不明显，甚至增加了数据检索的消耗。虽然可以通过索引来提升性能，但实际业务证明，数据库索引作用有限。

(3) 针对J2EE应用来说，JDBC的访问效率太低。

由于Java的对象机制，读取的数据都需要序列化，导致读数速度很慢。

(4) 数据库并发访问数太多

由于数据库并发访问数太多，导致I/O瓶颈和数据库的计算负担太重两个问题，甚至出现内存溢出崩溃等现象，但数据库扩容成本太高。

理想的解决方案是把大数据存储到分布式文件系统中，云计算系统由大量服务器组成同时为大量用户服务因此云计算系统采用分布式存储的方式存储数据，用冗余存储的方式（集群计算、数据冗余和分布式存储）保证数据的可靠性。冗余的方式通过任务分解和集群，用低配机器替代超级计算机的性能来保证低成本，这种方式保证分布式数据的高可用、高可靠和经济性，即为同一份数据存储多个副本，云计算系统中广泛使用的数据存储系统是Google的GFS和Hadoop团队开发的GFS的开源实现HDFS。

2. 虚拟化技术

虚拟化技术是云计算系统的核心组成部分之一，是将各种计算及存储资源充分整合和高效利用的关键技术。云计算的虚拟化技术不同于传统的单一虚拟化，它是涵盖整个IT架构的，包括资源、网络、应用和桌面在内的全系统虚拟化。通过虚拟化技术可以实现将所有硬件设备、软件应用和数据隔离开来，打破硬件配置、软件部署和数据分布的界限，实现IT架构的动态化，实现资源集中管理，使应用能够动态地使用虚拟资源和物理资源，提高系统适应需求和环境的能力。虚拟化技术可以提供以下特点。

(1) 资源分享

通过虚拟机封装用户各自的运行环境，有效实现多用户分享数据中心资源。

(2) 资源定制

用户利用虚拟化技术，配置私有的服务器，指定所需的CPU数目、内存容量、磁盘空间，实现资源的按需分配。

(3) 细粒度资源管理

将物理服务器拆分成若干虚拟机，可以提高服务器的资源利用率，减少浪费，而且有助于服务器的负载均衡和节能。

基于以上特点，虚拟化技术成为实现云计算资源池化和按需服务的基础。

3. 云平台技术

云计算资源规模庞大，服务器数量众多且分布在不同的地点，同时运行着数百种应用。如何有效地管理这些服务器，保证整个系统提供不间断的服务是巨大的挑战。

云平台技术能够使大量的服务器协同工作，方便地进行业务部署，快速发现和恢复系统故障。通过自动化、智能化的手段实现大规模系统的可靠运营。

云计算平台的主要特点是用户不必关心云平台底层的实现。用户使用平台，或使用云平台发布第三方应用的开发者（服务提供商，或者云平台用户）只需要调用平台提供的接口就可以在云平台中完成自己的工作。利用虚拟化技术，云平台提供商可以实现按需提供服务，这一方面降低了云的成本，另一方面保证了用户的需求得到满足。云平台基于大规模的数据中心或者网络，因此云平台可以提供高性能的计算服务，并且对于云平台用户，云的资源几乎是无限的。

4. 并行编程技术

目前两种最重要的并行编程模型是数据并行和消息传递。数据并行编程模型的编程级别比较高。编程相对简单。但它仅适用于数据并行问题。消息传递编程模型的编程级别相对较低，但消息传递编程模型可以有更广泛的应用范围。

数据并行编程模型是一种较高层次上的模型，它提供给编程者一个全局的地址空间。一般这种形式的语言本身就提供并行执行的语义，因此对于编程者来说，只需要简单地指明执行什么样的并行操作和并行操作的对象，就实现了数据并行的编程。

例如，对于数组运算，使得数组 B 和 C 的对应元素相加后送给 A，则通过语句 A＝B＋C 或其他的表达方式，就能够实现上述功能，使并行机对 B、C 的对应元素并行相加，并将结果并行赋给 A。因此数据并行的表达是相对简单和简洁的，它不需要编程者关心并行机是如何对该操作进行并行执行的。数据并行编程模型虽然可以解决一大类科学与工程计算问题，但是对于非数据并行类的问题，如果通过数据并行的方式来解决，一般难以取得较高的效率。

消息传递是各个并行执行的部分之间通过传递消息来交换信息、协调步伐、控制执行，消息传递一般是面向分布式内存的，但是它也可适用于共享内存的并行机。消息传递为编程者提供了更灵活的控制手段和表达并行的方法，一些用数据并行方法很难表达的并行算法，都可以用消息传递模型来实现灵活性和控制手段的多样化，是消息传递并行程序能提供高的执行效率的重要原因。

消息传递模型一方面为编程者提供了灵活性，另一方面它也将各个并行执行部分之间复杂的信息交换和协调、控制的任务交给了编程者，这在一定程度上增加了编程者的负担，这也是消息传递编程模型编程级别低的主要原因。虽然如此，消息传递的基本通信模式是简单和清楚的，学习和掌握这些部分并不困难。

因此，目前大量的并行程序设计仍然是消息传递并行编程模式。

云计算采用并行编程模式。在并行编程模式下，并发处理、容错、数据分布、负载均衡等细节都被抽象到一个函数库中，通过统一接口，用户大尺度的计算任务被自动并发和分布执行，即将一个任务自动分成多个子任务，并行地处理海量数据。

5. 数据管理技术

云计算系统对大数据集进行处理、分析，向用户提供高效的服务。因此，数据管理技术必须能够高效地管理大数据集。其次，如何在规模巨大的数据中找到特定的数据，也是云计算数据管理技术所必须解决的问题。

应用于云计算的数据管理技术最常见的是 Google 的 Big Table 数据管理技术，由于采用列存储的方式管理数据，如何提高数据的更新速率以及进一步提高随机读速率是未来的数据管理技术必须解决的问题。

Google 提出的 Big Table 技术是建立在 GFS 和 MapReduce 之上的一个大型的分布式数据库，Big Table 实际上是一个很庞大的表格，它的规模可以超过 1PB（1 024 TB)，它将所有数据都作为对象来处理，形成一个巨大的表格。Google 对 Big Table 给出了如下定义：Big Table 是一种为了管理结构化数据而设计的分布式存储系统，这些数据可以扩展到非常大的规模，例如在数千台商用服务器上达到 PB 规模的数据。现在有很多的 google 的应用程序建立在 Big Table 之上。例如 google Earth 等，而基于 Big Table 模型实现的 Hadoop HBase 也在越来越多的应用中发挥作用。

11.4　人工智能

人工智能最早由美国科学家约翰·麦卡锡于 1956 年提出。经过 60 多年的演进，人工智能已被应用于社会的各个领域，并成为推动 21 世纪经济社会发展的新引擎。

11.4.1　人工智能

人工智能（Artificial intelligence，AI）是研究、开发用于模拟、延伸和扩展人的智能的理论、方法、技术及应用系统的一门学科，其目标是生产出能以人类智能相似的方式做出反应的智能机器。具体来说，人工智能就是让机器像人类一样具有感知能力、学习能力、思考能力、沟通能力、判断能力等，从而更好地为人类服务。

近几年，在移动互联网、大数据、云计算、物联网、脑科学等新理论、新技术，以及经济社会发展强烈需求的共同驱动下，人工智能的发展进入新阶段，人工智能已深深地融入我们的生活。无论是手机上的指纹识别、人脸识别、导航系统、美颜相机、新闻推荐、智能搜索、语音助手、翻译助手、垃圾邮件过滤等应用，还是智能监控、智能音箱、智能机器人（见图 11-7)、自动驾驶汽车（见图 11-8)、无人机，这些都与人工智能密切相关。

图 11-7　智能机器人

图 11-8　自动驾驶汽车

11.4.2　人工智能的关键技术

人工智能的关键技术包括机器学习、计算机视觉、生物特征识别、自然语言处理、语音识别、机器人技术等，下面分别介绍。

1. 机器学习

机器学习是指使计算机能像人类一样学习，以获取新的知识或技能，重新组织已有的知识结构，从而不断改善自身性能，如图 11-9 所示。机器学习是使计算机具有智能的根本途径，它让计算机不再只是通过特定的编程完成任务，而是可以通过不断学习来掌握本领。

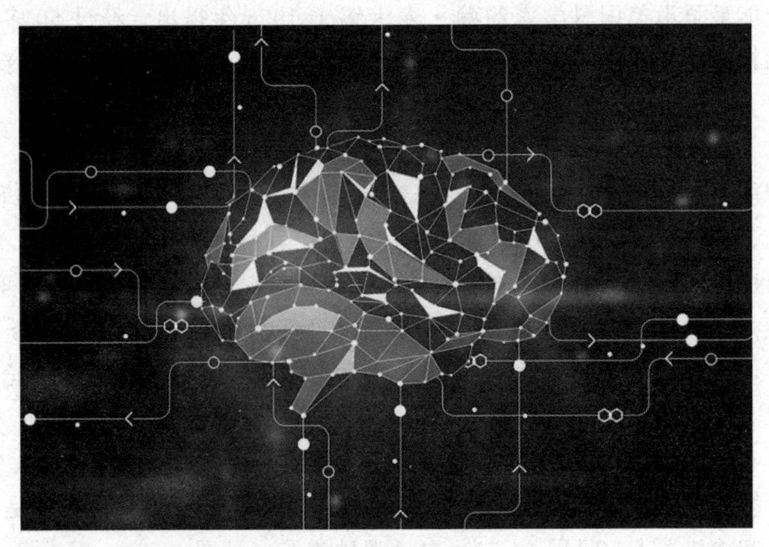

图 11-9　机器学习

机器学习主要依赖大量数据训练和高效的算法模型，其背后需要具有高性能计算

能力的软硬件和大量数据作为支撑。例如，给机器学习系统一个关于交易时间、商家、地点、价格及交易是否正当等信用卡交易信息的数据库，以及用来预测信用卡欺诈的算法模型，系统就会自动对交易进行处理，而且处理的交易数据越多，训练越多，模型越高效，预测结果越准确。

机器学习在人工智能的其他技术领域也扮演着重要角色，包括计算机视觉、生物特征识别、自然语言处理、语音识别等。例如，在计算机视觉领域，它能在海量图像中通过不断训练来改进视觉模型，从而不断提高识别图像的准确率。

2. 计算机视觉

计算机视觉是指使计算机具备象人类那样通过视觉系统提取、观察、理解和识别图像和视频的能力，如图 11-10 所示。计算机视觉相当于人工智能的大门，包括医疗成像分析、智能监控、自动驾驶、机器人、工业产品检测等，均需要利用计算机视觉系统提取并识别现场图像或视频信息。计算机视觉的识别准确率普遍可达 90％以上，远远超过了人类。

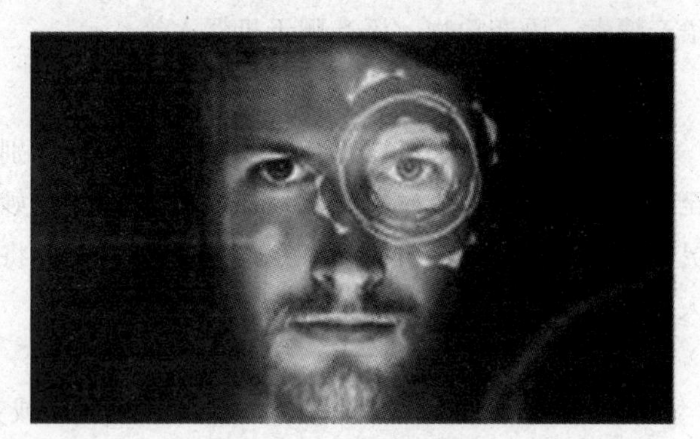

图 11-10　计算机视觉

3. 生物特征识别

生物特征识别是指根据人的生理或行为特征对人的身份进行识别、认证，如图 11-11 所示。从应用流程看，生物特征识别通常分为注册和识别两个阶段。注册阶段是指通过传感器（如摄像头、麦克风等）对人体的生物特征信息（如人脸、指纹、声纹等）进行采集并存储；识别阶段采用与注册阶段一样的采集方式对待识别人进行信息采集和特征提取，然后将提取的特征与存储的特征进行对比、分析，完成识别。

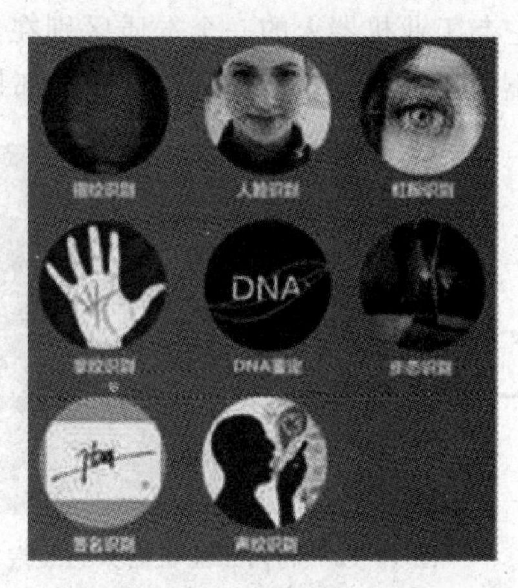

图 11-11　生物特征识别

生物特征识别涉及的内容十分广泛，包括指纹、掌纹、人脸、虹膜、指静脉、声音、步态等。其识别过程涉及计算机视觉、语音识别、机器学习等多项技术。目前，生物特征识别作为重要的智能化身份认证技术，在金融、安防、交通等领域得到广泛的应用。

4. 自然语言处理

自然语言处理是指使汁算机拥有理解、处理人类语言的能力，包括机器翻译、语义理解、问答系统等。其中，利用语义理解可以自动识别文章的核心议题，自动将文

章按内容进行分类，自动纠正文本错误，自动提取评论中表达的观点，自动检测文本中蕴含的情绪特征等；利用问答系统可以让计算机用自然语言（人类语言）与人交流。

自然语言处理技术目前被广泛应用于自动翻译（如百度翻译）、聊天机器人（如京东的JIMI聊天机器人）、新闻推荐（如今日头条）、简历筛选、垃圾邮件屏蔽、舆情监控、消费者分析、竞争对手分析等。

5. 语音识别

语音识别是指将人类语音中的词汇内容转换为计算机可以读的输入，即让机器能听懂“人话”。目前，语音识别的应用包括语音拨号、语音导航、室内设备语音控制、语音搜索、语音购物、语音聊天机器人等。

6. 机器人技术

利用机器人技术可以将计算机视觉、语音识别、自动规划等感知和认知技术整合至极小却高性能的传感器、致动器及其他设计巧妙的硬件中，制造出能在各种环境中灵活处理不同任务的机器人。从应用上看，可以将机器人分为工业机器人和服务机器人两个类别。

（1）工业机器人

工业机器人是面向工业领域的多关节机械手或其他形式的机器装置，如图 11-12 所示。它可以接受人类指挥，也可以按照预先编排的程序自动运行。工业机器人可以降低劳动力成本、提高生产效率，已在生产行业得到广泛应用。

（2）服务机器人

服务机器人的定位就是服务，如图 11-13 所示。从服务机器人的功能特点上来看，它与工业机器人的一个本质区别在于，工业机器人的工作环境都是已知的，而服务机器人所面临的工作环境绝大多数都是未知的，因此制造难度更大。

图 11-12　利用工业机器人组装汽车

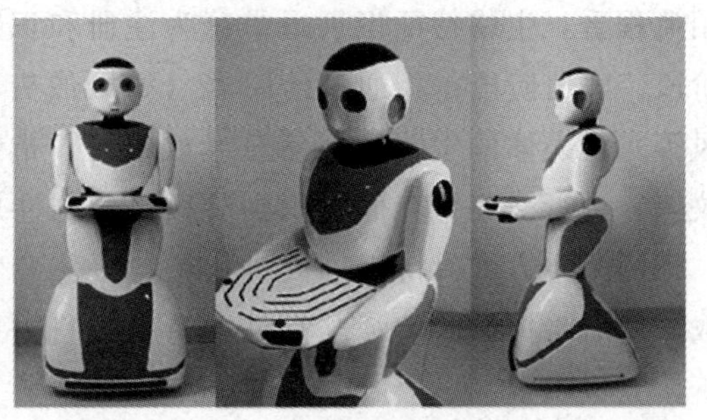

图 11-13　利用服务机器人送餐

11. 4. 3　人工智能的应用场景

人工智能、物联网、大数据、云计算的应用往往彼此交叉。例如，物联网的应用中包含人工智能、大数据和云汁算；大数据的应用中包含物联网、云计算和人工智能。前面我们已经学习了这几种技术的一些典型应用，下面再简单介绍人工智能在制造、金融、交通、安防、医疗、物流等行业的一些典型应用。

1. 智能制造

人工智能在智能制造方面的应用主要表现在以下两个方面：一是智能装备，包括自动识别设备、人机交互系统、工业机器人及数控机床等具体设备；二是智能工厂，包括智能设计、智能生产、智能管理及集成优化等具体内容。

2. 智能金融

人工智能在金融领域的应用主要包括以下几个方面。

（1）智能获取客户。依托大数据和人工智能技术对金融用户进行画像，提升获客效率。

（2）用户身份验证。通过人脸识别、声纹识别等生物识别手段，对用户身份进行验证。

（3）金融风险控制。通过大数据、计算力、算法的结合，搭建反欺诈、信用风险等模型，多维度控制金融机构的信用风险和操作风险，避免资产损失。

（4）智能客户。基于自然语言处理能力和语音识别技术，建立聊天机器人客服和语音客服系统，降低服务成本，提升用户服务体验。

3. 智能交通

智能交通是指借助现代科技手段和设备，将各核心交通元素连通，实现信息互通与共享，以及各交通元素的彼此协调、优化配置和高效使用。

例如，通过交通信息采集系统采集道路中的车辆流量、行车速度等信息，经过信息分析处理系统处理后形成实时路况，决策系统据此调整道路红绿灯时长；还可以通过信息发布系统将路况推送到导航软件和广播中，从而让人们合理地规划行车路线。

此外，还可以通过不停车收费系统（ETC），实现对通过 ETC 入口的车辆身份及信息自动采集、处理、收费和放行，从而提高通行能力、简化收费管理。

4. 智能安防

智能安防技术是一种利用人工智能对视频画面进行采集、存储和分析，从中识别安全隐患并对其进行处理的技术。智能安防与传统安防的最大区别在于，传统安防对人的依赖性比较强，非常耗费人力，而智能安防能够通过机器实现智能判断。

国内智能安防分析技术主要有两类：一类是采用画面分割等方法对视频画面中的目标进行提取和检测，然后利用一定的规则来判断不同的事件并产生相应的报警联动。其应用包括区域入侵检测、打架检测、人员聚集检测、交通事件检测等；另一类是利用汁算机视觉识别技术，对画面中特定的物体进行建模，并通过大量样本进行训练，从而达到对视频画面中的特定物体进行识别，如车辆识别、人脸识别等。

5. 智能医疗

人工智能在医疗方面的应用包括辅助诊疗、疾病预测、医疗影像分析和识别、药物开发、手术机器人等。其中，在疾病预测方面，人工智能借助大数据技术可以进行疫情监测，及时预测并防止疫情的进一步扩散：在医疗影像方面，可以利用计算机视觉等技术对医疗影像进行分析和识别，为患者的诊断和治疗提供评估方法和精准诊疗决策。

（1）手术机器人应用案例。世界上展具有代表性的手术机器人是达·芬奇手术系统，如图 11-14 所示。达·芬奇手术系统分为手术台和远程监控终端两部分。其中，手术台是一个有三个机械手臂的机器人，它负责对病人进行手术。由于每个机械手臂的灵活性都远远超过人类，而且还带有可以进入人体内的摄像机，因此不仅手术的创口非常小，还能够实施一些人类很难完成的手术。

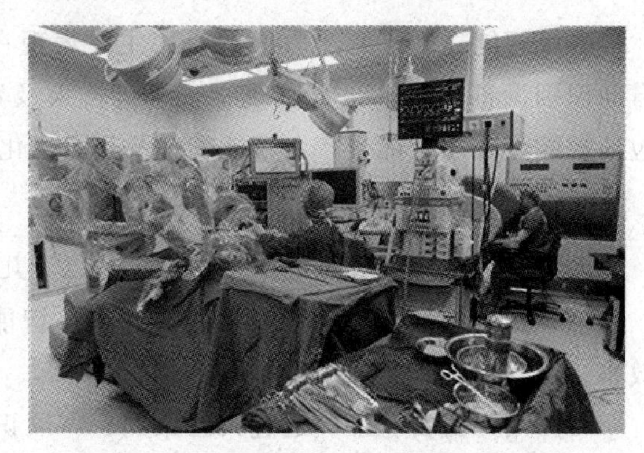

图 11-14　利用达·芬奇手术机器人做手术

（2）辅助诊疗案例。在智能辅助诊疗的应用中，IBM Watson 是目前最成熟的案例，如图 11-15 所示。IBM Watson 是一个融合了自然语言处理、认知技术、自动推理、机器学习、信息检索等技术的人工智能系统，其可以在 17 秒内阅读 3 469 本医学专著、248 000 篇论文、69 种治疗方案、61 540 次试验数据、106 000 份临床报告。IBM Watson 已通过了美国职业医师资格考试，并部署在美国多家医院以提供辅助诊疗服务。目前，IBM Watson 提供诊治服务的病种包括乳腺癌、肺癌、前列腺癌、膀胱癌等。

图 11-15　IBM Watson 辅助诊疗

（3）医疗影像识别案例。以色列贝斯医学中心与哈佛医学院合作研发的人工智能系统，对乳腺癌病理图片中癌细胞的识别准确率达到 92%；美国企业 Enlitic 开发的人工智能系统对癌症的输出率超越了 4 位顶级的放射科医生。

6. 智能物流

物流企业除利用条形码、射频识别技术、传感器、全球定位系统等优化和改善运输、仓储、配送、装卸等物流业基本活动外，也在尝试使用计算机视觉及智能机器人等技术实现货物自动化搬运和拣选等，使货物搬运速度、拣选精度得到大幅度提升。

例如，京东商城（以下简称京东）是国内知名的电商企业。为压缩物流成本，提高物流效率，京东构建了以无人仓、无人机和无人车为三大支柱的智慧物流体系。

京东无人仓（见图 11-16）里主要用到了三种机器人——搬运机器人、小型穿梭车及分拣机器人。其中，搬运机器人负责搬运大型货架，自重约 100 公斤，负载量达 300 公斤左右；小型穿梭车负责将周转箱搬起并送到货架尽头的暂存区；分拣机器人配有先进的 3D 视觉系统，可以从周转箱中识别出客户需要的货物，并通过工作端的吸盘把货物转移到订单周转箱中，然后通过输送线将订单周转箱传输至打包区；打包机器将商品打包后，一个个包裹就可以发往全国各地了。

图 11-16　京东无人仓

据了解，京东无人仓的存储效率是传统仓库存储效率的 5 倍以上。其中，分拣机器人的拣选速度可以达到 3 600 次/小时，是传统人工拣选的 5 倍。

除无人仓外，京东还尝试使用无人机（见图 11-17）和无人车（见图 11-18）送货。京东无人车在行驶过程中，车顶的激光感应系统会自动检测前方的行人、车辆等，遇到障碍物会自动避障。

图 11-17　京东无人机

图 11-18　京东无人车

11.5　虚拟现实和增强现实

虚拟现实（VR）和增强现实（AR）也是近几年比较热门的计算机技术，下面分别介绍。

11.5.1　虚拟现实

虚拟现实（Virtual Reality，VR）是指利用计算机技术模拟出一个逼真的三维空间虚拟世界，使用户完全沉浸其中，并能与其进行自然交互，就像在真实世界中一样。例如，VR 游戏可以让用户完全沉浸在游戏中，犹如身临其境，如图 11-19 所示。

图 11-19 VR 游戏

1. 虚拟现实系统的特点

一个良好的虚拟现实系统应具有沉浸性、交互性、自主性等特点。

(1) 沉浸性：指虚拟环境的逼真程度。理想的虚拟现实环境应该使用户真假难辨，使用户获得与真实环境相同的视觉、听觉、触觉、嗅觉等感官体验。

(2) 交互性：指用户与虚拟环境之间可以进行沟通和交流，并得到与真实环境一样的响应，即用户在真实世界中任何动作，均可以在虚拟环境中完整地体现。例如，可以用手去直接抓取虚拟环境中的物体，这时不仅手有触摸感，同时还能感觉到物体的重量、温度等信息，而且被抓取的物体会随着手的移动而移动。

(3) 自主性：指虚拟环境中物体按操作者的要求进行自主运动的程度。例如，当受到力的推动时，物体会向力的方向移动或翻倒。

2. 虚拟现实系统的设备

虚拟现实系统的设备包括建模设备、显示设备和交互设备。其中，建模设备主要有 3D 扫描仪；显示设备有普通显示器＋3D 眼镜、3D 投影仪、头戴式 3D 显示器（又称 VR 头盔、VR 头显、VR 眼镜）等；交互设备有 3D 控制设备（如 3D 鼠标、键盘、手柄等）、数据手套（见图 11-20）、位置追踪设备、动作捕捉设备、力觉反馈设备、触觉反馈设备（见图 11-21）、数据衣、操纵杆等。

图 11-20 头戴式 3D 显示器和数据手套

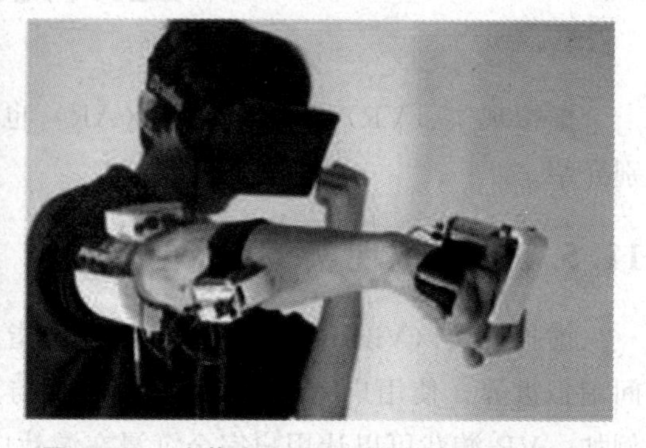

图 11-21 头戴式 3D 显示器和触觉反馈设备

3. 虚拟现实系统的分类

根据虚拟环境、使用目的和应用对象的不同，可以将虚拟现实系统分为以下 3 类。

（1）桌面式虚拟现实系统（Desktop VR）：桌面式虚拟现实系统将计算机显示器（需使用 3D 眼镜）或投影仪投影作为用户观察虚拟现实世界的窗口，用户可以通过 3D 控制设备和虚拟现实世界进行交互。桌面式虚拟现实系统的优点是容易实现，缺点是参与者容易受到外界的影响，缺少完全的沉浸。

（2）沉浸式虚拟现实系统（immersive VR）：沉浸式虚拟现实系统通常利用头戴式 3D 显示器或其他设备，把用户的视觉、听觉等感觉封闭起来，提供一个完全虚拟的空间，并利用位置追踪器、数据手套、操纵杆等使用户产生一种身临其境和沉浸在虚拟空间的感觉。

（3）分布式虚拟现实系统（Distributed VR）：是基于网络的虚拟现实系统，即在沉浸式虚拟现实系统的基础上，将位于不同物理位置的多个虚拟环境通过网络相连，并共享信息。分布式虚拟现实系统主要应用于远程虚拟会议、虚拟医学会诊、军事模拟演习等领域。

目前，虚拟现实系统主要应用于仿真演示、仿真实验、模拟训练、模拟演练、仿真设计、可视化管理、艺术与娱乐等方向，如教学仿真演示与实验（见图 11-22）、军事模拟训练与演习（见图 11-23）、消防模拟训练与演练、飞机和汽车等驾驶模拟训练（见图 11-24）、航天模拟训练、外科手术模拟训练、建筑仿真设计与演示、产品仿真设计与演示（见图 11-25）、交通路况与环境仿真演示、VR 影视与游戏、科学研究和工程管理可视化等。

图 11-22　VR 教学仿真实验

图 11-23　VR 军事模拟训练

例如，在汽车专业教学领域，当学生学习发动机的组成、结构和工作原理时，传统教学方法是利用图示或放录像的方式向学生展示相关知识，无法使学生直观地理解和运用；而利用虚拟现实技术，不仅可以用二维方式直观地向学生展示发动机的复杂结构、工作原理及工作时各个零件的运行状态，而且可以让学生在虚拟环境中进行拆装和维修发动机等实验，从而使教学和实验效果事半功倍。目前，许多学校都建立了虚拟仿真实验室。

图 11-24 VR 飞机驾驶模拟训练

图 11-25 VR 汽车产品演示

11.5.2 增强现实

增强现实（Augmented Reality，AR）是把真实环境和虚拟环境结合起来的一种技术。与 VR 不同的是，AR 是在现实的环境中叠加虚拟内容，实现了虚实结合。此外，AR 在用户端无需头戴式 3D 显示器和 3D 鼠标、数据手套等交互设备，只需要一个智能手机、平板计算机或 AR 眼镜即可（利用 AR 眼镜可同时看到现实环境和虚拟内容）。

AR 的虚拟内容可以是简单的数字或文字信息，也可以是三维图像等，用户可以对虚拟内容进行移动、旋转、缩放等操作。图 11-26 为一本 AR 儿童书的应用效果，用户只需打开手机摄像功能（一些 AR 应用需要利用 APP 实现），然后将摄像头对准图书中的卡通动物，即可在手机屏幕上呈现卡通动物的三维影像，用户可以直接用手与该影像互动，或者利用触摸屏移动、旋转、缩放影像。

图 11-26 AR 儿童书

图 11-27 AR 线下试装

图 11-28 AR 线上试妆

目前，AR 主要应用于零售、教育、医疗、娱乐和游戏、广告、军事等领域。例

如，在零售领域，可以利用 AR 进行试装（见图 11-27）、试妆（见图 11-28），让消费者得到更好的购物体验；在教育和培训领域，可以利用 AR 生动地演示相关知识和应用；在医疗领域做微创手术时，可以利用 AR 实时观察手术部位，相当于增强了外科医生的视力。

11.6　区块链

区块链（Blockchain）是比特币的底层技术，像一个数据库账本，记载所有的交易记录，本质上是一个去中心化的数据库。区块链技术因其安全、便捷的特性逐渐得到了金融业的关注。

狭义地讲，区块链是一种按照时间顺序将数据区块以顺序相连的方式组合成的一种链式数据结构，并以密码学方式保证的不可篡改且不可伪造的分布式账本。

广义地讲，区块链技术是利用块链式数据结构来验证与存储数据、利用分布式节点共识算法来生成和更新数据、利用密码学方式保证数据传输和访问的安全、利用由自动化脚本代码组成的智能合约来编程和操作数据的一种全新的分布式基础架构与计算方式。

11.6.1　区块链的基本原理

区块链包括以下三个基本概念。

(1) 交易（Transaction）：一次对账本的操作，导致账本状态的一次改变，例如，添加一条转账记录。

(2) 区块（Block）：记录一段时间内发生的所有交易和状态结果，是对当前账本状态的一次共识。

(3) 链（Chain）：由区块按照发生顺序串联而成，是整个账本状态变化的日志记录。

如果把区块链作为一个状态机，则每次交易就是试图改变一次状态，而每次共识生成的区块，就是参与者对于区块中交易导致状态改变的结果进行确认。

下面以比特币网络为例，介绍区块链技术的工作原理。

首先，比特币客户端发起一项交易，广播到比特币网络中并等待确认。网络中的节点会将一些收到的等待确认的交易记录打包在一起（此外，还要包括前一个区块头部的哈希值等信息），组成一个候选区块。然后，试图找到一个 Nonce 串（随机串）放到区块中，使得候选区块的哈希结果满足一定条件（比如小于某个值）。这个 Nonce 串的查找需要一定的时间去进行计算尝试。

一旦节点算出来满足条件的 Nonce 串，这个区块在格式上就被认为是“合法”了，就可以尝试在网络中将它广播出去。其他节点收到候选区块，进行验证，发现确实符合约定条件了，就承认这个区块是一个合法的新区块，并添加到自己维护的区块链上。

当大部分节点都将区块添加到自己维护的区块链结构上时，该区块被网络接受，区块中所包括的交易也就得到确认。

11.6.2 区块链的典型应用场景

区块链技术已经从单纯的技术探讨走向了应用落地的阶段。国内外已经出现大量与之相关的企业和团队。有些企业已经结合自身业务摸索出了颇具特色的应用场景，更多的企业还处于不断探索和验证的阶段。

1. 金融服务

区块链带来的潜在优势包括降低交易成本、减少跨组织交易风险等。金融领域的区块链应用目前最受关注，全球不少银行、证券、保险等金融机构都是主力推动者。部分投资机构也在应用区块链技术降低管理成本和管控风险。除了众所周知的比特币等数字货币实验外，还有诸多金融机构进行了有意义的尝试。例如：

（1）中国人民银行成立了“中国人民银行数字货币研究所”，并深入研究了数字货币涉及的相关技术，包括区块链技术、移动支付、可信可控云计算、密码算法、安全芯片等。

（2）2016年6月，加拿大央行公开了正在开发基于区块链技术的数字版加拿大元（名称为CAD币），以允许用户使用加元来兑换该数字货币。

（3）英国央行在数字化货币方面进展十分突出，已经实现了基于分布式账本平台的数字化货币系统—RSCoin。

（4）2017年1月，中国邮储银行宣布携手IBM推出基于区块链技术的资产托管系统，是中国银行业首次将区块链技术成功应用于核心业务系统。

（5）2017年3月，日本国会通过《2017税务改革法案》，该法案将比特币等数字货币定义为货币等价物，可以用于数字支付和转账。

2. 征信和权属管理

征信和权属的数字化管理是大型社交平台和保险公司都梦寐以求的。目前该领域的主要技术问题包括缺乏足够的数据和分析能力；缺乏可靠的平台支持及有效的数据整合管理等。区块链被认为可以促进数据交易和流动，提供安全可靠的支持。征信行业的门槛比较高，需要多方资源共同推动。

目前，包括美国国际数据集团（IDG）、腾讯、安永、普华永道等都已注资或进入基于区块链的征信管理领域，特别是跟保险和互助经济相关的应用场景。

3. 资源共享

当前，以Uber和Airbnb为代表的共享经济模式正在多个垂直领域冲击传统行业。这一模式鼓励人们通过互联网方式共享闲置资源。资源共享目前面临的问题主要包括：共享过程成本过高，用户行为评价难，共享服务管理难。

区块链技术为解决上述问题提供了更多的可能性。相比于依赖中间方的资源共享模式，基于区块链的模式能更直接地连接资源的供给方和需求方，从而减少交易环节和成本，其透明、不可篡改的特性也有助于减少摩擦。

4. 贸易管理

区块链技术可以有效她减少自动化国际贸易和物流供应链领域中烦琐的手续和流程。基于区块链设计的贸易管理方案会为参与的多方企业带来更多便利。另外，贸易中销售和法律合同的数字化、货物监控与检测、实时支付等方向都可能成为创业公司的突破口。

类似“一带一路”这样创新的投资建设模式，会碰到来自地域、货币、信任等各方面的挑战。现在已经有一些参与到一带一路中的部门，在对区块链技术进行探索应用。

5. 物联网

物联网也是很适合应用区块链技术的一个领域，预计在未来几年内会有大量应用出现，特别是租赁、物流等特定场景。但目前阶段，物联网自身的技术局限将造成短期内不会出现大规模应用。

11.7　5G 技术

第五代移动通信技术（英语：5th generation mobile networks 或 5th generation wireless systems、5th-Generation，5G）是最新一代蜂窝移动通信技术，是 4G（LTE-A、WiMax）、3G（UMTS、LTE）和 2G（GSM）系统后的延伸。

5G 的发展也来自于对移动数据日益增长的需求。随着移动互联网的发展，越来越多的设备接入到移动网络中，新的服务和应用层出不穷，全球移动宽带用户在 2018 年有望达到 90 亿，到 2020 年，预计移动通信网络的容量需要在当前的网络容量上增长 1 000 倍。移动数据流量的暴涨将给网络带来严峻的挑战。首先，如果按照当前移动通信网络发展，容量难以支持千倍流量的增长，网络能耗和比特成本难以承受；其次，流量增长必然带来对频谱的进一步需求，而移动通信频谱稀缺，可用频谱呈大跨度、碎片化分布，难以实现频谱的高效使用；此外，要提升网络容量，必须智能高效利用网络资源，例如针对业务和用户的个性进行智能优化，但这方面的能力不足；最后，未来网络必然是一个多网并存的异构移动网络，要提升网络容量，必须解决高效管理各个网络，简化互操作，增强用户体验的问题。

与早期的 2G、3G 和 4G 移动网络一样，5G 网络是数字蜂窝网络，在这种网络中，供应商覆盖的服务区域被划分为许多被称为蜂窝的小地理区域。表示声音和图像的模拟信号在手机中被数字化，由模数转换器转换并作为比特流传输。5G 的性能目标是高数据速率、减少延迟、节省能源、降低成本、提高系统容量和大规模设备连接。Release-15 中的 5G 规范的第一阶段是为了适应早期的商业部署。Release-16 的第二阶段将于 2020 年 4 月完成，作为 IMT-2020 技术的候选提交给国际电信联盟（ITU）。ITU IMT-2020 规范要求速度高达 20 Gbit/s，可以实现宽信道带宽和大容量 MIMO。

5G网络的主要优势在于，数据传输速率远远高于以前的蜂窝网络，最高可达10 Gbit/s，比当前的有线互联网要快，比先前的4G LTE蜂窝网络快100倍。另一个优点是较低的网络延迟（更快的响应时间），低于1 μs，而4G为30～70 μs。由于数据传输更快，5G网络将不仅仅为手机提供服务，而且还将成为一般性的家庭和办公网络提供商，与有线网络提供商竞争。

5G技术主要应用在以下三个方面。

（1）车联网与自动驾驶

车联网技术经历了利用有线通信的路侧单元（道路提示牌）以及2G/3G/4G网络承载车载信息服务的阶段，正在依托高速移动的通信技术，逐步步入自动驾驶时代。根据中国、美国、日本等国家的汽车发展规划，依托传输速率更高、时延更低的5G网络，将在2025年全面实现自动驾驶汽车的量产，市场规模达到1万亿美元。

（2）外科手术

2019年1月19日，中国一名外科医生利用5G技术实施了全球首例远程外科手术。这名医生在福建省利用5G网络，操控30英里（约合48 km）以外一个偏远地区的机械臂进行手术。在进行的手术中，由于延时只有0.1 s，外科医生用5G网络切除了一只实验动物的肝脏。5G技术的其他好处还包括大幅减少了下载时间，下载速度从每秒约20兆字节上升到每秒50千兆字节——相当于在1 s内下载超过10部高清影片。5G技术最直接的应用很可能是改善视频通话和游戏体验，但机器人手术很有可能给专业外科医生为世界各地有需要的人实施手术带来很大希望。

（3）智能电网

因电网高安全性要求与全覆盖的广度特性，智能电网必须在海量连接以及广覆盖的测量处理体系中，做到99.999%的高可靠度；超大数量末端设备的同时接入、小于20 ms的超低时延，以及终端深度覆盖、信号平稳等是其可安全工作的基本要求。

习　题

1. 选择题

（1）在物联网体系结构中，用于实现物体的智能化识别、定位、跟踪、监控和管理等实际应用的层是（　　）。

A. 感知层　　B. 网络层　　C. 应用层　　D. 传输层

（2）下列选项中，不属于云计算特点的是（　　）。

A. 虚拟化　　B. 超大规模　　C. 价格高　　D. 通用性

（3）下列选项中，不属于人工智能核心技术的是（　　）。

A. 定位服务　　B. 机器学习　　C. 语音识别　　D. 计算机视觉

（4）大数据的特征不包括（　　）。

A. 海量的数据规模　　B. 快速的数据流转

C. 价值密度低　　D. 单一的数据类型

(5) 下列关于人工智能的说法中，错误的是（　　）。

A. 人工智能在智能制造方面的应用主要表现在智能装备和智能工厂两个方面

B. 人工智能在医疗方面的应用包括辅助诊疗和疾病预测

C. 不停车收费系统（ETC）没有采用人工智能技术

D. 物流企业可以使用人工智能技术实现货物自动化搬运

(6) 下列选项中，没有采用自然语言处理技术的足（　　）。

A. 自动翻译　　B. 舆情监控　　C. 撰写新闻　　D. 聊天机器人

(7) 区块链是一种按照时间顺序将数据区块以顺序相连的方式组合成的一种链式数据结构，并以密码学方式保汪的不可篡改和不可伪造的分布式账本。主要解抉交易的信任和安全问题，最初是作为（　　）的底层技术出观。

A. 电子商务　　B. 证券交易　　C. 比特币　　D. 物联网

2. 简答题

(1) 物联刚 3 层结构的作用分别是什么？

(2) 大数据有哪些应用？

(3) 云计算有哪些特点？

(4) 人工智能是什么？

(5) 虚拟现实（VR）和增强现实（AR）的区别是什么？

(6) 区块链是什么？

第12章 职业道德与专业择业

随着计算机信息技术的迅猛发展，现代社会产生和捕获的数据量迅猛增长，计算机信息技术开发和应用中出现的道德问题也在实践中不断深入。在“互联网＋”时代，与信息产业相关的企业、用户、专业人员应该遵守哪些法律法规或职业道德呢？作为一个计算机科学技术专业的学生毕业时该如何择业呢？

问题导入

哈工大网络软件遭侵权案件

2005年1月，马某从哈工大科软股份有限公司控股的北京金药商务网络公司离职时，利用其职务之便，复制了原公司的软件源代码和数据库资料。马某随即加盟北京某医药信息科技公司任副总经理，并将其复制的全国化工统计直报平台软件系统源代码和数据库资料交给该公司。该公司将上述两网平台以自有版权经营后，给哈工大科软股份有限公司造成了巨大的经济损失。

2005年9月，哈工大科软股份有限公司将该公司诉至北京市海淀区人民法院。在这案件中马某和北京某医药信息科技公司违反了哪些法律法规？如果这套系统是马某在哈工大科软股份有限公司任职期间独立开发（或参与开发）的，请问马某侵权吗？

本章主要介绍信息产业的道德准则和从业人员的道德准则，与计算机科学技术软件有关的法律法规；与计算机科学技术专业有关的职业岗位及择业原则。

12.1 计算机科学技术专业人员的道德准则

职业道德是社会上占主导地位的道德或阶级道德在职业生活中的具体体现，是人们在履行本职工作中所遵循的行为准则和规范的综合，有一定的使用范围，需要较强的自觉性。美国计算机协会（ACM）对其成员制定了一个有24条规范的《ACM道德和行为规范》，其中最基本的几条准则也是所有专业人员应该遵循的。

（1）为社会进步和人类生活的幸福做贡献。

（2）不应该伤害他人，尊重别人的隐私权。

（3）做一个讲真话并值得别人信赖的人。

（4）要公平公正的对待别人。

（5）要尊重别人的知识产权。

（6）使用别人的知识产权应得到别人的同意并注明。

（7）尊重国家、公司、企业等特有的机密。

根据此项规范，计算机职业从业人员职业道德的核心原则主要有以下两项。

原则一：计算机从业人员应当以公众利益为最高目标。这一原则可以解释为以下八点。

（1）对工作承担完全的责任。

（2）用公益目标节制雇主、客户和用户的利益。

（3）批准软件，应在确信软件是安全的、符合规格说明的、经过合适测试的、不会降低生活品质、影响隐私权或有害环境的条件之下，一切工作以大众利益为前提。

（4）当他们有理由相信有关的软件和文档，可以对用户、公众或环境造成任何实际或潜在的危害时，向适当的人或当局揭露。

（5）通过合作全力解决由于软件、及其安装、维护、支持或文档引起的社会严重关切的各种事项。

（6）在所有有关软件、文档、方法和工具的申述中，特别是与公众相关的，力求正直，避免欺骗。

（7）认真考虑诸如体力残疾、资源分配、经济缺陷和其他可能影响使用软件益处的各种因素。

（8）应致力于将自己的专业技能用于公益事业和公共教育的发展。

原则二：客户在保持与公众利益一致的原则下，计算机从业人员应注意满足客户的最高利益。这一原则可以解释为以下九点。

（1）在其胜任的领域提供服务，对其经验和教育方面的不足应持诚实和坦率的态度。

（2）不明知故犯使用非法或非合理渠道获得的软件。

（3）在客户或雇主知晓和同意的情况下，只在适当准许的范围内使用客户或雇主的资产。

（4）保证他们遵循的文档按要求经过某一人授权批准。

（5）只要工作中所接触的机密文件不违背公众利益和法律，对这些文件所记载的信息须严格保密。

（6）根据其判断，如果一个项目有可能失败，或者费用过高，违反知识产权法规，或者存在问题，应立即确认、文档记录、收集证据和报告客户或雇主。

（7）当他们知道软件或文档有涉及社会关切的明显问题时，应确认、文档记录、和报告给雇主或客户。

（8）不接受不利于为他们雇主工作的外部工作。

（9）不提倡与雇主或客户的利益冲突，除非出于符合更高道德规范的考虑，在后者情况下应通报雇主或另一位涉及这一道德规范的适当的当事人。除了以基础要求和核心原则外，作为一名计算机从业人员还有一些其他的职业道德规范应当遵守，比如：

①按照有关法律、法规和有关机关团体的内部规定建立计算机信息系统。

②以合法的用户身份进入计算机信息系统。

③在工作中尊重各类著作权人的合法权利。

④在收集、发布信息时尊重相关人员的名誉、隐私等合法权益。

计算机专业技术人员作为信息产业中的重要一员，每一位计算机从业人员必须牢记：严格遵守这些法律法规正是计算机从业人员职业道德的最基本要求。

12.2 信息技术产业相关的法律法规及政策

随着计算机产业的飞速发展，尤其是个人计算机的广泛应用，以及超大容量、超高速智能专业计算机的出现和广泛应用于各个领域，极大地推动了科学技术和社会经济的发展与进步。在这样的技术和社会背景下，我国颁布了一系列与计算机科学技术相关的法律法规和相关发展政策。

12.2.1 产业法规

产业法规主要有以下几个。

(1)《计算机软件保护条例》。

(2)《计算机软件著作权登记办法》。

(3)《软件企业认定标准及管理办法》。

(4)《软件产品登记管理办法》。

(5)《国家软件产业基地管理办法》。

(6)《国家规划布局内的重点软件企业认定管理办法》。

(7)《软件出口管理和统计办法》。

(8)《电子信息产业统计工作管理办法》。

(9)《软件业统计管理办法（试行）》。

(10)《软件政府采购实施办法（征求意见稿）》。

(11)《中国软件行业基本公约》。

12.2.2 相关法规

相关法规主要有以下几个。

(1)《中华人民共和国电子签名法》。

(2)《电子认证服务管理办法》。

(3)《中华人民共和国计算机信息系统安全保护条例》。

(4)《计算机病毒防治管理办法》。

(5)《商用密码管理条例》。

(6)《信息系统工程监理单位资质管理办法》。

(7)《信息系统工程监理工程师资格管理办法》。

12.2.3　产业政策

产业政策主要有以下几个。

(1)《信息产业科技发展十一五规划和 2020 年中长期规划纲要》。

(2)《关于加快推进信息产业自主创新的指导意见》。

(3)《支持国家电子信息产业基地和产业园发展政策》。

(4)《鼓励软件产业和集成电路产业发展若干政策》。

(5)《振兴软件产业行动纲要（2002 年—2005 年）》。

(6)《信息产业“十五”计划纲要》。

(7)《关于加快电子商务发展若干意见》。

(8)《保护知识产权专项行动方案》。

(9)《国务院关于改革现行出口退税机制的决定》。

据不完全统计，迄今国家、地方和行业主管部门共制定与信息产业直接有关的法律、法规、政府规章的规范性文件 100 多件，其中国家级立法（包括行政法规和我国参与的国际条约）10 多件，地方性法规，行政规章的规范性文件 100 多件，取得了很大的成绩。

12.3　专业岗位与择业

在越来越多的行业和领域都离不开计算机的社会环境下，具备计算机科学技术相关专业的毕业生一般可以从以下 4 个领域择业。

(1) 计算机科学。研究计算机系统中软件与硬件之间的关系，开发可以充分利用硬件新功能的软件系统以提高计算机系统性能。例如，操作系统、数据库管理系统、语言的编译系统的开发，工具软件的开发。从事此类研究开发工作的专业人员，应受过计算机科学技术方面的严格训练，对逻辑思维的训练要求较高。

(2) 计算机工程。这一领域侧重于计算机系统的硬件，他们注重于新的计算机和计算机外部设备的研究开发及网络工程等。涉及范围较广，有对计算机硬件及外部设备的开发，也有专门设计电子线路的。计算机工程领域对专业性要求也很高，一般计算机专业、电子工程专业的学生就业于该领域。

(3) 计算机软件。主要从事软件的开发和研究。包括系统软件和应用软件。各类企业的相关应用软件的开发，需要大量软件工程师参与开发与维护。这类人员除了需要有较好的程序设计能力，还需掌握软件生产过程中管理的各个环节，还应具有相关应用领域的相关专业知识。

(4) 计算机信息系统。这个领域的工作涉及社会上各种企业的信息中心或网络中心等部门。包括处理企业日常运作的数据，对企业现有软硬件设施的技术支持、维护，以保证企业的正常运行。

毕业生在确定自己感兴趣的领域后，根据自己的专业技术能力选择专业性职业或应用性职业。对于计算机相关专业的毕业生从事应用的职业种类一般分为网络管理类、广告制图类、办公自动化类、服务管理类、组装与管理类等。有些职业对专业性要求非常强，比如：数据工程师、软件评测师、网络工程师、网页设计师、软件设计师、项目管理师、系统分析师、软件开发工程师、信息系统项目管理师、系统构架设计师等。

下面介绍几种具有专业特色的岗位及岗位要求。

（1）系统分析员。应具有比较丰富的项目开发经验，能和需要开发信息系统的企业中的有关人员一起做出该企业的需求分析，并设计达到这些需求的计算机软件系统和硬件配置，最后和开发人员一起实现这个信息系统。

（2）Web网站管理员。目前需求量最大的工作之一就是Web网站管理员。Web网站管理员的职责主要是设计、创建、监测评估以及更新公司的网站。

（3）数据库管理员。负责数据库的创建、整理、连接、以及维护内部数据库。除此之外，还要存取和监控某些外部包括Internet数据库在内的数据库。

（4）软件开发工程师。软件开发工程师是和系统分析员紧密联系在一起的，应能开发一个软件或是修改现有程序。作为一个软件开发工程师要学会使用几种程序设计语言，比如C＋＋和Java，许多系统分析员往往是从程序员做起的。

（5）技术文档书写员。主要是书写文档用以解释如何运行一个计算机程序。将信息系统文档化以及写一份清楚的用户手册是技术文档书写员的职责。

（6）网络管理员。应能确保当前信息通信系统运行正常以及构建新的通信系统时能提出切实可行的方案并监督实施。

（7）软件测试工程师。负责理解产品的功能要求，再对其进行测试，检查软件有没有错误决定软件是否具有稳定性，并写出相应的测试规范和案例。

（8）计算机认证培训师。计算机认证培训师现已成为一个十分引人注目的行业。这些培训师往往对大公司的产品有深入的了解和丰富的使用经验，他们也具有教学经验，有高的薪水。现在Microsoft公司、Cisco公司、Oracle公司等都颁发认证证书。我国信息产业部也开始推行信息化工程师认证。

因为信息产业技术更新换代的速度，相比较其他行业更加迅速，只有保持“生命不息，学习不止”的精神，才能适应社会的发展。

实践指导

实验1

计算机组装

一、实验目的

（1）掌握微型计算机的硬件构成。

（2）掌握计算机组装的规范，重点掌握每个部件的安装方法，完成机器的安装。

二、实验内容

微型计算机的硬件安装。

三、实验准备

（1）工作台：便于组装，安装时将主板放在较为柔软光滑的物品上，以免刮伤背部的线路，可使用主板包装盒。

（2）工具盒：用于存放各类螺丝。

（3）工具：带磁性的十字螺丝刀和一字螺丝刀各一把，尖嘴钳、镊子等。

四、装机准备

（1）了解微型计算机的工作原理和结构组成。

（2）认真阅读说明书，全面检查各个部件的完整性。主机中常见的零件包括：主板、CPU、内存、显卡、声卡（有的声卡主板中自带）、网卡、硬盘、光驱、CPU风扇、电源、数据线、信号线等。

（3）安装时要小心轻放，防止破坏插槽、芯片引脚等；通电前必须全面检查数据线，电源、各种指示灯是否安装正确。

五、装机步骤

1. 认识机箱

机箱的整个机架由金属构成，它包括五寸固定架（可安装光驱和五寸硬盘等）、三寸固定架（可用来安装软驱、三寸硬盘等）、电源固定架（用来固定电源）、底板（用来安装主板的）、槽口（用来安装各种插卡）、PC喇叭（可用来发出简单的报警声音）、接线（用来连接各信号指示灯以及开关电源）和塑料垫脚等，如实验图1-1所示（这里

的图片已经安装好电源，实际上新打开的机箱是没有安装好电源的)。

驱动器托架。驱动器舱前面都有挡板，在安装驱动器时可以将其卸下，设计合理的机箱前塑料挡板采用塑料倒钩的连接方式，方便拆卸和再次安装。在机箱内部一般还有一层铁质挡板可以一次性地取下。

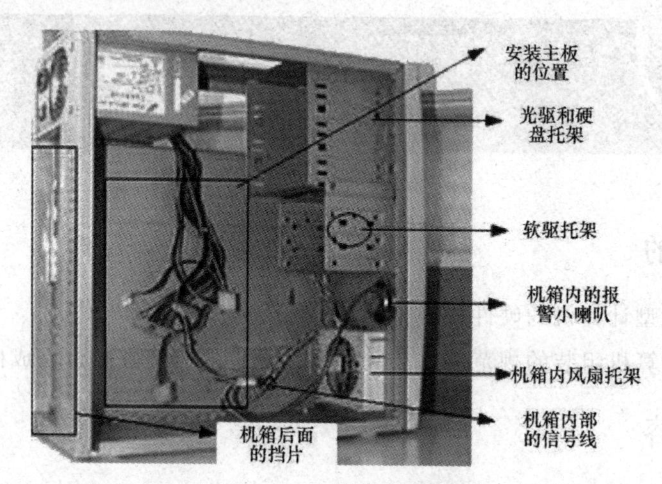

实验图 1-1　机箱内部的构造

机箱后的挡片。机箱后面的挡片，也就是机箱后面板卡口，主板的键盘口、鼠标口、串并口、USB 接口等都要从这个挡片上的孔与外设连接。

信号线。在驱动器托架下面，可以看到从机箱面板引出【Power】键和【Reset】键以及一些指示灯的引线。除此之外还有一个小型喇叭称之为 PCSpeaker，用来发出提示音和报警，主板上都有相应的插座。

有的机箱在下部有个白色的塑料小盒子，是用来安装机箱风扇的，塑料盒四面采用卡口设计，只需将风扇卡在盒子里即可。

2. 安装电源

机箱中放置电源的位置通常位于机箱尾部的上端。电源末端四个角上各有一个螺丝孔，它们通常呈梯形排列，所以安装时要注意方向性，如果装反了就不能固定螺丝。可先将电源放置在电源托架上，并将 4 个螺丝孔对齐，然后再拧上螺丝，如实验图 1-2 所示。只要把电源上的螺丝位对准机箱上的孔位，再把螺丝上紧即可。

实验图 1-2　安装电源

提示：上螺丝的时候有个原则，就是先不要上紧，要等所有螺丝都到位后再逐一上紧。安装其他某些配件，如硬盘、光驱、软驱等也是一样。

3. 安装 CPU

CPU 的 Socket 插槽一般都是先把它的摇杆拉起，把 CPU 放下去，然后再把摇杆压下去即可，具体方法如下。

（1）将主板上的 CPU 插座侧面的手柄拉起，准备安装 CPU，如实验图 1-3 所示。

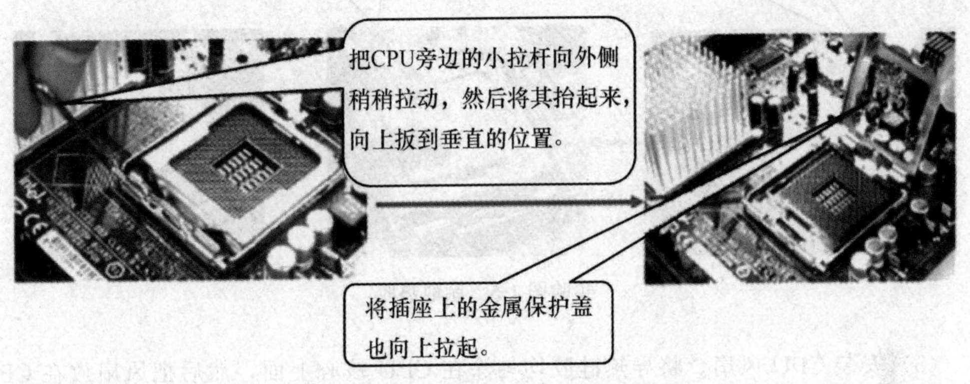

实验图 1-3　扳起 CPU 插座旁边的手柄

（2）将 CPU 插入到插槽中，此时应注意插槽是有方向性的，插槽上有一个三角形状（此处缺一个针脚），这与 CPU 是对应的。认准方向后，将 CPU 插入到插槽中，如实验图 1-4 所示。

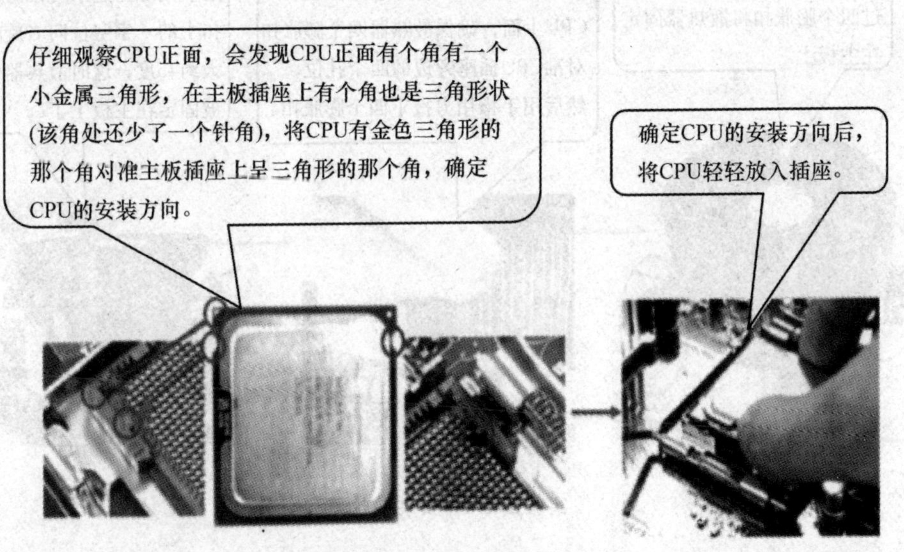

实验图 1-4　CPU 放入插槽内

（3）轻轻放下 CPU，以免弄坏针脚。确认 CPU 已经插好后，将金属手柄压下并恢复到原位，使 CPU 牢牢固定在主板上，如实验图 2-4 所示。

（4）在 CPU 的核心上涂上散热硅胶，不需要太多，涂上一层就可以了。主要的作用就是和散热器能良好地接触，CPU 能稳定地工作，如实验图 1-5 所示。

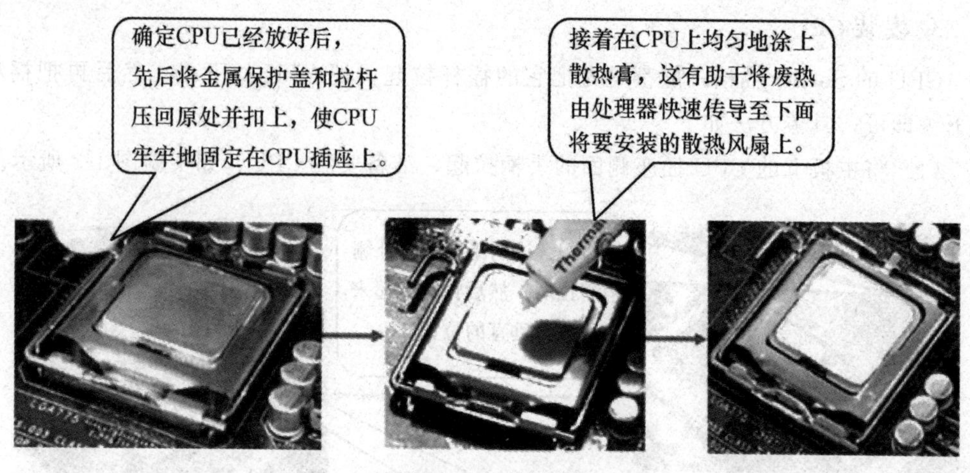

实验图 1-5　涂散热胶

（5）安装 CPU 风扇。将导热硅胶均匀涂在 CPU 核心上面，然后把风扇放在 CPU 上，摆正 CPU，风扇确保散热器四个膨胀扣对准 CPU 插座旁的四个孔位，然后用手指用力按下四个膨胀扣，最后用螺丝起子对准膨胀扣上的一字空位向右旋转大约 45°，这时散热器便被固定在主板上了，如实验图 1-6 所示。

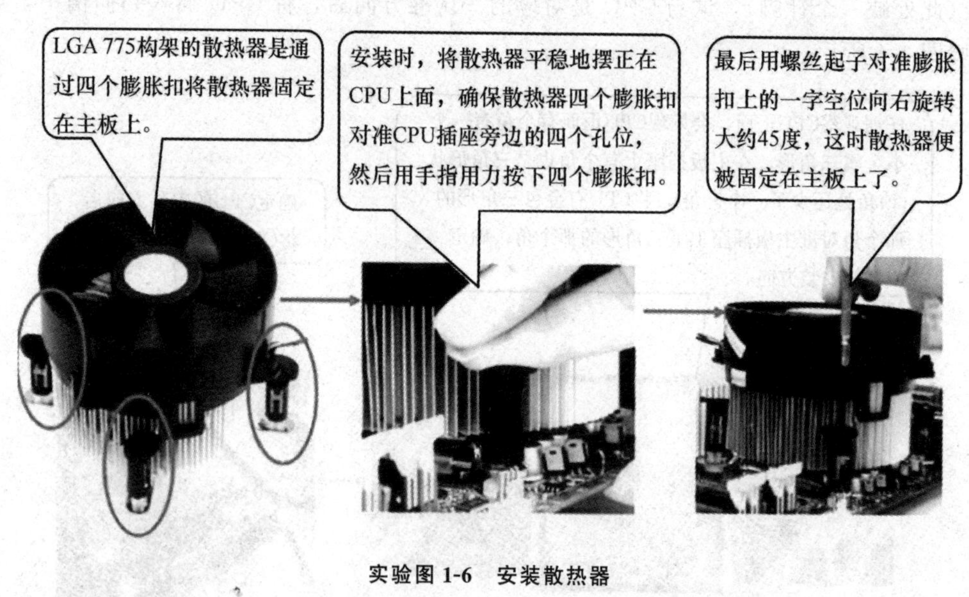

实验图 1-6　安装散热器

安装风扇后，还要给风扇接上电源。电源的接法有两种，一种是从电源输出线中任意找一个“D”型插头与风扇电源线连接（实验图 1-7），另一种形式的安装是把插头插到主板提供的专用插槽上。

至此 CPU 的安装就完成了。这里要留意的是到时候一定要记住把 CPU 风扇的电源接好，否则很容易烧掉 CPU。

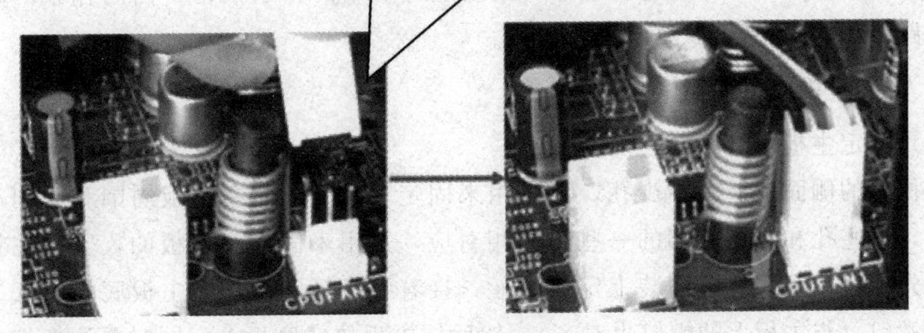

实验图 1-7　安装散热器电源线

4. 安装内存条

在安装内存条时，一定要注意其金手指缺口和主板内存插槽口的位置相对应，并且内存条下面的两边是不对称的，其中一边多一个缺口，因此在安装的时候要看清楚了再放下去，如实验图 1-8 所示。

实验图 2-8　168 线内存条及插槽

安装内存条具体的操作步骤如下。

(1) 首先要掰开插槽两边的两个灰白色的固定卡子。记住一定要扳到位，否则内存条可能装不上。

(2) 将内存条的两个凹口对准插槽上。两个凸起的部分，均匀用力插到底，

将内存条压入主插槽内即可，同时插槽两边的固定卡子会自动卡住内存条，如实验图 1-9 所示。

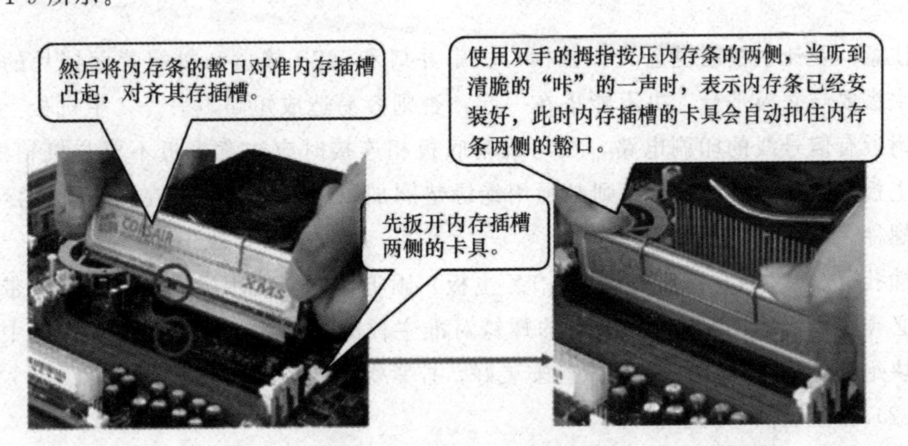

实验图 1-9　安装内存条

这时可以听见插槽两侧的固定卡子复位所发出“咔”一声响，表明内存条已经完全安装到位了，但在安装时不要太用力，以免掰坏线路和插槽。

提示：把内存条卡好位后用力往下按，一定要看到两边的夹子都合起来后才算装好，最好再用手试一下稳不稳。另外，主板上有多个内存条插槽，插内存条的时候尽量不要跟 CPU 靠太近，这样有利于散热。

5. 安装主板

(1) 固定主板

在机箱的侧面板上有不少孔，那是用来固定主板的。而在主板周围和中间有一些安装孔，这些孔和机箱底部的一些圆孔相对应，是用来固定主机板的，安装主板的时候，要先在机箱底部孔里面装上定位螺丝，接着将机箱卧倒，在主板底板上安装铜质的膨胀螺钉（与主板上的螺钉也对齐），然后把主板放在底板上。同时要注意把主板的 I/O 接口对准机箱后面相应的位置（图中箭头所指位置），主板的外设接口要与机箱后面对应的挡板孔位对齐，如实验图 1-10 所示。

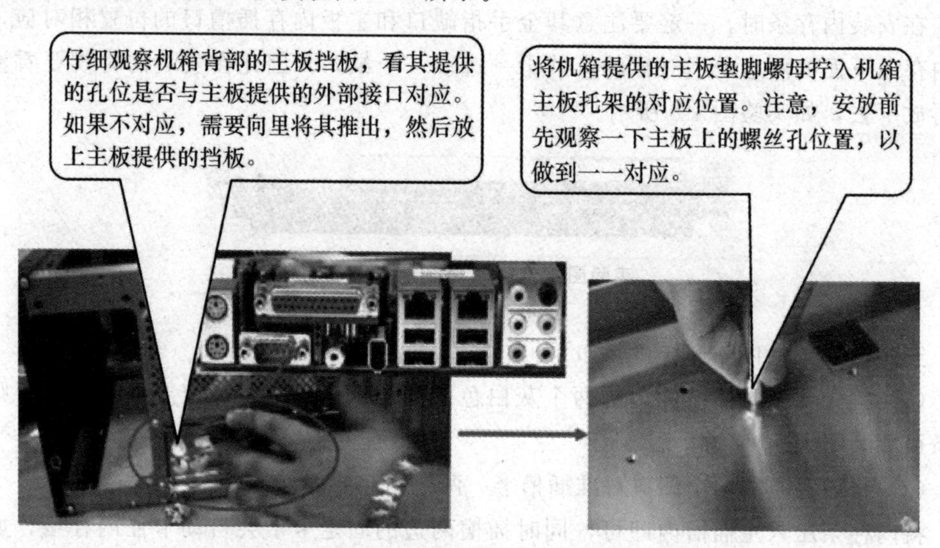

实验图 1-10　使主板的外设接口与机箱后面孔位对齐

注意：要让主板的键盘口、鼠标口、串并口和 USB 接口和机箱背面挡片的孔对齐，主板要与底板平行，决不能搭在一起，否则容易造成短路。另外，主机板上的螺丝孔附近有信号线的印刷电路，在与机箱底板相连接时应注意主板不要与机箱短路。如果主板安装孔未镀绝缘层，则必须用绝缘垫圈加以绝缘。最好先在机箱上固定一至两颗螺柱，一般取机箱键盘

插孔（AT 主板）或 I/O 口（ATX 主板）附近位置。使用尖型塑料卡时，带尖的一头必须在主板的正面。再把所有的螺钉对准主板的固定孔（最好在每颗螺丝中都垫上一块绝缘垫片），依次把每个螺丝安装好，拧紧螺丝，如实验图 1-11 所示。

(2) 接主板供电插座

从机箱电源输出线中找到电源线接头，同样在主板上找到的电源接口，如实验图

实验图 1-11　拧紧主板螺丝

1-12 和实验图 1-13 所示。把电源插头插在主板上的电源插座上，并使两个塑料卡子互相卡紧，以防止电源线脱落。

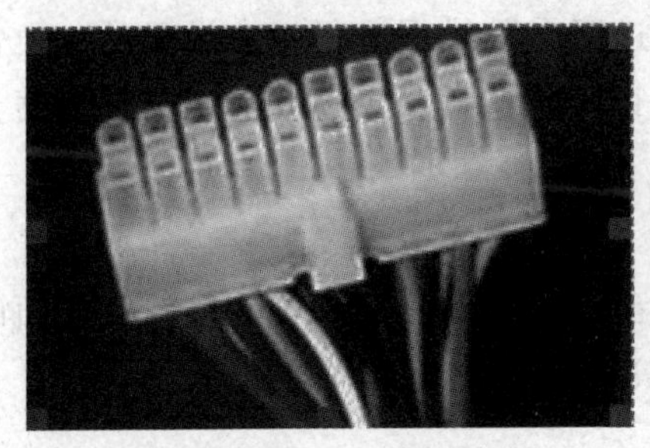

实验图 1-12　电源输出接头

实验图 1-13　主板上的电源输入接口

6. 安装硬盘和光驱

(1) 设置跳线

通常计算机的主板上只安装有两个 IDE 接口，而每条 IDE 数据线最多只能连接两个 IDE 硬盘或其他 IDE 设备，这样，一台计算机最多便可连接 4 个硬盘或其他 IDE 设备。但是在 PC 中，只可能用其中的一块硬盘来启动系统，因此如果连接了多块硬盘则必须将它们区分开来，为此硬盘上提供了一组跳线来设置硬盘的模式。

硬盘的这组跳线通常位于硬盘的电源接口和数据线接口之间，如实验图 1-14 图所示。

跳线设置有 3 种模式，即是单机（Spare）、主动（Master）和从动（Slave）。单机就是指在连接 IDE 硬盘之前，必须先通过跳线设置硬盘的模式。如果数据线上只连接了一块硬盘，则需设置跳线为 Spare 模式；如果数据线上连接了两块硬盘，则必须分别将它们设置为 Master 和 Slave 模式，通常第一块硬盘，也就是用来启动系统的那块硬盘设置为 Master 模式，而另一块硬盘设置为 Slave 模式。

注意：在使用一条数据线连接双硬盘时，只能有一个硬盘为 Master，也只能有一

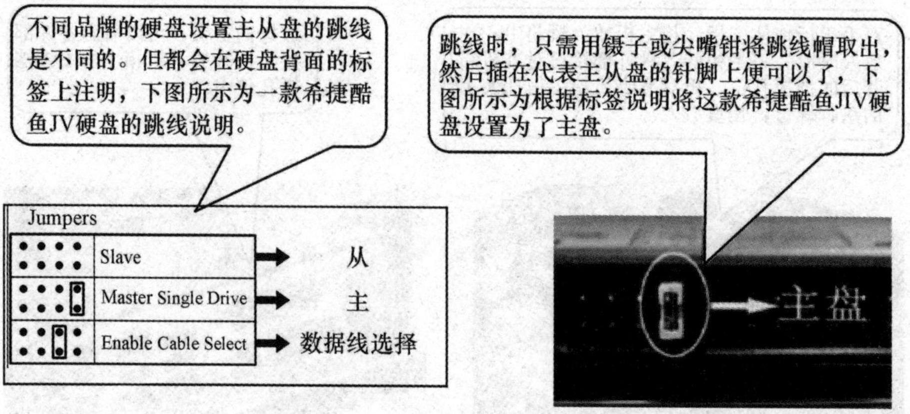

不同品牌的硬盘设置主从盘的跳线是不同的。但都会在硬盘背面的标签上注明，下图所示为一款希捷酷鱼JV硬盘的跳线说明。

跳线时，只需用镊子或尖嘴钳将跳线帽取出，然后插在代表主从盘的针脚上便可以了，下图所示为根据标签说明将这款希捷酷鱼JIV硬盘设置为了主盘。

Jumpers

Jumpers		
Slave	→	从
Master Single Drive	→	主
Enable Cable Select	→	数据线选择

主盘

实验图 1-14　设置硬盘跳线

个硬盘为 Slave，如果两块硬盘都设置为 Master 或 Slave，那么都可能导致系统不能正确识别安装的硬盘。

不同品牌和型号的硬盘，它的跳线指示信息可能也有所不同，一般在硬盘的表面或侧面标示有跳线指示信息。它的跳线设置是通过两个跳线帽进行组合设置的。通常情况下只需要将跳线设置在 Master（主动）就可以了，这样如果还要连接第二块硬盘的话，只需将第 2 块设置为 Slave（从动）即可。

（2）固定硬盘和光驱

在机箱内找到硬盘和光驱驱动器舱。再将硬盘插入驱动器舱内，并使硬盘侧面的螺丝孔与驱动器舱上的螺丝孔对齐。如实验图 1-15 所示。光驱同样操作。

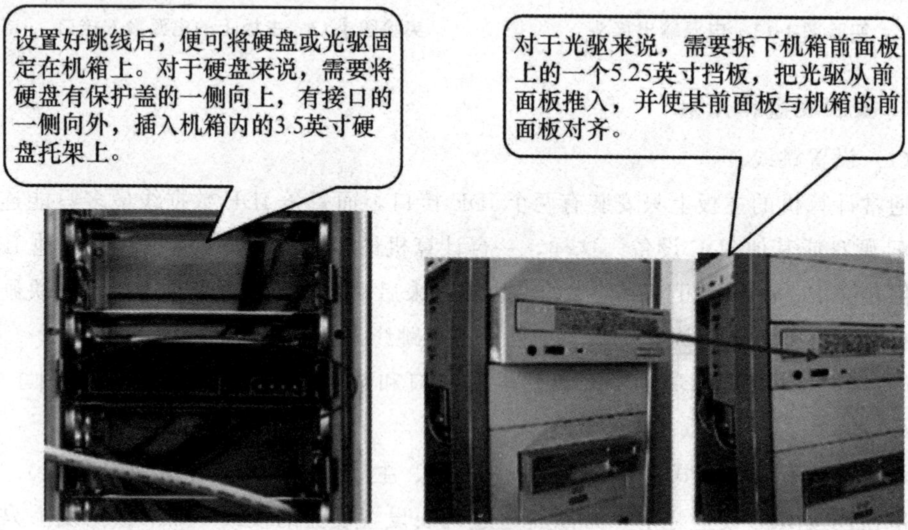

设置好跳线后，便可将硬盘或光驱固定在机箱上。对于硬盘来说，需要将硬盘有保护盖的一侧向上，有接口的一侧向外，插入机箱内的3.5英寸硬盘托架上。

对于光驱来说，需要拆下机箱前面板上的一个5.25英寸挡板，把光驱从前面板推入，并使其前面板与机箱的前面板对齐。

实验图 1-15　安装硬盘

用螺丝将硬盘固定在驱动器舱中。在安装的时候，要尽量把螺丝上紧，把它固定得稳一点，因为硬盘经常处于高速运转的状态，这样可以减少噪声以及防止震动。

（3）安装电源线。选择一根从机箱电源引出的硬盘电源线，将其插入到硬盘的电源接口中，如实验图 1-16 所示。

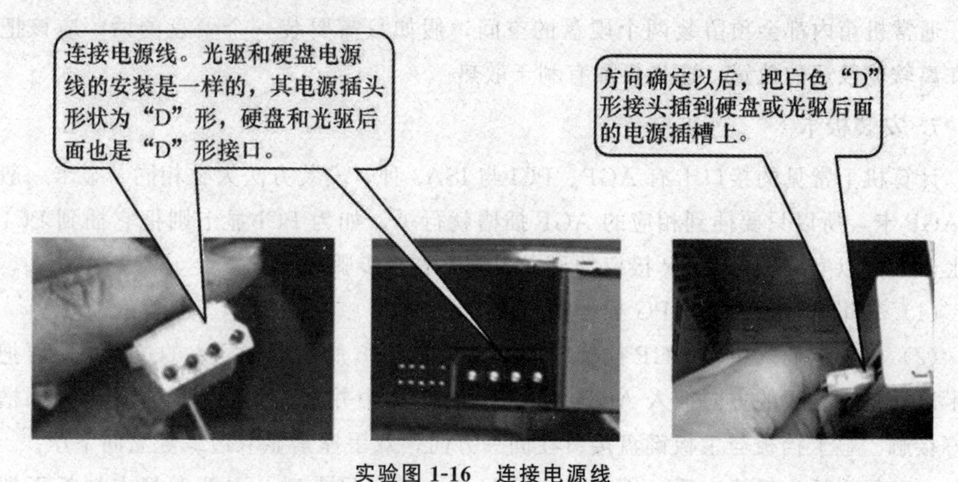

实验图 1-16　连接电源线

（4）连接数据线。将数据线的一端插入主板的 IDE 接口中，如图 1-17 所示。该接口也是有方向性的，通常 IDE 接口上也有一个缺口，正好与数据线的接头向匹配，这样就不至于接反。在安装时必须使硬盘数据线接头的第一针与 IDE 接口的第一针相对应。通常在主板或 IDE 接口上会标有一个三角形标记来指示接口的第一针的位置，而数据线上，第一根线上通常有红色标记和印有字母或花边。

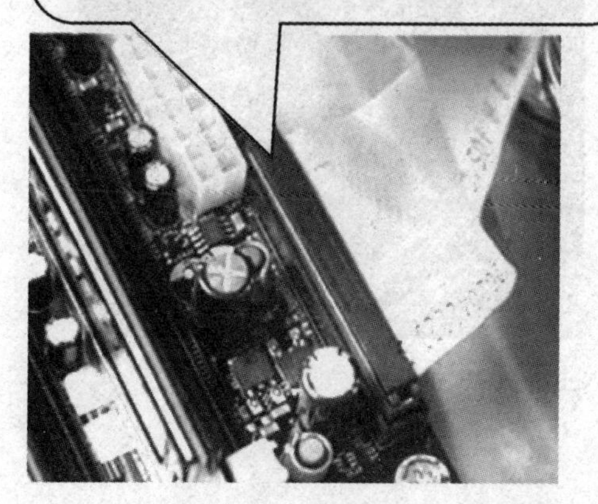

实验图 1-17　连接数据线

与硬盘连接的数据线，同样也有方向性，数据线的第一针要与硬盘接口的第一针相连接，硬盘接口的第一针通常在靠近电源接口的一边，如实验图 1-17 所示。通常硬盘的数据接口上也有一个缺口，与数据线接头上的凸起互相配合，这样就不会接反。

注意：为了避免因驱动器的震动造成的存取失败或驱动器损坏，建议在安装驱动器时在托架上安装并固定所有的螺丝。

通常机箱内都会预留装两个硬盘的空间，假如只需要装一个硬盘的话，应该把它装在离软驱较远的位置，这样更加有利于散热。

7. 安装板卡

计算机上常见的接口卡有AGP、PCI与ISA3种，安装方法大致相同。显卡一般都是AGP卡，所以只要插到相应的AGP插槽就行了，如为PCI显卡则把它插到PCI插槽上。下面以安装的是AGP接口的显卡为例。安装步骤如下。

（1）先将机箱后面的APG插槽挡板取下。

（2）将显卡插入主板AGP插槽中，如实验图1-18所示，在插入的过程中，要把显示卡以垂直于主板的方向插入AGP插槽中，用力适中并要插到底部，保证卡和插槽的良好接触。显卡挡板与主板键盘接口在同一方向，双手捏紧显卡边缘竖立向下压。

（3）显卡插入插槽中后，用螺丝固定显卡，固定显卡时，要注意显卡挡板下端不要顶在主板上，否则无法插到位。插好显卡，固定挡板螺丝时要松紧适度，注意不要影响显卡插脚与PCI/AGP槽的接触，更要避免引起主板变形。

（4）如果还需要安装声卡、网卡等板卡的话，其安装方法完全相同，只是使用不同的插槽就可以了。通常声卡和网卡都安装在PCI插槽中。

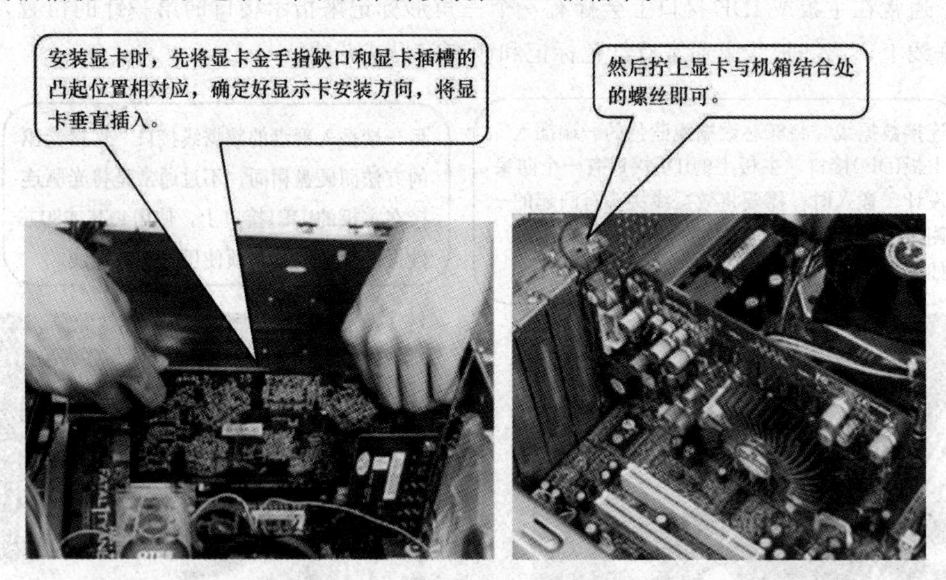

实验图1-18　将显卡插入主板AGP插槽中

8. 安装机箱内部的信号线

在机箱面板内还有许多线头，它们是一些开关、指示灯和PC喇叭的连线，需要接在主板上，这些信号线的连接，在主板的说明书上都会有详细的说明，如实验图1-19所示。

这些接线的功能如下。

①PowerLED：连接电源指示灯。

实验图 1-19　机箱内部的信号线

②RESETSW：连接 Reset 按钮。

③SPEAKER：连接 PC 喇叭。

④H. D. DLED：连接硬盘指示灯。

⑤PWRSW：连接计算机开关。

（1）安装 POWERLED

电源指示灯的接线只有 1、3 位，1 线通常为绿色，在主板上接头通常标为“POWER LED”。连接时注意绿线对应第 1 针。当它连接好后，计算机一打开，电源指示灯就一直亮着，表示电源已经打开了。

（2）安装 RESETSW

Reset 连接线有两芯接头，连接机箱的“Reset”按钮，它接到主板的“Reset”插针上，并且此接头无方向性，只需短路即可进行“重启”动作。

主板上“Reset”针的作用是这样的：当它们短路时，计算机就会重新启动。“Reset”按钮是一个开关，按下时产生短路，松开时又恢复开路，瞬间的短路就可以使计算机重新启动。偶尔会有这样的情况，当您按下“Reset”按钮并且松开，但它并没有弹起来，一旦保持着短路状态，计算机就会不停地重新启动。

（3）安装 SPEAKER

这是 PC 喇叭的 4 芯接头，实际上只有 1、4 两根线，回线通常为红色，它主要接在主板的“SPEAKER”插针上，这在主板上有标记。在连接时注意红线对应“1”的位置，但该接头具有方向性，必需按照正负连接才可以。

（4）安装硬盘指示灯线

在主板上这样的接头通常标着“IDELED”或“H. D. D LED”字样，硬盘指示灯为两芯接头，一线为红色，另一线为白色，一般红色（深颜色）表示为正，白色表示为负。在连接时要红线对应第 1 针上。

注意：这条线接好后，当计算机在读写硬盘时，机箱上的硬盘指示灯会亮，但这个指示灯可能只对 IDE 硬盘起作用，对 SCSI 硬盘将不起作用。

（5）安装 PWRSW

ATX 结构的机箱上有一个总电源的开关接线，是一个两芯的接头，它和 Reset 接

头一样，按下时就短路，松开时就开路，按一下计算机的总电源就开通了，再按一下就关闭。

但是还可以在BIOS里设置为关机时必须按电源开关4 s以上才能关机，或者根本就不能靠开关来关机，而只能靠软件来关机。

从面板引入机箱中的连接线中找到标有“PWRSW”字样的接头（有的主板则标“S/BSW”等），这便是电源的连线了，然后在主板信号插针中，找到标有“PWRBT（或PW2，因主板不同而异）”字样的插针，然后对应插好就可以了。

提示：插针的位置如果在主板上标记不清，最好参看主板的说明书。

各种信号连接线都安装完成后，将机箱内各种各样的电源线和数据线梳理整齐，不要多条交缠不清。

9. 连接外设

主机安装完成以后，还要把键盘、鼠标、显示器、音箱等外设同主机连接起来，具体操作步骤如下。

（1）将键盘插头接到主机的PS/2插孔上，注意接键盘的PS/2插孔是靠向主机箱边缘的那一个插孔可以用颜色来区分。

（2）将鼠标插头接到主机的PS/2插孔中，鼠标的PS/2插孔紧靠在键盘插孔旁边。如果是USB接口的键盘或鼠标，则更容易连接了，只需把该连接口对着机箱中相对应的USB接口（PS/2接口的下面）插进去即可，如果插反则无法插进去，如实验图1-20所示。

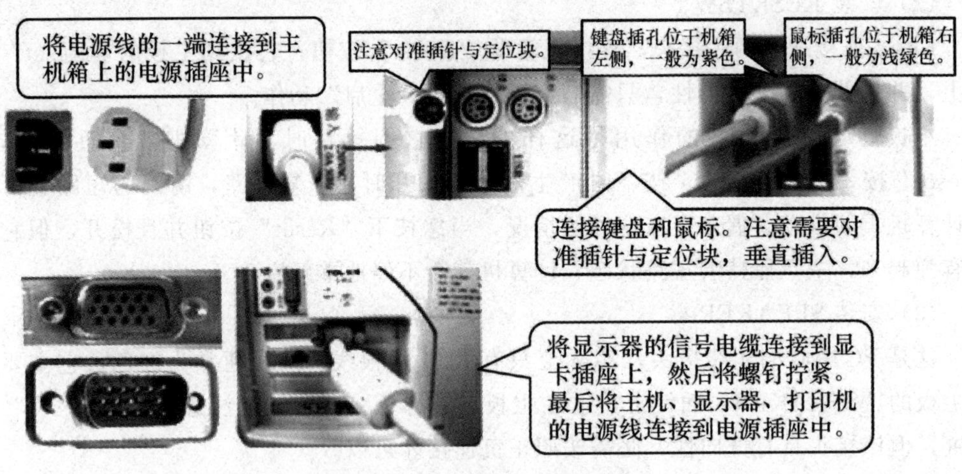

实验图 1-20 连接鼠标键盘线

连接显示器的数据线，信号线的接法也有方向，接的时候要和插孔的方向保持一致。注意：在连接显示器的信号线时不要用力过猛，以免弄坏插头中的针脚，只要把信号线插头轻轻插入显卡的插座中，然后拧紧插头上的两颗固定螺栓即可。

（4）连接显示器的电源线。根据显示器的不同，有的将电源连接到主板电源上，有的则直接连接到电源插座上。

（5）连接主机的电源线。

10. 测试

所有的设备都已经安装好后，启动计算机了。启动计算机后，可以听到CPU风扇和主机电源风扇转动的声音，还有硬盘启动时发出的声音。显示器开始出现开机画面，并且进行自检。

如果在启动中没有点亮显示器，可以按照下面的办法查找原因所在。

（1）确认给主机电源供电。

（2）确认主板已经供电。

（3）确认CPU安装正确，CPU风扇是否通电。

（4）确认内存安装正确，并且确认内存是好的。

（5）确认显示卡安装正确。

（6）确认主板内的信号连线正确，特别确认是POWERLED安装无误。

（7）确认显示器与显示卡连接正确，并且确认显示器通电。

如果上述的安装都是正确的，那么多数是硬件本身有问题了。至此，微型计算机硬件组装完成。

实验 2 Windows 10 安装

一、实验目的

（1）了解 Windows 10 安装的一般方法。

（2）熟练掌握安装 Windows 10 操作系统。

二、实验内容

（1）Windows 10 操作系统的安装。

（2）Windows 10 操作系统的基本配置。

三、实验环境

（1）Windows 10 操作系统的 ISO 镜像文件。

（2）符合 Windows 10 操作系统硬件配置要求的微型计算机。

四、实验准备

1. 准备工作

（1）具体安装前，先来了解一下 Windows 10 的硬件要求。

①处理器：1 GHz 或更快的处理器或 Soc。

②RAM：1 GB（32 位）或 2 GB（64 位）。

③硬盘空间：16 GB（32 位）或 20 GB（64 位）。

④图形卡：Directx9 或更高版本（包含 WDDM1.0 驱动程序）。

⑤显示器：1 024 * 600。

下载 Windows 10 操作系统的 ISO 镜像文件到硬盘。

（3）建立 WinPE 安装环境，载“用 PE 工具箱 4.0”的安装包。

WinPE 是一种简易版 Windows，可以提供操作系统安装所需在的基本环境。一般下载好的 PE 都会自带很多小工具，如虚拟光驱、快捷安装器等，利用这些工具可以完成 Windows 10 操作系统的全新安装。

五、实验步骤

1. 安装 WinPE 安装环境

（1）在硬盘上建立 WinPE 操作环境。下载一款名为“通用 PE 工具箱 4.0”工具，

双击安装文件，WinPE 的安装模式选择“安装到当前系统（推荐）”，正常结束后按提示重启计算机。如实验图 2-1 所示。

（2）重启后，计算机会在启动环境弹出一个菜单，这时点击“通用 PE 工具箱”进入到 WinPE 工作环境，如实验图 2-2 所示。

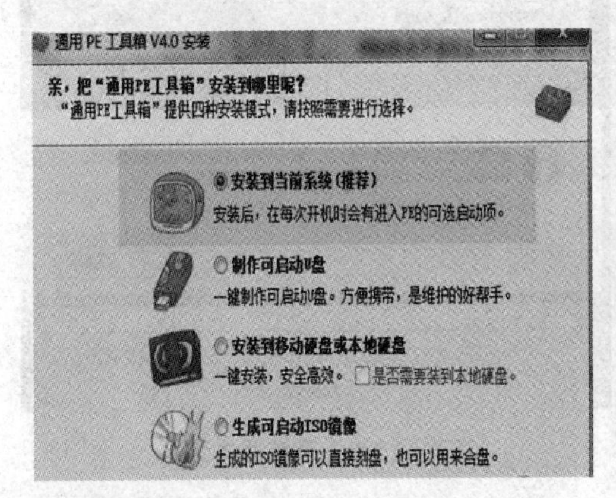

实验图 2-1　WinPE 的安装提示界面

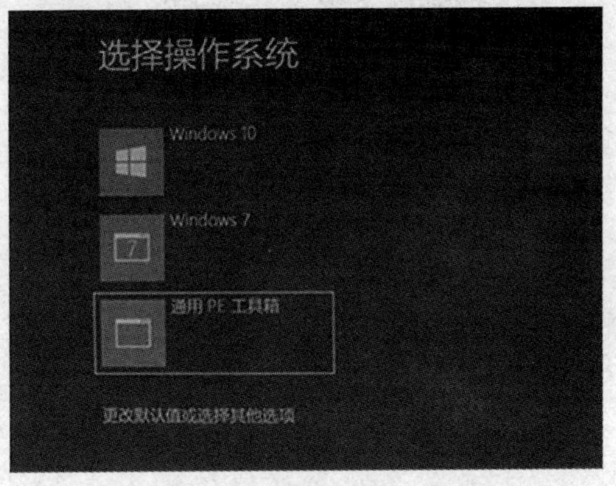

实验图 2-2　重启后的提示界面

（3）重启进入 WinPE 工具环境，进入 WinPE 后，桌面上提供很多小工具。如实验图 2-3 所示。双击“ImDisk 虚拟光驱”打开虚拟光驱软件，单击“装载”定位到下载好的 ISO 镜像，如实验图 2-4 所示。

实验图 2-3　WinPE 的桌面

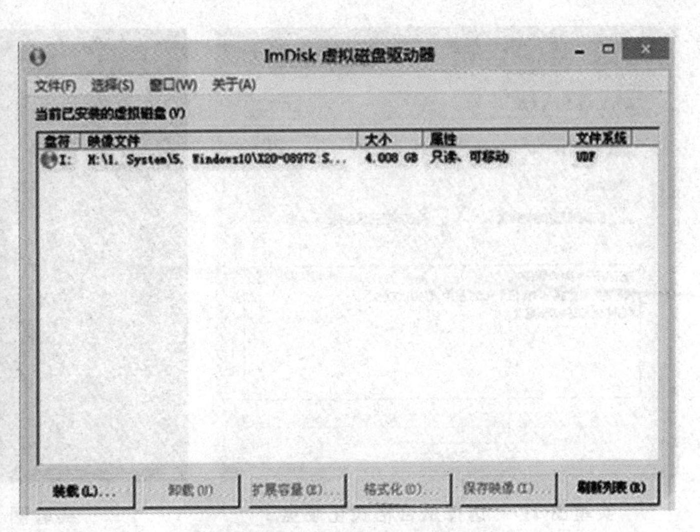

实验图 2-4　装载 ISO 镜像文件

（4）双击 WinPE 桌面上的“Windows 安装器大全”，启动“2. 快捷安装器（快捷方便）”。如实验图 2-5 所示。此时虚拟光驱不关（如有影响可最小化）。

（5）单击“打开”按钮，定位到刚刚虚拟好的光驱里面，双击“sources→

install. wim”，这时系统会自动询问所安装的是否为 Windows 7 以后版本，选择“是”按钮，如实验图 2-6 所示。

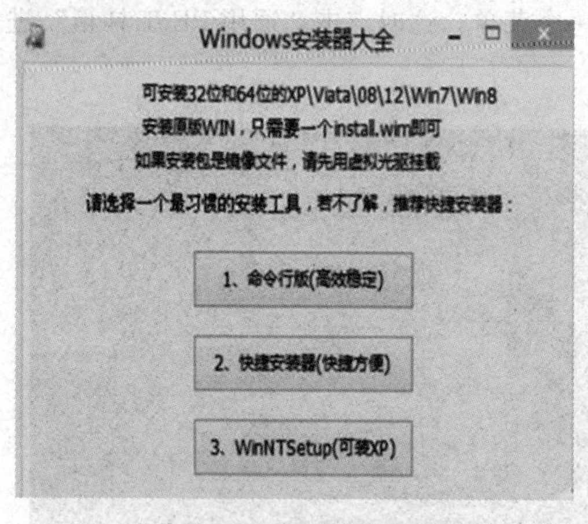

实验图 2-5　开启快捷安装器

实验图 2-6　系统版本选择

（6）安装器默认会在安装盘符后勾选“格式化”选项，如果全新安装（建议提前备份数据），就保持这个勾选。如果不想格式化，或者分区上还有重要资料，一定要记着将它取消，如实验图 2-7 所示。

（7）单击“开始安装”按钮。几分钟后提示重启计算机。

2. 正式安装 Windows 10 操作系统

（1）重新启动计算机后，计算机正式进入到 Windows 10 安装进程。首先是徽标开路，接下来是设置界面，如实验图 2-8 所示。

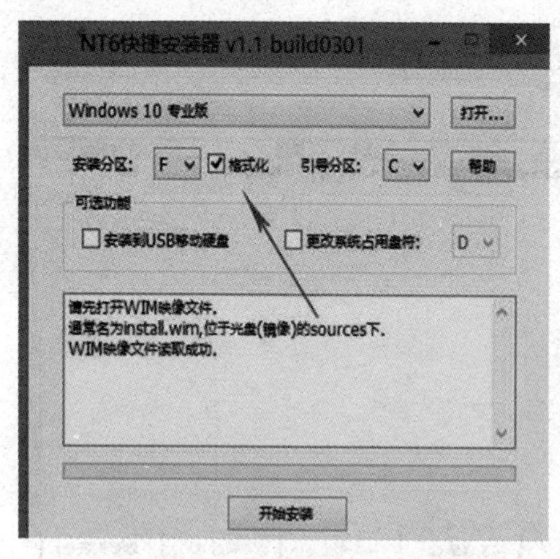

实验图 2-7　选择是否格式化硬盘

实验图 2-8　进入安装进程

（2）启动 Windows 10 安装程序，出现如下对话框，单击“下一步”按钮。如实验图 2-9 所示。继续单击“下一步”按钮，单击“现在安装”按钮。如实验图 2-10 所示。进入安装程序。

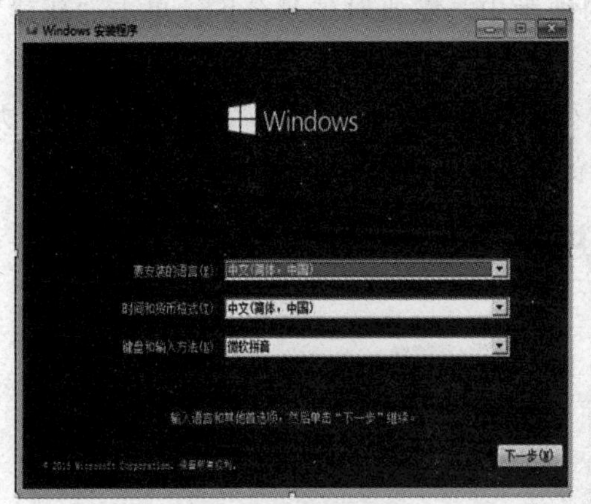

实验图 2-9 选择安装语言

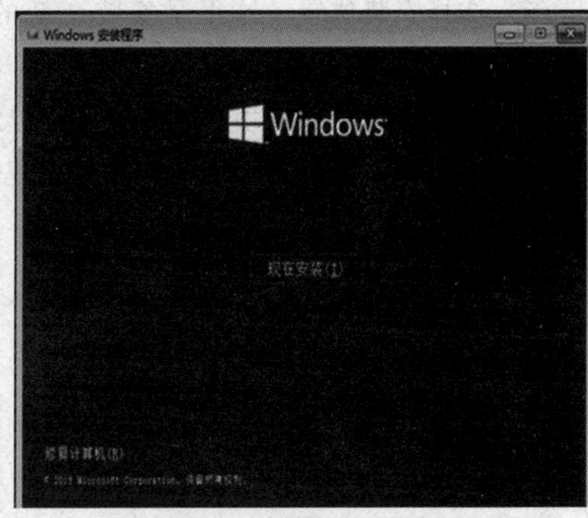

实验图 2-10 单击“现在安装”

（3）勾选“我接受许可条款”，单击“下一步”按钮，如实验图 2-12 所示。

实验图 2-11 安装程序正在启动

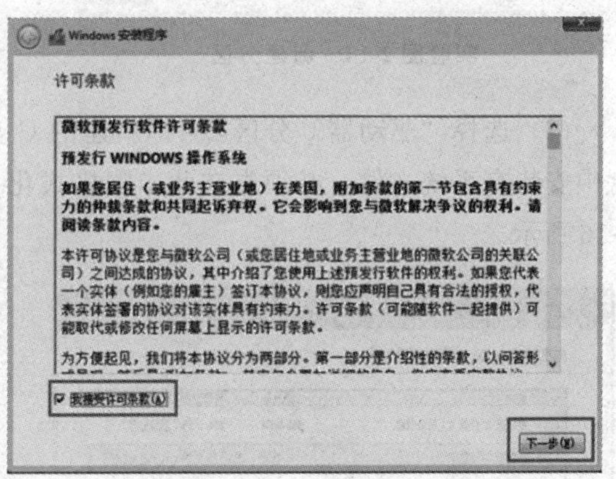

实验图 2-12 协议勾选界面

（4）若是升级安装，选择“升级：安装 Windows 并保留文件、设置和应用程序”。若是全新安装，选择“自定义：仅安装 Windows（高级）（C）”。这里选择“自定义：仅安装 Windows（高级）（C）”如实验图 2-13 所示。

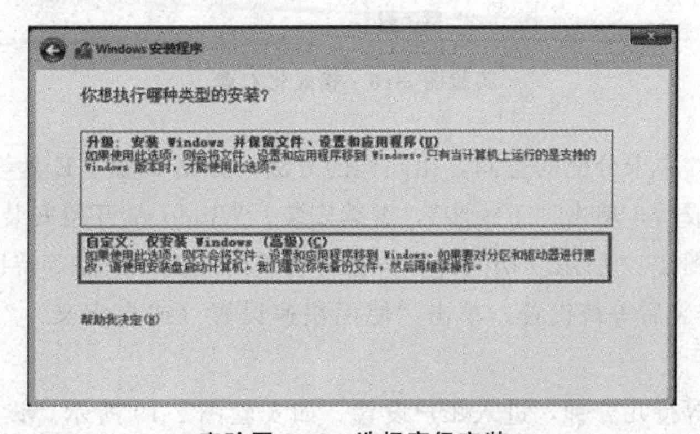

实验图 2-13 选择高级安装

（5）选择安装位置。这里是安装在新的硬盘中，需要对硬盘分区，单击“新建”按钮。如实验图 2-14 所示。

（6）在“大小”后面填入新建 C 盘的大小，单击“应用”按钮，如实验图 2-15 所示。然后单击弹出窗口的“确定”按钮，建立新的分区。

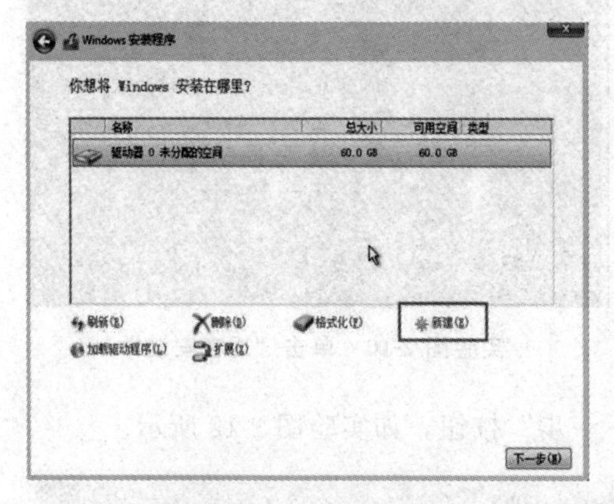

实验图 2-14　新建分区

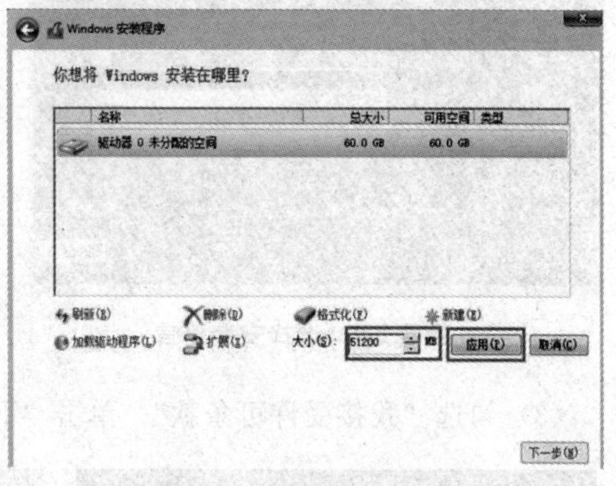

实验图 2-15　C 盘分区

（7）选择“驱动器 0 分区 2（即新建的 C 盘）”，单击“格式化”按钮。如果原 C 盘中安装有系统文件，必须先在此步骤格式化 C 盘，清空 C 盘中原有文件，如实验图 2-16 所示。

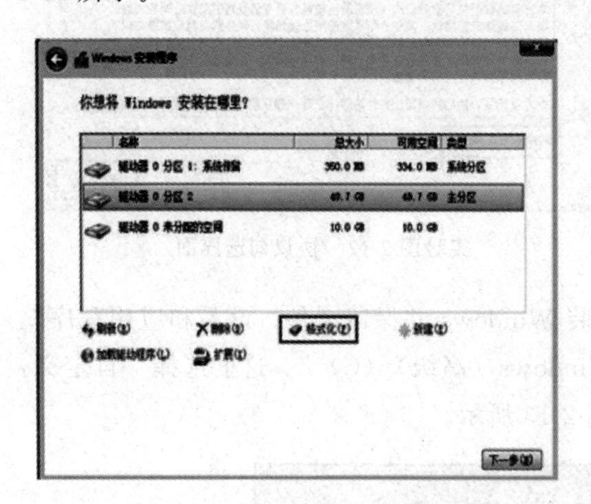

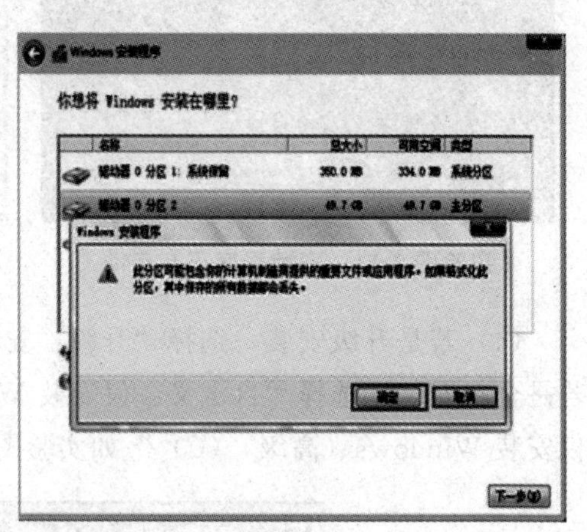

实验图 2-16　格式化 C 盘

（8）驱动器 0 中未分配的空间，用同样的方法，分出 D 盘、E 盘等。

（9）分区完成后，单击“下一步”，继续安装。Windows 开始安装。需要等待的时间较长些如实验图 2-17 所示。期间计算机会自动重启几次，只需等待即可。

（10）完成安装后等待设置。单击“使用快速设置（或自定义）”，如实验图 2-18 所示。

接下来需要等待几分钟，进入账户设置。如实验图 2-19 所示。设置完账户后。继续等待系统处理一些事情。在等待期间请不要关闭计算机。如实验图 3-20 所示。

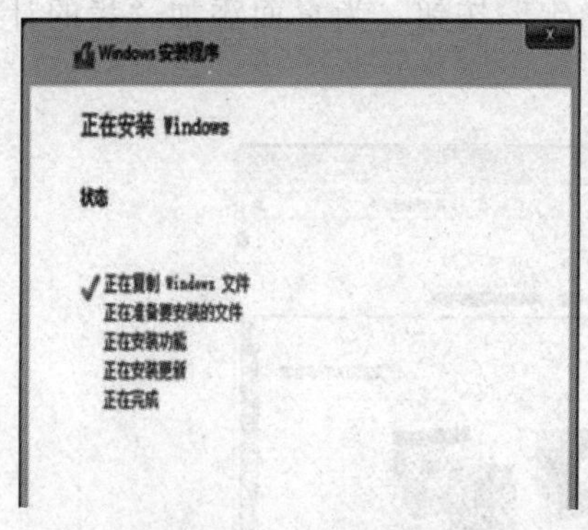

实验图 2-17　安装等待

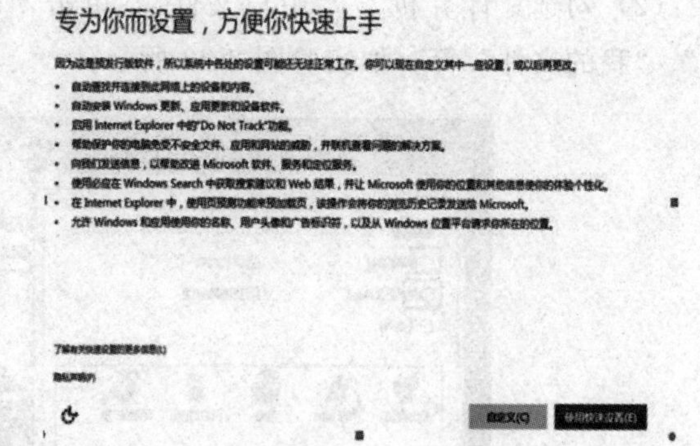

实验图 2-18　快速设置

实验图 2-19　设置账户

实验图 3-20　等待

(11) 大约几分钟后，安装完成，进入桌面。桌面只有回收站。可根据自己喜好设置“个性化”桌面。

3. 设置桌面

(1) 如果你不喜欢光秃秃的桌面，可以为桌面添加其他图标。在桌面空白处单击右键，选择“个性化”，单击左边的“更改桌面图标”，如实验图 2-21 所示。

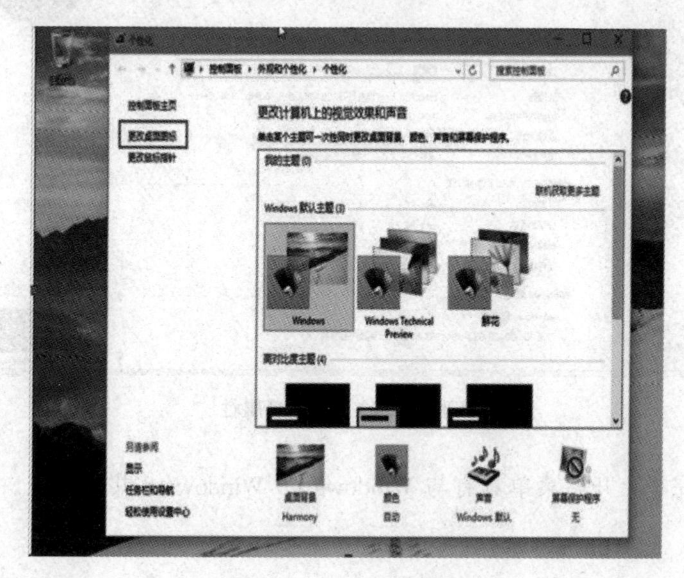

实验图 2-21　更改桌面图标

（2）勾选“计算机”“用户文件”，单击“确定”按钮，为桌面添加“我的计算机”、“我的文件”等。如实验图 2-22 所示。

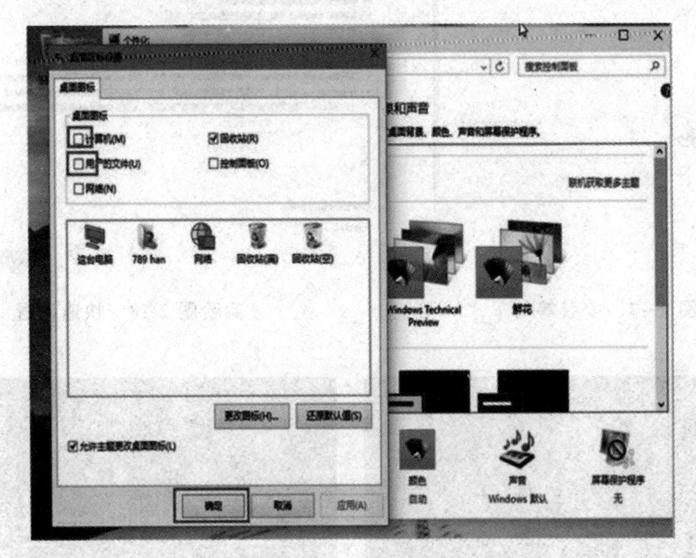

实验图 2-22　勾选所需图标

（3）右击桌面上的“这台计算机”，选择“属性”，可查看计算机相关信息。如实验图 2-23 所示。

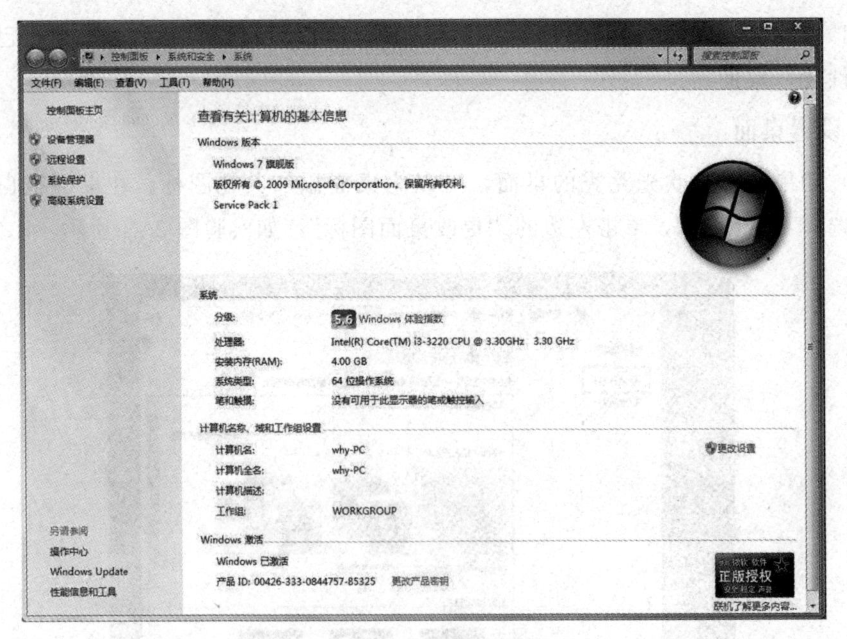

实验图 2-23　计算机属性

（4）设置完毕，开始菜单具有与 Windows 7、Windows 8 共同特点。如实验图 2-24 所示。

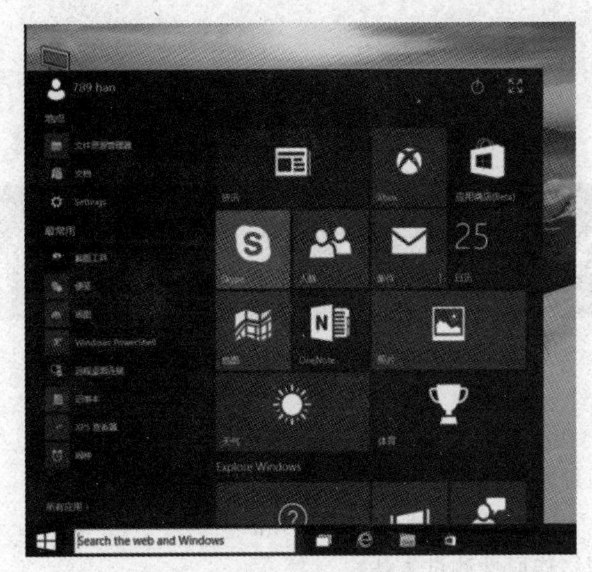

实验图 2-24　桌面

至此，操作系统 Windows 10 全部安装完毕，可以根据自己工作和学习的需要安装应用软件。

4. 操作系统安装实验

在虚拟机软件 VMware 中安装 Windows 10 系统。

实验 3

Windows 10 下的 TCP/IP 配置与检测

一、实验目的

（1）了解 IP 地址及其作用。

（2）理解 TCP/IP，掌握 IP 地址的配置方法。

（3）掌握 IP 网络连通性测试方法。

（4）熟练使用 Windows 常用网络命令。

二、实验内容

（1）TCP/IP 配置。

（2）常用网络命令简介。

（3）网络命令使用实验。

三、实验准备

安装了 Windows 10 操作系统的微型计算机。

四、实验步骤

1. Windows 10 的 TCP/IP 配置

接入 Internet 中的每一台计算机都必须有一个唯一的 IP 地址，IP 地址的配置有典型设置和用户自定义两种方式。操作方法如下：

（1）很多时候 Windows 10 系统会自动帮你配置网络，并没有询问用户。如果你想亲自修改，可在“设置”中进行。右键单击左下角的 Windows 微标，然后在弹出菜单中选择“控制面板”菜单项。如实验图 3-1 所示。

（2）在打开的控制面板窗口，选择“网络和 Internet 项”图标，如实验图 3-2 所示。

（3）在打开的窗口中单击“查看网络状态和任务”快捷链接，如实验图 3-3 所示。然后单击“更改适配器设置”快捷链接，如实验图 3-4 所示。

实验图 3-1　选择“控制面板”

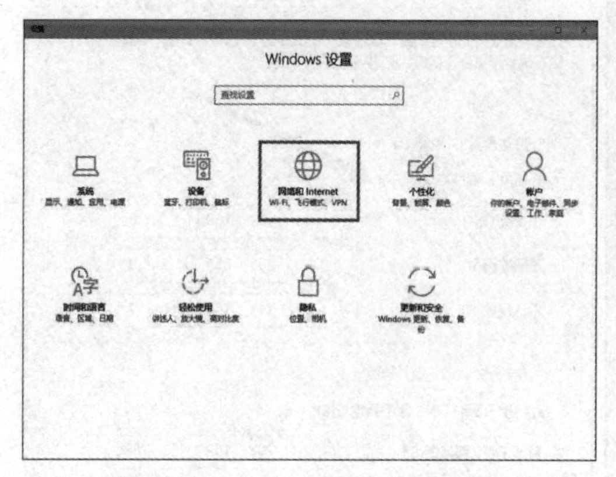

实验图 3-2　选择“网络和 Internet 项”

实验图 3-3　选择“查看网络状态和任务”

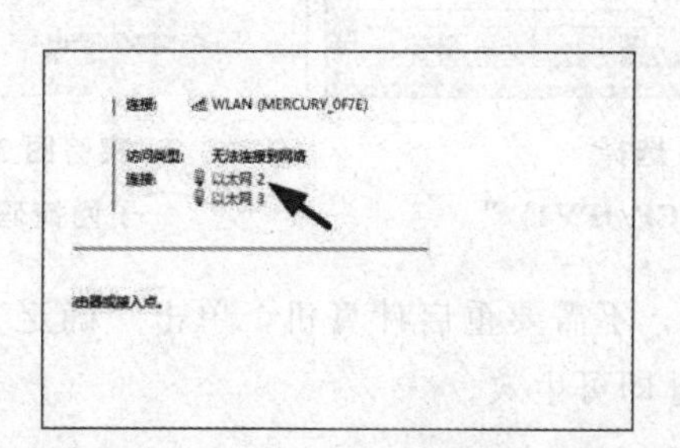

实验图 3-4　选择“更改适配器设置”

(4) 在打开的网络连接窗口，就可以看到相应的本地连接了，然后右键单击本地

链接，在弹出菜单中选择“属性”菜单项，如实验图 3-5 所示。

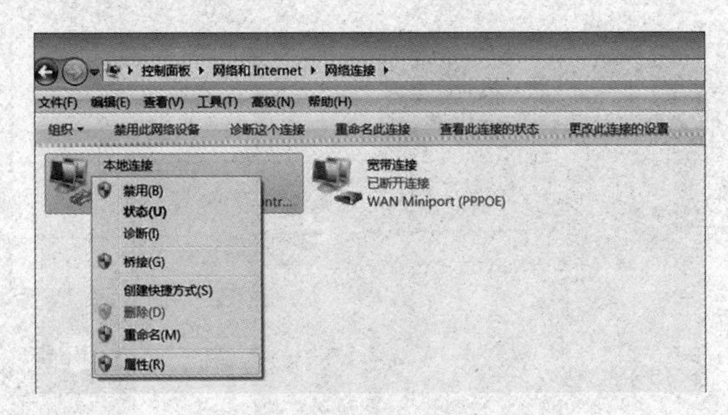

实验图 3-5　本地连接的“属性”

(5) 在打开的本地连接属性窗口，找到“Internet 协议 4（TCP/IPV4）”项，双击该项，或是选择后单击“属性”按钮，如实验图 3-6 所示。

(6) 在打开的属性设置窗口，选择“使用下面的 IP 地址”项，在下面输入你的 IP 地址、子网掩码及网关就可以了，另外在下面的 DNS 项设置好首选 DNS 及备选 DNS，最后单击确定保存即可，如实验图 3-7 所示。

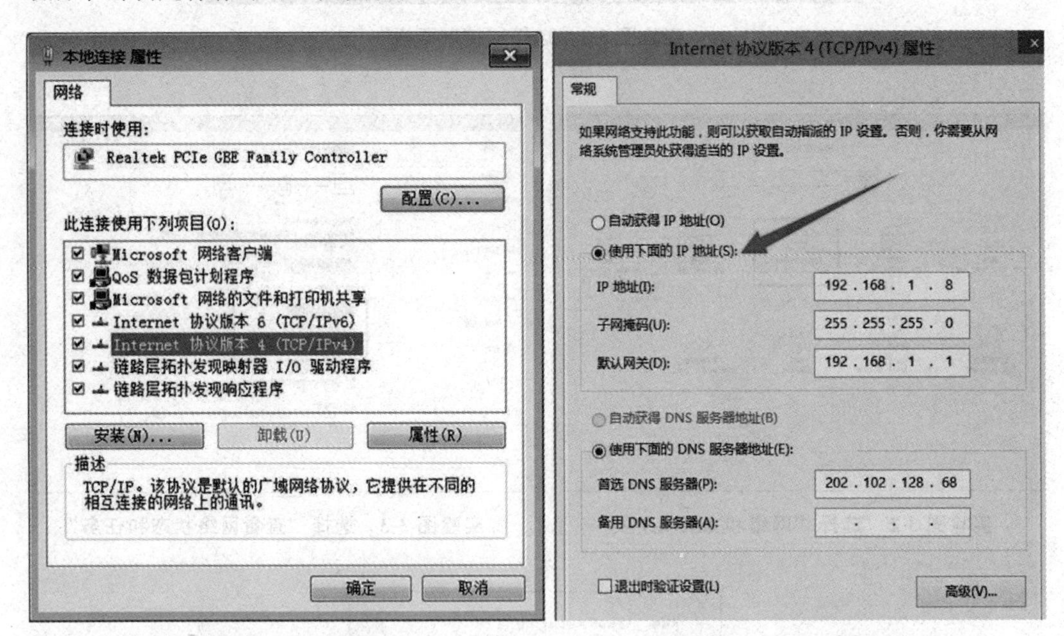

实验图 3-6　选择“Internet 协议 4（TCP/IPV4）”

实验图 3-7　填写 IP 地址、子网掩码、DNS 服务器地址

(7) 全部设置完成后，不需要重启计算机，单击“确定”按钮，退出网络设置窗口，所设置的网络 IP 地址即可生效。

2. 常用网络命令简介

Windows 操作系统本身自带很多的网络命令，利用这些网络命令可以对网络状况进行简单的检测和操作。但这些网络命令均需要在 DOS 命令行下执行，以下介绍的命

令的使用需要先打开DOS命令界面，单击“开始”，在“运行”中输入“cmd”，进入DOS命令工作界面。

（1）ipconfig命令

ipconfig可用于显示当前的TCP/IP配置的设置值。这些信息一般用来检验人工配置的TCP/IP设置是否正确。但是，如果计算机和所在的局域网使用了动态主机配置协议（DHCP），也就是在实验图4-8中选择的是“自动获得IP地址”，这个程序所显示的信息也许更加实用。这时，IPConfig可以让用户了解自己的计算机是否成功的租用到一个IP地址，如果租用到则可以了解它目前分配到的是什么地址。了解计算机当前的IP地址、子网掩码和默认网关。该命令还可以释放动态获得的IP地址并启动新一次的动态IP分配请求。ipconfig是进行测试和故障分析的必要项目。

①命令格式

```
ipconfig [/? |/all|/renew [adapter] |/release [adapter] |
          /renew6 [adapter] |/release6 [adapter] |
          /flushdns|/displaydns|/registerdns|
          /showclassidadapter|
          /setclassidadapter [classid] |
          /showclassid6adapter|
          (/setclassid6adapter [classid] ]
```

其中adapter连接名称

②参数含义

允许使用通配符*和?，参见示例)。

ipconfig/	显示此帮助消息
ipconfig/all	显示完整配置信息。
ipconfig/release	释放指定适配器的IPv4地址。
ipconfig/release6	释放指定适配器的IPv6地。
ipconfig/renew	更新指定适配器的IPv4地址。
ipconfig/renew6	更新指定适配器的IPv6地址。
ipconfig/flushdns	清除DNS解析程序缓存。
ipconfig/registerdns	刷新所有DHCP租约并重新注册DNS名称。
ipconfig/displaydns	显示DNS解析程序缓存的内容。
ipconfig/showclassid	显示适配器的所有允许的DHCP类ID。
ipconfig/setclassid	修改DHCP类ID。
ipconfig/showclassid6	显示适配器允许的所有IPv6DHCP类ID。
ipconfig/setclassid6	修改IPv6DHCP类ID。
ipconfig/renew EL*	更新所有名称以EL开头的连接。
ipconfig/release *Con*	释放所有匹配的连接，例如" LocalArea Connection1"。

ipconfig/allcompartments　　显示有关所有分段的信息。

ipconfig/allcompartments/all　　显示有关所有分段的详细信息。

③操作实例

【例 3-1】 利用 ipconfig 显示本机的 IP 地址、子网掩码、默认网关值，实验结果如实验图 3-8 所示。

```
C:\Users\Administrator>ipconfig

Windows IP 配置


以太网适配器 本地连接:

   连接特定的 DNS 后缀 . . . . . . . :
   本地链接 IPv6 地址. . . . . . . . : fe80::417c:27cf:3170:1d1c%12
   IPv4 地址 . . . . . . . . . . . . : 192.168.0.106
   子网掩码 . . . . . . . . . . . . : 255.255.255.0
   默认网关. . . . . . . . . . . . . : 192.168.0.1
```

实验图 3-8　ipconfig 命令结果

【例 3-2】 利用 ipconfig/all 完整查看本地物理地址、IP 地址、子网掩码、默认网关、DNS 等值，实验结果如实验图 3-9 所示。

```
C:\Users\Administrator>ipconfig/all

Windows IP 配置

   主机名 . . . . . . . . . . . . . : PC-20150107CCIX
   主 DNS 后缀 . . . . . . . . . . . :
   结点类型 . . . . . . . . . . . . : 混合
   IP 路由已启用 . . . . . . . . . . : 否
   WINS 代理已启用 . . . . . . . . . : 否

以太网适配器 本地连接:

   连接特定的 DNS 后缀 . . . . . . . :
   描述. . . . . . . . . . . . . . . : Realtek PCIe GBE Family Controller
   物理地址. . . . . . . . . . . . . : 00-30-18-A3-2E-00
   DHCP 已启用 . . . . . . . . . . . : 是
   自动配置已启用. . . . . . . . . . : 是
   本地链接 IPv6 地址. . . . . . . . : fe80::417c:27cf:3170:1d1c%12(首选)
   IPv4 地址 . . . . . . . . . . . . : 192.168.0.106(首选)
   子网掩码 . . . . . . . . . . . . : 255.255.255.0
   获得租约的时间 . . . . . . . . . : 2016年4月30日 16:49:19
   租约过期的时间 . . . . . . . . . : 2016年4月30日 19:49:20
   默认网关. . . . . . . . . . . . . : 192.168.0.1
   DHCP 服务器 . . . . . . . . . . . : 192.168.0.1
   DHCPv6 IAID . . . . . . . . . . . : 251670552
   DHCPv6 客户端 DUID . . . . . . . : 00-01-00-01-1C-3E-F0-0D-00-30-18-A3-2E-00

   DNS 服务器 . . . . . . . . . . . : 192.168.1.1
                                       192.168.0.1
   TCPIP 上的 NetBIOS . . . . . . . : 已启用
```

实验图 3-9　ipconfig/all 命令结果

（2）ping 命令

ping 是个使用频率极高的实用程序，用于确定本地主机是否能与另一台主机交换发送与接收）数据报。根据返回的信息，就可以推断 TCP/IP 参数是否设置得正确以及运行是否正常。需要注意的是，成功地与另一台主机进行一次或两次数据报交换并不表示 TCP/IP 配置就是正确的，必须执行大量的本地主机与远程主机的数据报交换，才能确信 TCP/IP 的正确性。

简单地说，ping 就是一个测试程序，如果 ping 运行正确，大体上就可以排除网络访问层、网卡、Modem 的输入/输出线路、电缆和路由器等存在的故障，从而减小了问题的范围。但由于可以自定义所发数据报的大小及无休止的高速发送，ping 也被某些别有用心的人作为 DDOS（拒绝服务攻击）的工具，例如许多大型的网站就是被黑客利用数百台可以高速接入互联网的计算机连续发送大量 ping 数据报而瘫痪的。

①命令格式

ping

[t] [－a] [－ncount] [－lsize] [－f] [－ITTL] [－vTOS] [－rcount] [－scount] [[－jhost－list] | [－khost－list]] [－wtimeout] [－R] [－Ssrcaddr] [－4] [－6] target _ name

②参数含义

－t	ping 指定的主机，直到停止。 若要查看统计信息并继续操作－请输入 ControlGBreak; 若要停止－请输入 Control－C。
－a	将地址解析成主机名。
－ncount	要发送的回显请求。
－lsize	发送缓冲区大小。
－f	在数据包中设置“不分段”标志（仅适用于 IPv4）。
－ITTL	生存时间。
－vTOS	服务类型（仅适用于 IPv4。该设置已不赞成使用，且对 IP 标头中的服务字段类型没有任何影响）。
－rcount	记录计数跃点的路由（仅适用于 IPv4）。
－scount	计数跃点的时间戳（仅适用于 IPv4）。
－jhost－list	与主机列表一起的松散源路由（仅适用于 IPv4）。
－khost－list	与主机列表一起的严格源路由（仅适用于 IPv4）。
－wtimeout	等待每次回复的超时时间（毫秒）。
－R	同样使用路由标头测试反向路由（仅适用于 IPv6）。
－Ssrcaddr	要使用的源地址。
－4	强制使用 IPv4。
－6	强制使用 IPv6。
targetname	指定要 ping 的远程计算机。

③操作实例

【例 3-3】 ping百度的网址，查看网络状况，结果如实验图 3-10 所示。

通过 ping 检测网络故障。ping 命令的依次为

Ping 127.0.0.1——这个 ping 命令被送到本地计算机的 IP 软件，该命令永不退出该计算机。如果没有做到这一点，就表示 TCP/IP 的安装或运行存在某些最基本的问题。

ping 本机 IP——这个命令被送到计算机所配置的 IP 地址，计算机始终都应该对该

```
C:\Users\Administrator>ping www.baidu.com

正在 Ping www.a.shifen.com [14.215.177.38] 具有 32 字节的数据:
来自 14.215.177.38 的回复: 字节=32 时间=7ms TTL=54
来自 14.215.177.38 的回复: 字节=32 时间=7ms TTL=54
来自 14.215.177.38 的回复: 字节=32 时间=7ms TTL=54
来自 14.215.177.38 的回复: 字节=32 时间=7ms TTL=54

14.215.177.38 的 Ping 统计信息:
    数据包: 已发送 = 4, 已接收 = 4, 丢失 = 0 (0% 丢失),
往返行程的估计时间(以毫秒为单位):
    最短 = 7ms, 最长 = 7ms, 平均 = 7ms
```

实验图 3-10　ping 命令返回结果

ping 命令做出应答，如果没有，则表示本地配置或安装存在问题。出现此问题时，局域网用户请断开网络电缆，然后重新发送该命令。如果网线断开后本命令正确，则表示另一台计算机可能配置了相同的 IP 地址。

ping 局域网内其他 IP——这个命令应该离开计算机，经过网卡及网络电缆到达其他计算机，再返回。收到回送应答表明本地网络中的网卡和载体运行正确。但如果收到 0 个回送应答，那么表示子网掩码（进行子网分割时，将 IP 地址的网络部分与主机部分分开的代码）不正确或网卡配置错误或电缆系统有问题。

ping 网关 IP——这个命令如果应答正确，表示局域网中的网关路由器正在运行并能够做出应答。

ping 远程 IP——如果收到 4 个应答，表示成功的使用了缺省网关。对于拨号上网用户则表示能够成功的访问 Internet（但不排除 ISP 的 DNS 会有问题）。

ping localhost——localhost 是个作系统的网络保留名，它是 127.0.0.1 的别名，每台计算机都应该能够将该名字转换成该地址。如果没有做到这一点，则表示主机文件（/Windows/host）中存在问题。

Ping www.xxx.com（如 www.baidu.com）——对这个域名执行 ping www.xxx.com 地址，通常是通过 DNS 服务器，如果这里出现故障，则表示 DNS 服务器的 IP 地址配置不正确或 DNS 服务器有故障（对于拨号上网用户，某些 ISP 已经不需要设置 DNS 服务器了）。也可以利用该命令实现域名对 IP 地址的转换功能。

如果上面所列出的所有 ping 命令都能正常运行，那么对自己的计算机进行本地和远程通信的功能基本上就可以放心了。但是，这些命令的成功并不表示所有的网络配置都没有问题，例如，某些子网掩码错误就可能无法用这些方法检测到。

（3）ARP 命令

ARP 是一个重要的 TCPIP 协议（用于显示和修改地址解析协议）“ARP 使用的 IP 到物理”地址转换表。使用 arp 命令，能够查看本地计算机或另一台计算机的 ARP 高速缓存中的当前内容。此外，使用 arp 命令，也可以用人工方式输入静态的网卡物理/IP 地址对，可能会使用这种方式为缺省网关和本地服务器等常用主机进行这项工作，有助于减少网络上的信息量。

按照默认设置，ARP 高速缓存中的项目是动态的，每当发送一个指定地点的数据

包且高速缓存中不存在当前项目时，ARP 便会自动添加该项目。一旦高速缓存的项目被输入，它们就已经开始走向失效状态。例如，在 Windows NT/2000 网络中，如果输入项目后不进一步使用，物理/IP 地址对就会在 2 至 10 分钟内失效。因此，如果 ARP 高速缓存中项目很少或根本没有时，请不要奇怪，通过另一台计算机或路由器的 ping 命令即可添加。所以，需要通过 arp 命令查看高速缓存中的内容时，请最好先 ping 此台计算机（不能是本机发送 ping 命令）。

①命令格式

ARP－sinet _ addreth _ addr ［if _ addr］

ARP－dinet _ addr ［if _ addr］

ARP－a ［inet _ addr］［－Nif _ addr］［－v］

②参数含义

－a	通过询问当前协议数据，显示当前 ARP 项。 如果指定 inet _ addr，则只显示指定计算机的 IP 地址和物理地址。如果不止一个网络接口使用 ARP，则显示每个 ARP 表的项。
－g	与－a 相同。
－v	在详细模式下显示当前。ARP 项所有无效项和环回接口上的项都将显示。
Inet _ addr	指定 Internet 地址。
－Nif _ addr	显示 if _ addr 指定的网络接口的 ARP 项。
－d	删除 inet _ addr 指定的主机。inet _ addr 可以是通配符 *，以删除所有主机。
－s	添加主机并且将 Internet 地址 inet _ addr 与物理地址 eth _ addr 相关联。物理地址是用连字符分隔的 6 个十六进制字节。该项是永久的。
ethaddr	指定物理地址。
if _ addr	如果存在，此项指定地址转换表应修改的接口的 Internet 地址。如果不存在，则使用第一个适用的接口。

③操作实例

【例 3-4】 比较 arp-a 与 arp-g 命令显示 ARP 表是否一致，结果如实验图 3-11 所示。

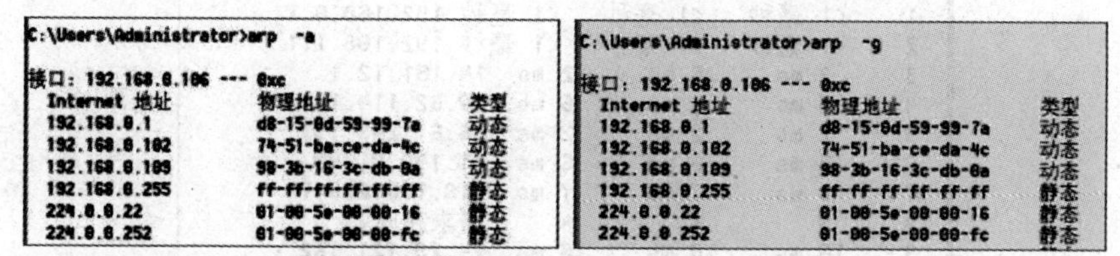

实验图 3-11　arp-a 与 arp-g 的比较结果

用于查看高速缓存中的所有项目。－a 和－g 参数的结果是一样的，多年来－g 一直是 UNIX 平台上用来显示 ARP 高速缓存中所有项目的选项，而 Windows 用的是 arp

—a（—a 可被视为 all，即全部的意思），但它也可以接受比较传统的—g 选项。

（4）Tracert 命令

判断数据包到达目的诵经过的路径，显示数据包经过的中继结点的清单和到达时间。如果有网络连通性问题，可以使用 tracert 命令来检查到达的目标 IP 地址的路径并记录结果。tracert 命令显示用于将数据包从计算机传递到目标位置的一组 IP 路由器，以及每个跃点所需的时间。如果数据包不能传递到目标，tracert 命令将显示成功转发数据包的最后一个路由器。当数据报从计算机经过多个网关传送到目的地时，Tracert 命令可以用来跟踪数据报使用的路由（路径）。该实用程序跟踪的路径是源计算机到目的地的一条路径，不能保证或认为数据报总遵循这个路径。如果配置使用 DNS，那么常常会从所产生的应答中得到城市、地址和常见通信公司的名字。tracert 是一个运行得比较慢的命令（如果指定的目标地址比较远），每个路由器大约需要给它 15 s。

①命令格式

tracert［—d］［—hmaximum _ hops］［—jhost—list］［—wtimeout］［—R］［—Ssrcaddr］［—4］［—6］target _ name

②参数含义

—d	不将地址解析成主机名。
—hmaximum _ hops	搜索目标的最大跃点数。
—jhost—list	与主机列表一起的松散源路由仅适用于 IPv4。
—wtimeout	等待每个回复的超时时间（以毫秒为单位）。
—R	跟踪往返行程路径（仅适用于 IPv6）。
—Ssrcaddr	要使用的源地址（仅适用于 IPv6）。
—4	强制使用 IPv4。
—6	强制使用 IPv6。

③操作实例

【例 3-5】使用 tracert 命令跟踪自己主机的数据包到 www. baidu. com 所经过的路径。结果如实验图 3-12 所示。

```
C:\Users\Administrator>tracert www.baidu.com

通过最多 30 个跃点跟踪
到 www.a.shifen.com [14.215.177.37] 的路由:

  1     <1 毫秒    <1 毫秒    <1 毫秒 192.168.0.1
  2     <1 毫秒    <1 毫秒    <1 毫秒 192.168.1.1
  3      2 ms       5 ms       2 ms  14.151.12.1
  4      5 ms       6 ms       6 ms  58.62.114.161
  5      2 ms       2 ms       2 ms  58.61.243.137
  6      5 ms       6 ms       6 ms  61.140.81.69
  7      8 ms       7 ms       7 ms  113.108.208.74
  8      *          *          *     请求超时。
  9     10 ms      10 ms      10 ms  14.29.121.182
 10      *          *          *     请求超时。
 11      9 ms       9 ms       9 ms  14.215.177.37

跟踪完成。
```

实验图 3-12　tracert 跟踪结果

tracert 一般用来检测故障的位置，可以用 tracertIP 来检测网络中哪个环节上出了问题，虽然还是没有确定是什么问题，但它已经告诉了问题所在的地方。

(5) netstat 命令

netstat 用于显示与 IP TCP UDP 和 ICMP 协议相关的统计数据，一般用于检验本机各端口的网络连接情况。

如果计算机有时候接收到的数据包会导致出错数据删除或故障，不必感到奇怪，TCP/IP 可以容许这些类型的错误，并能够自动重发数据报。但如果累计的出错情况数目占到所接收的 IP 数据报相当大的百分比，或者它的数目正迅速增加，那么就应该使用 Netstat 查一查为什么会出现这些情况了。

①命令格式

netstat [－a] [－b] [－e] [－f] [－n] [－o] [－pproto] [－r] [－s] [－t] [interval]

②参数含义

－a	显示所有连接和侦听端口。
－b	显示在创建每个连接或侦听端口时涉及的可执行程序，在某些情况下已知可执行程序承载多个独立的组件，这些情况下，显示创建连接或侦听端口时涉及的组件序列。此情况下，可执行程序的名称位于底部 [] 中，它调用的组件位于顶部，直至达到 TCP/IP。注意，此选项可能很耗时，并且在您没有足够权限时可能失败。
－e	显示以太网统计。此选项可以与－s 选项结合使用。
－f	显示外部地址的完全限定域名 (FQDN)。
－n	以数字形式显示地址和端口号。
－o	显示拥有的与每个连接关联的进程 ID
－pproto	显示 proto 指定的协议的连接；proto 可以是下列任何一个：TCP、UDP、TCPv6 或 UDPv6。如果与－s 选项一起用来显示每个协议的统计，proto 可以是下列任何一个：IP、IPv6、ICMP、ICMPv6、TCP、TCPv6、UDP 或 UDPv6。
－r	显示路由表。
－s	显示每个协议的统计默认情况下显示 IP IPv6ICMP ICMPv6TCPTCPv6、UDP 和 UDPv6 的统计；
－p	选项可用于指定默认的子网。
－t	显示当前连接卸载状态。
interval	重新显示选定的统计，各个显示间暂停的间隔秒数。按 CTRL＋C 停止重新显示统计。如果省略，则 netstat 将打印当前的配置信息一次。

③操作实例

【例 3-6】使用 netstat—e 查看网络统计信息。结果如实验图 3-13 所示。

```
C:\Users\Administrator>NeTStat    -e
接口统计

                         接收的              发送的

字节                    63453576            11683920
单播数据包              96687               71667
非单播数据包            1668                3346
丢弃                    0                   0
错误                    0                   0
未知协议                0
```

实验图 3-13　netstat—e 的返回结果

本选项用于显示关于以太网的统计数据。它列出的项目包括传送的数据包的总字节数、错误数、删除数、数据报的数量和广播的数量。这些统计数据既有发送的数据报数量，也有接收的数据报数量。这个选项可以用来统计一些基本的网络流量。

3. 网络命令实验

(1) 使用 ipconfigGa 命令查看主机的 IP 配置信息，并记录结果。

(2) 使用 ping 命令检测主机网络的连通性，详细记录检测的每一个步骤，并分析网络的连通状况。

(3) 使用 arp 命令检验 MAC 地址解析，并记录结果。

(4) 使用 tracert 命令查看网络路由状况，并记录结果。

(5) 使用 netstat 命令统计网络数据包，并记录结果。

实验 4 数据库的创建和简单的数据操作

一、实验目的

（1）掌握使用 SQL Server2012 工具创建数据库。

（2）掌握使用 SQL Server2012 工具创建数据表并添加记录。

二、实验内容

（1）使用 SQL Server2012 的 ManagementStudio 创建数据库。

（2）使用 SQL Server2012 的 ManagementStudio 新建表。

（3）使用 SQL Server2012 的 ManagementStudio 在表中插入数据。

（4）使用 SQL Server2012 的 ManagementStudio 修改表中的数据。

（5）使用 SQL Server2012 的 ManagementStudio 删除表中的数据

三、实验准备

安装好 SQL Server2012 的微型计算机。

四、操作步骤

1. 使用 Management Studio 创建数据库 xscj

（1）从“开始”菜单中选择“程序”｜Microsoft SQL Server2012｜SQL Server Management Studio 命令，打开 Microsoft SQL Server Management Studio 窗口，并使用 Windows 或 SQL Server 身份验证建立连接，如实验图 4-1 所示。

（2）在“对象资源管理器”窗格中展开服务器，然后选择“数据库”结点。在“数据库”结点上右击，从弹出的快捷菜单中选择“新建数据库”命令，如实验图 4-2 所示。

（3）执行上述操作后，会弹出“新建数据库”对话框，如实验图 4-3 所示。在“数据库名称”文本框中输入要新建数据库的名称，例如这里输入“xscj”，其他使用默认选项，即完成了数据库的创建工作。

（4）完成以上操作后，就可以单击“确定”关闭“新建数据库”对话框。至此，成功创建 xscj 数据库，可以通过“对象资源管理器”窗格查看新建的数据库，如实验

图 4-4 所示。

实验图 4-1　连接服务器身份验证

实验图 4-2　新建数据库

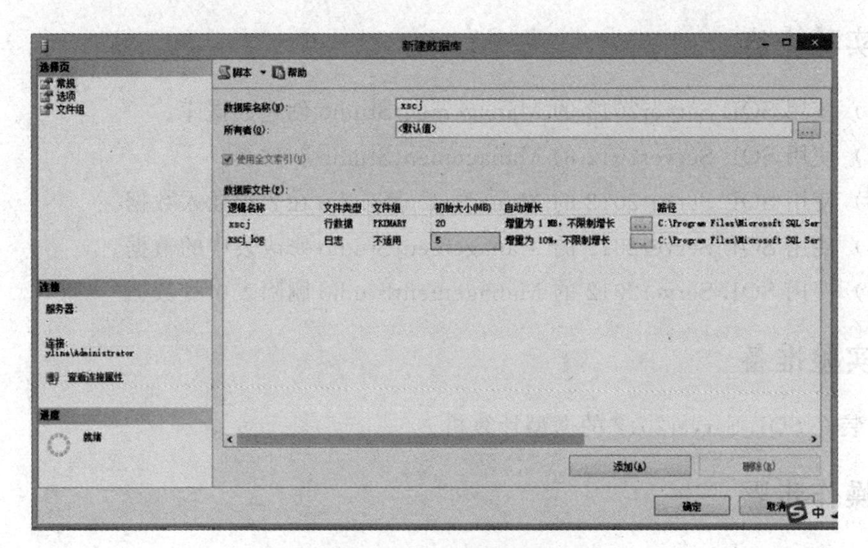

实验图 4-3　输入新建数据库名

实验图 4-4　查看数据库

2. 使用 Management Studio 创建学生表 student。学生表结构如实验表 4-1 所示。

实验表 4-1　学生表结构

列名	数据类型	长度	能否为空	字段说明
sno	char	10	否	学号，主键
sname	varchar	10	否	姓名
age	int	3	是	年龄

（1）打开“对象资源管理器”，选中目标数据库，单击数据库结点上的加号，右击该数据库的“表”结点，选中“新建表”，打开表设计器，如实验图 4-5 所示。

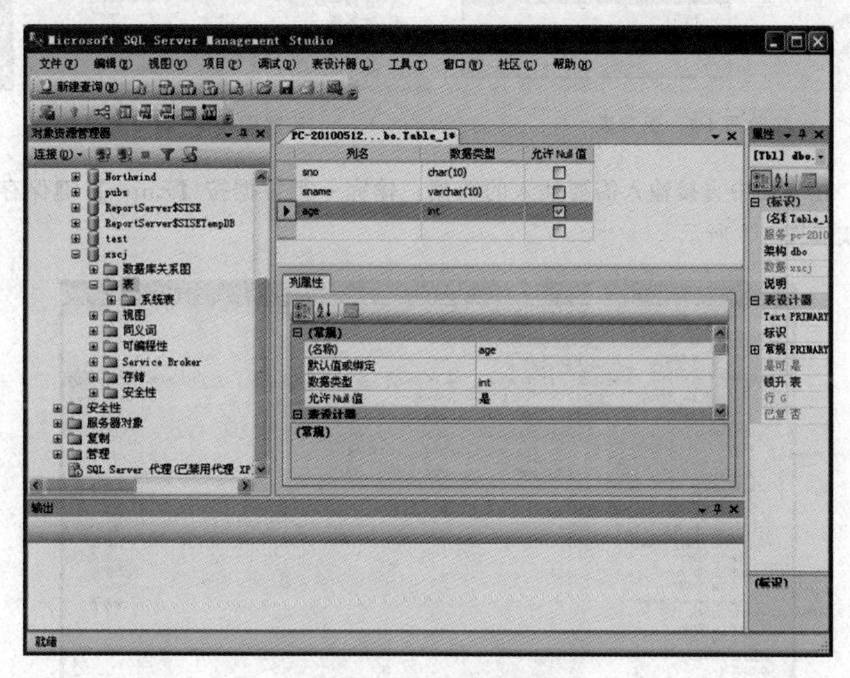

实验图 4-5　新建数据表

（2）在表设计器的“列定义”对话框中输入 student 表的每一个列名、数据类型、是否空等信息，一般情况使用英文字母作为字段名称。

（3）根据 student 表结构的说明，需要定义“学号”为主键。在“列定义”对话框选中“学号”列，右击鼠标，选中“设置主键”，如实验图 4-6 所示。

（4）单击工具栏的保存按钮，保存表定义。输入表名，保存 student 表，如实验图 4-7 所示。

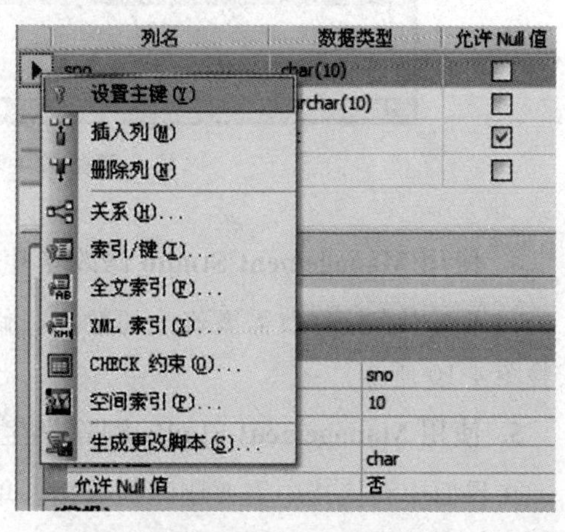

实验图 4-6　设置主键

3. 使用 Management Studio 向学生表 student 插入数据

（1）打开 SQL Server Management Studio，选中目标表，单击鼠标右键，选择“编辑前 200 行”，如实验图 4-8 所示

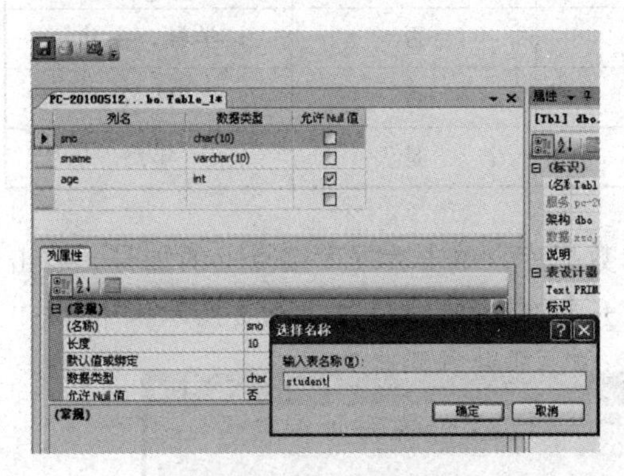

实验图 4-7　保存表

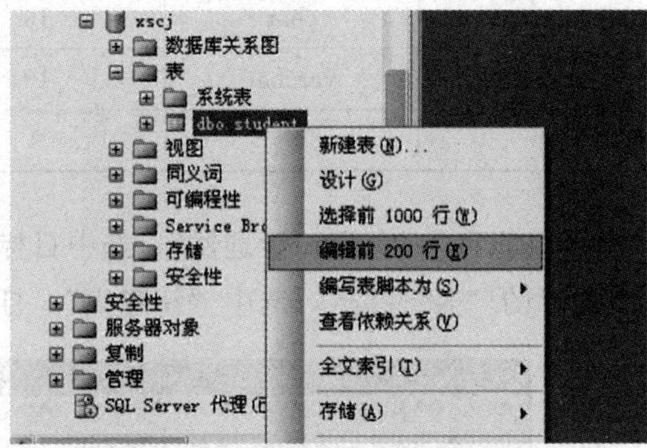

实验图 4-8　编辑数据表

（2）在界面中直接输入需要插入的数据，输完一行数据按【Enter】键保存到数据库，如实验图 4-9 所示。

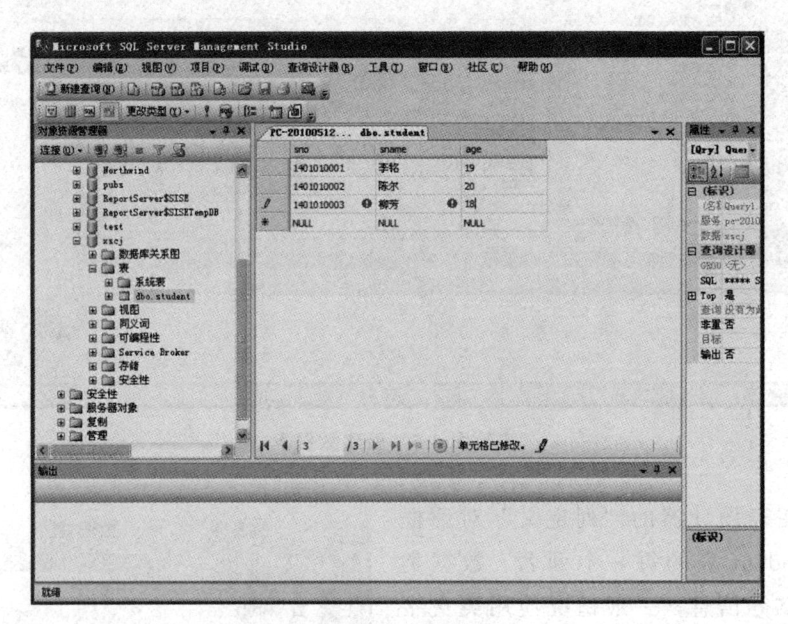

实验图 4-9　插入数据

4. 使用 Management Studio 修改学生表 student 中的数据

在界面中直接修改需要修改的数据，修改完数据按【Enter】键保存到数据库，如实验图 4-10 所示。

5. 使用 Management Studio 删除学生表 student 中的数据

在界面中直接选中需要删除的数据，单击右键选择“删除”，即可删除需要删除的数据，如实验图 4-11 所示。

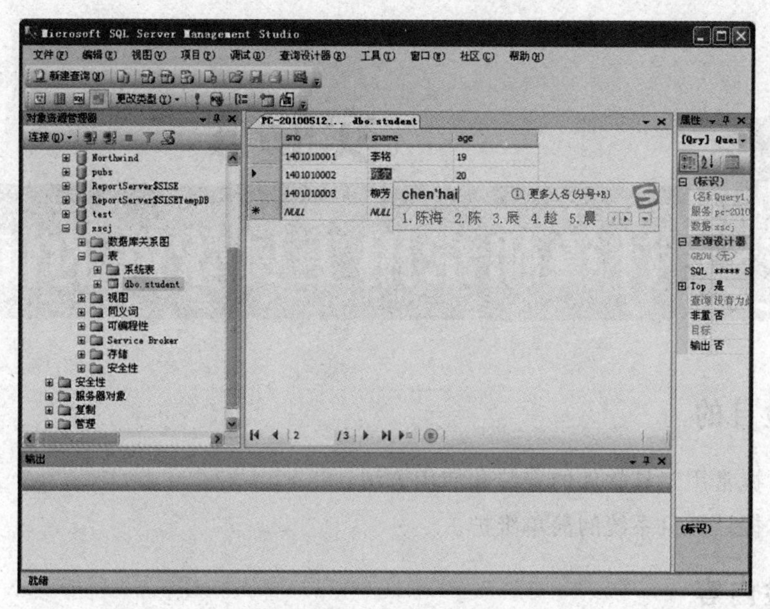

实验图 4-10　修改数据

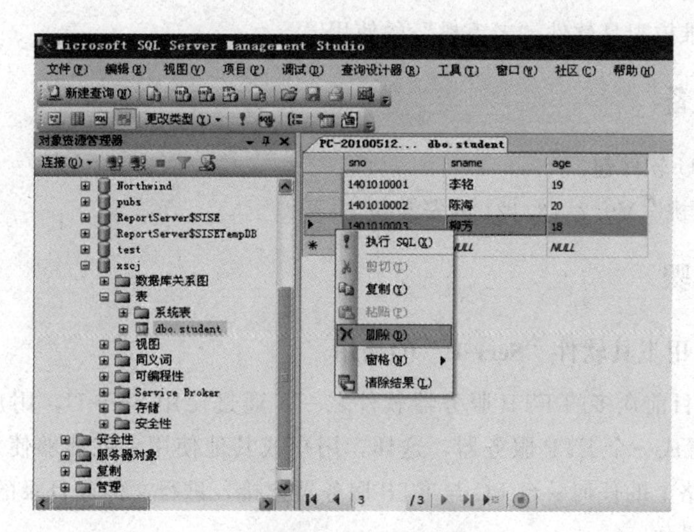

实验图 4-11　删除数据

6. 数据库技术实验

（1）使用 SQL Server2012 的 Management Studio 在 xscj 数据库中创建 course（cno，cname，cred）。

（2）使用 SQL Server2012 的 Management Studio 在 course 表中插入一行数据（c1，计算机科学导论，2）。

（3）使用 SQL Server2012 的 Management Studio 将上一行数据的学分改成 3。

（4）使用 SQL Server2012 的 Management Studio 删除 course 表中的数据。

（5）使用 SQL Server2012 的查询分析器查询 course 表的数据。

实验 5 计算机常用工具软件的使用

一、实验目的

（1）掌握常用工具软件的安装和使用方法。

（2）掌握计算机系统的简单维护。

二、实验内容

（1）网络应用工具软件“Serv-U”的使用。

（2）系统维护工具软件“老毛桃”的使用。

三、实验准备

（1）Serv-U 软件包。

（2）“老毛桃”V9.2.16.121 的安装包。

四、实验步骤

1. 网络应用工具软件“Serv-U”的使用

Serv-U 是目前众多的 FTP 服务器软件之一。通过使用 Serv-U，用户能够将任何一台 PC 机设置成一个 FTP 服务器，这样，用户或其他使用者就能够使用 FTP 协议，通过在同一网络上的任何一台 PC 与 FTP 服务器连接，进行文件或目录的复制，移动，创建和删除等操作。

FTP 协议是专门被用来规定计算机之间进行文件传输的标准和规则，而 FTP 服务器，则是在互联网上提供存储空间的计算机，它们依照 FTP 协议提供服务。当它们运行时，用户就可以连接到服务器上下载文件，也可以将自己的文件上传到 FTP 服务器中。正是因为有了像 FTP 这样的专门协议，才使得人们能够通过不同类型的计算机，使用不同类型的操作系统，对不同类型的文件进行相互传递。

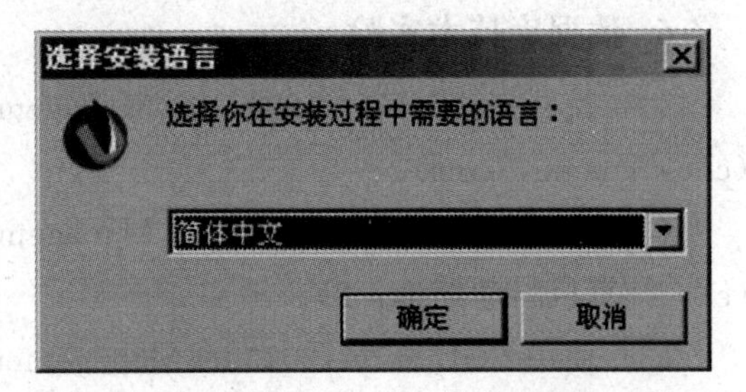

实验图 5-1　ServGu 语言选择

使用 Serv-U 搭建 FTP 服务器步骤如下：

(1) 双击 Serv-U 的安装程序，选择适合的语言，如实验图 5-1 所示。

(2) 这时会弹出 Serv-U 的安装信息，直接单击“下一步”按钮，如实验图 5-2 所示。

(3) 许可协议，选择同意，然后单击“下一步”按钮，如实验图 5-3 所示。

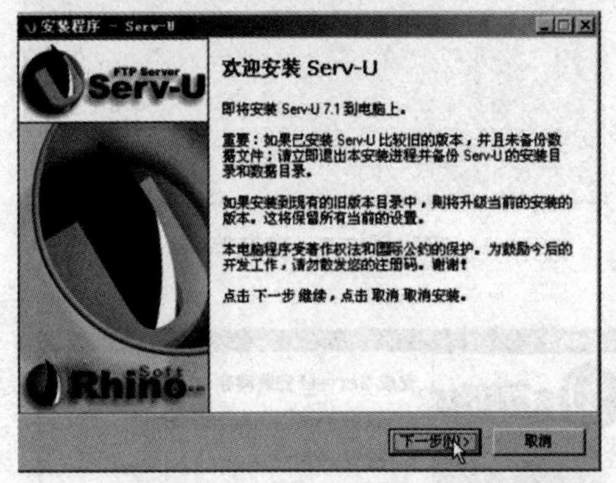

实验图 5-2　ServGU 欢迎信息

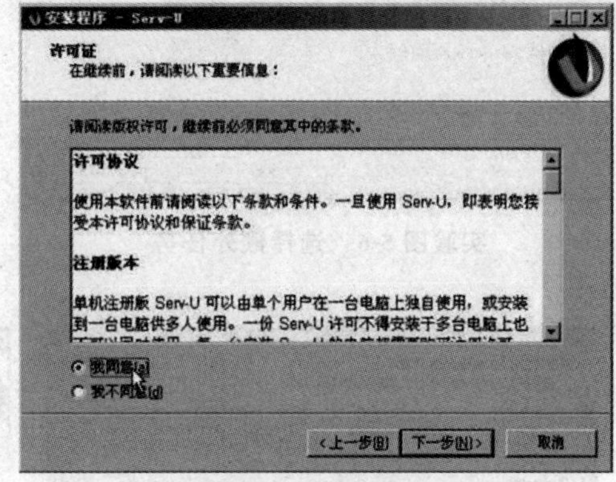

实验图 5-3　许可协议

(4) 选择 Serv-U 的安装路径。如安装在默认路径下，直接单击“下一步”按钮，也可以点击“浏览”，改变 Serv-U 的安装路径，如实验图 5-4 所示。

(5) 在开始程序创建快捷方式，直接单击“下一步”按钮，如实验图 5-5 所示。

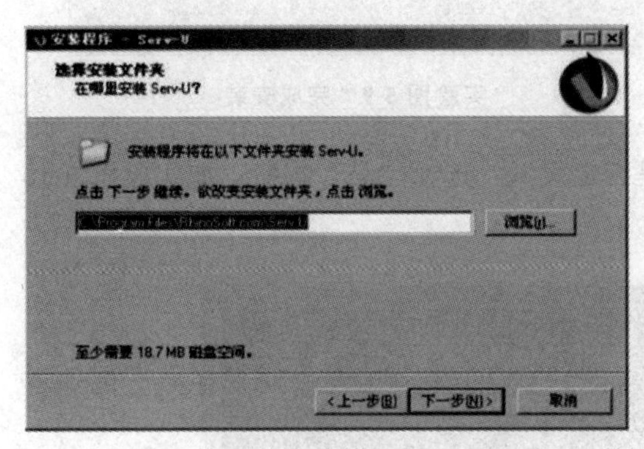

实验图 5-4　Serv-U 安装路径

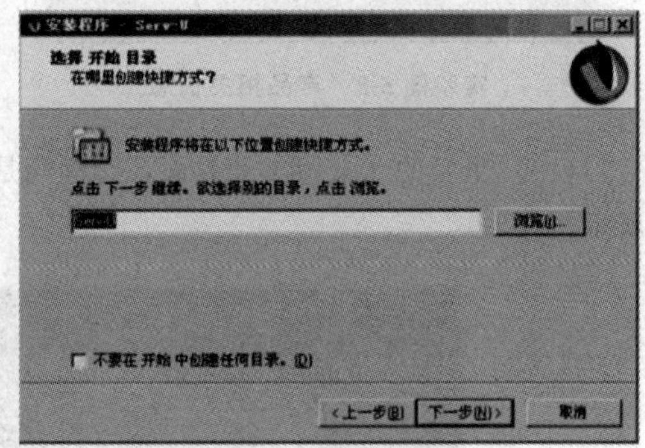

实验图 5-5　创建快捷方式

(6) 选择额外任务，根据自己的情况选择，然后单击“下一步”按钮，如实验图 5-6 所示。

(7) 下一步开始安装 Serv-U。需要等待几分钟，如实验图 5-7 所示。

(8) 安装完成之后，会显示相关产品的信息。阅读后单击“关闭”按钮，如实验图 5-8 所示。

(9) Serv-U 安装完毕，勾选“启动 Serv-U”管理控制台”，单击“完成”按钮，启动 Serv-U 程序，如实验图 5-9 所示。

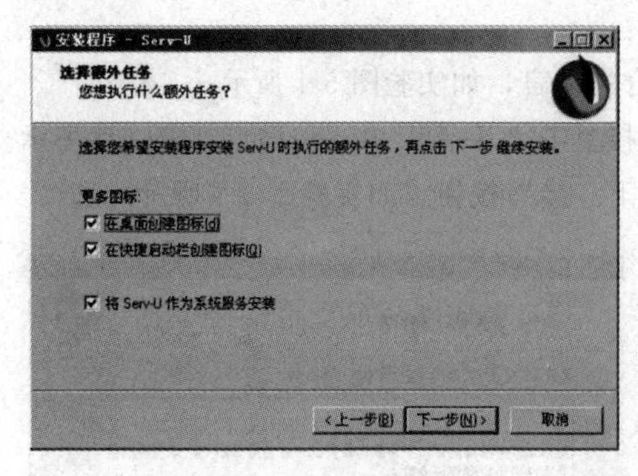

实验图 5-6　选择额外任务

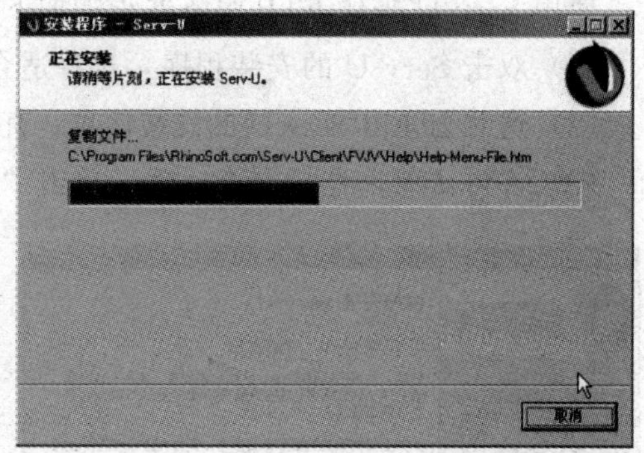

实验图 5-7　安装等待

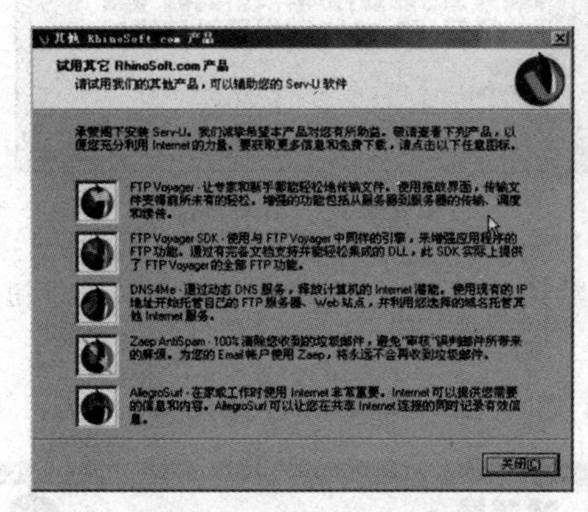

实验图 5-8　产品相关信息

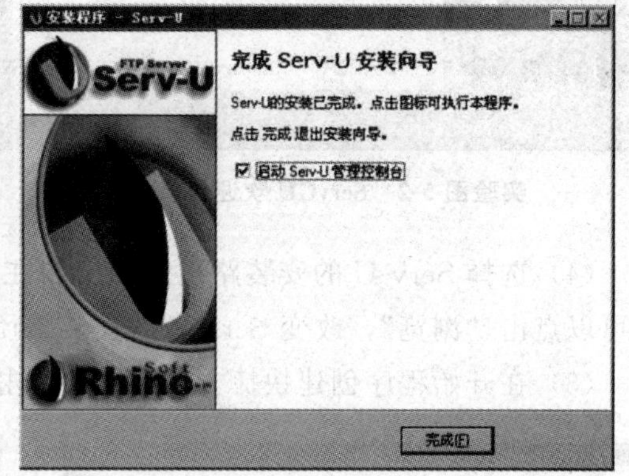

实验图 5-9　完成安装

（10）全新的 8. x 版本的界面，会询问是否定义域？选择“是”按钮，如实验图 5-10 所示。

实验图 5-10　定义域

（11）根据“域向导”输入域名和域信息，如实验图 5-11 所示。

（12）根据机器安全情况选择开启的端口，如实验图 5-12 所示。

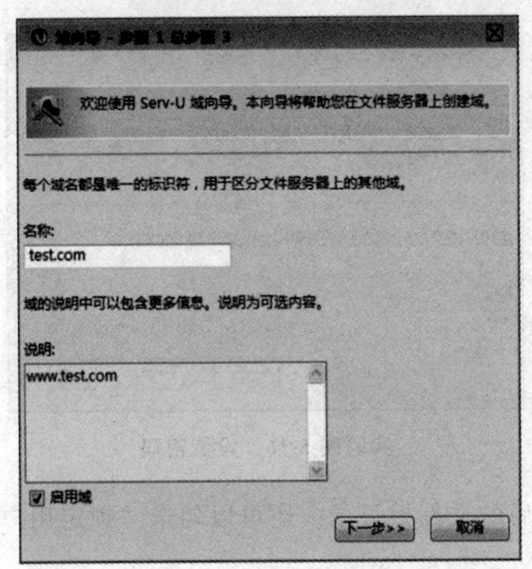

实验图 5-11　填写域名信息

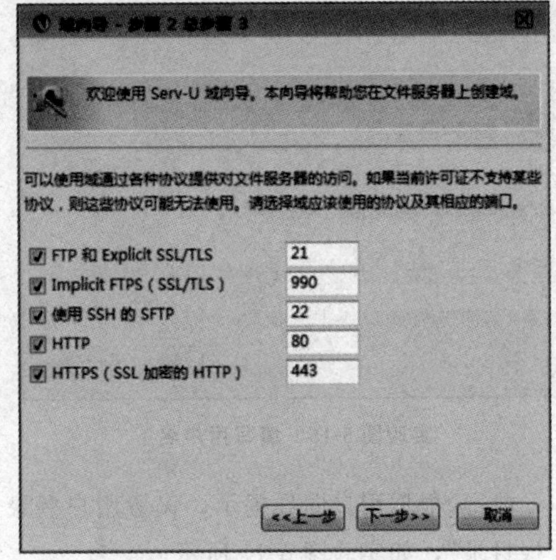

实验图 5-12　勾选开放端口

（13）填写服务器的 IP 地址，如果是动态的话就不填，默认为本机 IP，如实验图 5-13 所示。单击“完成”按钮，域定义完毕。

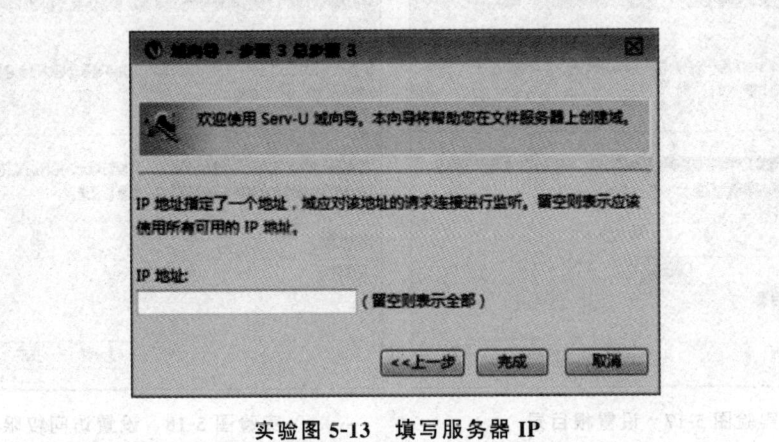

实验图 5-13　填写服务器 IP

（14）域建好后，需要在域里添加一个用户。直接跟着向导建用户单击是的话，就跟着向导建立，也可以自己建用户。在弹出窗口选择“是”按钮，如实验图 5-14 所示。

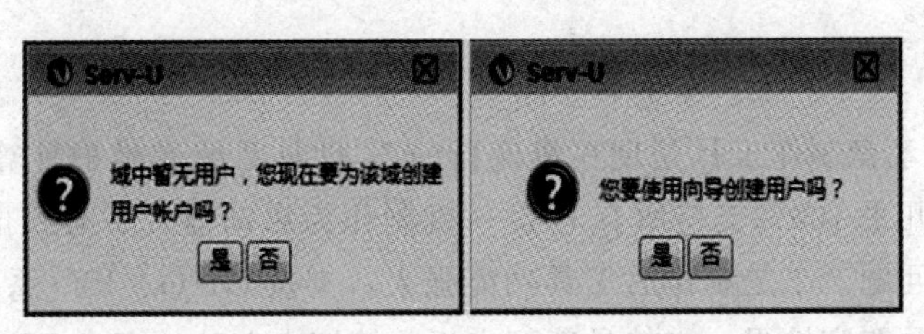

实验图 5-14　进入用户创建向导

（15）根据用户向导提示建立用户，填写用户名，如实验图 5-15 所示。

（16）根据用户向导提示给用户设定密码，如实验图 5-16 所示。

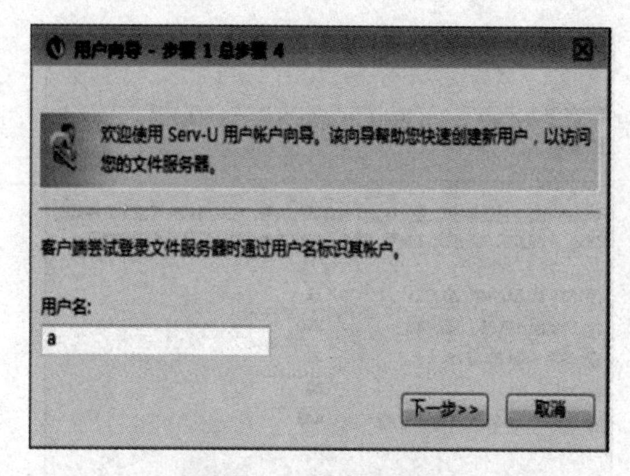

实验图 5-15 填写用户名

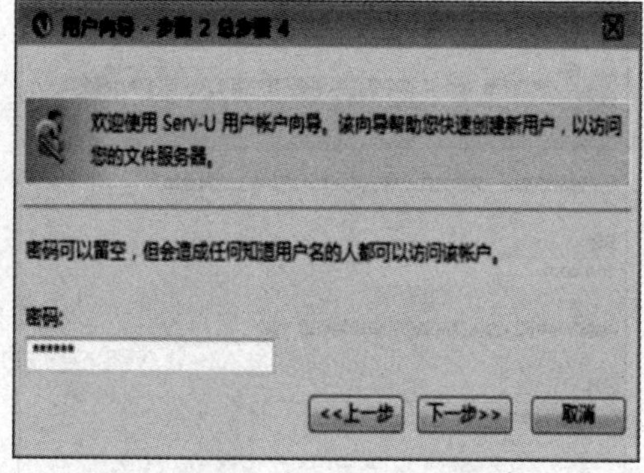

实验图 5-16 设置密码

（17）根据用户向导提示，设置用户登录后的文件根目录。还可以勾选“锁定用户至根目录”，如实验图 5-17 所示。

（18）根据用户向导提示，设置用户对目录下的文件的访问权限。单击“访问权限”下拉框进行选择，如实验图 5-18 所示，然后单击“完成”按钮。

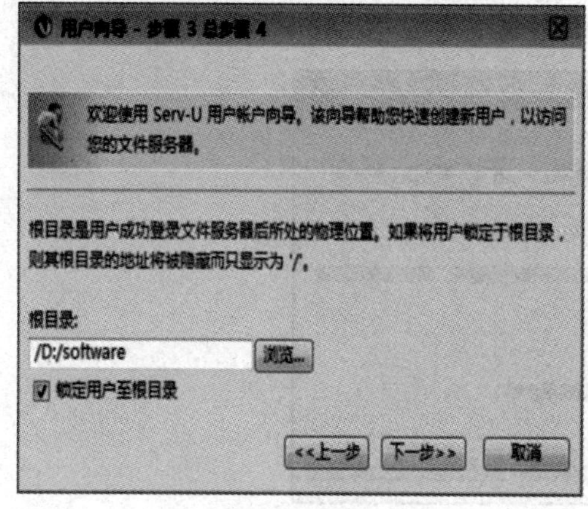

实验图 5-17 设置根目录

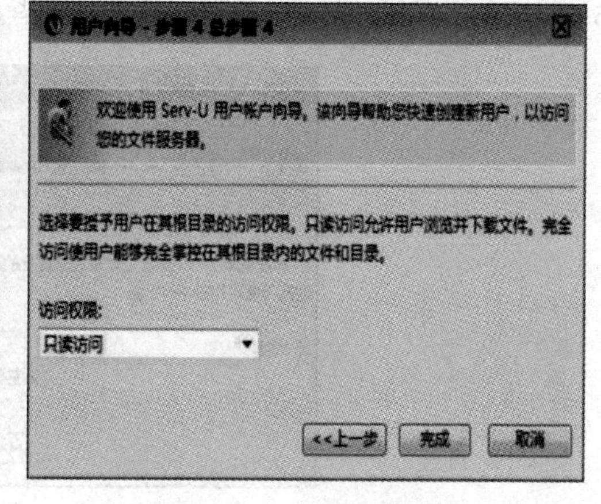

实验图 5-18 设置访问权限

（19）FTP 服务器架设完成了，用 Web 或 FTP 客户端软件登录，就可以看到 FTP 服务器上的文件了。根据用户和密码可已上传或下载文件（权限不同，操作不同），如实验图 5-19 所示。

2. 系统维护工具软件“老毛桃”的使用

毛桃 U 盘启动盘制作工具是现在最流行的 U 盘装系统和维护计算机的专用工具，一是制作简单，几乎 100％支持所有 U 盘一键制作为启动盘，不必顾虑以前量产 U 盘考虑专用工具的问题。二是制作后工具功能强大，支持 GHO、ISO 系统文件，支持原版系统安装。三是兼容性强，支持最新型主板与笔记本电脑，多个 PE 版本供选择，杜绝蓝屏现象。

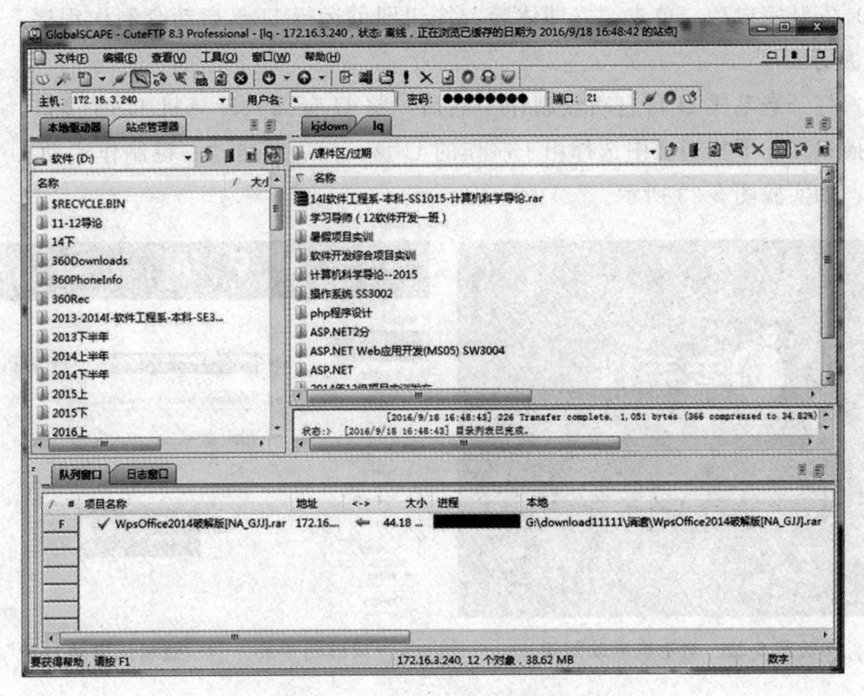

实验图 5-19　FTP 文件服务器的主页面

下面介绍“老毛桃”装机版制作启动 U 盘的实验步骤。

(1) 制作装机版 U 盘启动盘准备工作。

①老毛桃官网首页下载老毛桃 v9.2 装机版 U 盘启动盘制作工具安装到计算机上。

②准备一个容量大小在 4 GB 以上并能够正常使用的盘。

(2) 鼠标左键双击运行安装包，接着在“安装位置”处选择程序存放路径（建议大家默认设置安装到系统盘中），勾选“已阅读并接受用户协议”，然后单击“开始安装”，如实验图 5-20 所示。

(3) 随后进行程序安装，只需耐心等待自动安装操作完成即可，如实验图 5-21 所示。

实验图 5-20　开始安装“老毛桃”

实验图 5-21　等待安装

（4）安装完成后，单击“立即体验”按钮即可运行U盘启动盘制作程序，如实验图5-22所示。

（5）打开老毛桃U盘启动盘制作工具后，将U盘插入计算机USB接口，程序会自动扫描只需在下拉列表中选择用于制作的U盘，然后单击“一键制作启动U盘”按钮即可，如实验图5-23所示。

实验图5-22　老毛桃启动页面

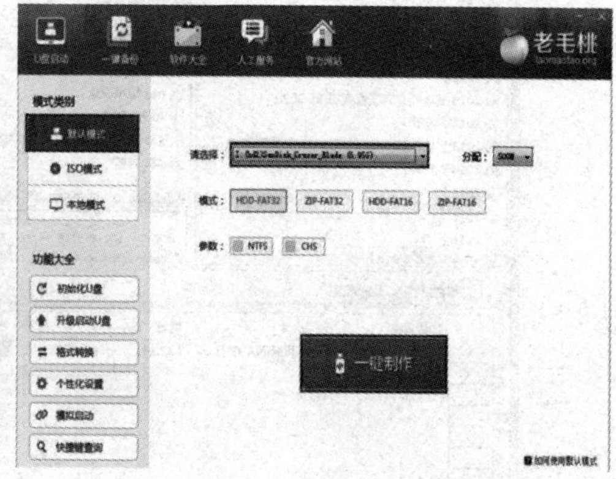

实验图5-23　“一键制作启动U盘”

（6）此时会弹出一个警告框，提示将删除U盘中的所有数据。在确认已经将重要数据做好备份的情况下，单击“确定”按钮，如实验图5-24所示。

（7）接下来程序开始制作U盘启动盘，整个过程可能需要几分钟，大家在此期间切勿进行其他操作，如实验图5-25所示。

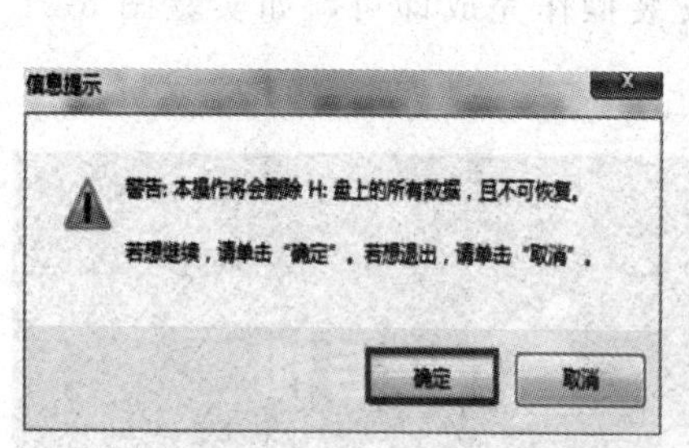

实验图5-24　U盘数据备份警告窗口

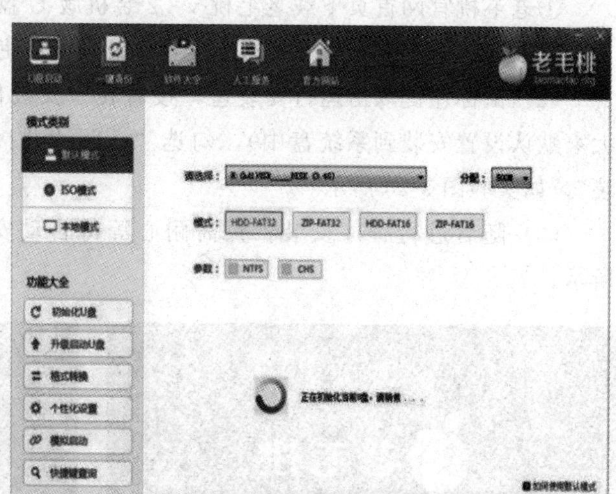

实验图5-25　开始制作U盘启动盘

（8）U盘启动盘制作完成后，会弹出一个窗口，询问是否要启动计算机模拟器测试U盘启动情况，单击“是（Y）”按钮，如实验图5-26所示。

（9）启动“计算机模拟器”后我们就可以看到U盘启动盘在模拟环境下的正常启动界面了，按下键盘上的【Ctrl＋Alt】组合键释放鼠标，最后可以单击右上角的关闭

图标退出模拟启动界面，实验图 5-27 所示。

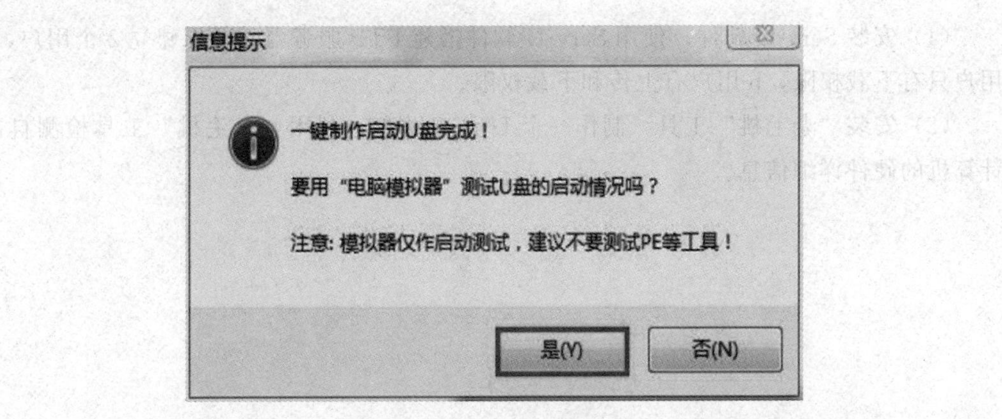

实验图 5-26　U 盘制作完成

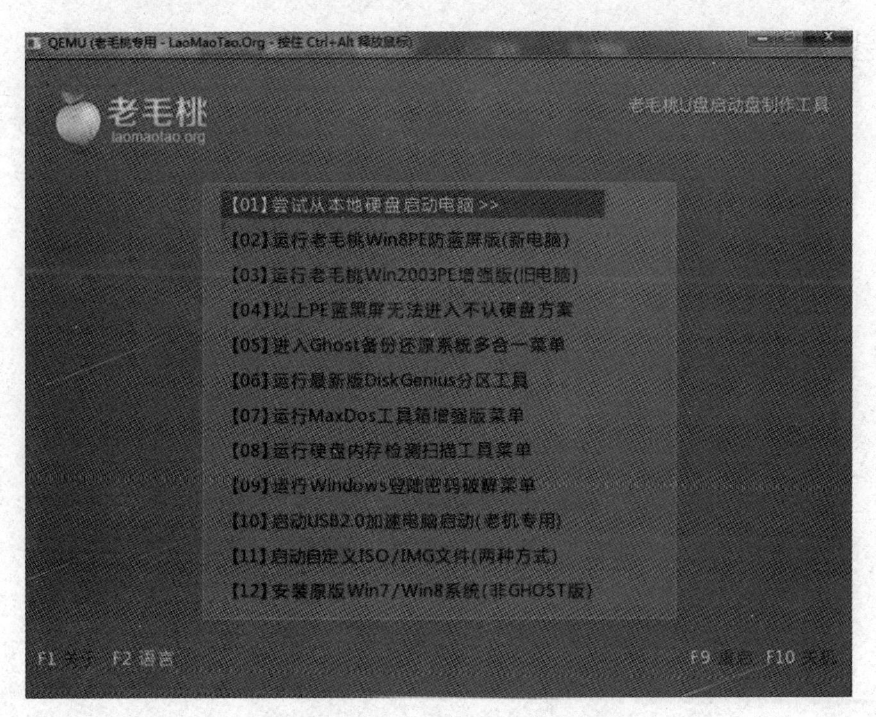

实验图 5-27　“老毛桃”菜单页面

至此，“老毛桃”U 盘启动制作盘完成。如果需要使用“老毛桃”工具重新安装操作系统，只需要将系统安装 ISO 镜像文件复制到制作好的 U 盘根目录下，然后重启计算机进入 BIOS 设置 U 盘启动（提示：请先插入 U 盘后，再进入 BIOS），进入“老毛桃 U 盘启动盘制作工具”启动菜单界面，选择菜单中的“‘02’运行老毛桃 Win8PE 防蓝屏版（新计算机）”，按【Enter】键确认。然后选择需要安装的系统 ISO 镜像文件，根据向导提示下一步即可完成操作系统的安装。

3. 工具软件实验

（1）安装 Serv-U 软件，使用 Serv-U 软件搭建 FTP 服务器。要求建立 2 个用户，a 用户只有下载权限，b 用户有上传和下载权限。

（2）安装“老毛桃”工具，制作一个 U 盘启动盘，利用“老毛桃”工具检测自己计算机的硬件详细信息。

参考文献

[1]J. G leno Brookshear. 计算机科学概论[M]. 刘艺，肖成海，马小会，等，译 . 11 版 . 北京:人民邮电出版社，2011。

[2]康继昌 . 计算机组织与体系结构:硬件/软件接口[M]. 北京:机械工业出版社，2012。

[3]严蔚敏 . 数据结构(C 语言版)[M]. 北京:清华大学出版社，2011。

[4]白中英 . 计算机组成原理[M]. 5 版 . 北京科学出版社，2015。

[5]陈向群 . 操作系统:精髓与设计原理[M]. 7 版 . 北京:电子工业出版，2012。

[6]张尧学 . 计算机操作系统教程[M]. 4 版 . 北京:清华大学出版社，2013。

[7]王晓东 . 计算机算法设计与分析(C++版)[M]. 北京:电子工业出版社，2012。

[8]郑宇军 . 算法设计[M]. 北京:人民邮电出版社，2012。

[9]王珊，萨师煊 . 数据库系统概论[M]. 5 版 . 北京:高等教育出版社，2014。

[10]杨冬青 . 数据库系统概念[M]. 北京:机械工业出版社，2012。

[11]郑岩 . 数据仓库与数据挖掘原理及应用[M]. 北京:清华大学出版社，2011

[12]李伟波 . 软件工程[M]. 2 版 . 武汉:武汉大学出版社，2010。

[13]程成 . 软件工程[M]. 9 版 . 北京:机械工业出版社，2011。

[14]张博 . 计算机网络技术与应用[M]. 2 版 . 北京:清华大学出版社，2015。

[15]赵欢 . 计算架科学概论[M]. 3 版 . 北京:人民邮电出版社，2014。

[16]李凤霞 . 大学计算机[M]. 北京:高等教育出版社，2014.